Catalytic Transformation of Lignocellulosic Biomass:
Principles and Technologies

木质纤维素生物质催化转化原理与技术

张兴华　马巧智　编著

化学工业出版社
·北京·

内容简介

《木质纤维素生物质催化转化原理与技术》聚焦于木质纤维素生物质的高效利用，系统阐述其结构特性、转化机理及关键技术路径。全书以生物质资源化利用为核心，从纤维素、半纤维素和木质素三大组分的分子结构与化学特性切入，深入探讨生物质预处理、组分分离及定向转化的科学原理。通过分析物理、化学、生物等预处理技术对生物质解构的影响，结合催化裂解、热解、氧化还原等反应机制，详细解析了木质素转化为芳香族化合物、综纤维素降解为糖类平台分子以及聚合物催化合成高附加值产物的过程。书中还涵盖生物质气化合成燃料、快速液化提质等前沿技术，揭示了催化剂设计、反应条件优化及产物调控的关键作用，为生物质资源从基础研究到工业应用提供理论支撑。

本书注重理论与实践结合，不仅梳理了生物质催化转化的化学基础与技术框架，还结合最新研究进展，探讨不同技术路线的优势、挑战及产业化潜力。书中通过案例解析与数据分析，展示了生物质在能源、材料、化学品等领域的应用前景，助力生物质绿色转化技术的创新。本书既适合作为生物质利用、催化化学、可再生能源领域的研究者和技术人员的专业参考用书，也可作为高等学校相关专业教师、高年级本科生和研究生的教材。

图书在版编目（CIP）数据

木质纤维素生物质催化转化原理与技术 / 张兴华，马巧智编著. -- 北京 : 化学工业出版社，2025. 9.
ISBN 978-7-122-48641-7

Ⅰ. TQ352. 6

中国国家版本馆 CIP 数据核字第 2025Z2R942 号

责任编辑：韩霄翠　　文字编辑：姚子丽　师明远
责任校对：杜杏然　　装帧设计：王晓宇

出版发行：化学工业出版社
(北京市东城区青年湖南街 13 号　邮政编码 100011)
印　　装：北京建宏印刷有限公司
787mm×1092mm　1/16　印张 18　字数 435 千字
2025 年 9 月北京第 1 版第 1 次印刷

购书咨询：010-64518888　　售后服务：010-64518899
网　　址：http://www.cip.com.cn
凡购买本书，如有缺损质量问题，本社销售中心负责调换。

定　　价：168.00 元

前言
PREFACE

“碳达峰”与“碳中和”战略目标开启了中国新一轮能源革命与经济发展方式变革的新纪元，对促进我国经济高质量发展具有重要意义。要实现“双碳”战略目标，必须大规模使用具有零碳/负碳属性的可再生能源。木质纤维素生物质是太阳能的有效存储器，是自然界光合作用产生的具有碳汇属性的可再生含碳资源，数量巨大、来源稳定。木质纤维素生物质资源的规模化利用是规模化替代化石原料和产品、降低碳排放量、固定二氧化碳的理想途径，现已成为清洁可再生资源研究和应用的核心。

木质纤维素生物质的催化转化利用途径与利用方式多种多样，转化过程包括定向解聚、气化-合成、快速热解等；利用方式包括液体燃料、热能、功能材料及化学品等。这些转化利用途径均较为复杂，涉及热能工程、化学工程等多学科及其交叉领域，已成为新能源与可再生能源领域的一个重要方向，近年来发展非常迅速。

本书针对木质纤维素生物质催化转化领域的最新发展动态，系统介绍了木质纤维素生物质原料的组成结构、三组分（纤维素、半纤维素及木质素）分离、各组分的催化降解与转化利用等技术。其中，第 1 章对生物质结构与主要利用途径进行了介绍，第 2 章主要介绍了生物质预处理与组分分离，第 3 章和第 4 章分别详细介绍了木质素催化降解与转化、综纤维素催化降解与转化，第 5 章对解聚产物催化转化利用进行了介绍，第 6 章、第 7 章分别介绍了生物质气化-合成转化、生物质直接液化与催化提质。本书力求内容全面，结构清晰，技术具有前沿性。

本书编写过程中，文承彦、庄修政、胡晓红、宋苗嘉、房振全、任夏瑾、王昊玉、张嘉鹏、周琳菲、李光耀、张永童、陈锦成、郭宁、陈鸿鸿等同学在内容素材的收集与整理、文字润色、插图绘制、表格编辑、文字校对、参考文献校对等方面做了大量细致的工作，在此一并表示感谢。

编著者

2025 年 4 月

目录

CONTENTS

第1章

生物质结构与主要转化利用途径

1.1 绪论

1.1.1 生物质的概念

根据英文单词“生物质（biomass）”的字面含义，可以初步解释它的内涵。“bio”表示“生命”或“生物”，而“mass”表示“物质的聚集”，因此“biomass”可以理解为“与生物相关的物质”。根据国际能源机构（IEA）的定义，生物质是指通过光合作用形成的各种有机物质。从广义上来讲，生物质不仅包括通过光合作用产生的各种有机生物（植物、动物和微生物），还包括这些生物所产生、排泄和代谢的所有物质[1]。

在生物质的体系中，首先植物通过光合作用捕获太阳能，然后这些植物直接或间接地为动物提供食物和能量，最终由微生物分解植物和动物的遗体，从而形成了一个完整的能量和物质循环。生物质中的能量可以以多种形式被人类利用，例如秸秆的燃烧、畜力的使用以及酿酒等方式。即使人们不主动利用生物质能源，微生物也会将其分解，转化为水、二氧化碳和热能，将能量重新释放到自然环境中。因此，不论是以食物、供暖、发电还是作为燃料的形式利用，生物质这种可持续性资源的使用都遵循自然界的循环规律。

地球上的生物质资源极其丰富。根据国际能源机构的调查报告，地球上每年生产的生物质能是人类每年能源消费总量的近千倍。据估算，地球上蕴藏的生物质总量达 1.83 万亿吨，而植物每年通过光合作用产生的生物质质量为 1440 亿～1800 亿吨，其中，海洋每年就生产 500 亿吨生物质[2]。生物质能源的年生产量远远超过全世界能源总需求量，约等于现在世界能源消费总量的 10 倍。尽管生物质资源十分丰富，但目前人类实际利用的生物质能仍然非常有限，且利用效率低下，最大限度仅能达到全球总能耗的 15%。全球还有很多人口的生活能源主要依靠生物质能，其中主要是经济相对落后的发展中国家，在非洲有些国家甚至高达 60%，这些发展中国家的农村人口多，农村生活燃料主要靠烧薪柴，甚至连牛羊粪也会被烧掉[3]。

20 世纪 70 年代石油危机爆发后，人们意识到能源的短缺会限制经济的发展，因此各国纷纷开始寻找替代传统化石能源的途径。随着科学技术水平的提高，人们通过现代生物技术，将传统的生物质加工成了与煤炭、石油等化石燃料具有相似结构和特性的燃料，为替代能源的使用增加了可能性。目前生物质能源已经在某些领域成功替代了石油、煤炭等化石能源，成为一种有效的能源替代品[4]。据推测，随着对生物质燃料生产技术的研究和开发利用的深入，到21世纪中叶，采用新技术生产的各种生物质替代燃料将占全球总能耗的40%以上[5]。

生物质能源的使用是一种清洁无污染的能源转化过程。由于生物质在生长过程中会吸收二氧化碳，并且在后续转化和利用的过程中，二氧化碳会被重新释放到大气中，从而形成二氧化碳的循环，因此，生物质的利用不会因大量释放二氧化碳而导致温室效应。如果生物质能源能够被有效利用，能源紧张和环境恶化的局面将得到缓解。

1.1.2 生物质的分类

地球上的生物质种类繁多且数量巨大，因此对生物质进行分类是十分必要的。可以从多个角度对生物质进行分类，包括原始来源、用途、生产方式、历史及能源利用等[6]。

从原始来源的角度，生物质可分为植物生物质、动物生物质和微生物生物质。植物生物质包括木材、秸秆、纤维作物等。动物生物质包括动物粪便、动物骨骼、动物废弃物等。微生物生物质包括微生物生物体和微生物的分解产物等。

从用途的角度，生物质可分为生物质能源、生物质化学品、生物质热能、生物质生物制品。生物质能源包括用作燃料的生物质，例如生物柴油、生物乙醇、生物甲烷等。生物质化学品包括用于生产生物塑料、生物化肥和其他化学品的生物质。生物质热能包括用于供热、蒸汽生产和发电的生物质燃料。生物质生物制品包括食品、饲料等[5]。

从生产方式的角度，生物质可分为一代生物质、二代生物质、三代生物质和四代生物质。一代生物质包括来自食用作物的生物质，如谷物和油料作物。二代生物质包括来自非食用部分的植物生物质，例如木材和秸秆。三代生物质包括来自微藻和微生物的生物质。四代生物质包括深加工和转化生物质，以生产高附加值产品[7]。

从历史角度，生物质可分为传统生物质和现代生物质。传统生物质包括薪柴、稻草、稻谷和动物粪便等，这些生物质很早就已被人们所利用。现代生物质则着眼于可进行大规模利用的生物质，比如能源作物、城市有机垃圾和食品工业的残渣等[3]。

从能源利用的角度，生物质大致分为两类：一类是能够固定能量、可被直接利用的生物质，主要为各类能源作物；另一类是不可被直接利用的生物质，主要为各类生物质被使用后的废弃物。

这些分类方式有助于理解生物质的多样性，并且能够指导其在能源、化工、农业以及环境等领域的应用。本书后续内容涉及的生物质专指木质纤维素类生物质。

1.1.3 生物质的特点

① 可再生性。生物生长过程中产生的有机物质，如植物、动物和微生物，构成了生物质资源。这些资源具备可再生特性，能够在相对短暂的时间内通过自然生长得到补充，从而支持其持续的生产与利用[8-9]。

② 种类多样性。生物质资源种类繁多，包括木材、秸秆、植物油等。这种多样性使得生物质资源可以用于多种用途，如发电、热能生产和燃料制备等。不同类型的生物质资源可

以根据需求进行选择和利用，具有一定的灵活性和适应性。

③ 清洁低碳性。生物质能源属于清洁能源，有害物质含量低，其转化过程也有助于缓解温室效应。绿色植物通过光合作用将二氧化碳和水转化成有机物，生物质能源的使用过程中再次产生二氧化碳和水，实现了二氧化碳的循环，从而有助于减少净碳排放量，缓解温室效应[10]。

④ 可降解性。生物质在自然界可以自然分解，不会长期在环境中积累。

⑤ 多功能性。生物质不仅可以用于能源生产，包括生物燃料（例如生物乙醇和生物柴油）、生物电力等方面，也可用于生产药品、食品以及饲料等多种产品。

⑥ 分散性。除了大规模种植的作物和大型工厂、农场的生物质之外，其他的生物质分布均较为分散。这种分散性导致在生物质转化过程中，运输成本显著提高，从而限制了生物质能源的大规模利用[6]。

⑦ 能源品位低。生物质的化学结构主要是碳水化合物，含有较高比例的氧，而提供热量的碳、氢占比却远低于化石能源，导致其能量密度较低。因此，生物质在利用前通常需要经过预处理以提高能源品位。

1.2　生物质的组成特征与结构

木质纤维素生物质主要由纤维素、半纤维素和木质素三大组分及蛋白质、脂肪油和灰分等少量组分构成（图 1-1）。其中，纤维素构成植物细胞壁的网状骨架，具有高度有序的晶体结构，而半纤维素和木质素则是填充在纤维和微细纤维之间的“黏合剂”和“填充剂”[9,11]。作为三种主要成分，纤维素、半纤维素和木质素通过共价交联形成木质纤维素生物质复杂的非均匀三维异质结构[12]，这使得它具有优异的力学性能及抵抗物理、化学和微生物降解的能力。当然，在细胞壁中纤维素、半纤维素和木质素的分布并不均匀，它们的结构和数量会因植物的种类和组织成熟度的不同而有很大差异。通常情况下，木质纤维素生物质由 35%～50%的纤维素、20%～35%的半纤维素和 10%～25%的木质素组成[9,13]。

木质素是一种三维聚合物，起到细胞胶的作用，为植物组织和单个纤维提供抗压强度、细胞壁硬度以及对昆虫和病原体的抵抗力[14]。木质素由三种不同的苯丙烷结构单元偶联形成，相应的苯丙烷单体分别为对羟苯基、愈创木基和紫丁香基单元[14]。

1.2.1　纤维素

1838 年，法国化学家 Anselme Payen 首次发现纤维素，并将其命名为“纤维素（cellulose）”。与此同时，Payen 确认了纤维素是由碳、氢、氧三种元素组成的碳水化合物。1920 年，德国科学家 Hermann Staudinger 揭示了纤维素的聚合结构，他发现纤维素是由葡萄糖单元通过共价键连接而成的长链聚合物，这一发现对纤维素的化学结构与利用产生了深远的影响[9]。

纤维素 [$(C_6H_{10}O_5)_n$] 是木质纤维素生物质的最主要化学成分，它是由大量 D-葡萄糖单元通过 β-1,4-糖苷键连接组成的线性高分子化合物，广泛存在于植物细胞壁中，如图 1-2[12]。与其他天然聚合物相比，纤维素链的重复单元为纤维二糖，这些单元之间通过广泛的分子内

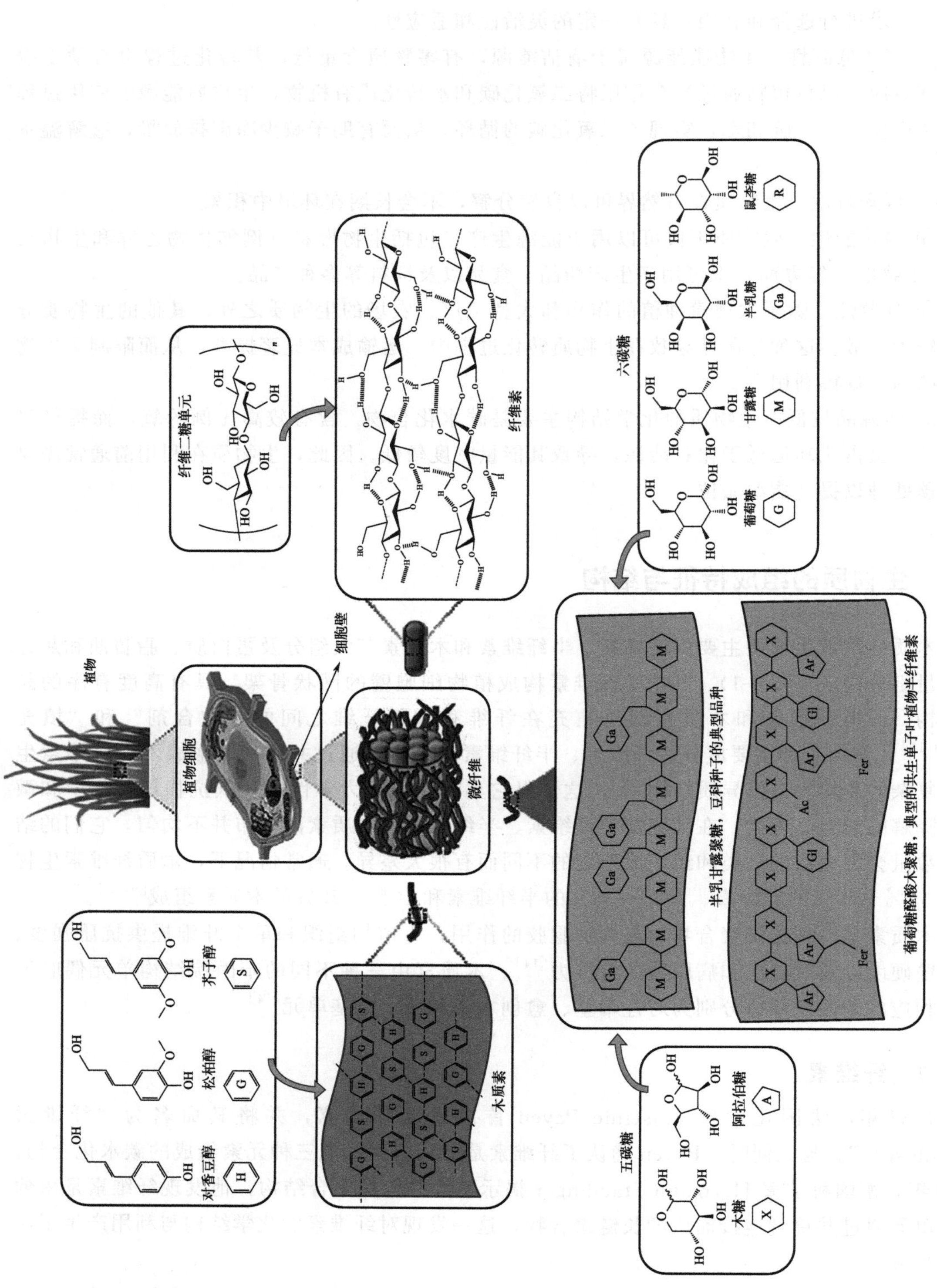

图 1-1 木质纤维素生物质的主要成分及其结构

和分子间氢键相互连接，紧密地结合在一起，形成了纤维素的独特晶体结构，这对纤维素性质产生了规律性影响[15]。其中，大量纤维素单链分子之间通过氢键联系在一起会形成微纤维。这些微纤维结构通常十分稳定，既不溶于水，也不溶于一般有机溶剂以及稀碱溶液，同时它还具有较高的拉伸强度，因此为细胞提供刚性和韧性支撑[9,16]。其次，纤维素分子中的每个葡萄糖基环上的 C-2、C-3 和 C-6 位置都含有羟基（—OH）基团，这些—OH 在多相化学反应中有着不同的特性，可以发生酯化、醚化、接枝共聚等反应[9,15-16]。

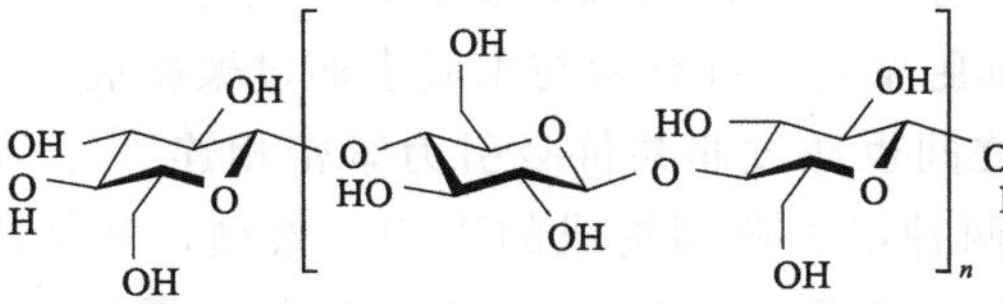

图 1-2　纤维素的结构[12]

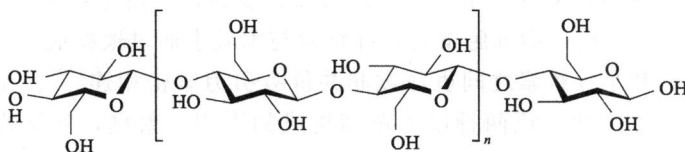

天然纤维素作为一种生物聚合物，可以通过物理和化学改性方法将其加工成具有不同性能的纤维素衍生物[17-19]。物理方法主要是通过对纤维素及其衍生物进行特殊加工，使其物理形态发生改变，如薄膜化、微粉化以及球状化，赋予纤维素新的性能。化学方法主要是通过分子设计其中包括官能团设计和结构设计而使高分子材料获得具有化学结构本征性官能团特征的方法[16,20]。

氧化改性是纤维素常用的化学改性方法之一，有选择性氧化和非选择性氧化两种。非选择性氧化的位置和生成的官能团相当复杂，因此纤维素氧化改性中多用选择性氧化方法，例如采用高碘酸盐、四氧化二氮及 2,2,6,6-四甲基哌啶-1-氧基（TEMPO）体系选择性地将纤维素的—OH 氧化为羧基（—COOH）官能团。纤维素因其生物相容性，可设计成强度高、生物相容性好及环境友好的氧化纤维素并应用于各种生物医学领域[9,17,21-22]，例如制备手术时可直接敷于伤口表面的纱布[23]。此外，羰基（C═O）也是一种高效的官能团，因此将—OH 氧化为 C═O 可以显著增强纤维素的亲水性和分散性，使其与其他材料具有更好的相容性，从而实现各种应用。纤维素大分子每个葡萄糖基中含有 3 个醇羟基，从而使纤维素有可能发生各种酯化反应，生成许多有价值的纤维素酯，包括无机酸酯和有机酯[9,24]。酯化反应可以改变纤维素的物理和化学性质，包括溶解性、热稳定性和机械强度的提高，因此纤维素酯化在工业中有广泛的应用，例如在制备纤维素薄膜、纤维素纤维和纤维素复合材料等方面[9,18,25]。

纤维素的醇羟基在碱性条件下能与烷基卤化物发生醚化反应生成相应的纤维素醚。根据醚取代基化学结构的不同，纤维素醚可分为阴离子型、阳离子型和非离子型醚。其中，离子型纤维素醚主要有羧甲基纤维素（CMC）；非离子型纤维素醚主要有甲基纤维素醚（MC）、羟丙基甲基纤维素醚（HPMC）和羟乙基纤维素醚（HEC）等[9,22]。目前，纤维素醚已广泛应用于油田、涂料、食品、医药和化工等领域，具有广阔的应用前景。特别是具有水溶性纤维素醚可以作为填充剂用于设计缓释片剂，从而帮助药物分子与水接触时更快释放[18,22,26]。

接枝是一种重要的纤维素化学改性方式，它通过在纤维素主链上接上另一种单体赋予纤维素新的性能。接枝共聚的方法主要有自由基引发接枝和离子引发接枝。这种改性方式能够让改性纤维素兼具原纤维素基体和支链聚合物的优点，使其成为具有某些特殊性能和广泛用途的改性纤维素材料[22]。例如，通过在纤维素主链接枝苯乙烯单体可以得到苯乙烯改性纤维素，它的应用非常广泛，包括环境友好型溶胀抑制剂和活性炭前体等[27]；将含—COOH或碳酸酯基（—COOR）的单体接枝在纤维素上可以增强纤维素的吸附能力，这种改性纤维素可用作吸收废水中无机污染物的活性炭的前体[18,28]。

1.2.2 半纤维素

半纤维素是自然界中含量仅次于纤维素的第二大多糖，常占生物质质量的25%～35%，分子量约为30000[9,19]。在植物细胞壁内，纤维素与木质素通过聚糖混合物的紧密结合交织在一起，同时纤维素和半纤维素之间也通过非共价吸引力紧密相连[19]。半纤维素与纤维素的均一结构不同，它是由两种或两种以上单糖构成的不均一聚糖，其结构特点随机且无定形。半纤维素的基本结构单元包括：己糖（葡萄糖、半乳糖和甘露糖）、戊糖（木糖和阿拉伯糖）以及糖醛酸[9,29]。目前，关于半纤维素类多糖的化学结构尚存在一些未知。现有研究指出，聚葡萄糖木糖的主链与纤维素最相似，均由β-1,4-葡萄糖苷键组成。然而，木糖、半乳糖以及岩藻糖会作为支链联接在聚葡萄糖木糖主链上，这一点与纤维素不同。半纤维素广泛分布于多种植物中，但其组成和结构会受到植物的位置、起源、物种和功能的影响。针叶木半纤维素中，含量最多的是半乳葡萄甘露聚糖；阔叶半纤维素的聚糖主要是聚*O*-乙酰基-4-*O*-甲基葡糖醛酸木糖，一般占植物的20%～25%；禾本科植物的半纤维素主要是聚木糖[9,30-32]。

半纤维素作为一种广泛存在于自然界的天然可再生高分子原料，在传统的生物炼制或者制浆过程中利用率较低。然而，由于半纤维素由不同糖单元组成，因此其分子链往往存在几种不同化学特性的官能团（如羧基、羟基、甲氧基、乙酰基等），这些特性使得半纤维素在食品、医药和组织工程等领域应用具有显著优势[33]。化学改性是赋予半纤维素理想性能的一种有效策略，同时它还可以改善半纤维素与不同大分子基质的相容性。通过化学改性，可以在半纤维素羟基的基础上引入特定的官能团，从而合成具有特殊物理及化学性质的半纤维素衍生物，为半纤维素的高值化利用提供了有效途径[16,20,34]。

目前针对半纤维素的化学改性方式主要包括：醚化、酯化、氧化、接枝共聚、还原等，其中醚化、酯化、接枝共聚是最常见的半纤维素衍生化反应[9,22]。羧甲基半纤维素是通过在半纤维素的羟基上引入羧甲基（—CH_2COOH）官能团而得到的，这种改性增加了半纤维素的溶解性和水溶性，可将其用作药物载体，便于药物释放，在制药行业具有广阔的应用前景。季铵化的半纤维素能够提高其水溶性、得率以及阳离子性或两性离子性，并具有较高的取代度和与阳离子聚合物、两性聚合物相似的化学特性。半纤维素酯化改性通常是酸与半纤维素的主链或侧链上的羟基反应，其中乙酰化半纤维素是最典型的酯化反应产物。例如，孙等[35]以4-二甲氨基吡啶为催化剂，研究了天然半纤维素与乙酸酐在*N*,*N*-二甲基乙酰胺/LiCl介质中的乙酰化反应，并制备了取代度介于0.74～1.49之间的半纤维素醋酸酯。通常，乙酰化赋予半纤维素抗水性能，增加酯化半纤维素在塑料生产中的应用潜力，特别是用于生产食品工业中的生物降解塑料和环境降解塑料、树脂、薄膜等，还可以作为金属螯合剂和除油剂[34,36]。

半纤维素的接枝共聚改性是一种简单灵活且高效的改性方式，可以显著改善半纤维素的理化性质，获得具有优异性能的半纤维素衍生物。根据半纤维素的特点，可对聚合方法、聚合单体、接枝均匀度、接枝密度等进行调整，甚至可以根据产物的应用需求赋予其不同功能的官能团。目前，半纤维素的接枝共聚改性主要包括自由基聚合和活性聚合。自由基聚合通常涉及在半纤维素分子链上加成聚合含不饱和双键的烯类单体，通过引发剂产生的自由基首先与半纤维素上的活性羟基反应，然后引发单体的接枝共聚反应[9,37]。

作为一种多聚糖，为了充分发挥半纤维素在化学和生物技术等领域良好的应用潜力，通常将半纤维素水解为木糖和甘露糖等。生成的产物经分离和纯化后，可作为后续反应的结构单元，通过氧化、还原、酯化或者生物发酵等反应生成一系列工业品。木糖可以转化为乙醇，这是一种可再生能源，可用作生物燃料；通过化学反应，木糖也可以转化为糠醛、木糖醇等，用于合成树脂、塑料、橡胶等。甘露糖作为一种“已碳糖供给者”用于乙醇发酵和酵母生产，然后通过甘露糖的化学转化生成一系列甘露糖基衍生物化学品[9,20,38]。

1.2.3 木质素

早在 1838 年，法国科学家 Payen 从木材中分离纤维素时就发现了这种化合物，它总是与纤维素、半纤维素伴生在一起，但含碳量更高。1856 年，Schulz 根据拉丁语木材(lignum) 将这种物质命名为 lignin，即木质素[9]。木质素是由苯丙烷单元通过碳碳键和醚键形成的聚酚类三维网状高分子芳香族化合物[39]。值得注意的是，不同植物类型、物种乃至树木和树干的不同部位，木质素的组成及其含量均会有所不同（表 1-1）。例如，软木中木质素含量占 30%，在硬木中这一比例降至 20%～25%，草本植物中木质素仅占植物总质量的 10%～15%[40]。

表 1-1　不同木质纤维素生物质中的木质素含量

木质纤维素种类	木质素含量/%	木质纤维素种类	木质素含量/%
大麦壳	13.8～19.0	冷杉	18.0
大麦秸秆	6.3～9.8	草类	10.0～30.0
山毛榉	20.0	巨芒草	12.02
桦木	22.0	报纸	18.0～30.0
玉米梗	6.1～15.9	坚果壳	30.0～40.0
玉米纤维	8.4	松树	27.3
玉米皮	4.7	松木	20.0
玉米秆	7.0～18.4	极地木	15.5～16.3
玉米秸秆	19.9	稻草	9.9～24.0
玉米茎秆	11.0	红枫	29.1
玉米棒	20.8	稻秸秆	17.0～19.0
道格拉斯冷杉	27.0	牛粪	2.7～5.7
桉树	21.5	高粱秸秆	15.0～21.0

续表

木质纤维素种类	木质素含量/%	木质纤维素种类	木质素含量/%
废弃垃圾(sorted refuse)	20.0	化学浆废纸	5.0～10.0
云杉	27.9	小麦秸秆	12.0～16.0
甘蔗	10.7	橡木	24.1
甘蔗渣	15.0～25.0	燕麦秸秆	10.0～15.0
甜高粱	14.3	橄榄树枝	16.2
柳枝稷	15.0～20.0	纸	0.0～15.0

木质素是木质部细胞壁的主要成分之一[41]，它是由几种前体以不同方式交联而成的高度异质聚合物。与其他天然高分子化合物相同，认识木质素的化学构造对了解木质素的应用潜力具有非常重要的意义。简单来说，木质素主要由碳、氢、氧三种元素构成，其中碳元素占比 60%，是木质素的主要组成元素。进一步研究生物合成过程表明，木质素的主体结构是由三种苯基丙烷单元通过脱氢聚合形成的基本碳骨架[42]，这些单元分别是愈创木基丙烷（G）、紫丁香基丙烷（S）和对羟苯基丙烷（H）（图 1-3）[9,43-44]。由于植物生长过程中生物合成方式的不同，木质素中单体的数量与种类会因植物而异。例如，裸子植物（针叶木）的木质素通常不含紫丁香基丙烷单元；而被子植物（阔叶木）的木质素主要由愈创木基丙烷和紫丁香基丙烷单元杂聚而成，同时还含有少量对羟苯基丙烷单元；非木质（禾本科）植物中，这三种基本单元都存在[45-47]。表 1-2 显示了不同类型植物中的三个主要木质素单元。

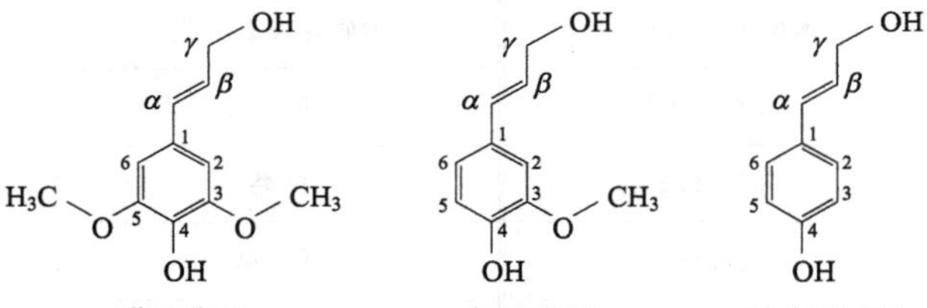

图 1-3　木质素单体单元的结构

表 1-2　不同类型植物中木质素单体的分布

类别	G/%	H/%	S/%
杨树(硬木)	37.8	0.3	61.9
松树(软木)	98.3	1.7	0
玉米(单子叶植物)	38.3	2.8	58.9
拟南芥	77.1	2.8	20.1
草	25～50	10～25	25～50
针叶树木材	90～95	0.5～3.4	0～1
阔叶树木材	25～50	微量	50～75

通过相关研究证实，单木质素前体由 C—O、C—C 和 R—COO—R′相连接[45]，其中主要以 C—O 键为主，约占总含量的 70%[48-49]。为了对两种木质素单体之间的各种连接类型进行分类，木质素单体的脂肪族侧链中的碳原子被标记为 α、β 和 γ，而芳香族部分中的碳原子编号为 1～6[50]。例如，β-O-4 键表示脂肪族侧链的 β 碳与连接到芳香族部分 C-4 位置的氧原子之间形成的键（图 1-4，第一个结构模型）。单木质素侧链和苯环之间以及苯环与苯环之间主要有七类键：β-O-4（芳基醚键）、α-O-4（芳基醚键）、4-O-5（二芳基醚键）、β-5（苯丙烷-芳香环交联键）、β-1（苯丙烷键）、5-5（联芳键）、β-β（联苯丙烷键）。这些键的代表性结构如图 1-4 所示，而典型的这些连接的比例值和木质素中的官能团列于表 1-3。在这些键中[51-52]，β-O-4 是木质素分子中含量最多的键，而 5-5 则是最难以断裂的[53-54]。不同类型木质素关键连接键的含量也有差异（表 1-4）。

表 1-3 不同木质素中的连接键和官能团（每 100ppu① 的连接键/官能团）

键合类型	数量/100ppu		官能团	数量/100ppu	
	软木	硬木		软木	硬木
β-O-4	43～50	50～65	甲氧基	92～96	132～146
β-5	9～12	4～6	酚羟基	20～28	9～20
α-O-4	6～8	4～8	苄基羟基	16	\
β-β	2～4	3～7	脂肪族羟基	120	\
5-5	10～25	4～10	羰基	20	3～17
4-O-5	4	6～7	羧基		11～13
β-1	3～7	5～7			
其他	16	7～8			

① 每 100 个苯丙烷单元。

除了 H、G 和 S 单元这三个主要组成部分外，还有一些其他分子种类也参与木质素聚合物的形成[55-56]。人们普遍认为，没有任何植物仅含有源自这三种主要前体的木质素。图 1-5 显示了四种全细胞壁材料（即杨树、松树、玉米秆和拟南芥）的高分辨率溶液态 2D ^{13}C—^{1}H 相关核磁共振谱的芳香区。很明显，在结构中检测到了对羟基苯甲酸酯、对香豆酸酯以及阿魏酸酯等[57]。

目前，木质素因其丰富的储量、良好的生物相容性以及高含碳量等特点在材料科学领域的研究中显示出巨大的潜力，并成为制备功能材料的潜在原料。作为植物中唯一含有大量苯环的可再生芳香聚合物，木质素不仅具有良好的光稳定性，还成为理想的抗紫外线原料。此外，作为一种高含碳量生物高分子，木质素是生产功能性碳材料的重要工业前驱体，可应用于环境保护、催化剂、储能或先进复合材料等多个领域[58-59]。另外，由于木质素来源于天然植物，因此其分离产物对生物细胞具有较好兼容性。当前，木质素已经广泛应用于日常化学品和生物医学等多个领域。当然。经过化学改性后，木质素获得许多理想性能，因此可将其应用于各种生物材料的制备，如生物传感器、生物成像以及组织工程支架等生物学应用[47,60-62]。

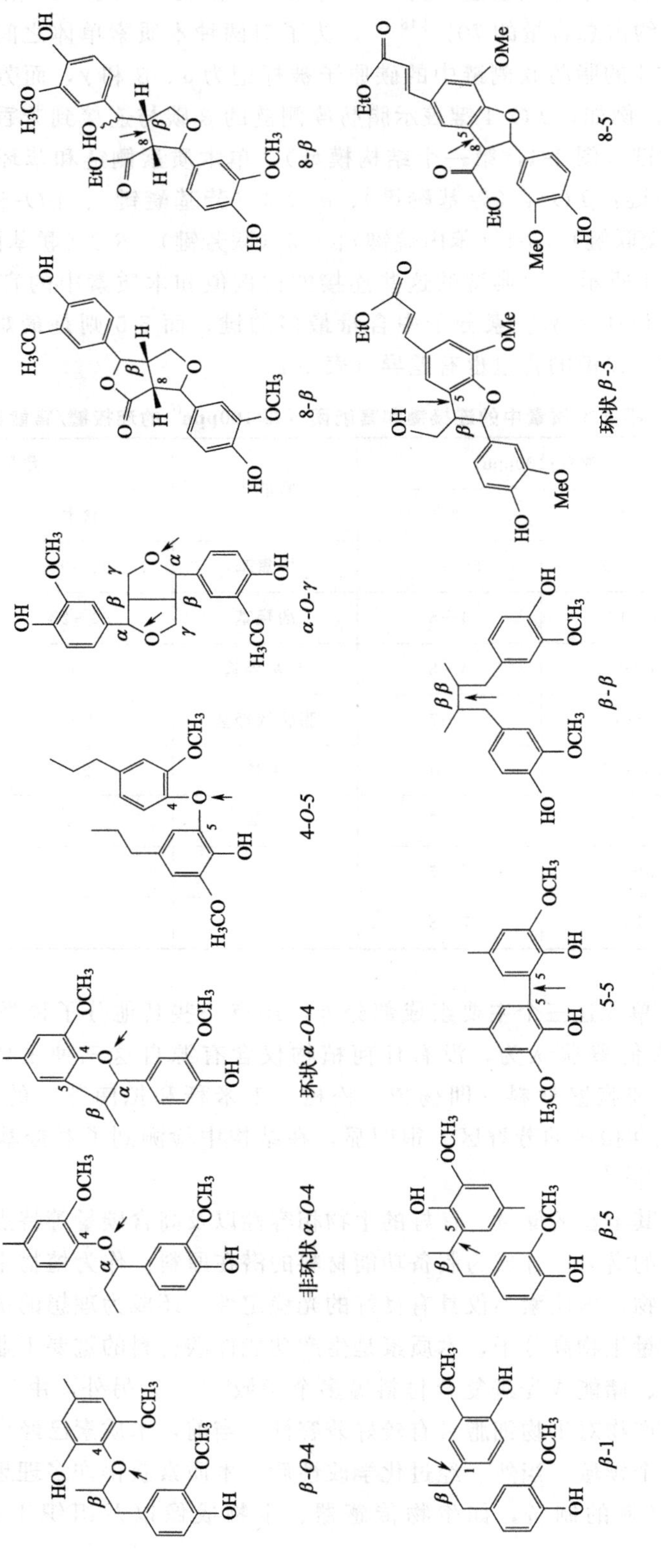

图 1-4 木质素结构单元间的典型连接键

表 1-4　不同类型木质素中关键连接键的含量

生物质原料	预处理工艺	原生键合①			加工引入键合①			分子量		官能团		
		β-O-4	β-β(β-β')②	β-5	联苯	芳基-烯醇-醚	苯基-甘油	M_w/(g/mol)	IP③	COOH	脂肪族—OH	苯环—OH
软木	硫酸盐法	3.2	2.4(3.2)	0.8	4.8	1.3		6000	6.2	0.5	2.6	2.1
云杉	硫酸盐法	\	6.2	3.1	\	6.2	1.5	\	\	\	\	\
桉树	硫酸盐法	\	12.9	\	\	\	\	\	\	\	\	\
云杉	碱法	6	6.3	5.2	\	13.2	8.4	\	\	\	\	\
桉树	碱法	\	12.7	\	\	\	8.9	\	\	\	\	\
软木	硫酸盐法	6.1	1	0.3	2.3	\	\	4290	8.1	0.33	1.79	2.77
混合秸秆	碱法原位结合	3.4	0.7	0	0	\	\	3270	5.2	0.8	1.26	2.86
小麦秸秆	有机溶剂法	4.3	0.1	4.4	0.4	\	\	1960	4.4	0.21	1.27	2.54
杨树	有机溶剂法	0.1	1.1	1.8	0	\	\	2180	3.8	0.07	0.8	2.59
云杉	有机溶剂法	0	0.2	3.3	0.7	\	\	2030	4.9	0.06	1.43	2.73
柳枝稷	离子液体法	48	3	10	\	\	\	1362	2.4	\	\	\
桉树	离子液体法	57	9	2	\	\	\	844	1.9	\	\	\

① 每 100 个芳香环。
② 树脂醇（β-β）基团的水解形式。
③ 多分散指数。

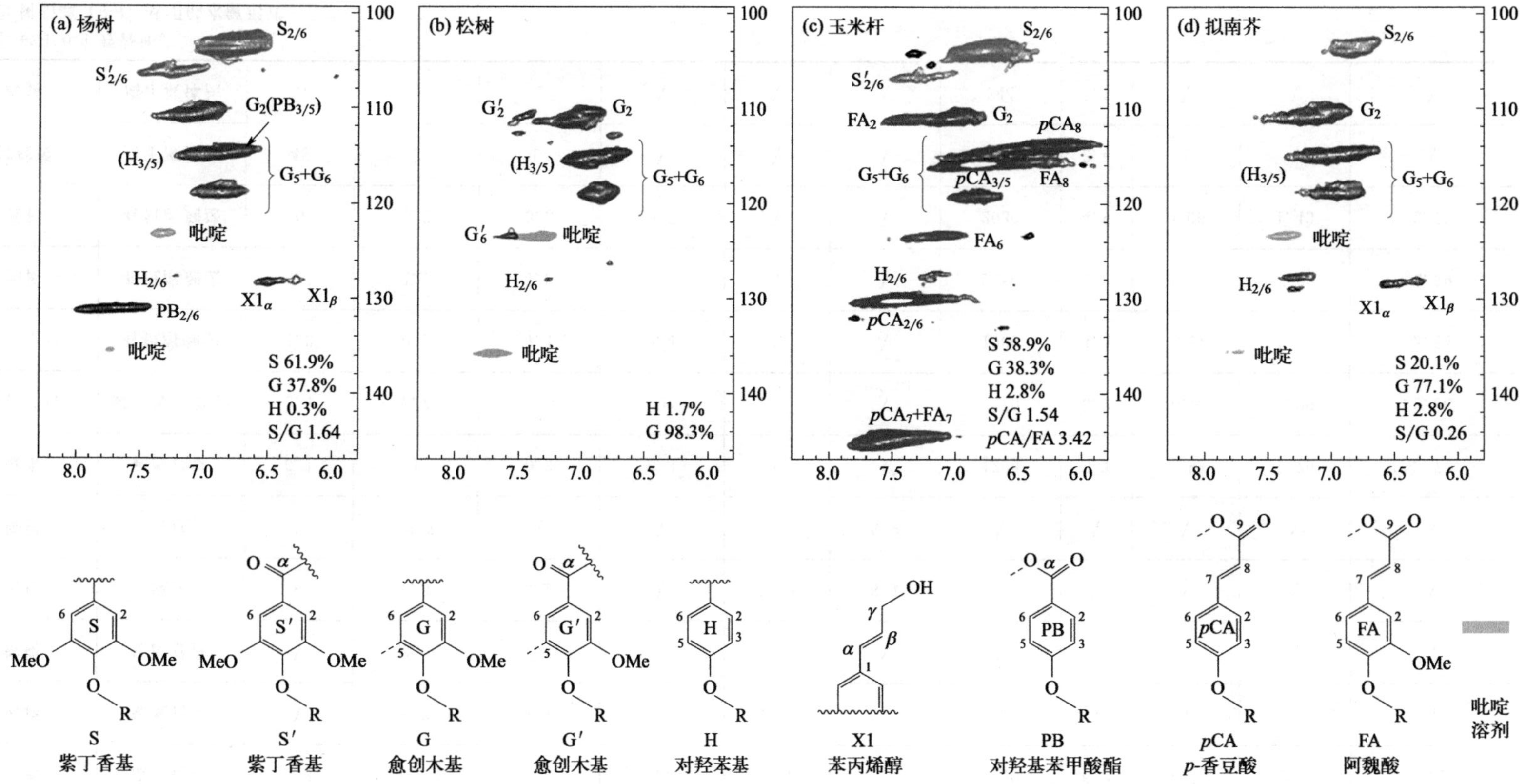

图 1-5　2D NMR 图谱表征木质素单元组成[57]

(a) 2 年生温室杨木；(b) 成熟松木；(c) 衰老玉米秸秆；(d) 衰老拟南芥花序茎

1.3 生物质主要转化利用途径

生物质能源的利用途径多种多样。热能利用是常见的利用方式，通过生物质燃烧产生的热能可以用于取暖、热水供应和工业生产等[63]。生物质发电是另一种重要的利用方式，通过将生物质燃烧产生的热能转化为电能，可以为社会供应清洁能源[64]。此外，生物质还可以通过生物发酵的方法转化为沼气、燃料乙醇等燃料，以替代传统的化石能源[65]。

除了上述利用方式之外，生物质另一种重要的利用方式就是化学转化。生物质化学转化的原理是通过分子内键的断裂和新化学键的形成来实现分子结构的重构和化学组分的转化[66]。这一过程涉及一系列复杂的化学反应，包括水解、脱水、加氢、脱氧、异构化、碳链延长等。通过这些化学反应，生物质原料可以转化为多种烃类液体燃料（汽柴油、航空煤油）、含氧燃料（醇醚燃料、酯类燃料）、功能材料和有机化学品等高价值的产品[67]。目前，生物质化学转化已成为生物质高值化利用的主要方式。因此，本节聚焦于生物质化学转化领域的催化反应，全面系统地介绍生物质化学转化与利用的途径。

1.3.1 生物质预处理与组分分离

生物质预处理与组分分离是生物质利用过程中的一个关键步骤，旨在改善生物质原本的性质，使其更容易转化为能源或高附加值产品。这一过程通常包括以下内容：

① 物理预处理。物理预处理可以去除生物质中的一些杂质，如灰分、水分等，提高生物质的纯度和可利用性；也可以打破生物质的物理结构，提高后续化学处理的效果[68]。常见的物理预处理包括热压、蒸汽爆破等方法。

② 化学预处理。化学预处理主要通过使用酸、碱或其他化学试剂来破坏生物质的结构，降解木质素、半纤维素和纤维素等复杂的生物质组分，使得后续的组分分离更为容易[69]。

③ 热解和溶剂提取。通过热解或溶剂提取，可以进一步分解和提取生物质中的不同组分[70]。这有助于将木质素、纤维素等分离出来，使它们可以独立地进行后续处理。

④ 组分分离。组分分离是指通过各种技术将生物质中的不同组分分离开，是生物质预处理的一种重要方式[71]。其中包括木质素的提取、纤维素的纯化以及其他有机物的提取过程。

⑤ 酶解。通过特定的酶来分解生物质，使其转化为更简单的分子，如糖类。生物质酶解过程在许多领域中有广泛的应用，例如生物燃料的生产、食品加工和废物处理等。

1.3.2 生物质直接液化与催化提质

生物质直接液化是将生物质（例如秸秆、植物废弃物等）在适当的催化剂、高温及缺氧等条件下直接转化为液体燃料的过程[72]。这个过程通常包括以下几个步骤：

① 生物质预处理。生物质首先要经过一些预处理步骤，以去除杂质、降低水含量，以提高后续反应的效率。

② 直接液化反应。预处理后的生物质在催化剂的作用下，在高温（通常在 400～600℃）和缺氧条件下，发生热解反应，生成的液体产物通常被称为生物油[73]。

③ 产品提质。生物质直接液化的产物通常组分复杂，含水量和含氧量较高，产品品质

低。因此，一般需要对液体产品进行催化提质，以改善产品性能。常见的催化提质方法包括催化加氢脱氧、催化酯化、乳化掺混和脱水等[74]。

1.3.3 木质素催化降解与转化

木质素是一种复杂且难以降解的生物高分子，主要存在于植物的细胞壁中，为植物提供结构支撑和抗腐蚀性。由于木质素的结构复杂且稳定，它的降解和转化一直是生物质利用中的一个重大挑战。催化降解与转化技术有助于将木质素转化为高价值的化学品和燃料，从而提高资源利用率和经济效益。木质素催化降解与转化通常包括以下几个步骤：

① 预处理。生物质通常需要经过物理或化学预处理，以打破其复杂的结构，提高催化剂的可及性和木质素的可降解性。

② 催化降解。在木质素降解过程中，催化剂作用于木质素的结构，打破连接键，将高分子聚合物降解为小分子化合物。这些小分子化合物包括酚类、芳香烃、木质素低聚物等[75]。降解过程使用的催化剂与工艺会对产物分布产生显著影响。

③ 化学转化。木质素降解产物的进一步转化是实现其高值化利用的关键。通过这一转化过程，可以得到多种目标产物，包括芳烃、环烷烃和烷基苯酚等。这些产物的获得通常需要借助具有特定功能的催化剂，这些催化剂能够有效促进降解产物的选择性转化，从而提高目标产物的收率。

1.3.4 综纤维素催化降解与转化

综纤维素催化降解涉及将植物细胞壁中的纤维素和半纤维素组分催化降解和转化的过程。这一过程通常包括以下步骤：

① 预处理。在综纤维素催化降解之前，通常需要进行预处理。预处理包括物理、化学或生物方法，旨在破坏植物细胞壁的结构，使纤维素等组分更容易被催化降解[76]。

② 催化剂选择。选择合适的催化剂是综纤维素降解的关键。催化剂可以是酸、碱、离子液体或金属催化剂等[77]。这些催化剂能够加速纤维素和半纤维素的降解反应。

③ 纤维素水解。一般在酸作用下，纤维素结构单元间的醚键解离，得到葡萄糖等单糖。这一步骤通常需要在水热环境下进行，因此称之为水解。

④ 半纤维素水解。与纤维素类似，半纤维素在酸催化作用下水解，降解为相应的单糖单元。

⑤ 水解产物转化。综纤维素催化降解后，产生的单糖等可以进一步转化得到目标产物，比如，加氢得到多元醇，发酵得到燃料乙醇，催化脱水得到糠醛（FF）与5-羟甲基糠醛（HMF）等[78]。

总体而言，综纤维素催化降解与转化的内容丰富。转化是一个非常复杂的过程，通常需要精心设计催化系统和反应体系，以实现高效、选择性的转化。这一领域的研究对于实现生物质高值化利用具有重要意义。

1.3.5 解聚产物催化转化利用

木质纤维素解聚产物催化转化利用包括多个方面。部分转化利用方式如下：

① 生成单糖与多元醇。解聚产物中的木糖、葡萄糖等单糖通过分离提纯直接得到经济

价值较高的化学品。单糖催化选择性加氢可得到多元醇，如木糖醇、甘露醇等[79]。

② 转化为化学品。解聚产物可以通过催化反应转化为各种化学品。例如，木糖可以在酸催化下转化为糠醛，葡萄糖可以在酸催化下转化为5-羟甲基糠醛或乙酰丙酸（LA）[80]。

③ 发酵。葡萄糖和木糖等木质纤维素解聚产物可以通过微生物发酵转化为各种目标产物。例如，可以利用微生物发酵生产乙醇、丁醇与丙酮等生物燃料或化学品[81]。

④ 制备合成气。解聚产物可以通过气化过程生成合成气，即一氧化碳和氢气的混合物，然后合成气可以用于合成液体燃料与化学品等[82]。

⑤ 转化为生物燃料。解聚产物可以通过催化碳碳偶联、加氢脱氧等反应转化为生物柴油、汽油及航油等燃料[83]。

1.3.6　生物质气化-合成转化

生物质气化-合成转化是一种用生物质作为原料，通过气化将其转化为合成气（主要成分是一氧化碳和氢气），然后利用合成气合成燃料、化学品或其他高附加值产品的过程。这个过程一般包含以下步骤：

① 生物质气化。生物质通过气化反应，在高温和缺氧的环境中转化为合成气。气化的主要产物是一氧化碳（CO）、氢气（H_2）、甲烷（CH_4）等气体[84]。

② 气体净化与组分调变。合成气中可能含有杂质，例如焦油、硫化物和灰分等。在气化后，通常需要进行气体净化，以确保后续合成过程的催化剂不受污染[85]。

③ 合成气的合成。合成气经过适当的催化和反应条件，可以被转化为不同的产物。这些产物可以包括合成燃料（如汽油、柴油、航空煤油等）和高值化学品（如甲醇、乙醇、二甲醚等）等[86]。

④ 产品分离。合成反应生成的产物通常是混合物，需要通过分离技术将不同产品分离纯化。

参考文献

[1] Abu-Omar M M，Barta K，Beckham G T，et al. Guidelines for performing lignin-first biorefining [J]. Energy & Environmental Science，2021，14 (1)：262-292.

[2] Liu S，Gao Y，Wang L，et al. Research progress of biomass fuel upgrading and distributed utilization technology [J]. IOP Conference Series：Earth and Environmental Science，2019，227 (2)：022002.

[3] 迟赫天，李斯吾，彭君哲，等．生物质废弃物有序能源化利用评述 [J]. 安全与环境工程，2024，31 (3)：265-271，280.

[4] Tursi A. A review on biomass：importance，chemistry，classification，and conversion [J]. Biofuel Research Journal，2019，6 (2)：962-997.

[5] 史海东，才晓泉．生物质清洁能源的来源和分类 [J]. 生物学教学，2017，42 (03)：67-68.

[6] Zhao R，Hu H，Wang Z，et al. Economic and environmental assessment of waste biomass recycling system in Aizuwakamatsu city [M]. Proceedings of the Annual Conference of Japan Society of Material Cycles and Waste Management. Japan：Conference on Waste Resource Circular，2017：503.

[7] Rial R C. Biofuels versus climate change：Exploring potentials and challenges in the energy transition [J]. Renewable and Sustainable Energy Reviews，2024，196：114369.

[8] 任学勇，张扬，贺亮．生物质材料与能源加工技术 [M]. 北京：中国水利水电出版社，2016：3-18.

[9] 杨淑蕙．植物纤维化学 [M]. 北京：中国轻工业出版社，2001.

[10] da Silva A S A, Espinheira R P, Teixeira R S S, et al. Constraints and advances in high-solids enzymatic hydrolysis of lignocellulosic biomass: a critical review [J]. Biotechnology for Biofuels, 2020, 13 (1): 58.

[11] Brandt A, Chen L, van Dongen B E, et al. Structural changes in lignins isolated using an acidic ionic liquid water mixture [J]. Green Chemistry, 2015, 17: 5019-5034.

[12] 胡愈诚，朱宇童，车睿敏，等．纤维素，半纤维素与木质素间相互作用研究进展［J］．中国造纸，2023，42（10）：25-32.

[13] Dai L, Wang Y, Liu Y, et al. Integrated process of lignocellulosic biomass torrefaction and pyrolysis for upgrading bio-oil production: A state-of-the-art review [J]. Renewable and Sustainable Energy Reviews, 2019, 107: 20-36.

[14] 马丽洁．稻壳中木质纤维素组分对 C/SiO_2 负极材料的电化学性能影响［D］．长春：吉林大学，2021.

[15] Khan R, Jolly R, Fatima T, et al. Extraction processes for deriving cellulose: A comprehensive review on green approaches [J]. Polymers for advanced technologies, 2022, (7): 33.

[16] Sánchez J, Curt M D, Robert N, et al. Chapter two-biomass resources [M]. The Role of Bioenergy in the Bioeconomy. The Kingdom of the Netherlands: Elsevier, 2019: 25-111.

[17] Macleod A M, Campbell M K, Cody J D, et al. Cellulose, modified cellulose and synthetic membranes in the haemodialysis of patients with end-stage renal disease [J]. Cochrane database of systematic reviews (Online), 2005, 5 (3): CD003234.

[18] 姜珊，孙自强，邢琪，等．纤维素的改性及应用研究进展［J］．纺织科学与工程学报，2024，41（1）：75-85.

[19] 温博婷，孙丽超，王凤忠，等．微生物木聚糖酶的研究进展及其在食品领域的应用［J］．生物产业技术，2017，5：81-86.

[20] 陈双双，李强，杨志英，等．纤维素基表面活性剂及功能化改性的研究进展［J］．纤维素科学与技术，2012，20（4）：7.

[21] Machado B, Costa S M, Costa I, et al. The potential of algae as a source of cellulose and its derivatives for biomedical applications [J]. Cellulose, 2024, 31 (6): 3353-3376.

[22] 马隆龙．木质纤维素化工技术及应用［M］．北京：科学出版社，2010.

[23] Zhang C, Fu D, Wang F, et al. A randomized controlled trial to compare the efficacy of regenerated and non-regenerated oxidized cellulose gauze for the secondary treatment of local bleeding in patients undergoing hepatic resection [J]. The Korean Surgical Society, 2021, 4: 193-199.

[24] Aziz T, Farid A, Haq F, et al. A review on the modification of cellulose and its applications [J]. Polymers, 2022, 14 (15): 3206.

[25] Wang Y, Wang X, Xie Y, et al. Functional nanomaterials through esterification of cellulose: a review of chemistry and application [J]. Cellulose, 2018, 25: 3703-3731.

[26] Kasabe A J, Kulkarni A S, Gaikwad V L. QSPR modeling of biopharmaceutical properties of hydroxypropyl methylcellulose (cellulose ethers) tablets based on its degree of polymerization [J]. AAPS PharmSciTech, 2019, 20: 308.

[27] Saleh T, Rana A. Surface-modified biopolymer as an environment-friendly shale inhibitor and swelling control agent [J]. Journal of Molecular Liquids, 2021: 117275.

[28] 游黎玮，胡亮．纤维素改性方法及吸附性能的研究进展［J］．云南化工，2024，51（4）：31-33.

[29] 王硕，康海婷，孙加振．植物纤维材料的结构特点及其作为 3D 打印墨水的应用［J］．网印工业，2022，（Z2）：55-57.

[30] Hayes D J. An examination of biorefining processes, catalysts and challenges [J]. Catalysis Today, 2009, 145 (1-2): 138-151.

[31] 张晓民．半纤维素结构的植物分类学特征［J］．中国野生植物资源，2012，31（5）：1-7.

[32] 黄晶．亚麻纤维近红外光谱分析及其应用研究［D］．上海：东华大学，2022.

[33] 王锐，李勇．普洱茶的化学成分及生物活性［J］．广东化工，2016，43（22）：108-109，119.

[34] 邵惠，孙辉，杨彪，等．半纤维素薄膜研究新进展［J］．中国塑料，2019，33（4）：11.

[35] Sun R C, Fang J M, Tomkinson J, et al. Acetylation of wheat straw hemicelluloses in *N*, *N*-dimethylacetamide/

LiCl solvent system [J]. Industrial Crops & Products，1999，10（3）：209-218.
[36] 孙世荣，郭祎，岳金权．秸秆半纤维素的分离纯化及化学改性研究进展 [J]. 天津造纸，2016，38（1）：6.
[37] Enomoto-Rogers Y，Iwata T. Synthesis of xylan-graft-poly（l-lactide）copolymers via click chemistry and their thermal properties [J]. Carbohydrate Polymers，2012，87（3）：1933-1940.
[38] Alawad I，Ibrahim H. Pretreatment of agricultural lignocellulosic biomass for fermentable sugar：opportunities，challenges，and future trends [J]. Biomass Conversion and Biorefinery，2022，14：6155-6183.
[39] Xu C，Arancon R A D，Labidi J，et al. Lignin depolymerisation strategies：towards valuable chemicals and fuels [J]. Chemical Society Reviews，2014，43（22）：7485-7500.
[40] Akhtari S，Sowlati T，Day K. Economic feasibility of utilizing forest biomass in district energy systems——a review [J]. Renwe Sust Energ Rev，2014，33：117-127.
[41] Mattoo A J，Nonzom S. Endophytes in lignin valorization：a novel approach [J]. Frontiers in Bioengineering and Biotechnology，2022，10：2296-4185.
[42] Ralph J，Lu F. Cryoprobe 3D NMR of acetylated ball-milled pine cell walls [J]. Organic & Biomolecular Chemistry，2004，2（19）：2714-2715.
[43] Chapter 2-structure and characteristics of lignin [M]//Huang J，Fu S，Gan L. Lignin Chemistry and Applications. Amsterdam：Elsevier，2019：25-50.
[44] Santos R B，Capanema E A，Balakshin M Y，et al. Lignin structural variation in hardwood species [J]. Journal of Agricultural and Food Chemistry，2012，60（19）：4923-4930.
[45] 张晓华．木质素热解液相产物的分级分离及其寡聚物的组成与特性研究 [D]. 广州：华南理工大学，2019.
[46] Sternberg J，Sequerth O，Pilla S. Green chemistry design in polymers derived from lignin：review and perspective [J]. Progress in Polymer Science，2021，113：101344.
[47] Liu Q，Luo L，Zheng L. Lignins：biosynthesis and biological functions in plants [J]. International Journal of Molecular Sciences，2018，19（2）：335.
[48] Morohoshi N，Glasser W G. The structure of lignins in pulps [J]. Wood Science and Technology，1979，13（4）：249-264.
[49] Yue F，Shuai L. Editorial：advances in the structural elucidation and utilization of lignins [J]. Frontiers in Energy Research，2021，9：724825.
[50] 耿莉莉，张宏喜，周婷婷，等．木质素结构及其催化转化方法的研究进展 [J]. 广州化工，2016，44（20）：4.
[51] Adler E. Lignin chemistry——past，present and future [J]. Wood Science & Technology，1977，11（3）：169-218.
[52] Önnerud H，Gellerstedt G. Inhomogeneities in the chemical structure of hardwood lignins [J]. Holzforschung，2003，57：255-265.
[53] Li C，Zhao X，Wang A，et al. Catalytic transformation of lignin for the production of chemicals and fuels [J]. Chemical Reviews，2015，115（21）：11559-11624.
[54] Ragauskas A J，Beckham G T，Biddy M J，et al. Lignin valorization：improving lignin processing in the biorefinery [J]. Science，2014，344：6185.
[55] Kadam K L，Chin C Y，Brown L W. Continuous biomass fractionation process for producing ethanol and low-molecular-weight lignin [J]. Environmental Progress & Sustainable Energy，2010，28（1）：89-99.
[56] Huber G W，Corma A. Synergies between bio-and oil refineries for the production of fuels from biomass [J]. Angewandte Chemie，2010，46（38）：7184-7201.
[57] 夏文静．碱解玉米芯制备阿魏酸和对香豆酸 [J]. 安徽农业科学，2014，42（29）：4.
[58] Tong Y，Yang J，Li J，et al. Lignin-derived electrode materials for supercapacitor applications：progress and perspectives [J]. Journal of Materials Chemistry A，2023，11（3）：1061-1082.
[59] Zhu B，Xu Y，Xu H. Preparation and application of lignin nanoparticles：a review [J]. Nano Futures，2022，6（3）：032004.
[60] 李靖，沈聪浩，郭大亮，等．木质素基碳纤维复合材料在储能元件中的应用研究进展 [J]. 化工学报，2023，74

(6)：2322-2334.

[61] 张敏杰，李明雪．制浆废液中木质素的回收方法 [J]. 资源节约与环保，2020，35 (7)：139，141.

[62] 李天阳，潘虹，徐丽慧，等．木质素基新型多功能材料研究进展 [J]. 化工新型材料，2023，51 (5)：19-23.

[63] 钱炳宏，邵超峰．中国生物质资源转化利用政策演进及发展路径优化 [J]. 农业资源与环境学报，41 (2)：420-430.

[64] Zhao Z Y，Yan H. Assessment of the biomass power generation industry in China [J]. Renewable Energy，2012，37 (1)：53-60.

[65] Wang Q，Xia C，Alagumalai K，et al. Biogas generation from biomass as a cleaner alternative towards a circular bioeconomy：artificial intelligence，challenges，and future insights [J]. Fuel，2023，333：126456.

[66] Zhang L，Xu C，Champagne P. Overview of recent advances in thermo-chemical conversion of biomass [J]. Energy Conversion & Management，2010，51 (5)：969-982.

[67] Deng W，Feng Y，Fu J，et al. Catalytic conversion of lignocellulosic biomass into chemicals and fuels [J]. Green Energy & Environment，2023，8 (1)：10-114.

[68] Shah A A，Seehar T H，Sharma K，et al. Chapter 7-biomass pretreatment technologies [M]. Hydrocarbon Biorefinery. Elsevier：The Kingdom of the Netherlands，2022：203-228.

[69] Norrrahim M N F，Ilyas R A，Norizan M N，et al. Chemical pretreatment of lignocellulosic biomass for the production of bioproducts：an overview [J]. Applied Science and Engineering Progress，2021，14 (4)：588-605.

[70] Kumar R，Strezov V，Weldekidan H，et al. Lignocellulose biomass pyrolysis for bio-oil production：A review of biomass pre-treatment methods for production of drop-in fuels [J]. Renewable and Sustainable Energy Reviews，2020，123：109763.

[71] 蒋叶涛，宋晓强，孙勇，等．基于木质生物质分级利用的组分优先分离策略 [J]. 化学进展，2017，29 (10)：12.

[72] 任学勇，常建民，苟进胜，等．木质生物质直接液化研究现状及趋势 [J]. 世界林业研究，2009，22 (5)：62-65.

[73] Shahbeik H，Panahi H K S，Dehhaghi M，et al. Biomass to biofuels using hydrothermal liquefaction：a comprehensive review [J]. Renewable and Sustainable Energy Reviews，2024，189：113976.

[74] Iliopoulou E F，Triantafyllidis K S，Lappas A A. Overview of catalytic upgrading of biomass pyrolysis vapors toward the production of fuels and high-value chemicals [J]. Wiley Interdisciplinary Reviews：Energy and Environment，2019，8 (1)：2041-8396.

[75] 马宇乔，刘兴旺，钱勇，等．氮掺杂炭负载 Co-V 催化剂的制备及催化解聚木质素制备单酚类化合物 [J]. 能源环境保护，2024：1-16.

[76] 朱跃钊，卢定强，万红贵，等．木质纤维素预处理技术研究进展 [J]. 生物加工过程，2004，51 (7)：72-75.

[77] Wang Y，Song H，Peng L，et al. Recent developments in the catalytic conversion of cellulose [J]. Biotechnology & Biotechnological Equipment，2014，28 (6)：981-988.

[78] 郭威良，吴剑，张兴一龙，等．茭白秆水解制备高价值呋喃平台化合物研究 [J]. 浙江农业学报，2024，36 (4)：870-880.

[79] Liu X，Wei W，Wu S. Thermo conversion of monosaccharides of biomass to oligosaccharides via mild conditions [J]. Process Biochemistry，2019，86：98-107.

[80] Narisetty V，Cox R，Bommareddy R，et al. Valorisation of xylose to renewable fuels and chemicals，an essential step in augmenting the commercial viability of lignocellulosic biorefineries [J]. Sustainable Energy & Fuels，2022，6 (1)：29-65.

[81] Areeshi M Y. Microbial cellulase production using fruit wastes and its applications in biofuels production [J]. International journal of food microbiology，2022，378：109814.

[82] Wang T，Liu H，Toan S，et al. Deoxygenated pyrolysis-gasification of biomass for intensified bio-oil and syngas co-production with tar abatement [J]. Fuel，2024，371：131883.

[83] Rajak R C，Saha P，Singhvi M，et al. An eco-friendly biomass pretreatment strategy utilizing reusable enzyme mimicking nanoparticles for lignin depolymerization and biofuel production [J]. Green Chemistry，2021，23：5584-

5599.

[84] Cao L，Yu I K M，Xiong X，et al. Biorenewable hydrogen production through biomass gasification：a review and future prospects [J]. Environmental Research，2020，186：109547.

[85] 高亚丽，田丽娜，卫俊涛，等．生物质气化制合成气净化技术研究进展 [J]. 动力工程学报，2024，44 (2)：168-180.

[86] 卓叶欣，朱玲君，王树荣．生物质气化制取合成气及选择性费托合成烃类燃料的研究现状 [J]. 可再生能源，2020，38 (12)：1569-1576.

第2章 生物质预处理与组分分离

生物质预处理和组分分离是生物质转化过程中的关键步骤，对提高生物质利用效率具有重要意义。生物质作为一种可再生能源，具有资源丰富、分布广泛和环境友好的特点。然而，由于其复杂的结构和成分，直接利用生物质往往面临许多技术挑战。因此，通过有效的预处理方法将生物质中的主要成分，如纤维素、半纤维素和木质素分离出来，是提高其转化效率和产出质量的关键。木质素作为生物质中主要的组分之一，可以提供一定的机械强度和疏水性以保护纤维素和半纤维素[1]。同时，木质素与纤维素和半纤维素之间通过共价键交联，形成了复杂的细胞壁结构（图 2-1）。

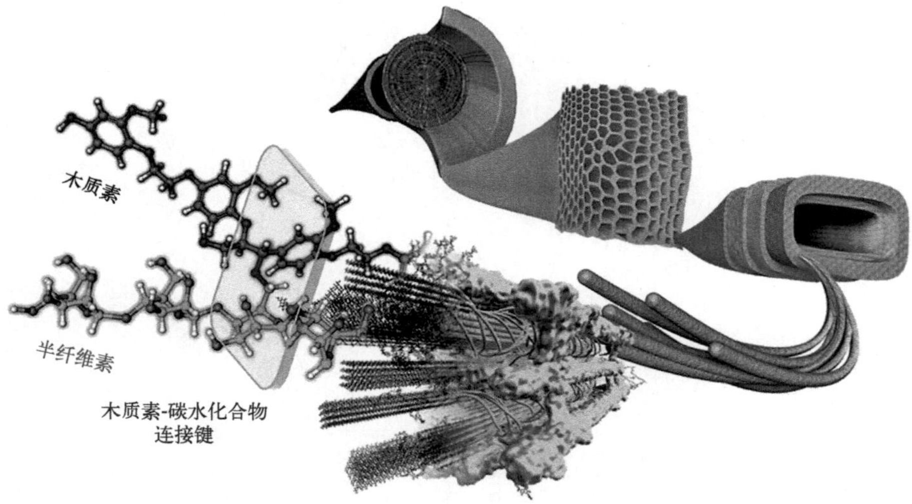

图 2-1　植物细胞壁结构示意图[1]

最早对生物质的利用主要聚焦于碳水化合物（纤维素和半纤维素），而提高生物质利用率的手段是通过预处理改变纤维素的结晶度、分子量、比表面积和颗粒大小等。随着科学技术的进步和生物经济的发展，木质素被认为是生物质经济的基本原料。2015 年，以木质素优先的生物质“还原催化分离”策略被提出[2-3]，即利用金属催化反应将生物质中的木质素优先降解为苯酚单体，同时将碳水化合物以固体形式保留，实现组分分离，最终达到生物质组分全高效利用的目的。为此一般会对生物质进行预处理以提高某一组分的纯度，最终达到提高生物质转化制备燃料和化学品效率的目的。本章将详细地介绍预处理和组分分离两种用于提高生物质转化效率的方法。

2.1　生物质预处理技术

为了打破植物“天然抗降解屏障”，通常在其转化之前进行有效的预处理。这一步骤旨在采用经济有效的方法部分移除木质素和半纤维素，同时破坏纤维素的结晶结构。这样做可以提升木质纤维素生物质的可及性和孔隙率，增加酶与纤维素接触面积，从而加速纤维素的水解过程，释放更多糖分子，促进生物质资源的高效转化[4]。

预处理是生物质转化过程中的一个关键步骤，旨在改善生物质的可处理性并降低转化过程中的能耗和成本，最大程度地提高目标产物的产率和质量。目前，常用的木质纤维素生物质预处理方法包括物理、化学和生物等方法，这些方法可以单独使用，也可以组合应用，以达到最佳的处理效果。其中纯物理或生物预处理需要相对较高的能量投入和较长的预处理时间，因此目前在工业生产中的实际应用受到限制。

2.1.1　物理预处理

物理预处理是指在预处理过程中不使用化学品或微生物，而是借助物理作用（如机械的破坏作用、超声波的空化作用和γ射线的照射等）使具有高结晶度的纤维素微粉化，达到减小原料尺寸、降低纤维素结晶度和聚合度的目的，从而增强酶与底物可及性的方法。现有的物理预处理方法包括机械粉碎、挤出和辐射等。

(1) 机械粉碎

机械粉碎主要通过切片、研磨等手段减小生物质的颗粒尺寸，通常应用于其他预处理方法之前，以改善原料的处理效果。生物质颗粒尺寸的减小可以改变其固有结构，增加比表面积，从而提高反应活性。常用的机械设备包括球磨机、粉碎机、刀片机以及挤出机等（图 2-2）。设备的选择取决于原料的水分含量[5]。粉碎机和刀片机通常用于研磨水分含量为10%～15%的生物质；挤出机仅适用于水分含量超过15%～20%的生物质的粉碎；球磨机

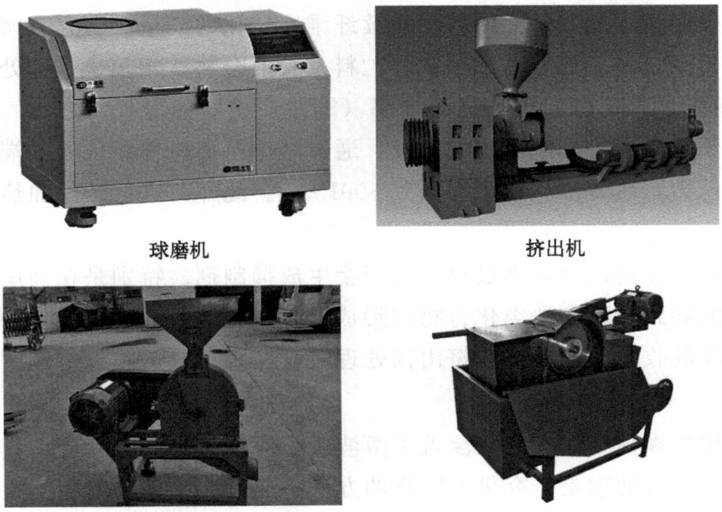

图 2-2　机械粉碎主要设备

则适用于各种水分含量的生物质。不同粉碎方法会使生物质产生不同的颗粒尺寸。例如，经过切削和研磨产生的颗粒尺寸分别为10～30mm和0.2～2mm。但过度的研磨会导致生物质颗粒尺寸过小，对后续的转化会产生不利影响。

在预处理过程中，机械粉碎并不会降解原料，更不会产生可能阻碍后续转化的抑制剂。然而，机械粉碎因其需要较高的能量被认为是生物质转化制备生物燃料最昂贵的处理步骤之一。要获得相同尺寸的原料颗粒，传统的机械粉碎所需的能量比蒸汽爆破处理多约70%。木质纤维素生物质在机械粉碎过程中的能量需求受多种因素影响，包括机器类型及其参数、颗粒的初始与最终尺寸以及生物质的特性（如体积密度、湿度和化学组成）。例如，木质纤维素生物质的湿度越大或最终颗粒尺寸越小，能量需求越大。Schell等[6]研究表明，必须将生物质颗粒尺寸减小到1～2mm，才能确保其水解不被限制，然而，将生物质的尺寸减小是一项成本非常高的操作，约消耗整个预处理过程中电力需求的33%。实际上，只有0.06%～1%的能量作用于原料，而其余的能量在研磨过程中作为热能被消耗。因机械粉碎的高能量需求以及能源价格的上升，目前机械粉碎并不可行。所以，降低机械粉碎的能量需求并提高生物质的研磨效率才能改善整个过程的经济性。除此之外，机械粉碎无法去除木质素，将导致微生物和酶无法高效接触到纤维素，进而无法提高纤维素的转化率。

(2) 挤出

挤出是一种将多个操作结合在一个单元中的过程。原材料被送入挤出机的一端，通过驱动螺杆沿着筒体的方向运输。随着材料沿着筒体移动，它在终点时会释放压力，并受到摩擦热、混合和强剪切的同时作用。螺杆的设计会影响挤出处理的效果。筒体的中心区域是一个压缩区，筒体的末端是一个膨胀磨损区。与蒸汽爆破的结果相似，挤出机会在压力释放时对材料产生相当大的磨损，从而分解细胞壁。挤出可能导致纤维素、半纤维素、木质素和蛋白质的降解，也可能导致糖类和氨基酸的热解，这取决于挤出螺杆的应力强度。挤出处理有利于加速难降解甚至某些不降解化合物的降解。其中关键的操作参数包括时间、压力和生物质含水量。目前，挤出处理的装置已实现商业化。

在挤出处理后，细胞壁的纤维素、半纤维素或木质素含量没有明显降低。生物质颗粒尺寸显著减小，比表面积增加，从而增强了后续纤维素转化的产量。研究表明，挤出后的木质纤维素生物质，包括玉米、黑麦草和稻草青贮料及其混合物，相较于未经处理的原料增加了8%～13%的甲烷产量；挤出处理的能源效率（能量产出和能量投入之比）高达8.0[7]。挤出预处理还可用于提高有机固废的沼气产量，通过减小挤出机压缩区内的端口尺寸来增加挤出机压缩区内的压力，可将沼气产量提高到800L/kg。此外，进行外部加热也有助于提高挤出的效率。

需要注意的是，在挤出预处理过程中可能会生成抑制剂。特别是在高压条件下，糖类和木质素的分解可能导致糠醛和酚类化合物的形成，这些化合物会抑制生物质的进一步转化，从而减少目标产物的收率。因此，在挤出预处理时应注意采取措施以规避这一潜在问题。

(3) 辐射

辐射作为一种物理预处理方法，涵盖了微波、超声波、γ射线和电子束等技术[8]。在辐射预处理方法中，微波处理是研究最为广泛的方法。通过将电磁场产生的能量直接传递给原料，来降低热梯度，充分加热原料。原料的微波场和介电响应决定了其受微波能量加热的效率。微波技术是传统加热的有效替代方法，它可以更快速地加热大体积原料，减少处理时间，节约能源。同时，微波处理也可能会产生热诱导的抑制剂。因此，控制预处理条件以避免抑制剂的形成是十分重要的。微波处理通常不单独应用于木质纤维素生物质的预处理，而是作为辅助手段，在相对较低的温度下配合酸碱预处理进行加热，这样做不会对预处理的效果产生不利影响。

超声预处理会破坏细胞壁结构，增加比表面积，降低聚合度，从而增强木质纤维素生物质的生物降解性。超声预处理会产生整体空化现象，从而产生物理和化学效应。物理效应是由空化气泡破裂引起的，而空化气泡破裂是通过自由基而形成的，这会导致化学性质发生显著变化。这些物理和化学效应的结合会导致细胞壁结构的破坏。研究发现，超声预处理在提高有机固废的降解效率方面比臭氧氧化法更有效，并且它可以有效地增加有机固废的溶解度。超声也常被用于辅助低浓度碱预处理[9]。

γ 射线和电子束辐射已被用于提高各种污泥材料的转化率，但在木质纤维素生物质方面的研究很少。除了微波预处理外，辐射预处理通常成本高昂，并且无法处理大体积原料，因此难以在工业上应用。

2.1.2 化学预处理

化学预处理是指使用化学物质，如酸、碱等，来改变木质纤维素生物质的物理和化学特性[10]。在物理法、化学法和生物法三种预处理类别中，化学预处理是研究最为广泛，也是最受欢迎的一种方法，可有效降低生物质原料的结晶度，同时使原料的三大组分发生部分分离。

（1）碱预处理

碱预处理主要通过两种途径改变木质纤维素生物质的致密结构：一方面，碱金属离子以水合离子的形式存在并渗透进纤维素分子内部，与纤维素分子形成氢键，从而破坏纤维素原有的氢键网络，最终导致纤维素溶胀[11]。这种溶胀作用会破坏纤维素晶体结构，导致其结晶度降低，同时内比表面积增大。另一方面，在碱性条件下，半纤维素与木质素连接的酯键、醚键等化学键不稳定，易于解聚并最终溶解于碱液中。这一过程削弱了纤维素外围的抗降解屏障，甚至可能导致其完全消失。由此，纤维素、半纤维素和木质素之间原本致密的结构变得疏松，纤维素裸露出来，从而提高了酶对纤维素的可及性[12]。

碱预处理中常用的碱包括氢氧化钠（NaOH）、氢氧化钙［$Ca(OH)_2$］、氢氧化钾（KOH）和氨水（$NH_3 \cdot H_2O$）等。其中，由于 NaOH 具有较强的催化效果，因此使用 NaOH 进行预处理通常能获得比其他碱性方法更高的酶水解程度[13]。此外，NaOH 能够有效地破坏木质素和半纤维素在木质素-碳水化合物复合物（LCC）中的连接，同时它还可以切断木质素分子阿魏酸结构中的酯键和碳碳键[14]。由于 NaOH 被解离为氢氧根离子（OH^-）和钠离子（Na^+），因而在 NaOH 预处理反应中随着 OH^- 浓度的增加，水解反应速率相应增加。例如，使用 0.5%～2.0% NaOH 对秸秆进行预处理，木质素和半纤维素的脱除率分别为 84.8%和 79.5%，在后续的酶解转化中葡萄糖收率最高可达 86.5%[15]。

碱预处理在制浆造纸工业中应用较多，Kraft 法制浆过程中，使用 NaOH 和硫化钠（Na_2S）的混合物，作为制浆试剂。但是，碱液的回收再利用比较困难，直接排放容易造成环境污染。由于碱处理能够脱除生物质中大部分木质素和半纤维素，因此通过逐级沉淀能够进一步得到半纤维素和木质素的衍生产物，进而进行再利用，碱处理生物质的主要工艺流程如图 2-3 所示。

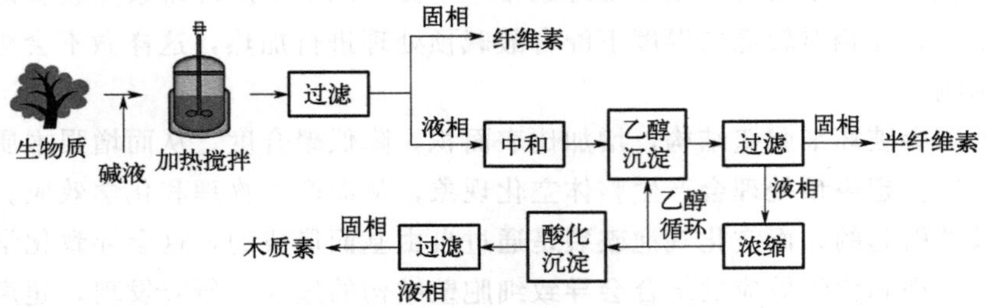

图 2-3　碱处理生物质工艺流程图

(2）酸预处理

各种类型的酸包括无机酸（硫酸、盐酸、氢氟酸、磷酸和硝酸）和有机酸（马来酸、乙酸和草酸）已广泛用于木质纤维素生物质预处理研究。酸作为催化剂，其解离产生的 H^+ 能够攻击 LCC 部分的连接键以及碳水化合物（尤其是半纤维素）间的糖苷键[16]。在酸处理过程中，原料中的多糖（主要是半纤维素）被水解成单糖，这导致木质纤维素生物质中保护纤维素的木质素-半纤维素屏障结构变得松散，从而增加了纤维素酶的可及性，提高了纤维素的酶解性能[17]。

酸处理又分为浓酸处理和稀酸处理，各自特点如表 2-1 所示。浓酸预处理，通常是在较温和的温度（小于 100℃）下使用 30%～70%浓度的酸进行处理。浓酸预处理通常可直接获得高单糖产率，而无需酶水解作为额外的水解步骤[18]。盐酸、硝酸、硫酸和三氟乙酸都曾用于浓酸水解木质纤维素的研究，其中以浓硫酸研究最为广泛[19-20]。浓酸预处理，尽管可以有效地水解纤维素、半纤维素到单糖，但浓酸本身的毒性和腐蚀性很强，因此预处理过程对操作人员安全性以及设备耐腐蚀性要求较高。

表 2-1　酸性催化剂的分类[21]

过程条件		优点	缺点
浓无机酸	酸浓度 $\rho>0.3$kg/L，室温到中等温度几小时	没有酶的使用；低温、低压	毒性；腐蚀性
稀无机酸	在 0.05～0.5kg/L 酸浓度下高温预处理几分钟	反应速率高	高温；能形成抑制产物
有机酸	在 0.05～0.5kg/L 酸浓度下高温预处理几分钟	低毒；抑制性产物形成较少	成本高

稀酸预处理通常在 120～230℃的温度范围内进行，使用的酸浓度为 0.5%～5.0%，压力控制在 1.0MPa 以下[22]。通过这种预处理，半纤维素几乎完全水解，而纤维素仅部分水解，导致总糖收率相对较低。这种不同的水解程度主要归因于纤维素和半纤维素的结构和细胞中的存在形式差异。由于半纤维素具有无定形结构，因此在相同条件下它比纤维素更易被水解。尽管升温能有效地加快纤维素的水解速度，但这种升温过程同样会加剧木糖的降解，从而产生不必要的副产物[23]。为了增加糖收率，稀酸预处理通常分为两个阶段进行。首先，使用较为温和的条件（120℃左右）将大部分半纤维素转化为单糖和寡糖；其次，对富含纤维素的残渣在更严格的条件下进行水解。通过这两个步骤，大部分半纤维素和纤维素均能以

单糖或者寡糖形式被回收。然而，这种两步预处理方法需要较多的酸量，并且与浓酸预处理一样，都面临着后期废酸中和与回收问题[24]。

酶解纤维素，因其温和的反应条件、高度的特异性以及不引入污染性化学品而被认为是一种绿色的水解方式。但由于木质纤维素结构的致密性和复杂性，酶分子很难进入结构内部发挥作用，导致直接酶解的效率较低[25]。此外，纤维素酶价格昂贵，使得直接酶水解纤维素并不普遍。为了推动稀酸预处理技术发展并充分利用纤维素酶的水解能力，通常在酶解之前先对木质纤维素进行酸处理以提高其酶解性能。为了优化稀酸预处理条件并减少抑制剂的产生，通常采用一种综合指标——综合强度因子（combined severity factor，CSF）来评估处理过程，CSF 综合考虑温度、pH 值和时间三个因素[26]。CSF 在评估稀酸处理过程中扮演着决定性角色，它影响着纤维素的回收效率、半纤维素的分解程度、木质素的溶解度以及后续的酶解反应效率。

2.1.3　有机溶剂预处理

有机溶剂预处理是通过增强溶剂的渗透性来促进生物质溶解的。该方法采用的溶剂主要包括短链醇（甲醇、乙醇）、多元醇（甘油、乙二醇、三甘醇）、丙酮、四氢呋喃和苯酚等[27]。与其他预处理方法相比，有机溶剂法能够提取出纯度较高且硫含量较低的木质素，这种“高质量”木质素有望被转化为更高价值的产品[28]。目前，应用于木质纤维素预处理的有机溶剂可分为两大类：极性质子溶剂和极性非质子溶剂。经过这种预处理，生物质可以被分解为三个主要组分：富含纤维素的部分，有机溶剂木质素部分以及含有糖、酸溶木质素、有机酸和其他水溶性成分的部分[29]。

2.1.3.1　极性质子溶剂

在极性质子溶剂中，乙醇因其低成本和可再生性而在有机溶剂预处理中被广泛应用。在乙醇预处理中，通常会辅助添加适量的酸性催化剂。研究表明，添加酸性催化剂时的葡聚糖降解率与单独使用乙醇或碱辅助乙醇时相当。然而，在降低温度和时间的条件下，酸性催化剂对葡聚糖降解率的提高并非依赖于脱木质素效率的增加。相反，这种改善主要归因于纤维素聚合程度的降低、平均纤维长度的减少以及预处理生物质底物孔隙率的增加，而这些影响均可增加纤维素水解酶的可及性。在酸性催化剂的作用下，乙醇浓度对木质素脱除有显著影响：在较低浓度时，酸催化醚键断裂产生可溶解的小分子量木质素片段；而在较高浓度下，木质素的可溶性增加，因此无须进一步催化裂解[30-31]。在酸催化的乙醇预处理过程中，碳水化合物的质量平衡通常较差，尤其是木聚糖，这主要是由于戊糖/木聚糖降解产物糠醛和/或木聚糖低聚体的形成。此外，在预处理过程中木聚糖可能形成乙基木聚糖苷（图 2-4）。

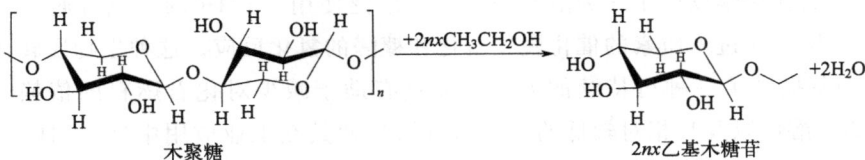

图 2-4　乙醇预处理中乙基木聚糖苷的形成过程[32]

与乙醇生物质预处理机制相似，甲醇在酸性条件下也通过同样的路径形成甲基糖苷[33-34]。然而，由于甲醇固有的毒性和易燃性，近年来关于甲醇预处理在生物质预处理中的应用研究相对较少。

多元醇溶剂，包括甘油、乙二醇和三甘醇等，是木质纤维素预处理中常用的极性质子溶剂，主要依靠其渗透作用来增强生物质的溶解性。甘油在木质纤维素生物质的预处理中，既可作为独立溶剂，也能与酸性或碱性催化剂结合使用。甘油预处理过程主要通过脱木质素和减小颗粒尺寸来提高纤维素酶对纤维素的可及性。此机制与其他有机溶剂法相似，主要涉及裂解木质素中的芳基醚键以及碳水化合物与木质素之间的醚键[35]。此外，乙二醇的渗透作用能增强生物质的溶解性和灵活性，其使用方式灵活，可单独应用或与催化剂联合使用。经乙二醇预处理的生物质，其葡聚糖降解性能与脱木质素程度紧密相关，呈现强烈的线性相关性（$R^2=0.984$）[36]。类似于其他醇类预处理，酸性条件下的乙二醇预处理过程可能会产生大量的乙二醇糖苷[37]。与甘油和乙二醇的预处理效果相比较，酸催化的甘油预处理中的脱木质素程度通常低于酸催化的乙醇预处理或乙二醇预处理，这可能是因为木质素在甘油中的相对低溶解度。

2.1.3.2 极性非质子溶剂

极性非质子溶剂是木质纤维素预处理中使用的另一类有机溶剂，它们通过偶极相互作用与生物质中的极性组分发生作用，从而增加生物质的溶解性。它们包括酯类（如乙酸乙酯、γ-戊内酯）、酮类（如丙酮、丁酮）和烷基碳酸酯类（碳酸乙烯酯、碳酸丙烯酯）等。这些溶剂在预处理过程中显示出对生物质的溶解选择性较高，对环境的影响较小。碳酸乙烯酯（EC）和碳酸丙烯酯（PC）都是商业可用的溶剂，广泛用于各种工业中。它们在预处理中的有效性源于其相对较高的相对介电常数 ε_r。高介电常数增加了溶剂的酸性，从而促进了木质素醚键的裂解和半纤维素糖苷键的水解，进而提高了木质素和半纤维素的脱除率[38]。

丙酮在生物质预处理中的应用可以追溯到 20 世纪 80 年代，近年来这一领域取得了新的突破。与乙醇预处理一样，通常会向丙酮预处理中添加无机酸以促进脱木质素。Araque 等[39]使用丙酮、水以及质量分数为 0.9%的硫酸在 185～195℃下对松木屑进行预处理，最终实现了 90%～99%的乙醇产率。

在极性非质子溶剂选择中，由丙酮合成的甲基异丁基酮（MIBK）也占据了重要地位。近期的研究进展表明，通过精细调整 MIBK 与水和乙醇的混合比例可以显著改善基于 MIBK 的预处理工艺，从而有效生产出高质量的发酵糖和木质素。同时，乙酸乙酯作为一种潜在的低毒性和低成本溶剂，可用于替代 MIBK 进行生物质分离。值得注意的是，乙酸乙酯等酯类化合物在酸性条件下可能会水解，这可能导致溶剂回收和再循环效果不佳。

四氢呋喃（tetrahydrofuran，THF）是一种重要的极性非质子溶剂，因其能有效溶解多种有机物质，而在化学反应中作为溶剂和介质被广泛使用。THF 的合成可通过生物质转化途径实现，特别是通过木质素的催化脱羰基化和糠醛的氢化反应。这种生物质转化途径不仅为 THF 的制备提供了一种可持续的方法，而且有助于减少对化石燃料的依赖[40]。同时，THF 与水的相溶性以及其相对较低的沸点（66℃）使其在工业应用中易于回收。当与稀酸结合使用时，THF 作为共溶剂可以实现极高的木质素脱除率和半纤维素的高溶解率。近期，生物基衍生的溶剂 γ-戊内酯（GVL）因其能够在低酸浓度（<0.1%硫酸）下实现生物质的

完全糖化而受到广泛关注。尽管 GVL 属于极性非质子溶剂，但其预处理方法与传统有机溶剂法有所不同，它能够生成可溶性糖类而非富含纤维素的底物。这一特性使得 GVL 在生物质转化和糖化过程中展现出独特的优势和广泛的应用潜力。Luterbacher 等[41]的研究表明，在 160～200℃条件下将不同类型生物质（玉米秸秆、枫木和落叶松）与 GVL、水和质量分数 0.5%的硫酸反应，可以有效回收 89%的戊糖和 80%的己糖。当反应体系中加上呋喃、5-羟甲基糠醛（HMF）和乙酰乙酸等脱水产物时，碳水化合物产率提高到 90%～95%。此外，GVL 作为溶剂的另一个优势在于，通过添加水就能够从 GVL-水混合物中沉淀木质素（约 95%回收率）。这种高效的分离方法在将木质素转化为高价值产品的过程中极具吸引力，为生物质资源的深度利用和增值转化提供了新的可能性。

在生物质预处理方法的研究与应用中，双相有机溶剂预处理技术相较于传统的极性质子溶剂和极性非质子溶剂预处理方法展现出显著的优势[1]。该方法通过利用两种不相溶的有机溶剂显著提高了生物质溶解性。这种预处理方法的优势在于它能够同时实现木质素的脱除和半纤维素的溶解，从而为后续的酶解反应创造更有利的条件。图 2-5 详细展示了双相有机溶剂预处理生物质的具体步骤。这种技术不仅提高了生物质资源的利用效率，而且为生物质转化和糖化过程的优化提供了新的思路。

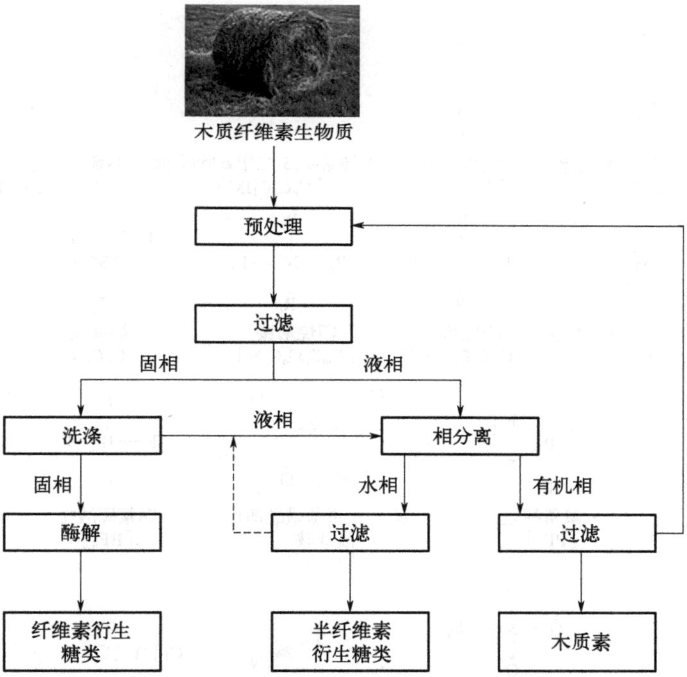

图 2-5　双相有机溶剂预处理流程图

2.1.4　离子液体预处理

在 20 世纪 90 年代初期，研究人员首次揭示了离子液体（ionic liquids，ILs）的存在，这是一种常温常压下保持液态且在水与空气中稳定的物质。作为一种独特的化学物质，离子液体展现出一系列显著的物理和化学特性，包括低挥发性、高热稳定性、出色的溶解能力以及可调节的物理性质，这使得离子液体在多个应用领域显示出巨大的潜力。在化学合成领域，离子液体作为溶剂或催化剂能够促进化学反应的进行[42]。

ILs由有机阳离子和无机或有机阴离子构成，这种独特的组成使得离子液体的性质可以通过调整阴阳离子的结构来控制。现在，ILs的有机阳离子主要来源于季铵盐类的芳香族或脂肪族铵离子，它们可以与各种阴离子结合形成具有不同特性的离子液体。常见的阴、阳离子代表如图2-6所示。当然，离子液体的阴离子可以是单原子或多原子的，其中多原子阴离子通常将负电荷分布在多个原子上，增加了其稳定性。常见的阴离子包括卤素阴离子以及一些被氟原子取代的阴离子，如三氟甲磺酸盐或四氟硼酸盐。这些氟化阴离子的吸电子效应有助于负电荷的离域，从而影响离子液体的整体性质。此外，近年来还开发了一些不含卤素的离子液体，这些离子液体不仅成本较低，而且对环境和健康的潜在危害也较小。根据离子液体的性质和应用，离子液体还可以进一步分为质子型离子液体和非质子型离子液体。其中，质子型离子液体由酸性物质和碱发生中和反应形成，具有较高的电导率。与质子型离子液体不同，非质子型离子液体中不含有可自由移动的质子。它们的电导率通常较低，但在其他方面，如热稳定性、溶解性和化学稳定性方面表现出优异的性能。

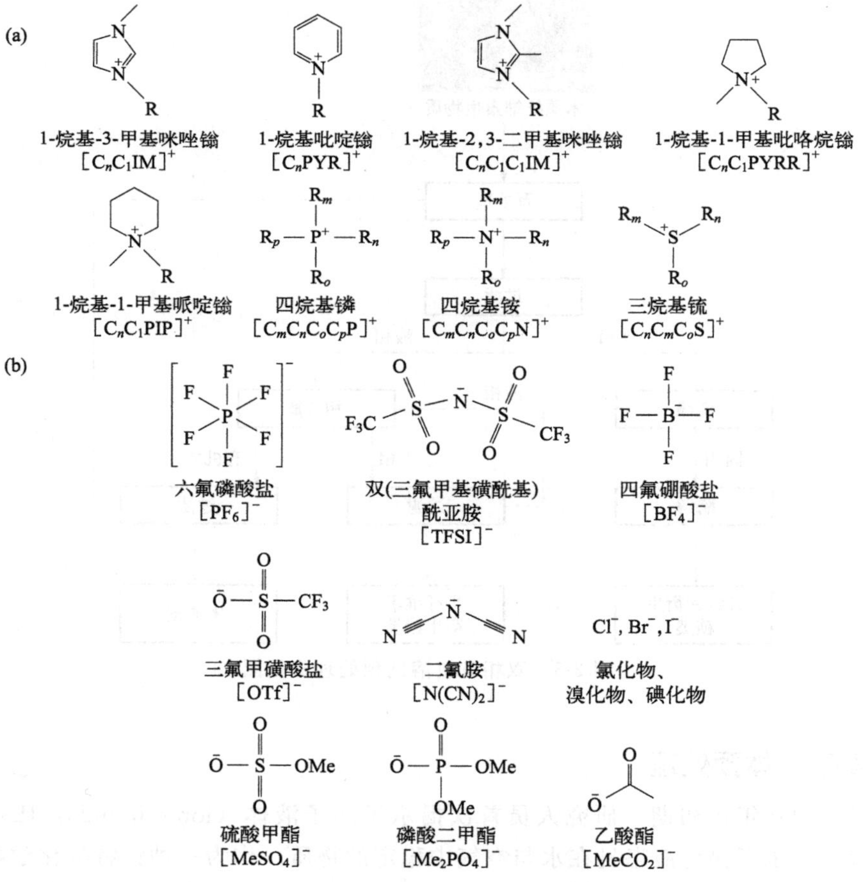

图2-6 ILs常见阳离子和阴离子类型[43]

与其他挥发性有机溶剂相比，ILs 具有低毒性、低亲水性、低黏度、热稳定性、广泛的阴离子和阳离子组合选择、增强的电化学稳定性、高反应速率、低挥发性以及不易燃的优势，这使得离子液体在多种化学和工业过程中成为有吸引力的选择。纤维素作为一种重要的生物质资源，在离子液体中的溶解机制是一个复杂且重要的过程[44]。具体来说，纤维素的羟基（由氧原子和氢原子组成）作为电子供体，而离子液体中的阳离子或阴离子则作为电子受体，两者相互作用促进了电子供体-电子受体络合物的形成。在这个过程中，纤维素分子链间的氢键被打破，从而使纤维素发生溶解[45]。溶解后的纤维素可以通过添加抗溶剂（如乙醇、甲醇、丙酮或水）来迅速沉淀[46]。这种方法可以有效地回收纤维素，并且所回收的纤维素在聚合度上与初始纤维素相同。然而，其宏观和微观结构可能发生显著变化，特别是结晶度减小和孔隙度增加。这些变化使得回收的纤维素在特定的应用中可能表现出不同的性质和功能。

目前，ILs 在生物质预处理领域的研究和应用已经取得了显著的进展，特别是在提高酶水解糖收率方面显示出巨大潜力。ILs 如 *N*-甲基吗啉-*N*-氧化物单水合物（NMMO · H_2O）、1-丁基-3-甲基咪唑氯化物（BMIMCl）、1-烯丙基-3-甲基咪唑氯化物、3-甲基-*N*-丁基吡啶氯化物（MBPCl）和苯基二甲基（十四烷基）氯化铵等，已被广泛研究用于生物质预处理。离子液体能够有效打破木质纤维素的结构，提高其可及性，从而促进后续的生物转化过程，为生物燃料和生物基产品的生产提供新的技术途径。

2.1.5　低共熔溶剂预处理

低共熔溶剂（deep eutectic solvents，DES）是一种新型的绿色溶剂，自 2003 年首次被报道以来，因其与 ILs 相似的性质而受到广泛关注。通常，DES 表示为 Cat＋X-*z*Y，Cat＋代表阳离子基团；X-代表路易斯碱；Y 代表路易斯或布朗斯特酸；*z* 代表与阴离子相互作用的分子数。与 ILs 相比，DES 在制备成本、毒性和生物降解性方面具有明显优势，因此它可替代 ILs 用于生物质预处理。在结构上，DES 主要由氢键受体（HBA）和氢键供体（HBD）组成（图 2-7）。其中，HBA 通常是带有卤素阴离子的季铵阳离子，而 HBD 则是一些能够提供氢键的化合物。由于 HBD 和 HBA 之间的强氢键相互作用，所以 DES 的熔点远低于其组成成分（HBD 和 HBA）。这种氢键相互作用使得 DES 在生物质中破坏强氢键的可能性很高，因而具有很高的生物质溶解性。2012 年，DES 首次用于生物质预处理，并因其优异的性能被认为是最有前途的替代预处理方法之一。DES 预处理能够有效破坏木质纤维素的结构，提高其可及性，从而促进后续的生物转化过程。此外，DES 的低毒性和高生物降解性使其成为环境友好的选择。

在 DES 体系中，三种主要组分（纤维素、半纤维素和木质素）的溶解效率存在显著差异。DES 对纤维素的溶解度较差，而木质素相比碳水化合物更易溶解。ILs 由于其结构有序性，通常比 DES 具有更强的溶解纤维素的能力。当 ILs 与纤维素接触时，这种结构会被打破，从而增加体系的熵，并进一步增强纤维素的溶解能力。相比之下，DES 的无序结构限制了熵的增加，导致其对纤维素的溶解度降低。在 DES 体系中，预处理可以使纤维素长链膨胀，聚合度降低，纤维素大分子结构的有效反应面积和孔隙度增加，从而促进纤维素的转化。对于半纤维素而言，其在 DES 中的溶解度通常高于纤维素，这与半纤维素较短的链长、无定形性质、较低的聚合度和较多的支链结构有关[47]。木质素在 DES 中的预处理是一个复杂的过程，涉及木质素分子结构的改变。由于 DES 中的氢键供体和受体与木质素中的芳香环结构相互作用，因此木质素溶解于 DES 中。温度是影响这一过程的关键因素。在高温（高于 120℃）条件下，某些类型的木质素（如丁香基木质素）更容易脱除。而在较低温度（低于 100℃）下，其他类型的木质素（如愈创木基木质素）可能发生选择性降解。因此，通过 DES 对生物质进行组分分离的分解机制主要可以分为半纤维素的水解和木质素的溶解，这些机制主要基于木质素分子内的醚键以及木质素与纤维素之间的醚键或酯键的断裂[48]。

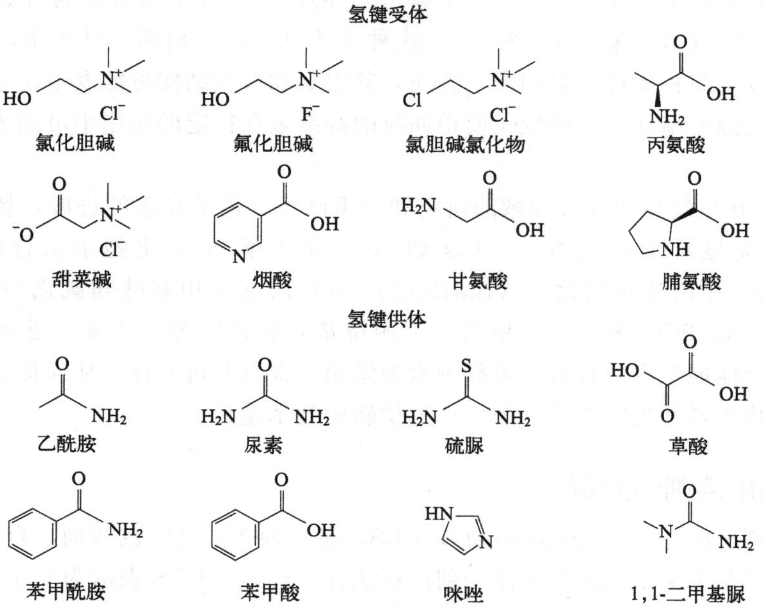

图 2-7　DES 常用的氢键受体（HBA）和氢键供体（HBD）类型

2.1.6　氧化预处理

氧化预处理包括湿法氧化、臭氧氧化、过氧化物氧化、Fenton（芬顿）氧化等[49]。湿法氧化是在预处理前向原料添加水和氧化剂（例如空气、氧气和过氧化氢）。温度、反应时间、氧气压力和水含量是湿法氧化中最关键的参数。湿法氧化过程通常在高温（125～300℃）和高压（0.5～20MPa）下进行，处理时间从几分钟到几小时不等。氧气的存在可以显著加快反应速率和自由基的产生，从而加速化学反应。然而，使用纯氧会导致高昂的操作成本。因此，通常在湿法氧化预处理中使用空气作为氧化剂，这不仅满足氧化反应的需要而且还降低了成本。作为一种放热反应，湿法氧化产生的热量在大多数情况下足以在预处理开始后保持所需的温度水平，从而减少或消除额外的能量输入。此外，该过程在较低温度下也能进行，有助于降低能源消耗和成本。湿法氧化对水分含量有严格要求，因此对于木材和稻草等干燥生物质在进行处理时需要额外加水。在此过程中，主要发生包括芳香核的氧化解离、亲电取代、侧链位移和烷基芳基醚键等裂解反应。这些反应对于木质纤维素的生物精炼至关重要，能够生产多样化的生物燃料和化学品。湿法氧化预处理还能有效提升纤维素酶的消化率，其主要作用机理是去木质化，尤其在碱性介质中，这有助于消除木质素对酶的物理阻碍和非生产性吸附。

臭氧是一种强力氧化剂，在生物质预处理过程中扮演着关键角色。这一过程涉及臭氧氧化预处理，主要目的是通过降解木质素和轻微改性半纤维素来提高生物质的可降解性。臭氧预处理参数包括反应器中的水含量、颗粒大小和气流中的臭氧浓度[50]。其中，水含量是对原料溶解性影响最大的因素。在预处理过程中应用时，臭氧分子在水中分解成羟基自由基（·OH），从而产生臭氧和·OH 的氧化组合。因此，溶液的 pH 值在臭氧氧化预处理过程中对反应类型有重要影响。由于混合物中臭氧的停留时间有限，通常需要大量的臭氧进行预处理，因而该方法处理成本相对较高。臭氧预处理通常在常温和常压下进行，且不会产生与其他热氧化预处理方法（如湿法氧化）相关的抑制性化合物。

过氧化氢（H_2O_2）是在制浆和漂白工业中广泛应用的氧化剂，其预处理效果在碱性条件下更为显著。在碱性环境中，H_2O_2 分解产生羟基自由基和超氧化物（O^{2-}），这些物质比过氧化氢本身具有更强的氧化能力。目前，基于碱性 H_2O_2 的体系已经广泛应用于各种木质纤维素生物质的预处理。作为一种非选择性氧化过程，H_2O_2 处理可能会导致半纤维素和纤维素的损失[51]。同时，木质素被氧化成可溶性芳香化合物的过程中可能会生成抑制剂。与酸性和碱性预处理方法不同，H_2O_2 预处理可以在温和的条件下进行（低温低浓度），而木质素的脱除率并不会降低。H_2O_2 预处理的效果受 H_2O_2 浓度、碱浓度、生物质载荷量、预处理时间和温度的显著影响。在这些因素中，H_2O_2 浓度的增加会提高酶解速率；较低的生物质载荷量有助于获得更高的葡萄糖产率。然而，值得注意的是，延长预处理时间会显著降低酶解速率。

Fenton 氧化法在环境工程领域的废水处理中得到了广泛的应用，同时也被视为木质纤维素预处理的一种有效替代方法。这种处理技术依赖于亚铁离子（Fe^{2+}）和 H_2O_2 在酸性条件下的相互作用，以产生具有强氧化能力的羟基自由基[52]。这些羟基自由基能有效降解木质素和半纤维素组分，从而显著提高纤维素的可及性，使其更易于进一步的处理和转化。Fenton 氧化预处理受多种因素影响，包括 pH 值、温度、铁盐的类型和 H_2O_2 浓度。传统的均相 Fenton 反应通常在酸性溶液（pH 值为 2～4）中进行。这是因为在这种酸性环境中，亚铁离子和过氧化氢能够有效地相互作用，产生具有强氧化性的羟基自由基[53]。但是，增加 pH 值会导致三价铁离子的沉淀，从而导致反应停止。Fenton 氧化预处理通常低于 55℃，这有助于保持生物质的结构完整性，是 Fenton 氧化预处理的优点之一。然而，也有研究在相对较高的温度下进行 Fenton 氧化预处理。在较高的温度下，可以减少 H_2O_2 使用量，但同时也可能增加纤维素的水解和溶解，这可能会影响后续的处理步骤。在 Fenton 氧化预处理中，硫酸铁或氯化铁因其成本低廉和溶解度高而被广泛使用。特别是 $FeCl_3 \cdot 6H_2O$，当添加到 H_2O_2 中时其处理效果最佳。这是因为 Cl^- 相比于 SO_4^{2-} 具有更高的电负性，因此能有效破坏纤维素微纤维之间的氢键和醚键，从而促进木质素的溶解。铁盐和 H_2O_2 的浓度直接影响产生的羟基自由基的浓度，这是影响预处理效率的关键因素。尽管它们的最佳浓度因生物质种类和固体载荷量而异，但通常在固定铁盐浓度的情况下，增加 H_2O_2 浓度可以提高酶解效率。此外，为了实现更好的预处理效果，及时补充 Fenton 试剂以确保羟基自由基保持在相对较高的浓度是非常重要的。由于残留的 H_2O_2 可能对后续生物转化过程中的酶或微生物产生毒性，因此通常需要对预处理的底物进行清洗以去除潜在的抑制剂。在确保预处理效果的前提下，合理调整 H_2O_2 浓度可以完全消耗 H_2O_2，从而确保预处理后没有残

留的 H_2O_2。除了传统的均相 Fenton 氧化法，非均相 Fenton 氧化技术也应用于木质纤维素生物质的氧化预处理。在这种方法中，金属基固体催化剂用于分解 H_2O_2 产生羟基自由基。与可溶性铁盐相比，这种方法能够扩展工作 pH 范围并抑制铁污泥的生成。然而，在异相 Fenton 氧化中使用固体催化剂不仅增加了催化剂生产成本，还增加了随后分离过程的难度。

总体而言，除了湿法氧化预处理，众多氧化预处理方法皆在温和条件下进行（<100℃）。尽管氧化预处理在生物质转化领域显示出潜力，但目前仍面临许多挑战。例如，过氧化物价格昂贵，不适合在工业规模上处理生物质，同时还会产生含氯废水。在这种情况下，由于湿法氧化过程使用廉价的氧气作为氧化剂，因此它似乎是工业应用最有前景的方法。然而，这种方法也有其局限性，包括需要较高的反应温度和压力以及相对较高的反应器成本。另外，使用可回收氧化剂的氧化预处理作为一种新兴的木质纤维素预处理技术受到广泛关注。这种技术的显著优势在于氧化剂可以通过简单的化学或电化学过程再生和重复使用。其中，这些可回收的氧化剂被称为电子载体，通常具有氧化还原可逆性，能够在酸性或碱性介质中对木质纤维素生物质进行氧化。在预处理过程中，半纤维素和木质素组分被氧化并脱离生物质，这一过程由氧化态的电子载体驱动，从而显著提升了纤维素的可及性。与此同时，氧化态的电子载体从生物质中接受电子并转变为还原态。然后，这些还原态的电子载体可以进一步通过化学或电化学方法转化为氧化态，以便继续参与氧化预处理（图 2-8）。

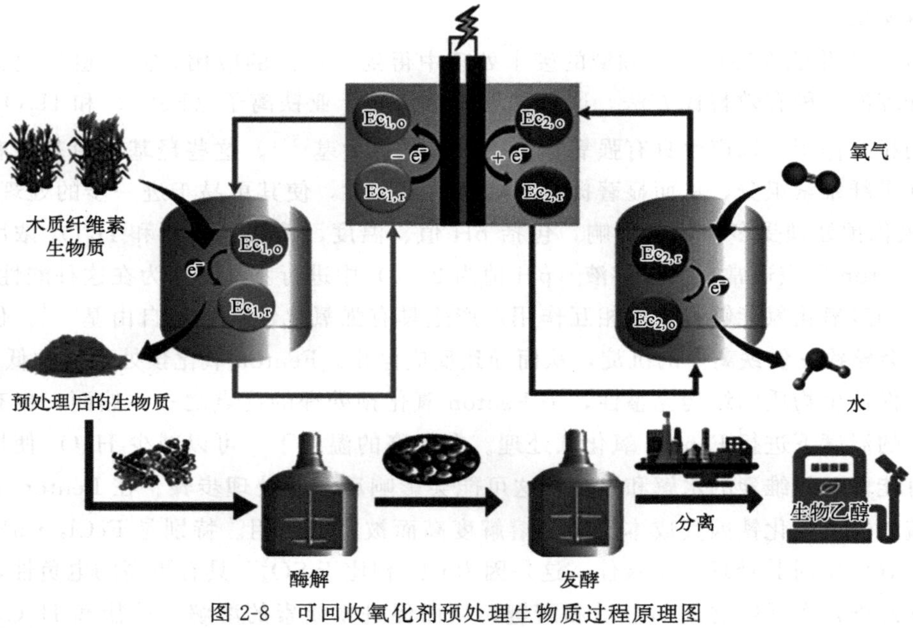

图 2-8　可回收氧化剂预处理生物质过程原理图

目前，已有研究证实了几种电子载体在木质纤维素降解中的有效性，包括多金属氧酸盐（POMs），例如磷钼酸（PMo_{12}）、磷钨酸和磷钼钒酸；铁盐，如氯化铁（$FeCl_3$）和六氰基铁（Ⅲ）酸钾 [$K_3Fe(CN)_6$]；有机氧化还原化合物，如亚甲蓝。这些电子载体的应用不仅提高了预处理效率，而且通过其循环利用，降低了整体处理成本，为木质纤维素生物质的转化提供了经济和环境上可持续的解决方案。

2.1.7 生物预处理

木质纤维素的生物预处理是一种利用生物手段，特别是微生物和酶，对木质纤维素进行降解和改性的技术[54-55]。木质纤维素的降解通常是通过某些真菌和细菌的相互作用而实现的，主要包括真菌预处理、微生物联合预处理和酶预处理[55-56]。表 2-2 总结了主要的生物预处理木质纤维素生物质的类型和特点。与物理和化学预处理方法相比，生物预处理通常所需的能量输入较低且无需使用化学试剂，反应条件温和，生成的抑制剂很少，但较长的预处理时间限制了生物预处理的商业化应用[57]。真菌预处理主要选择性降解木质素和半纤维素，纤维素几乎不降解[2,58]。真菌预处理通常在无菌条件下进行，常用的真菌包括褐腐菌、白腐菌和软腐菌等，其中白腐菌的效果最好[59-60]。微生物联合预处理是从天然环境中筛选出的微生物，主要来源于腐烂的木质纤维素生物质。与真菌预处理不同，微生物联合体通常具有较高的纤维素和半纤维素降解能力[61]。除了从天然环境中筛选微生物外，含有酵母和纤维素分解菌的纯菌株混合物也可用于生物质预处理。在大多数情况下，使用微生物联合体进行预处理时，木质纤维素底物是不需要灭菌的，这是相较于真菌预处理的优势。在木质纤维素生物质的厌氧降解过程中，纤维素和半纤维素的水解被认为是速率限制步骤。因此，为了增加木质纤维素生物质的可降解性，在生物质的厌氧降解过程中或之前，会应用具有水解活性的酶。其中常用的酶包括纤维素酶和半纤维素酶，但酶的成本很高，因此酶预处理的应用受到限制[62]。

表 2-2　生物预处理主要类型及特点

生物预处理类型	微生物和酶种类	预处理条件	结果
真菌预处理	白腐菌、褐腐菌、软腐菌、担子菌	28～37℃；12～56d；接种前是否高压灭菌均可；有氧	产量提高 15%～500%
微生物联合预处理	复合微生物制剂：含酵母菌和纤维素分解菌；热胞梭菌、真菌和堆肥微生物的混合物	20～55℃；12h～20d；接种前是否高压灭菌均可；有氧	产量提高 25%～96.6%
酶预处理	漆酶；果胶酶；纤维素酶与半纤维素酶的混合物；纤维素酶、半纤维素酶和双葡萄糖苷酶的混合物；粗木霉和酶复合物	37℃；4～24h；无须灭菌；有氧或厌氧	产量提高 0%～34%

总的来说，大多数生物预处理的效率较化学预处理低，且处理时间较长。在实现生物预处理的商业化应用之前，仍需进一步研究以解决一些关键问题，如降低成本、提高产物选择性和提升处理效率等。

2.1.8 组合预处理

采用物理、化学或生物法对木质纤维素生物质进行预处理已被广泛研究，以增强生物质的整体转化效果[62-63]。生物质的可降解性受到诸如纤维素的结晶度、木质素含量以及半纤维素与木质素之间交联等多种因素的影响。因此，单一的预处理方法往往无法达到理想的处理效果，每种方法都存在一定的局限性和不足之处[64]。因此，针对不同的应用需求，组合使用两种或多种预处理技术，可以有效提高生物质利用率。其中，爆破预处理和水热预处理是目前较为常见的组合预处理技术[65]。

2.1.8.1 爆破预处理

(1) 蒸汽爆破

蒸汽爆破，也称为自水解，与催化蒸汽爆破不同，该过程不添加任何化学试剂[65]。蒸汽爆破是木质纤维素生物质最常见的物理预处理方法之一，已被用于处理各种类型的生物质，包括玉米秸秆、芒草、各种硬木、食品加工废料以及海藻等，被认为是可推广到中试和商业应用的有效预处理技术[66]。在该方法下，生物质颗粒在高压饱和蒸汽中加热一定时间，然后压力迅速降低以终止反应，导致生物质经历爆炸性膨胀。在典型的物理化学预处理过程中，处理温度通常介于160～260℃之间，压力在0.69～4.83MPa之间，处理时间则从几秒钟到几分钟不等。在这样的条件下，半纤维素水解成糖类，木质素也会发生一定程度的转化，因此蒸汽爆破预处理后的生物质更易降解[67]。目前，商业蒸汽爆破设备已经可用。蒸汽爆破预处理的优势包括能量需求小，污染水平低，废液再循环成本低。但也有其不足之处，根据预处理的严重程度，在蒸汽爆破过程中半纤维素和/或纤维素会过度降解为乙醇发酵抑制化合物（如糠醛和HMF），这可能会限制蒸汽爆破法的效率。水洗可以除去这些抑制剂，但在预处理过程中释放的可溶性糖分也会同时被冲走。因此，应选择适当的蒸汽爆破预处理条件，以减少或避免抑制剂的生成。

在蒸汽爆破处理中添加催化剂称为催化蒸汽爆破预处理，常用催化剂有H_2SO_4、SO_2和NaOH等。催化剂可以提高木质纤维素的生物降解性，减少抑制性化合物的产生，并使半纤维素的溶解更完全[68]。与H_2SO_4相比，SO_2在蒸汽爆破中具有更大的潜力，因为后者所需反应条件更温和且反应器更便宜，能产生更多的木糖和易降解的生物质底物。SO_2浸渍的蒸汽爆破是目前唯一能够提高软木降解性的酸基预处理技术。然而，由于SO_2具有高毒性，这种技术在安全、健康和环境等方面存在问题[69]。催化蒸汽爆破还会产生一些来自碳水化合物降解的抑制剂。尽管使用H_2SO_4或SO_2进行预处理非常高效，但酸会导致高的硫酸盐浓度，在后续转化过程中，产生高浓度的H_2S，对设备具有腐蚀性。蒸汽爆破过程中添加NaOH对于处理木质素含量较高的生物质非常有效[70]。Teghammar等[70]研究了蒸汽爆破预处理对纸管残余物（木质素含量高达23%）制备沼气的影响，发现添加NaOH是提高沼气生产效率的关键，当NaOH浓度为2%时，与未处理的纸管残渣相比，甲烷产率提高了70%，反应速率提高了68%～86%。

(2) 氨爆

氨爆（ammonia fiber explosion，AFEX）是一个物理化学处理过程（图2-9），在AFEX中，生物质预处理通过液氨和蒸汽爆破原理完成[71-72]。典型的氨爆处理条件为：压力1.5～2.5MPa、温度60～100℃，时间约10～60mim。当时间结束，压力瞬间释放。氨气的快速膨胀导致复杂木质素结构的裂解，从而提高了生物质的可降解性。为了优化AFEX预处理条件，可以改变氨用量、水用量、反应温度、压力和时间等参数。

与蒸汽爆破相比，AFEX具有多项优势。首先，该方法在低于100℃的温度下进行，且保压时间较短，这显著降低了糖类降解和抑制剂形成的风险。其次，AFEX过程中使用的氨气可以高效回收和再利用，提高了资源利用率。再次，AFEX对木质素的反应具有较高的选择性，有助于提高预处理的效果。最后，AFEX的反应过程具有连续性，有利于大规模工业应用。

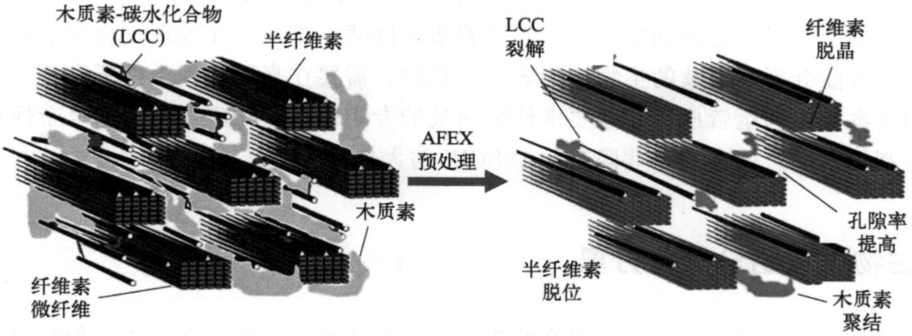

图 2-9　AFEX 预处理过程示意图

然而，AFEX 技术也存在一些局限性。对于高木质素含量的生物质原料，AFEX 的处理效率相对较低，限制了其在某些类型生物质处理中的应用。另一个主要挑战是氨气的使用成本较高，可能会影响到整个预处理过程的经济性。此外，氨气对环境具有潜在的危害性，需要严格的安全管理措施来防止泄漏和环境污染。

(3) CO_2 爆破

CO_2 爆破预处理与 AFEX 和蒸汽爆破技术相似，但该方法成本比 AFEX 低，并且不会像蒸汽爆破那样形成抑制剂[73]。在提高生产效率方面，CO_2 爆破比蒸汽爆破和 AFEX 更为高效。该技术利用超临界 CO_2（SC-CO_2）来提升木质纤维素原料的可及性。在此过程中，高压 CO_2 进入生物质，并在水中溶解生成碳酸，有助于半纤维素的水解，释放压缩气体并破坏生物质的本征结构[74]。

CO_2 爆破具有许多优点，如无毒性和不易燃[75]。SC-CO_2 具有类似液体的密度，并具有相同程度的气体扩散性和黏度传输特性。此外，通过减压可轻松去除 CO_2 且不会产生任何废弃物，回收过程简易高效。CO_2 爆破预处理技术的主要缺点在于，它需要昂贵的设备来承受预处理过程中产生的高压。此外，该技术对于含水量较低的生物质的降解促进作用较小。

2.1.8.2　水热预处理

水热预处理（hydrothermal pretreatment，HTP）以水为介质，在 160～240℃ 的温度和 0.7～4.8MPa 的压力下分解木质纤维素。HTP 是一种高效、环保、节能且经济的木质纤维素预处理技术，可以减少额外的干燥成本。按照处理条件的不同，又可将 HTP 分为液体热水（liquid hot water，LHW）和超临界水（supercritical water，SCW）。

(1) LHW

LHW 在较为温和的条件下进行木质纤维素的预处理，其中水被用作溶剂和催化剂，它与有机酸的释放有关，有机酸的释放会破坏细胞壁结构。LHW 预处理有助于溶解半纤维素，分馏木质素，部分解聚纤维素[76]。LHW 预处理导致木聚糖溶出物质的质量分数为 50%～77%。预处理后的生物质中半纤维素的分子量和纤维素的聚合度分别降至 75% 和 65%。在另一项研究中，使用 LHW 预处理方法，在 200℃ 的操作温度下持续 50min，可完全溶解半纤维素。

(2) SCW

SCW 需要严格的工艺条件，如温度大于 374℃，压力范围为 22～40MPa，反应时间小于 5min。在这样的操作条件下，反应速度很快，因此生物质组分的扩散率很高，水解产物的收量也很高。然而，这种预处理方法面临着诸多挑战。首先，在处理过程中会产生抑制性副产物，这可能会影响后续的生物转化效率。其次，需要在高温高压条件下进行，不仅导致了较高的资本投入和运营成本，还要求使用昂贵的专用设备。最后，工艺的复杂性也增加了操作和控制的难度。这些因素共同限制了 SCW 的大规模应用。

2.2 生物质三组分催化分离

传统预处理技术的主要目标是提高纤维素的转化效率，因此更多地关注如何打破生物质的抗降解屏障，降低木质素含量，而对所分离木质素的质量并无要求，这导致天然木质素发生不可逆的“解聚-缩聚”反应，形成了结构顽固、难以转化的工业木质素，最终只能用来燃烧供热，这无疑使木质素的价值被低估[77]。随着全组分利用目标的提出，除了纤维素的高值转化，其他组分的增值利用也被逐渐重视。而实现生物质全组分利用的前提是首先对生物质三组分进行高效分离。“木质素优先”策略下的催化分离方法不仅可实现生物质组分有效分离，还能获得低聚合度的木质素组分，有利于木质素后续增值转化[2,32]。根据反应体系的不同，催化分离可分为还原催化分离（reductive catalytic fractionation，RCF）和氧化催化分离（oxidative catalytic fractionation，OCF）[77]。除了催化分离法，利用有机溶剂或离子液体等对木质素优良的溶解特性及对木质素结构的保护作用，也能较好地实现生物质的组分分离和全组分利用。

2.2.1 还原催化分离

还原催化分离（RCF）源自有机溶剂溶解法工艺（Alcell）。先前的策略是在催化降解之前对生物质组分进行分离，以降低下游转化的复杂性。有机溶剂溶解法的目的是改善高价值纤维素的酶解作用，而产生的工业木质素则成为了低值副产物[32,78]。RCF 概念的提出完全改变了这一观念，木质素被视为高价值的生物质组分。2015 年，比利时鲁汶大学 Sels 团队和美国普渡大学 Abu-Omar 团队几乎同时提出了基于“木质素优先”的生物质“还原催化分离”策略[3,78]。在还原气氛和催化剂的作用下，木质素以酚单体、二聚体和寡聚体的形式溶解和降解，碳水化合物则以固体形式保留（图 2-10）[79]。还原剂可以是氢气分子、醇溶剂（甲醇、乙醇、异丙醇等）以及来自生物质分子内的氢供体[80]。该过程涉及从木质纤维素生物质中提取木质素，随后对木质素衍生的寡聚体进行催化氢解，以及进一步稳定酚单体。通常认为，含有烯丙醇基侧链的单木质醇是木质素还原降解中首先生成的单体产物，容

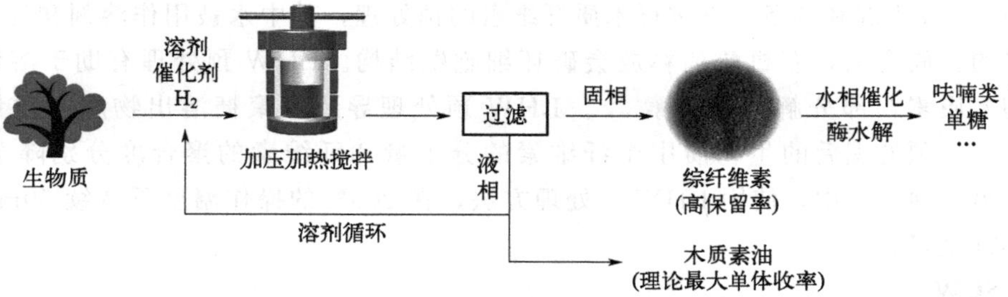

图 2-10 生物质还原催化分离工艺流程图

易发生再缩聚反应，需要通过脱功能化过程（如加氢和/或脱氧）转化为更加稳定的苯酚化合物，实现单体的高产率。RCF 过程主要为多相催化，用于切断 β-O-4 结构中 C_β—O 键，从而实现木质素降解为单体。近年来均相催化也有报道，但酚单体收率相对较低（质量分数<10%）[24]。

经过 RCF 后，所得木质素产物包括丙烯基取代苯酚、丙基取代苯酚、丙醇取代苯酚等单体。苯酚单体的分布在很大程度上取决于反应气氛（H_2 或 N_2）及压力。在没有 H_2 的情况下，木质素转化的主要途径是生成丙烯基取代苯酚；如果采用 5bar（1bar$=10^5$Pa）的低压 H_2 可以观察到不饱和 C_α—C_β 键的进一步氢化；而在大于 10bar 的高压 H_2 下，木质素单体（松柏醇、介子醇）的直接氢化以生成丙醇取代苯酚主导了反应途径，这可以用氢解和加氢反应中对 H_2 依赖性的差异来解释（图 2-11）。据报道，木质素分离降解过程中会产生木质素单体（对香豆醇、芥子醇和松柏醇）成为反应中间体，但不饱和侧链 C═C 键可能会经历自由基重聚反应以生成较高分子量的寡聚体。这与“木质素优先”的生物炼制策略以获得高附加值的苯酚单体相违背[81]。因此，在保留苯环的前提下，对侧链 C═C 键进行选择性加氢，可以有效抑制缩聚反应[82]。

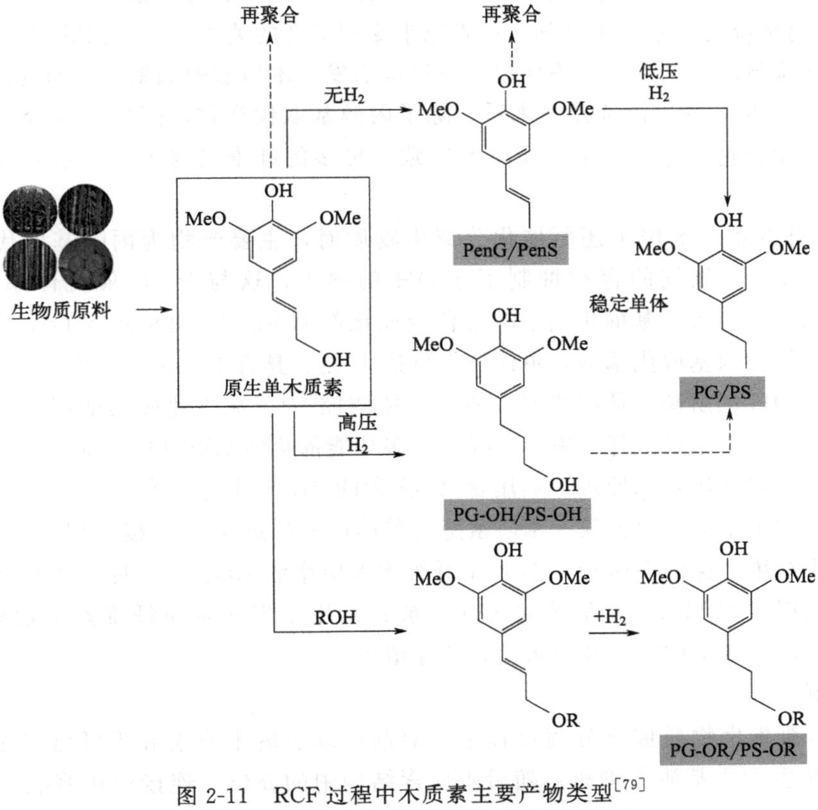

图 2-11　RCF 过程中木质素主要产物类型[79]

纤维素和半纤维素的保留率在 RCF 中取决于处理条件，在不同的过程条件下保留率不同[83]。纯甲醇体系中，纤维素的保留率保持在 90%以上，而随着 H_2O 比例的增加，纤维素保留率略微下降。在纯甲醇体系中，半纤维素的保留率随着温度的升高呈下降趋势。增加 H_2O 的占比会导致半纤维素的保留减少，在纯 H_2O 中几乎可以完全去除半纤维素，这归因于 LCC 之间酯键和醚键的解离[84]。纤维素和半纤维素的保留差异显著，归因于纤维素的高结晶度导致的难溶解结构，阻碍溶解行为。碳水化合物被转化为相应的多元醇，如戊糖（木糖等）和己糖（山梨糖、甘露糖等），还包括少量的 C_4 和 C_3 多元醇[63]。通过改变溶剂体系可实现生物质组分组成的调整，以满足下游应用需求。

总体而言，影响还原催化分离过程的因素主要有催化剂、溶剂和生物质原料类型。下面将从这三个方面展开介绍。

（1）催化剂

金属催化剂不仅可以加速 *β-O*-4 结构中 C_{β}—O 键的断裂，同时可催化单木质醇的脱功能化，防止缩聚[82]。作为常用的商业化加氢催化剂，Pd/C、Ni/C 和 Ru/C 催化剂被很多研究人员用于木质纤维原料的直接催化处理。相较于 Ru/C 催化得到丙基苯酚，利用 Pd/C 催化得到的木质素解聚产物为 4-丙醇基，这是由于 Pd/C 氢解一级醇能力较弱[18]。组分分析表明，Pd/C 处理后纤维素及半纤维素组分的保留率分别为 94%和 81%，半纤维素的保留效果优于同等条件下的 Ru/C 催化体系[2]。在 Pd/C 催化体系中，添加酸或碱将会改变所得苯酚单体的选择性。当 Lewis 酸（L 酸）催化剂，如 $Al(OTf)_3$ 存在时，将有丙甲醚取代的苯酚单体（总产率为 45%）生成，这是由于 Lewis 酸催化剂可以有效加快醚化反应过程[85]。碱作为传统的脱木质素试剂，一直以来受到学者的关注[86]。当 Pd/C 与 NaOH 联合催化杨木直接降解时，从降解效率而言，碱试剂引发了木质素的缩聚，从而导致苯酚单体产率下降至 28%；从苯酚单体选择性来看，除了丙醇基取代产物，同样有部分乙基取代苯酚生成；在碳水化合物的保留率上，碱试剂导致了更多的纤维素与半纤维素溶解进入溶液体系中[87]。

当 Ni/C 作为催化剂用于还原催化分离生物质时，主要产物为丙醇基取代的苯酚[88]。Ni/C 催化体系中，氢气的存在抑制了 *γ*-OH 的离去，这与 Pd/C 催化体系基本保持一致[89]。将金属 Fe 引入镍基催化剂中制备合金催化剂 NiFe/C，可促进 *γ*-OH 的解离，木质素被选择性降解为丙基取代苯酚，单体产率可达 40%。具有 Lewis 酸活性中心的 Fe 元素可以辅助完成 *γ*-OH 的解离，从而实现单体选择性调控[90]。从工业应用推广角度来说，开发可根据反应条件调控木质素降解单体选择性的多功能催化体系更具应用前景。基于 Lewis 酸活性中心调控 *γ*-OH 解离的原理，利用含 Zn 元素的 ZIF-8 作为载体，制备的 Ni/ZIF-8 催化剂可直接催化桉木木屑还原分离。木质素降解单体产率超过 40%，接近理论最大单体收率，碳水化合物中纤维素保留率达到 90%，半纤维素保留率约 70%[91]。除了 Pd、Ru、Ni 基催化剂，其他金属，如 Mo、Co 基等催化剂也被直接用于催化木质纤维素生物质还原分离，均取得较好的木质素单体收率和碳水化合物保留率[92]。

（2）溶剂

在木质纤维素生物质催化分离过程中，溶剂可以裂解木质素和半纤维素之间的 LCC，实现木质素从生物质基质中剥离；随后木质素结构中的 *β-O*-4 连接键在溶剂分解作用下断裂，生成可溶的木质素低聚物，从而实现与催化剂接触并相互作用，最后解聚转化为木质素单体化合物。由此可知，反应体系中溶剂本身所具备的特性将直接影响木质纤维素生物质还原催化分离的效果。木质素脱除率与溶剂极性（E_{T}^{N}）的关系研究表明，高极性溶剂能够更好地完成木质纤维结构的溶胀，穿透木质纤维，与木质素充分接触，并裂解 LCC，将木质素从原料中分离开来。溶剂极性增加，木质素降解产物中单体和二聚体也随之增加，低聚物则明显减少。因此，高极性溶剂不仅可有效增强木质素的脱除率，同时也可加速木质素低聚物降解为单体及二聚体[93]。不过，当高极性溶剂水用于生物质催化还原分离时，在木质素被高效地从木质纤维中分离并降解的同时，碳水化合物组分也会发生水解，最终半纤维素几乎完全溶解，纤维素约溶解 20%。这是因为高温条件下，水被电离为 H^+，作为催化剂加速碳水化合物的转化[94]。

(3) 生物质原料

β-O-4 结构是木质素大分子的主要连接键，目前木质素催化降解主要通过 C_β—O 键的裂解完成，降解所得单体的理论最高收率为 β-O-4 键含量的平方。木质纤维原料的物种、生长周期、生长部位、生长环境都会影响其木质素结构中 β-O-4 的含量，因此，生物质原料本身将对直接催化还原分离效果产生极大影响。在以 Pd/C 为催化剂、乙醇/水为溶剂的无氢条件下对多种速生材原料进行还原降解，发现木质素降解所得苯酚单体产率与 β-O-4 键含量呈线性关系[95]。针叶材松木木质素的 β-O-4 键含量较少，因此只能得到 7% 的苯酚单体；阔叶材木质素中含有较多的 β-O-4 连接键，可以生成高收率苯酚单体，来自瑞典的桦木的 β-O-4 含量达 65%，相对应的苯酚单体产率为 36%。除了阔叶材和针叶材，禾本科植物由于具有生长周期短、光合速率高等特点，目前也被作为生物质资源化利用的重点研究对象。在以禾本科植物为原料的还原催化分离中，木质素降解产物除了含有源于降解 β-O-4 结构生成的 4-丙基愈创木酚和紫丁香酚外，还有源于阿魏酸及对香豆酸通过加氢及酯化反应生成的苯酚产物。

2.2.2　氧化催化分离

与 RCF 相一致，木质素的分离也可以与氧化降解相结合，即氧化催化分离（OCF）。OCF 通过溶剂作用溶解生物质中的木质素，再在催化剂和氧化剂作用下生成高附加值的芳香族产物。相较于 RCF，OCF 反应条件温和且弥补了 RCF 产物的单一性，可获得高价值高功能化的芳香酸、醛类产物，如香草醛、丁香醛、4-羟基苯甲醛、己二烯二酸等，这些产物可以直接用作平台化学品或转化为精细化学品[96]。OCF 的催化体系较 RCF 更为丰富，包括电催化氧化、光催化氧化、离子液体催化氧化、多相催化氧化等[97]。影响氧化催化分离过程的因素主要有溶剂、氧化剂和催化剂。下面将从这三个方面展开介绍。

(1) 溶剂

在木质素催化解聚中，要使木质素、催化剂和氧化剂三者充分接触并发生有效反应，选择合适的溶剂至关重要。Chan 等[98]以乙腈和乙酸乙酯等为溶剂，钒为催化剂，对有机溶剂木质素进行氧化解聚反应，得到酚类产物；而在溶剂中加入四氢呋喃（THF）后解聚产物的种类增加，香兰素产率增加。

木质素的氧化解聚会产生大量自由基，导致再聚合反应，从而限制芳香族化合物的生成[99]。为了降低木质素解聚过程中的重聚现象，可以使用能够清除自由基的溶剂。研究发现，水和有机溶剂的混合溶剂既能有效促进木质素的解聚，又能防止产物的重聚，从而提高芳香族产物的收率。Ouyang 等[100]以 H_2O_2 为氧化剂，$CuO/Fe_2(SO_4)_3/NaOH$ 为催化剂，对木质素进行水热氧化解聚，考察不同种类、不同体积的溶剂对解聚性能的影响。结果表明，溶剂的选择对木质素解聚有显著影响，其中乙醇和水的混合溶剂（两者体积比为 50∶50）展现出最佳的解聚效果。

此外，在特定的反应条件下，溶剂还会发挥特殊的作用。Deng 等[101]在甲醇和 O_2 条件下，用 Pd/CeO_2 为催化剂解聚木质素模型化合物生成苯酚、苯乙酮和苯甲酸甲酯。研究发现，该反应先将 C_α—OH 氧化成 C_α ═O，降低了 C_β—O 的化学键能，甲醇提供的活性 H 参与了木质素模型化合物的氢解过程。

(2) 氧化剂

氧化剂在木质素氧化解聚中的作用是引发氧化反应，使木质素大分子发生氧化和分解。氧化剂的强弱直接影响木质素的解聚程度与氧化产物的种类。常用的氧化剂包括过氧化氢、氧气、空气、硝基苯、氯氧化物等，优缺点如表 2-3 所示。其中，氧气和过氧化氢所需的反应条件温和、使用频率最高。

Zhang 等[102]认为，在木质素降解过程中，在 100℃和 O_2 条件下，Fe^{3+} 氧化木质素，同时 Fe^{3+} 还原为 Fe^{2+}，此时，木质素的电子转移到 Fe^{3+}，而来自 $NaNO_3$ 的 NO_3^- 在存在质子的情况下将 Fe^{2+} 氧化为 Fe^{3+}，并形成 NO 气体；NO 进一步被 O_2 氧化为 NO_2，然后氧化为 NO_3^-；NO_3^- 可以在水溶液中迅速溶解，以氧化新形成的 Fe^{2+}。因此，解聚过程的总体反应是 O_2 氧化硫酸盐木质素生成芳香单体。

表 2-3　不同氧化剂优缺点对比[96]

氧化剂	优点	缺点
氧气	反应温和易控制、低成本	需较长反应时间和较高温度
过氧化氢	环保、反应条件容易控制	
空气	成本低、环保、可控性高	反应时间长、氧化性能相对低
硝基苯	氧化性好、使用简单	有毒、安全风险高、危害环境
氯氧化物	高效氧化性能、漂白效果好	污染环境、废物处理难
臭氧	高效氧化性能、快速反应、氧化副产物为氧气	设备成本高、高浓度下刺激性强

(3) 催化剂

催化剂和反应物处于同一相，没有相界面存在而进行的反应，称为均相催化作用，能起均相催化作用的催化剂为均相催化剂。均相催化剂对配体、电子以及位能有较强的支配能力，以此影响催化剂的活性、稳定性和溶解性，已经广泛用于木质素的氧化裂解。均相催化剂包括液体酸、碱催化剂以及可溶性过渡金属化合物（盐类和配合物）等。

利用碱氧化解聚木质素时发现，在高温、长时间的 O_2 作用下，木质素生成的香豆酸和香兰素含量较高；在缺氧条件下，主要生成对香豆酸[103]。利用多金属氧酸盐 $H_3PMo_{12}O_{40}$ 催化分离杨木发现，在甲醇/水溶液及氧气/氮气作用下，PMo_{12} 通过催化 β-O-4 中的 α-OH 氧化为羰基或与醇形成醚，有效保护木质素的活性官能团，阻止了木质素的缩聚，最终使木质素脱除率达 96.2%，获得 45.9%的芳香单体产物（丁香醛、香兰素、丁香酸甲酯和香草酸甲酯）[104]。

相比于均相催化剂的难分离回收，易于分离回收的非均相催化剂成为研究热点，且多以负载和包覆的形式出现，其中，金属负载催化剂就是典型非均相催化剂。Jeon 等[105]以合成的 $Cu_{1.5}Mn_{1.5}O_4$ 尖晶石相的 Cu-Mn 混合氧化物来解聚木质素，结果发现：该催化剂对香兰素的生成具有良好的催化活性，但是香兰素的产率会随着 Cu 含量的增加而降低，这可能是因为高的 Cu 含量会提高催化剂的氧化活性和表面氧浓度。在碳上负载金属钴并掺入氮（Co-PANI-C）用来催化杨木组分氧化分离，得到共 15.0%（质量分数）的芳香醛（香兰素、丁香醛）和芳香酸（对羟基苯甲酸、香草酸、丁香酸）产物，且 Co-PANI-C 催化剂循环使用 5 次后，产率仅降低 1.4%，所使用的溶剂丙酮可通过蒸馏回收 92%[106]。

目前，关于 OCF 的研究远少于 RCF，高效催化体系的构筑是未来氧化催化分离生物质组分研究的重点，在确保产物功能性的基础上，进一步提高单一产物的选择性。

参考文献

[1] Nishimura H，Kamiya A，Nagata T，et al. Direct evidence for α ether linkage between lignin and carbohydrates in wood cell walls [J]. Scientific Reports，2018，8 (1)：6538.

[2] 宋国勇．“木质素优先”策略下林木生物质组分催化分离与转化研究进展 [J]. 林业工程学报，2019，4 (5)：10.

[3] Bosch S V d，Schutyser W，Vanholme R，et al. Reductive lignocellulose fractionation into soluble lignin-derived phenolic monomers and dimers and processable carbohydrate pulps [J]. Energy & Environmental Science，2015，8：1748-1763.

[4] 王乐，黎鹏飞，陈萧，等．生物质转化中预处理技术的研究现状 [J]. 纸和造纸，2022，(3)：41.

[5] Taherzadeh M J，Karimi K. Pretreatment of lignocellulosic wastes to improve ethanol and biogas production：a review [J]. International Journal of Molecular Sciences，2008，9 (9)：1621-1651.

[6] Schell D，Harwood C. Milling of lignocellulosic biomass：results of pilot-scale testing [J]. Biotechnology and Applied Biochemistry，2009，45：159-168.

[7] Delon K，Ekoun K，Adama N，et al. An overview of extrusion as a pretreatment method of lignocellulosic biomass [J]. Energies，2022，15 (9)：3002.

[8] Masyutin Y A，Gushchina Y F，Ivanova L A，et al. Oxidative and radiative pretreatment of lignocellulose feedstock for producing biofuel [J]. Chemistry and Technology of Fuels & Oils，2017，53 (5)：1-5.

[9] Gonzalez-Balderas R M，Ledesma M T O，Santana I，et al. Desmodesmus sp. from biowaste to produce electrospinning membranes：effect of ultrasounds and ozone pre-treatments [J]. Journal of Environmental Chemical Engineering，2023，11 (5)：110621.

[10] 朱跃钊，卢定强，万红贵，等．木质纤维素预处理技术研究进展 [J]. 生物加工过程，2004，51 (7)：72-75.

[11] Rahmani A M，Gahlot P，Moustakas K，et al. Pretreatment methods to enhance solubilization and anaerobic biodegradability of lignocellulosic biomass (wheat straw)：progress and challenges [J]. Fuel，2022，319 (1)：123726.

[12] Yang L，Cao J，Jin Y，et al. Effects of sodium carbonate pretreatment on the chemical compositions and enzymatic saccharification of rice straw [J]. Bioresource Technology，2012，124：283-291.

[13] 贾丽萍，姚秀清，杨磊，等．木质纤维素的预处理技术进展 [J]. 纤维素科学与技术，2022，30 (2)：72-80.

[14] 王超，刘金明，王春圻．玉米秸秆碱性预处理技术研究进展 [J]. 黑龙江八一农垦大学学报，2022，34 (2)：23-31.

[15] 安胜欣．木质素脱除预处理对玉米秸秆酶解性能影响的研究 [D]. 合肥：中国科学技术大学，2019.

[16] Quintero J A，Rincon L E，Cardona C A. Chapter 11-production of bioethanol from agroindustrial residues as feedstocks [M]. Biofuels. Amsterdam：Academic Press，2011：251-285.

[17] Chen H，Liu J，Chang X，et al. A review on the pretreatment of lignocellulose for high-value chemicals [J]. Fuel Processing Technology，2017，160 (1)：196-206.

[18] Mankar A R，Pandey A，Modak A，et al. Pretreatment of lignocellulosic biomass：a review on recent advances [J]. Bioresource technology，2021，334：125235.

[19] Domínguez-Bocanegra A R，Muoz T，López R A. Production of bioethanol from agroindustrial wastes [J]. Fuel，2015，149 (1)：85-89.

[20] Shah A A，Seehar T H，Sharma K，et al. Chapter 7-biomass pretreatment technologies [M]. Hydrocarbon Biorefinery. The Kingdom of the Netherlands：Elsevier，2022：203-228.

[21] 陈相雪．木质纤维素预处理工艺及利用其生产秸秆乙醇的研究 [D]. 南京：南京理工大学，2022.
[22] 段思雨，胡红梅，俞建勇，等．稀硫酸预处理对棉纤维素聚合度的影响 [J]. 棉纺织技术，2021，29 (1)：44-47.
[23] Sannigrahi P, Ragauskas A J, Miller S J. Effects of two-stage dilute acid pretreatment on the structure and composition of lignin and cellulose in loblolly pine [J]. Bioenergy Research, 2008, 1: 205-214.
[24] Liu Q, Li W, Ma Q, et al. Pretreatment of corn stover for sugar production using a two-stage dilute acid followed by wet-milling pretreatment process [J]. Bioresource Technology, 2016, 211: 435-442.
[25] Yang B, Dai Z, Ding S-Y, et al. Enzymatic hydrolysis of cellulosic biomass [J]. Biofuels, 2011, 2 (4): 421-449.
[26] Wyman C E, Yang B. Combined severity factor for predicting sugar recovery in acid-catalyzed pretreatment followed by enzymatic hydrolysis [M]//Ruiz H A, Hedegaard Thomsen M, Trajano H L. Hydrothermal Processing in Biorefineries: Production of Bioethanol and High Added-Value Compounds of Second and Third Generation Biomass. Cham: Springer, 2017: 161-180.
[27] Meng X, Bhagi S, Wang Y, et al. Effects of the advanced organosolv pretreatment strategies on structural properties of woody biomass [J]. Industrial Crops and Products, 2020, 146: 112144.
[28] Borand M N, Karaosmanoğlu F. Effects of organosolv pretreatment conditions for lignocellulosic biomass in biorefinery applications: a review [J]. Journal of Renewable and Sustainable Energy, 2018, 10: 033104.
[29] Cheah W Y, Sankaran R, Show P, et al. Pretreatment methods for lignocellulosic biofuels production: current advances, challenges and future prospects [J]. Biofuel Research Journal, 2020, 7 (1): 1115-1127.
[30] Kim Y-R, Yu A-N, Chung B, et al. Lignin removal from barley straw by ethanosolv pretreatment [J]. KSBB Journal, 2009, 24 (6): 527-532.
[31] Wildschut J, Smit A T, Reith J H, et al. Ethanol-based organosolv fractionation of wheat straw for the production of lignin and enzymatically digestible cellulose [J]. Bioresource Technology, 2013, 135 (2): 58-66.
[32] Zhang Z, Harrison M D, Rackemann D W, et al. Organosolv pretreatment of plant biomass for enhanced enzymatic saccharification [J]. Green Chemistry, 2016, 18: 360-381.
[33] Zhang K, Pei Z, Wang D. Organic solvent pretreatment of lignocellulosic biomass for biofuels and biochemicals: a review [J]. Bioresour Technol, 2016, 199: 21-33.
[34] You Y, Li P, Lei F, et al. Optimization of enzymatic hydrolysis on sugarcane bagasse pretreated with soda-green liquor and methanol [J]. Journal of Biobased Materials & Bioenergy, 2017, 11: 433-440.
[35] 曾诚，宋国杰，孙海彦，等．甘油预处理蔗渣的木质素分离提取及结构表征 [J]. 化工进展，2020，39 (11)：4418-4426.
[36] Xue F, Li W, An S, et al. Ethylene glycol based acid pretreatment of corn stover for cellulose enzymatic hydrolysis [J]. RSC Advance, 2021, 11 (23): 14140-14147.
[37] JteMolder T D, Kersten S R A, Lange J P, et al. Ethylene glycol from lignocellulosic biomass: impact of lignin on catalytic hydrogenolysis [J]. Industrial & Engineering Chemistry Research, 2021, 60 (19): 7043-7049.
[38] Park Y C, Kim J S. Comparison of various alkaline pretreatment methods of lignocellulosic bioma [J]. Energy, 2012, 47 (1): 31-35.
[39] Araque E, Parra C, Freer J, et al. Evaluation of organosolv pretreatment for the conversion of Pinus radiata D. Don to ethanol [J]. Enzyme and Microbial Technology, 2008, 43 (2): 214-219.
[40] 孙鑫艳，江雨生，马东强，等．微藻的工业应用及固碳强化措施 [J]. 当代石油石化，2023，31 (9)：36-42.
[41] Luterbacher J S, Rand J M, Martin A D, et al. Nonenzymatic sugar production from biomass using biomass-derived γ-valerolactone [J]. Science, 2014, 343 (6168): 277-280.
[42] 孙伟民．试分析离子液体及其在有机合成中的运用 [J]. 化工管理，2016 (3)：173.
[43] Brandt A, Grasvik J, Hallett J P, et al. Deconstruction of lignocellulosic biomass with ionic liquids [J]. Green Chemistry, 2013, 15 (3): 550-583.
[44] 李俊峰，张景顺，李宁宁，等．离子液体在纤维素资源化利用中的应用研究进展 [J]. 河南大学学报（自然科学版），2017，47 (4)：418-433.

[45] 刘付永，张金明，张军，等．聚合物在咪唑类离子液体中的溶解 [J]. 高分子通报，2011 (10)：99-110.

[46] 肖敏，吴又多，薛闯．丁醇的生物炼制及研究进展 [J]. 生物加工过程，2019，17 (1)：60-71.

[47] 鲁俊良，郎金燕，杨鸿燕，等．深度共熔溶剂分离生物质资源提取纤维素的研究进展 [J]. 中国造纸学报，2020，35 (1)：66-71.

[48] 钟磊，王超，吕高金，等．低共熔溶剂在木质素分离方面的研究进展 [J]. 林产化学与工业，2020，40 (3)：12-22.

[49] 余水平，王元月，何友文，等．高级氧化技术在工业废水深度处理中的应用进展 [J]. 江西化工，2023，39 (3)：7-12.

[50] 岳建芝，李刚，张全国．促进木质纤维素类生物质酶解的预处理技术综述 [J]. 江苏农业科学，2011，39 (3)：340-343.

[51] 席国赟，张璐鑫，王晓昌．木质纤维素厌氧消化产甲烷的化学预处理方法研究进展 [J]. 纤维素科学与技术，2017，25 (2)：77-84.

[52] 朱秀华，张诚，丁珂，等．Fenton 氧化技术处理硝基苯废水的实验研究 [J]. 工业安全与环保，2007 (1)：30-33.

[53] 徐春红，苏国庆，陈卫民．制浆造纸废水深度处理工程中几个关键问题的探讨 [J]. 华东纸业，2020，50 (6)：41-44.

[54] 秦梦彤，胡婧，李冠华．生物质生物预处理研究进展与展望 [J]. 中国生物工程杂志，2018，38 (5)：85-91.

[55] Singh A K，Bilal M，Iqbal H，et al. Bioremediation of lignin derivatives and phenolics in wastewater with lignin modifying enzymes：status，opportunities and challenges [J]. Science of The Total Environment，2021，777 (2)：145988.

[56] 杨静，蒋剑春，张宁，等．微生物降解木质素的研究进展 [J]. 生物质化学工程，2021，55 (3)：9.

[57] Cui T，Yuan B，Guo H，et al. Enhanced lignin biodegradation by consortium of white rot fungi：microbial synergistic effects and product mapping [J]. Biotechnology for Biofuels，2021，14 (1)：162.

[58] Zhao L，Zhang J，Zhao D，et al. Biological degradation of lignin：a critical review on progress and perspectives [J]. Industrial Crops and Products，2022，188：115715.

[59] Martinez A T，Speranza M，Ruiz-Dueñas F J，et al. Biodegradation of lignocellulosics：microbial，chemical，and enzymatic aspects of the fungal attack of lignin [J]. International Microbiology，2005，8 (3)：195-204.

[60] Hendriks A，Zeeman G. Pretreatments to enhance the digestibility of lignocellulosic biomass [J]. Bioresource Technology，2009，100 (1)：10-18.

[61] Zhao L，Sun Z F，Zhang C C，et al. Advances in pretreatment of lignocellulosic biomass for bioenergy production：challenges and perspectives [J]. Bioresource Technology，2022，343：126123.

[62] Sun Y，Cheng J. Hydrolysis of lignocellulosic materials for ethanol production：a review [J]. Bioresource Technology，2003，83 (1)：1-11.

[63] Mosier N，Wyman C，Dale B，et al. Features of promising technologies for pretreatment of lignocellulosic biomass [J]. Bioresource Technology，2005，96 (6)：673-686.

[64] 马斌，储秋露，朱均均，等．4 种木质纤维素预处理方法的比较 [J]. 林产化学与工业，2013，33 (2)：6.

[65] Liu C，Wyman C E. Partial flow of compressed-hot water through corn stover to enhance hemicellulose sugar recovery and enzymatic digestibility of cellulose [J]. Bioresource Technology，2005，96 (18)：1978-1985.

[66] Daniel K-M，Simmons B A，Blanch H W. Techno-economic analysis of a lignocellulosic ethanol biorefinery with ionic liquid pre-treatment [J]. Biofuels，Bioproducts and Biorefining，2011，5 (5)：562-569.

[67] Wyman C E，Dale B E，Elander R T，et al. Comparative sugar recovery data from laboratory scale application of leading pretreatment technologies to corn stover [J]. Bioresource Technology，2005，96 (18)：2026-2032.

[68] Bondesson P-M，Galbe M，Zacchi G. Ethanol and biogas production after steam pretreatment of corn stover with or without the addition of sulphuric acid [J]. Biotechnology for Biofuels，2013，6：11.

[69] Silverstein R A，Chen Y，Sharma-Shivappa R R，et al. A comparison of chemical pretreatment methods for improving saccharification of cotton stalks [J]. Bioresource Technology，2007，98 (16)：3000-3011.

[70] Teghammar A，Yngvesson J，Lundin M，et al. Pretreatment of paper tube residuals for improved biogas production

[J]. Bioresour Technol，2010，101（4）：1206-1212.
[71] Mohsenzadeh A，Jeihanipour A，Karimi K，et al. Alkali pretreatment of softwood spruce and hardwood birch by NaOH/thiourea，NaOH/urea，NaOH/urea/thiourea，and NaOH/PEG to improve ethanol and biogas production [J]. Journal of Chemical Technology & Biotechnology，2012，87（8）：1209-1214.
[72] 段超，冯文英，张艳玲．木质生物质精炼预处理技术研究进展［J］．中国造纸，2013，32（1）：59-64.
[73] 廖浩锋．能源植物细胞壁成分与稀酸处理降解转化关系的研究［D］．武汉：华中农业大学，2011.
[74] 王雅．蒸汽爆破联合化学法预处理棉秆生产生物乙醇的关键问题研究［D］．石河子：石河子大学，2019.
[75] Chen L，Guan D，Wang D，et al. Progress of lignocellulose pretreatment technologies [J]. Bioprocess，2014，4（3）：25-34.
[76] 陈倩，陈京环，王堃，等．热水预处理生物质原料及其生物转化研究进展［J］．林业科学，2017，53（9）：97-104.
[77] Abu-Omar M M，Barta K，Beckham G T，et al. Guidelines for performing lignin-first biorefining [J]. Energy & Environmental Science，2021，14（1）：262-292.
[78] Parsell T，Yohe S，Degenstein J，et al. A synergistic biorefinery based on catalytic conversion of lignin prior to cellulose starting from lignocellulosic biomass [J]. Green Chemistry，2015，17（3）：1492-1499.
[79] Liu X，Bouxin D F P，Fan D J，et al. Recent advances in the catalytic depolymerization of lignin towards phenolic chemicals：a review [J]. ChemSusChem，2020，13（17）：4296-4317.
[80] Rinaldi R，Jastrzebski R，Clough M，et al. Paving the way for lignin valorisation：recent advances in bioengineering，biorefining and catalysis [J]. Angewandte Chemie International Edition，2016，55（29）：8164-8215.
[81] Ma Y，Ouyang X，Zhao L，et al. Catalytic conversion of lignin in birch sawdust into aromatic monomers over Co/C-N catalyst under lignin first strategy [J]. Fuel，2024，372：132203.
[82] Zakzeski J，Bruijnincx P C A，Jongerius A L，et al. The catalytic valorization of lignin for the production of renewable chemicals [J]. Chemical Reviews，2010，110（6）：3552-3599.
[83] Li X，Xu Y，Alorku K，et al. A review of lignin-first reductive catalytic fractionation of lignocellulose [J]. Molecular Catalysis，2023，550：113551.
[84] Renders T，Bosch S V d，Vangeel T，et al. Synergetic effects of alcohol/water mixing on the catalytic reductive fractionation of poplar wood [J]. ACS Sustainable Chemistry & Engineering，2016，4（12）：6894-6904.
[85] Wu Z，Hu L，Jiang Y，et al. Recent advances in the acid-catalyzed conversion of lignin [J]. Biomass Conversion and Biorefinery，2023，13（1）：519-539.
[86] Cheng J J，Timilsina G R. Status and barriers of advanced biofuel technologies：a review [J]. Renewable Energy，2011，36：3541-3549.
[87] Renders T，Schutyser W，Bosch S V d，et al. Influence of acidic（H_3PO_4）and alkaline（NaOH）additives on the catalytic reductive fractionation of lignocellulose [J]. ACS Catalysis，2016，6（3）：2055-2066.
[88] Song Q，Wang F，Cai J，et al. Lignin depolymerization（LDP）in alcohol over nickel-based catalysts via a fragmentation-hydrogenolysis process [J]. Energy & Environmental Science，2013，6（3）：994-1007.
[89] Galkin M V，Samec J S M. Selective route to 2-propenyl aryls directly from wood by a tandem organosolv and palladium-catalysed transfer hydrogenolysis [J]. ChemSusChem，2014，7（8）：2154-2158.
[90] Liu X，Li H，Xiao L P，et al. Chemodivergent hydrogenolysis of eucalyptus lignin with Ni@ZIF-8 catalyst [J]. Green Chemistry，2019，21（6）：1498-1504.
[91] Weng C，Peng X，Han Y. Depolymerization and conversion of lignin to value-added bioproducts by microbial and enzymatic catalysis [J]. Biotechnology for Biofuels，2021，14（1）：84.
[92] 邱石．木质纤维素中木质素定向解聚过程优化与设计［D］．北京：北京化工大学，2021.
[93] Schutyser W，Bosch S V d，Renders T，et al. Influence of bio-based solvents on the catalytic reductive fractionation of birch wood [J]. Green Chemistry，2015，17（11）：5035-5045.
[94] Ruiz H A，Thomsen M H，Trajano H L. Hydrothermal processing in biorefineries：production of bioethanol and high added-value compounds of second and third generation biomass [M]. Cham：Springer，2017.

[95] Galkin M V, Smit A T, Subbotina E, et al. Hydrogen-free catalytic fractionation of woody biomass [J]. ChemSusChem, 2016, 9 (23): 3280-3287.
[96] 陈浩楠，胡晓虹，马隆龙，等．木质素催化氧化过程中典型化学键断键研究 [J]. 化工学报，2023，74 (11)：4367-4382.
[97] 王宇鹏．木质素解聚及其结构的研究 [D]. 北京：北京化工大学，2022.
[98] Chan J, Bauer S, Sorek H, et al. Studies on the vanadium-catalyzed nonoxidative depolymerization of miscanthus giganteus-derived lignin [J]. ACS Catalysis, 2013, 3 (6): 1369-1377.
[99] D'Anna F, Marullo S, Vitale P, et al. The Effect of the cation π-surface area on the 3D organization and catalytic ability of imidazolium-based ionic liquids [J]. European Journal of Organic Chemistry, 2011, 2011 (28): 5681-5689.
[100] Ouyang X, Ruan T, Xueqing Q. Effect of solvent on hydrothermal oxidation depolymerization of lignin for the production of monophenolic compounds [J]. Fuel Processing Technology, 2016, 144: 181-185.
[101] Deng W, Zhang H, Wu X, et al. Oxidative conversion of lignin and lignin model compounds catalyzed by CeO_2-supported Pd nanoparticles [J]. Green Chemistry, 2015, 17 (11): 5009-5018.
[102] Zhang Z, Gogoi P, Geng Z, et al. Low temperature lignin depolymerization to aromatic compounds with a redox couple catalyst [J]. Fuel, 2020, 281: 118799.
[103] Lyu G, Yoo C G, Pan X. Alkaline oxidative cracking for effective depolymerization of biorefining lignin to mono-aromatic compounds and organic acids with molecular oxygen [J]. Biomass and Bioenergy, 2018, 108: 7-14.
[104] Yang W, Du X, Liu W, et al. Direct valorization of lignocellulosic biomass into value-added chemicals by polyoxometalate catalyzed oxidation under mild conditions [J]. Industrial & Engineering Chemistry Research, 2019, 58 (51): 22996-23004.
[105] Jeon W, Choi I H, Park J Y, et al. Alkaline wet oxidation of lignin over Cu-Mn mixed oxide catalysts for production of vanillin [J]. Catalysis Today, 2020, 352: 95-103.
[106] Luo H, Weeda E P, Alherech M, et al. Oxidative catalytic fractionation of lignocellulosic biomass under non-alkaline conditions [J]. Journal of the American Chemical Society, 2021, 143 (37): 15462-15470.

第3章 木质素催化降解与转化

作为一种高分子化合物，木质素是主要存在于植物木质部分的较为复杂的高分子化合物，它与纤维素以及半纤维素共同构成了生物质的三大重要组分。尽管木质素在生物质中的干重比例仅为10%～35%，但它所含的能量却超过40%。因此，木质素的转化和利用对于提高生物质的能量利用效率具有重要意义。由于木质素来源于植物资源和大量工业废弃物，因此它具有绿色、可再生以及价格低廉的特点，这为木质素在材料应用领域代替其他原料提供了相对优势。目前，大部分工业木质素被用于直接燃烧发电以满足纸浆厂的能源需求，只有不到5%的木质素经过加工得到充分高附加值利用，这不仅造成大量的资源浪费而且对环境造成了一定的污染。因此，有效地转化和利用木质素，不仅能够提高生物质的能源利用效率，还能减少环境污染，实现资源的可持续利用。

木质素分子是由愈创木基丙烷、紫丁香基丙烷和对羟苯基丙烷3种苯基丙烷结构单元随机键合而成的，其中C—O醚键连接方式约占2/3，其余为C—C键，包括β-O-4、α-O-4、4-O-5、β-β、β-5、5-5和β-1键等[1-3]。这些连接键的断裂，能够得到含有芳香基、甲氧基、酚（醇）羟基、羰基、羧基等多种功能基团的解聚产物。产物中的C/H含量比与石油相近，其在高品质液体燃料和高附加值化学品制备等领域具有非常大的应用潜力。

木质素催化解聚的过程复杂多变且受众多因素影响，包括木质素的结构特性、催化剂种类以及反应条件等。由于不同植物来源的木质素在化学结构上存在差异，而且不同的预处理方法也会导致木质素的分子量和官能团分布发生较大的变化，因此木质素催化解聚的机理和化学键合成规则尚不清晰。在催化剂种类方面，酸/碱催化剂、沸石催化剂和金属催化剂等对特定化学键的断裂具有特异的催化作用。此外，反应过程的条件，包括温度、溶剂类型、反应时间和压力等，也对反应的正向进行具有促进或抑制的作用。综合以上分析，这些因素在木质素的催化解聚过程中共同作用时，会极大地影响其效果并导致产物分布的变化。

3.1 木质素酸/碱催化解聚

3.1.1 酸催化木质素解聚

木质素结构单元之间主要通过醚键连接，占总连接方式的60%～75%。其中，β-O-4型连接方式是最常见的，占所有醚键连接方式的50%。除了β-O-4型之外，还有α-O-4型和4-O-5型等醚键连接方式。木质素结构单元之间还通过碳碳键连接，占据总连接方式的20%～35%，主要有β-β、β-5和5-5等连接方式[2]。

酸性催化剂在生物质解聚过程中广泛用于生产高附加值的化学品。最初，研究者引入矿物酸以催化木质素解聚，其主要作用于催化键的断裂。日本京都大学的Ito等[4]研究者对木质素二聚体模型化合物的酸催化反应进行了系列研究，结果表明强酸催化对于醚键的断裂是必要的。在木质素低温催化解聚的过程中，强酸同样发挥了关键作用。江蓉等[5]采用硫酸（H_2SO_4）作为催化剂，在乙二醇溶液中成功实现了木质素的低温解聚，达到了90%以上的液化率，并获得了产物氢值在340～360mg KOH/g的显著成果。Shevchenko[6]使用氢碘酸（HI）作为催化剂，以氯仿（$CHCl_3$）作为溶剂，实现了木质素的催化解聚。

近年来，酸性离子液体作为一种新型催化剂，在木质素解聚领域也显示出了广泛的应用前景。Jia等[7]发现3-甲基咪唑氯盐在木质素模型化合物中的β-O-4键断裂反应中有强大的催化作用。最近，该研究团队还将这种离子液体成功用作反应介质和催化剂，实现了在温和条件下对橡木木质素的催化转化。尽管如此，传统的液体酸催化剂在木质素解聚过程中仍面临诸多挑战，如产品分离困难和废酸的处理需求。鉴于此，研究人员开始致力于开发固体酸催化剂，这些催化剂不仅具有更高的产物选择性，而且腐蚀性较低，更易于分离和重复使用。目前，用于木质素解聚的固体酸催化剂主要包括分子筛、杂多酸和金属氧化物等。

分子筛具有丰富的孔结构和可以调节的Brønsted酸性位和Lewis酸性位，是一种应用非常广泛的固体酸催化剂。Kong等[8]使用异丙醇作为溶剂，采用多种分子筛负载Ni-Cu作为催化剂进行了碱木质素的醇解反应。研究结果表明，这些催化剂表现出较高的催化活性，而这主要归因于催化剂具有较高的酸性、较大的比表面积和孔体积。此外，Wang等[9]制备了Ru-M/HY（M＝Fe，Ni，Cu，Zn）催化剂用于催化加氢脱氧解聚软木材木质素生成烷烃。研究显示，氢离子在催化剂表面的扩散活化能相对较低，使得该催化剂对烷烃具有更高的选择性。此外，研究人员还发现，在钌基双金属催化剂中，过渡金属能够调节钌的氢解活性，防止氢解反应过度生成气态产物。

杂多酸作为一种高效的酸性催化剂，适用于多种均相和多相催化反应。与传统固体酸催化剂相比，杂多酸展现出更强的酸性，使其在催化解聚木质素以制备高附加值化学品方面具有巨大潜力。Abayneh等[10]研究者探讨了在高温高压湿法氧化条件下，杂多酸对木质素的催化氧化反应。他们以甲酸、乙酸和琥珀酸作为目标产物，研究了影响木质素氧化过程中羧酸总产率的因素。研究结果表明，在所使用的两种催化剂中，磷钼酸展现出更优异的催化性能，羧酸的产率达到45%，同时木质素的转化率为95%。Du等[11]研究者利用异丙醇作为反应介质，采用$CePW_{12}O_{40}\cdot xH_2O$作为催化剂进行木质素的解聚反应，实现了73.4%的木质素转化率，主要产物包括醛类和酚类。另外，在高温催化条件下，木质素中的C—C键和C—O键发生断裂并产生各种单体，随后通过脱水、脱烷基和去甲氧基化等反应逐渐降解成多样化的产物。

金属氧化物因其中的金属阳离子和氧离子分别具有Lewis酸和Brønsted酸（B酸）性质而成为研究热点。Hita等[12]研究者制备了一系列Al_2O_3负载的重金属催化剂，包括Pd/Al_2O_3、Rh/Al_2O_3和Ru/Al_2O_3。通过表征发现，在420～491℃时Pd/Al_2O_3上较强的位点占主导，解聚过程产生了四类产物，包括烷基酚类、芳烃类、含氧化合物和烷烃，其中以烷基酚类为主要产物。当使用Rh/Al_2O_3作为催化剂时，产物的总收率达到了30%，这被认为是金属Rh和Al_2O_3之间协同作用的结果。此外，其他研究人员也发现，在水热条件下，γ-Al_2O_3 的稳定性较差，容易形成水化勃姆石，导致比表面积和 Lewis 酸性位点的减少。

3.1.2 碱催化木质素解聚

相对于酸性催化剂，碱性催化剂在生物质的热化学转化过程中具有独特的优势，尤其是抑制焦炭的生成。在水热条件下，碱性催化剂能夺取木质素结构中的活泼氢，从而引发醚键的断裂，导致木质素分解成所需的目标产物。这一特性使得碱性催化剂在木质素的解聚领域引起了广泛的关注。

尽管碱性催化剂能够促进木质素的解聚，但要提高目标产物的产率通常需要较为苛刻的反应条件。在这个过程中，常常会产生不饱和基团或碳正离子等活性物质。这些初降解产物非常不稳定，容易发生严重的缩合反应，导致目标产物的产率和选择性降低。因此，减缓木质素碱性催化解聚过程中的缩聚反应是提高目标产物产率的关键途径。Thring 等[13-14]对木质素及其模型化合物的碱催化解聚进行了深入研究。他们使用碱催化剂（NaOH）对杨木、枫木和桦木木质素进行解聚，发现在相对较低的反应温度下，主要生成愈创木酚和紫丁香酚等酚类产物；而随着温度的升高，主要产物转变为儿茶酚及其衍生物。Miller 等[15]使用甲醇和乙醇作为反应介质，采用多种碱性催化剂对木质素及其模型化合物进行催化解聚研究。研究结果表明，在醇溶剂的作用下可以减缓缩聚反应的发生。Toledano 等[16]研究者指出，催化剂的碱性强度与木质素解聚产物中焦炭的选择性呈反比关系。具体来说，催化剂的碱性越强，产生焦炭的选择性越低。然而，木质素解聚产物中的生物油含量和主要组分则主要取决于催化剂的性质。例如，尽管 K_2CO_3 的碱性不及 KOH，但其生物油产率和油品中所含物质的种类却高于 KOH。这主要是因为不同催化剂的反应催化机理不同。Shabtai 等[17]研究者采用碱催化的方式促进木质素解聚成单酚等化合物。Lavoie 等[18]最近研究结果发现：在质量分数为 5%的 NaOH 催化下，水蒸气爆破的木质素可获得约 10%～12%的单酚、约 60%的低聚物和约 30%的焦炭。Gosselink 等[19]在类似过程中采用蒸馏、色谱等手段对单酚进行了分离，为单酚类化合物作为化学原料提供了参考。Nenkova 等[20]对杨木锯末和技术性水解木质素的碱性解聚及其降解产物进行了研究，发现了一系列主要产物，为理解木质素碱催化解聚过程的机理和化学键演变规律提供了新的参考。王祺铭等[21]采用响应面法分析了碱性条件下的木质素酚化降解工艺，经过研究发现，当木质素取代量为 63%时酚羟基含量可以达到 4.498mmol/g。

传统的均相碱催化剂催化木质素解聚存在一些问题，如产物分离困难、液体碱造成环境污染以及催化剂难以回收和循环利用。因此，近年来科研人员开发了固体碱催化剂来催化解聚木质素。MgO 是一种广泛应用于生物柴油合成的固体碱催化剂，也被应用于木质素的催化解聚。Long 等[22]使用价格低廉的工业固体碱 MgO 作为催化剂，采用水、甲醇、乙醇和四氢呋喃作为反应介质来催化解聚木质素。研究结果表明，在使用四氢呋喃作为反应介质时，MgO 表现出较高的催化解聚活性。在 250℃ 下反应 15min，酚类单体的收率达到 13.2%。这一结果归功于木质素在四氢呋喃中的良好溶解性，有效促进了催化解聚过程。此外，其他固体碱催化剂，如 $RbCO_3$ 和 $CsCO_3$，在木质素模型化合物中也展现出较高的活性，尤其是断裂 β-O-4 键方面，这为木质素的催化解聚提供了潜在的应用前景。

3.1.3 酸碱催化解聚的影响因素

（1）溶剂对酸碱解聚的影响

溶剂在木质素解聚反应体系中扮演着至关重要的角色，它直接影响到解聚过程的效率和性能。选择适当的溶剂体系可以促进木质素的溶解，增强催化剂与木质素之间的相互作用，并稳定反应中间体的形成。然而，目前我们对木质素的分子结构与其在不同溶剂中的溶解度以及反应之间的关系和依赖性了解还不够清晰。因此，了解溶剂对反应机理、木质素的热力学状态、中间体、产物以及催化剂稳定性的影响对于促进木质素的转化具有重要的意义。

（2）酸催化下的两相溶剂体系

在酸催化的作用下，裂解木质素中的β-O-4醚键的过程得以促进。尽管酸性环境并不总是有利于木质素的溶解和萃取，但它可以通过促进解聚和再聚合来改变木质素的结构。近期的研究中，多种类型的酸被用于木质素及其模型化合物的酸催化解聚，包括无机酸、有机酸、Lewis酸、沸石以及酸性离子液体等。例如，Stein等[23]在2-甲基四氢呋喃/水的两相体系中研究了有机酸的选择性催化解聚方法，以分离高纯度可萃取的木质素。他们发现，该两相体系能产生可溶性低聚物和葡萄糖，且反应条件温和、友好。然而，与其他解聚方法相比，酸催化解聚木质素获得的产物收率尚不理想，且对真实木质素的研究相对较少，因此还需要进一步的研究和探索。

（3）酸催化下的多元溶剂体系

Adler等[24]在水/二氧六环混合溶剂体系中，使用0.2mol/L的盐酸对木质素模型化合物进行了催化降解实验，最终愈创木酚的收率接近100%。这一发现表明，芳醚键的断裂是生成苯基丙烷类产物的主要途径。另外，Wu等[25]研究者采用乙醇、二氧六环和甲酸的混合溶剂体系进行了木质素的酸性解聚。其中，1,4-二氧六环作为木质素的溶剂，乙醇不仅作为溶剂，还充当了反应物和原位氢供体，而甲酸则充当了酸性催化剂和现场氢供体的双重作用。经过反应条件的优化，该混合溶剂体系有效地降低了反应残渣的生成，并显著提高了酚类单体的产率。同时，在此体系中木质素被成功解聚并产生了带有烷基侧链的甲氧基苯酚。此外，乙醇、二氧六环和甲酸这三种溶剂之间的协同效应对于促进反应过程和提高产物收率发挥了关键作用。

（4）碱催化下的多元溶剂体系

与酸催化的模型化合物研究方法不同，关于木质素的碱催化解聚研究通常直接以真实木质素为实验对象。这种方法的选择基于强碱在保持酚类化合物反应活性的同时还能有效减少炭残渣的形成。然而，这种活性增强也带来了产物缩合的风险，因此如何有效抑制重聚反应成为提高碱催化效率的关键。Miller等[15]研究者在超临界乙醇和甲醇中对木质素进行了不同碱性催化剂的比较研究。结果显示，随着碱性增强木质素的转化率也随之提高。进一步分析表明，在碱催化解聚过程中，木质素结构单元间的醚键能够有效断裂，而C—C键受到的影响相对较小。Chaudhary等[26]研究者在乙醇/水混合溶剂体系中对各种固体碱催化剂的解聚效率进行了分析，并发现当pH值为9.2时催化剂效率最高。

在碱催化木质素解聚过程中，抑制产物重聚反应是提高产率的关键。为了提高碱催化木质素解聚的效果，需要进一步研究如何抑制中间产物的缩合反应，例如对催化剂种类和浓度的精细化调整，对反应温度的精确控制，以及对反应时间的优化。通过这些方法，可以更有效地促进木质素的解聚，从而提高其转化为有价值化合物的产率。

3.1.4 催化体系对酸碱催化解聚的影响

3.1.4.1 沸石催化剂

沸石催化剂因其独特的晶体结构、分布广泛的酸性位点、均匀的孔隙系统、高比表面积，以及特有的结构选择性，在木质素催化快速热解领域展现出卓越的性能。特别是在芳香族化合物的合成方面，沸石催化剂展现出极大的优越性，因此在工业应用中受到了广泛的重视。

在木质素催化快速热解的过程中，芳烃产率提升的关键在于精确控制反应温度、催化剂的用量以及木质素与催化剂的比例。这种关联性主要源于在高温条件下，催化剂的孔隙结构扩大，同时催化剂的用量直接决定了酸性位点的数量。其中，沸石的孔隙大小对生物油的产率有着显著影响。特别是，Brønsted 酸性位点有助于将含氧化合物转化为芳烃。此外，不同沸石中酸性位点的位置分布也决定了它们的功能差异：外部酸性位点有利于促进大分子含氧化合物的分解，而内部酸性位点主要负责促进芳构化反应。

芳烃的合成过程通常遵循两种主要的机制：烃池机制和酚池机制。烃池机制与木质素的脱烷基化过程紧密相关。在这一过程中，首先形成轻质烯烃；随后，这些烯烃在催化剂的作用下通过裂解、氢转移和低聚等反应步骤，逐步转化为芳烃。另外，酚池机制包括酚类化合物在催化剂作用下经历异构化、烷基转移、缩合以及进一步的裂解和氢转移等一系列复杂的反应步骤，最终促进芳烃的形成。

在过去的数十年中，沸石材料作为关键的催化剂，已在木质纤维素生物质催化热解的研究领域得到广泛应用。沸石的结构通常由多个单元组成，这些单元的数量决定了沸石的总负电荷数，从而影响其酸性位点的分布以及对芳烃化合物的选择性。根据这一原理，人们设计了多种优越的沸石催化剂，旨在协助催化热解过程中含氧大分子的扩散转化和脱氧反应，从而获得高质量的生物油。例如，Kim 等[27]在木质素热解过程中对酚类中间体在三种沸石（ZSM-5、β、Y）上的芳烃生成特性进行了研究，发现沸石的表面积与总酸度之间存在正相关关系。基于这一发现，Y 型沸石催化剂因其适宜的孔径分布、高水平的酸度和表面积，实现了最高的单环芳烃产率。另外，Zou 等[28]对三种不同孔径和酸度特征的沸石（HZSM-5、Hβ 和 HY）在催化硫酸盐木质素热解过程中产生的影响进行了深入研究，结果表明最佳的催化剂孔径范围为 6.500～8.400Å（1Å＝0.1nm）。在此范围内，Hβ 催化剂表现出最优异的催化效果。研究进一步揭示，孔径大小主要影响焦化和脱水反应，而酸度则在促进醚键重排、侧链断裂以及脱氧反应等方面发挥作用。然而，单一类型的分子筛通常难以满足催化热解中对高选择性的需求。因此，研究者们开始探究众多金属修饰的、酸碱改性的沸石催化剂，以实现更卓越的催化性能。Nishu 及其团队[29]研究了 ZSM-5、NaOH 改性 ZSM-5 以及 Ni 改性 ZSM-5 对热解木质素的催化效果。其中由于 Ni 改性使得 ZSM-5 具有较高的酸性，有效促进了芳构化反应和低聚反应，因此，该催化剂对于烃类化合物的选择性表现尤为出色，最高可达到 72％。

然而，木质素热解所产生的蒸汽中通常含有大分子氧化合物，由于它们尺寸较大难以进入催化剂的微孔结构，因此在催化剂表面会发生聚合反应，从而导致微孔空隙堵塞或者活性位点覆盖，最终导致催化剂失去催化活性。这种现象表明，单一微孔分子筛在经济效益和催化性能方面可能无法达到较高水平。为解决这一问题，研究者们开始利用具有两种或两种以上孔隙结构的分层分子筛，以提高其对大分子化合物的可及性。如 Zhang 等[30]成功合成了具备微孔/介孔特征的分子筛，并通过引入钴元素进一步调控，从而优化分层分子筛的酸性和孔隙结构。研究结果显示，采用这一策略后单环芳烃的产率达到了较高水平（46.3%）。此外，经过多次循环使用后，分层分子筛仍然能表现出令人满意的稳定性。

在催化热解领域，尽管沸石催化剂已被广泛研究，但是催化剂失活问题仍然是一个难以解决的挑战。为了追求更卓越的催化性能，对单一的沸石催化剂进行了修饰和改良。此外，为了增强对大分子化合物的可及性并防止催化剂失活，具有多层次孔隙分布的分层分子筛已被开发并进行了广泛研究。然而，关于生物质分子转化以及沸石孔径的详细机制目前仍然未被充分阐述。因此，设计出一种高效的催化剂将是未来的研究重点，从而确保对木质素进行高质量的催化热解。

3.1.4.2 金属氧化物催化剂

金属氧化物因具备多孔性、高分散性、出色吸附性和抗积炭性等卓越特性而受到广泛关注。在实际应用中，它们不仅充当支撑剂和分散活性组分的角色，而且还具备催化热解反应的能力。

在生物质能源利用领域，金属氧化物催化剂对木质素催化转化为有价值的生物燃料或生物化学品。根据性质差异，金属氧化物可分为酸性金属氧化物、碱性金属氧化物和过渡金属氧化物三类。在酸性金属氧化物中，其酸性中心能够促使有机分子发生脱水反应，从而引发大分子的断裂并增加小分子的生成。相比之下，碱性金属氧化物则会抑制液体产物的生成，促进气体产物的生成。此外，碱性金属氧化物还能通过酮基化和羟醛缩合反应有效减少产物中的氧含量，因此在提升生物油质量方面成为备受关注的催化剂。过渡金属氧化物则能够通过羟基化和脱甲氧基等反应促进愈创木酚的生成，从而降低焦炭的产率。另外，金属氧化物的酸碱性、多价性以及特定的表面结构，使其在选择性断裂木质素分子中的 C—O 键过程中发挥关键作用。

在生物质转化过程中，了解酸性金属氧化物催化剂的结构特性对于其应用至关重要。这类催化剂主要由金属正离子和氧负离子构成，其中金属离子表现出 Lewis 酸性，即作为电子受体。以铌酸为例，由于它同时具有 Brønsted 和 Lewis 酸性位点，因此在催化木质素热解过程中对 C—O 键展现出优异的裂解活性和较高的脱水能力。相比之下，碱性金属氧化物在降低酸性产物生成方面具有优势。具体而言，碱性金属氧化物通过促进含氧中间体以释放 CO_2 的形式进行脱氧。此外，它还可以作为吸附剂将 CO_2 固定，使最终产物（生物油）具有更高的氢碳比和较高的 pH 值。Ryu 等[31]将 MgO 负载在活性炭上作为催化剂，经过探究发现该催化剂在酸性和碱性位点之间保持了良好的平衡，能够在催化过程中显著促进脱羧反应，有利于含氧化合物的去除，从而显著提升芳烃的收率。

Al_2O_3 作为一种酸性催化剂，在许多化学反应中发挥着重要作用。由于其具有较大的比表面积，因此它在吸附和解离含氧基团方面表现出优异的性能，这对于提高单体酚产率等尤为重要。Yan 等[32]的研究结果表明，使用 $NiRu/Al_2O_3$ 催化剂可以显著提高单体酚的产率（38.1%）。Kong 等[33]通过改变载体的物理化学性质，包括活性位点类型、表面积和总酸度，最终达到提高载体酸性的目的。另外，他们还将一系列廉价的双金属成分掺杂到

WO_3-Al_2O_3 中，这些成分同时包含 Lewis 和 Brønsted 酸性位点。此外，他们还对 Al_2O_3 骨架进行了改性，增强了其表面酸性和纹理特性，包括孔体积和表面积。

在无氢气气氛下，Co/CeO_2 表现出优异的 β-O-4 键选择性断裂性能，其中 C_α—OH 被有效地转化为羰基，使得乙酰丁香酮的产率高达 78%。此外，该催化剂在经过 4 次使用后仍保持良好的稳定性和催化活性，未出现明显的失活现象。Kong 等[8]制备了一种可回收的 Ni-Re/Nb_2O_5 催化剂，用于在乙醇溶剂中高效且选择性解聚硫酸盐木质素（KL）。他们的研究结果表明，该催化剂能够实现高达 96.70% 的最高油收率，并且产物中的焦炭生成较少。

过渡金属氧化物催化剂在现代工业中扮演着重要角色，它们具备成本相对较低、活性位点优化、性能接近贵金属、环境友好，以及资源丰富等显著优势。Xing 等[34]研究者探讨了多种过渡金属氧化物催化剂在木质素催化热解中的应用，其中 CuO、Fe_2O_3 和 TiO_2 对酸/醇的生成具有一定的抑制作用，产量减少约 1%～2%，而烃类的生成分别增加了 15.31%、20.17% 和 28.83%。然而，这些催化剂却对酚类的生成有轻微的抑制作用，幅度为 3.3%。

尽管上述催化剂在木质素高效催化热解增值方面表现出潜在的应用前景，但是单一催化剂的催化活性仍存在一些限制。特别是，单一酸性金属氧化物催化剂可能导致低聚产物的再聚合，并促进焦炭的生成。为了克服这些问题，目前普遍采用设计复合金属氧化物催化剂的策略。Wang 等[35]开发了一种新型的复合金属氧化物催化剂，命名为 Wo_x-TiO_2-Al_2O_3。在这种催化剂中，亲氧性金属之间形成的 M-O-M 键可以产生电子空穴，这些电子空穴可能与酚类化合物的 C—O 键结合形成金属-氧-碳（M-O-C）键，从而有利于木质素衍生热解蒸汽的脱氧反应。使用这种催化剂后，生物油和单环芳烃的收率分别可达到 30.2% 和 1.2%。

总之，金属氧化物在木质素高效催化热解增值方面具有可观的应用潜力。然而，金属氧化物催化剂的未来应用仍需要持续地优化和探索。例如，前驱体的选择与优化，催化剂结构设计，复合催化剂的研发以及脱氧过程优化等。这些研究方向的探索将为木质素的高效转化提供更加高效、环保的解决方案。

3.1.4.3 碳基催化剂

作为一种低成本、易于合成且具有多样组成和合成可变性的新型碳基催化剂和载体，生物炭已经在多个领域展现出了其独特的优势和广阔的应用前景。与传统活性炭材料相比，活化处理后的生物质炭含有碱金属和碱土金属元素，能够与含氧官能团形成配合物，有效促进脱水反应。同时，生物炭表面富含羟基、羧基、吡啶氮、吡咯氮和石墨氮等官能团，不仅增加了其表面的化学活性，还能作为酸性或碱性活性中心，加快中间产物的吸附和催化转化。另外，活化处理后的生物炭在微晶结构和孔隙结构上有了显著提升，这使得其比表面积大大增加，从而为催化转化提供了更多的活性位点，提高了催化效率。值得注意的是，生物炭对氮和硫有良好的耐受性，相对于分子筛催化剂，在使用过程中更不容易失活。

活性生物炭是一种高效的催化剂，在木质素的快速热解过程中表现出优异的选择性并生成酚类化合物。在生物质的催化转化过程中，生物炭的催化活性主要源于其内部丰富的无机金属离子和表面存在的弱酸性官能团，以及通过功能化过程引入的其他活性基团和活性金属组分。Yang 等[36]探讨了不同种类的活性炭对木质素的催化快速热解性能。在催化作用下，焦油产率从 10.61% 下降到 0.4%，而苯酚浓度从 11.82% 提高至 51.75%。研究结果表明，活性炭的催化作用主要归因于催化剂表面上的羰基，其可以催化甲氧基解离并转化为愈创木酚，随后转化为更稳定的烷基酚或苯酚。Sun 等[37]研究了表面具有含氮官能团的生物炭对木质素热解挥发物的影响，通过探究发现氧化氮会阻碍愈创木酚的生成和分解，而吡啶氮和吡咯氮有助于促进木质素的解聚，产生其他酚类化合物。此外，当存在石墨氮和氧化氮时，大多数甲氧基酚会经历去甲氧基化和去甲基化反应，从而生成简单的酚类化合物。然而，与含氮官能团相比，含氧官能团具有更高的催化活性。此外，催化剂的孔隙大小与反应中间体尺寸之间的相互关系也是决定生物炭催化剂性能的关键因素之一。

尽管生物炭基催化剂的应用范围广阔，但其表面化学性质的复杂性和异质性仍对催化选择性和稳定性构成限制。因此，未来的研究方向可能着重于探索更经济且资源丰富的金属作为贵金属的替代品，从而制备出成本效益更高、性能更为卓越的生物炭基催化剂，并进一步提高催化剂回收和循环利用的便捷性。此外，深入理解生物炭中表面官能团的性质与催化活性之间的关系，以及金属与合成催化剂的载体和机理之间的相互作用，对于未来的研究至关重要。

3.1.4.4　金属载体催化剂

在液-液（LD）相转移催化反应中，催化剂的选择与设计对于调控产物产率、分布和选择性扮演着至关重要的角色。作为最常见的催化剂类型之一，金属催化剂具有多样性、可定制性以及出色的催化效果。目前，多种金属催化剂已广泛应用于 LD 过程，包括过渡金属催化剂、贵金属催化剂和双金属催化剂。

贵金属催化剂，主要包括铂（Pt）、钯（Pd）、钌（Ru）、金（Au）、银（Ag）等贵金属为主要活性组分的催化剂，具有高效的催化活性、优异的选择性以及卓越的稳定性。在生物质转化的研究领域中，这些催化剂展现出巨大的应用潜力，特别是木质素高效转化为高经济价值产品方面。Li 等[38]使用不含氢气的 $Pt/NiAl_2O_4$ 催化剂，成功从自然木质素中制备了4-烷基酚。在这项研究中，桦木木质素的最高转化率达到了 17.3%，而且该催化剂在经历长时间使用后依然保持着卓越的催化性能，未出现明显的活性下降。Mankar 小组[39]首次采用 Pt/HZSM-23 催化剂将 KL 还原为芳烃。得益于 Pt/HZSM-23 催化剂的介孔结构，较大的木质素分子得以更高效地转化，从而使生物油的产率达到了 65.1%。

Pd 金属对 C—O 键断裂具有卓越的催化性能，因此其在木质素转化为芳香烃反应中的应用引起了广泛关注。Lv 等[40]在 MgO 表面制备了负载碳物种的 Pd，旨在增强其对 C—O 键水解的催化活性。通过这一创新方法，他们成功在松木解聚中实现了 24.6%的芳香族化合物产率，同时 2-甲氧基-4-（丙炔基）苯酚的选择性达到了 77.2%。为了探究金属 Pd 在低聚物制备中的作用，Karnitski 等[41]在甲醇水溶液中采用双功能金属 Pd-酸催化剂制备低聚物。研究结果显示，特定的金属催化剂能够有效地触发低聚物合成反应。此外，该研究还发现，与高度分散的原子催化剂相比，体相原子催化剂展现出更高的催化活性。Li 等[42]合成了一种高性能的 Ru@Ndopedcar bon 催化剂，该催化剂的纳米 Ru 颗粒具备出色的褶皱结构、丰富的缺陷和高度分散性。在一定条件下，该催化剂成功地将木质素在乙醇水溶液中氢解，芳香单体产率高达 30.5%。此外，Ru 负载在 N 掺杂（Ru@N-Char）和 N、P 共掺杂的生物质衍生炭（Ru@N-Char）上作为软木和硬木解聚的催化剂时，从杨木和松木的解聚过程中分别获得了 57.98%和 17.53%的总酚单体收率。Jiang 等[43]合成了一种 Ru 负载在 Ga 掺杂的 HZSM-5 上的催化剂，该催化剂表现出强烈的相互作用，能够有效控制木质素模型化合物中 C—O 键的断裂来加快芳香环的加氢反应。

相比贵金属，过渡金属催化剂在成本和资源丰富性上也有优势，因此在工业应用中更具潜力。得益于过渡金属盐具有丰富的氧化态和多样的配位环境，它们在LD反应中显示出优异的催化性能。例如，钴（Co）、镍（Ni）、铁（Fe）等过渡金属催化剂常被用于促进氢化、氧化等反应，显著提升了产物产率和选择性。众多研究表明，基于镍的催化剂能有效断裂木质素分子中的C—O键和C—C键，形成潜在的金属活性位点。Li团队[37]研发了一种低成本的Ni/MgO催化剂，能够有选择性地断裂木质素分子中的化学键。实验结果显示，当Ni/MgO的质量分数达到20%时，木质素的转化率为93.4%，单酚的产率为15.0%，而4-乙基苯酚的选择性为42.3%。此外，在相同条件下他们对木质素模型化合物进行氢解，发现Ni/MgO有助于选择性断裂木质素中的酯键并促进随后的脱羧反应。Jiang等[44]成功制备了单原子Ni催化剂，其中单原子Ni位点锚定在具有氧空位的CeO_2纳米球上。这些分散良好的Ni位点在异丙醇中响应氢气吸附并释放活性氢，有效地增强了含有甲氧基的芳香化合物加氢脱氧为烷基酚的反应。同时，CeO_2中丰富的氧空位也激活了木质素中的C—O键。Gao等[45]制备了一系列含有Ni负载的金属磷酸盐催化剂，如Ni/MP（其中M＝Ti、Zr、Nb、La或Ce），其中Ni/ZrP在香草醛加氢脱氧制备2-甲氧基-4-甲基苯酚过程中表现出较高的活性。在此过程中，Ni/ZrP中的纳米Ni具有氢气解离的作用，Lewis酸位（LAS）促进了香草醛和异丙醇的吸附及其活化，而Brønsted酸位（BAS）则对脱水反应的进行起到了促进作用。Cai等[46]研究发现不同的载体会影响Ni基催化剂的活性位点，进而影响催化剂的活性。因此，Ni/HZSM-5催化剂在热解木质素制备轻质芳烃的加氢裂解中展现出卓越效能，转化率达到33.8%。

尽管单一金属催化剂在很多化学反应中都能展现出良好的催化性能，但在一些特定的反应中，其活性、选择性或稳定性仍然无法满足工业生产的需求。鉴于此，研究者们开始探索在单一金属催化剂中加入第二种金属元素，以通过两种金属间的协同效应来显著提升催化效率。例如，相较于纯Ni催化剂，Ni-Pd双金属催化剂展现出更丰富的电子富集镍位点，从而具备更高的催化活性。这种提升可能源于其更均匀的分布、更小的尺寸，以及更优越的原位催化异丙醇制氢性能。Cheng等[47]在NiCu/C催化剂中引入Cu，促进木质素连接键的断裂，从而降低生物油分子的分子量。Hu等[48]在NiPd/SBA-15催化剂中引入Pd后，产率提高了6.1倍。Zhu等[49]提出基于金属有机框架（MOFs）衍生的Ni_xCo_{1-x}/C催化剂的一步法制备方法。在此研究中，单酚的最高产率可达55.2%，同时愈创木酚的选择性高达70.3%。这种出色的性能可能归因于Co增强了催化剂的加氢脱氧（HDO）活性。此外，Lin等[50]研究者发现CeO_2的引入提高了Ni在HZSM-5表面的分散度，增加了催化剂表面的氧空位，从而提高了催化剂的活性。在这项研究中，乙苯的选择性峰值达到了63.4%，这表明该催化剂对*β-O*-4化学键结构表现出很强的选择性，有利于裂解生成乙苯类化学品。

3.2 木质素催化氧化解聚

3.2.1 木质素催化氧化解聚简介

木质素催化氧化解聚是指在温和条件下将木质素解聚成含有多个官能团的芳香族化合

物，该过程包括木质素结构中芳基醚键、C—C 键以及其他键的断裂[51]。催化氧化法主要通过自由基反应进行，会增加产物中的含氧量，不利于生产燃料及相关的添加剂，因此，研究者主要利用催化氧化法生产精细化学品。起初催化氧化法主要用于纸制品的漂白，通过分解纸制品中带有颜色的物质（主要为残留的木质素），使纸张更加均匀洁白。催化氧化法具有较好的木质素分解效果，因此被广泛用于木质素的高效解聚[52]。在工业应用方面，催化氧化法主要用于香兰素的生产。自 1968 年以来，Borregaard 公司以 O_2 为氧化剂，CuⅡ为催化剂，实现在碱性条件下商业化生产香兰素。除 CuⅡ之外，FeⅢ和 MnⅡ等其他过渡金属离子也可以促进工业木质素 *β-O*-4 键的裂解[53]。随着技术的发展，目前的研究认为，金属氧化物（CuO、MnO_2、TiO_2、ZnO）同金属离子催化剂一样有效。

相比于其他解聚方式，木质素催化氧化解聚的反应温度比较温和（250℃以下），需要的反应时间更短，生成的物质结构较为复杂，容易分离。其次，由于氧的引入，π-π 相互作用得到削弱，木质素更加易于解离。同时木质素中含有大量的—OH，该官能团的氧化可进一步促进木质素的解离[53-55]。木质素催化氧化解聚的产物主要有丁香醛、香草醛、己二烯二酸、4-羟基苯甲醛等。一般来说，热化学、电化学及光化学等氧化方法都可以实现木质素的解聚。值得注意的是，木质素的氧化解聚产物与反应体系的氧化性密切相关，若反应体系的氧化性过强，产物容易发生过氧化，得到小分子脂肪酸或 CO、CO_2 等气体[56-57]。

近期，木质素催化氧化解聚领域的研究颇为活跃，尽管其氧化机制尚未完全阐明。在这一领域，美国威斯康星大学的 Stahl 研究团队取得了显著成就[58]。他们利用木质素模型化合物探究了木质素催化氧化反应的路径，发现 C_α 位置的—OH 被氧化为酮基的行为对 *β-O*-4 键的断裂起决定性作用。在此基础上 Stahl 团队提出了木质素催化氧化解聚的反应机理和转化路径（图 3-1）[58]。然后，Gierer 等[59]对木质素催化氧化反应的路径进一步开展了探究。研究发现，在催化氧化过程中氧原子可能加成到木质素结构中的正、对或 C_β 位置，进而形成过氧阴离子。这些过氧阴离子可通过 C_α—C_β 的裂解，产生酚醛；或通过 C_4—C_α 裂解，导致对醌的形成；此外，它们还可能形成环氧乙烷结构以及通过芳香环的裂解，产生黏康酸衍生物［图 3-2(a)］[59-62]。与 Gierer 研究团队不同，Tarabanko 等发现碱性有氧木质素的氧化并不涉及氧在正、对或 C_β 位置的加入，而是通过苯氧基自由基的二次氧化进行，产

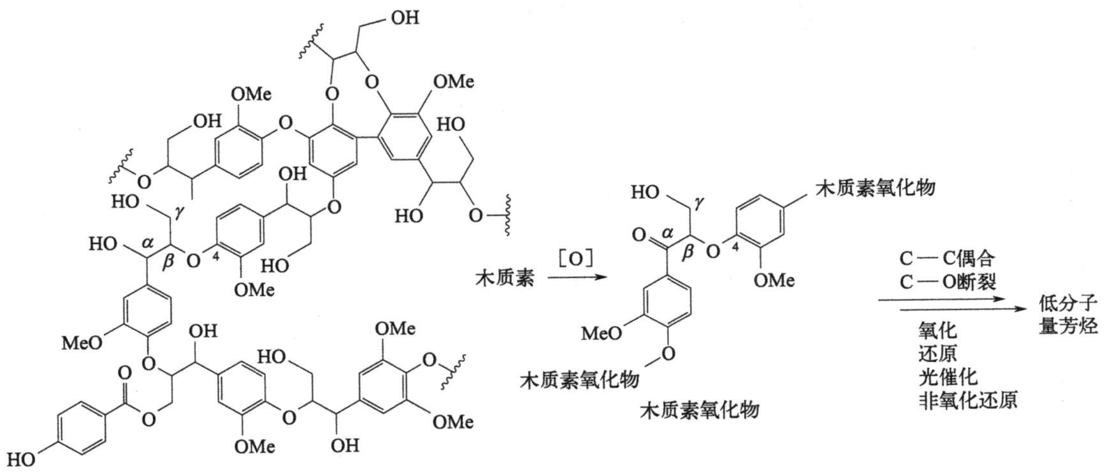

图 3-1　木质素催化氧化解聚反应途径[58]

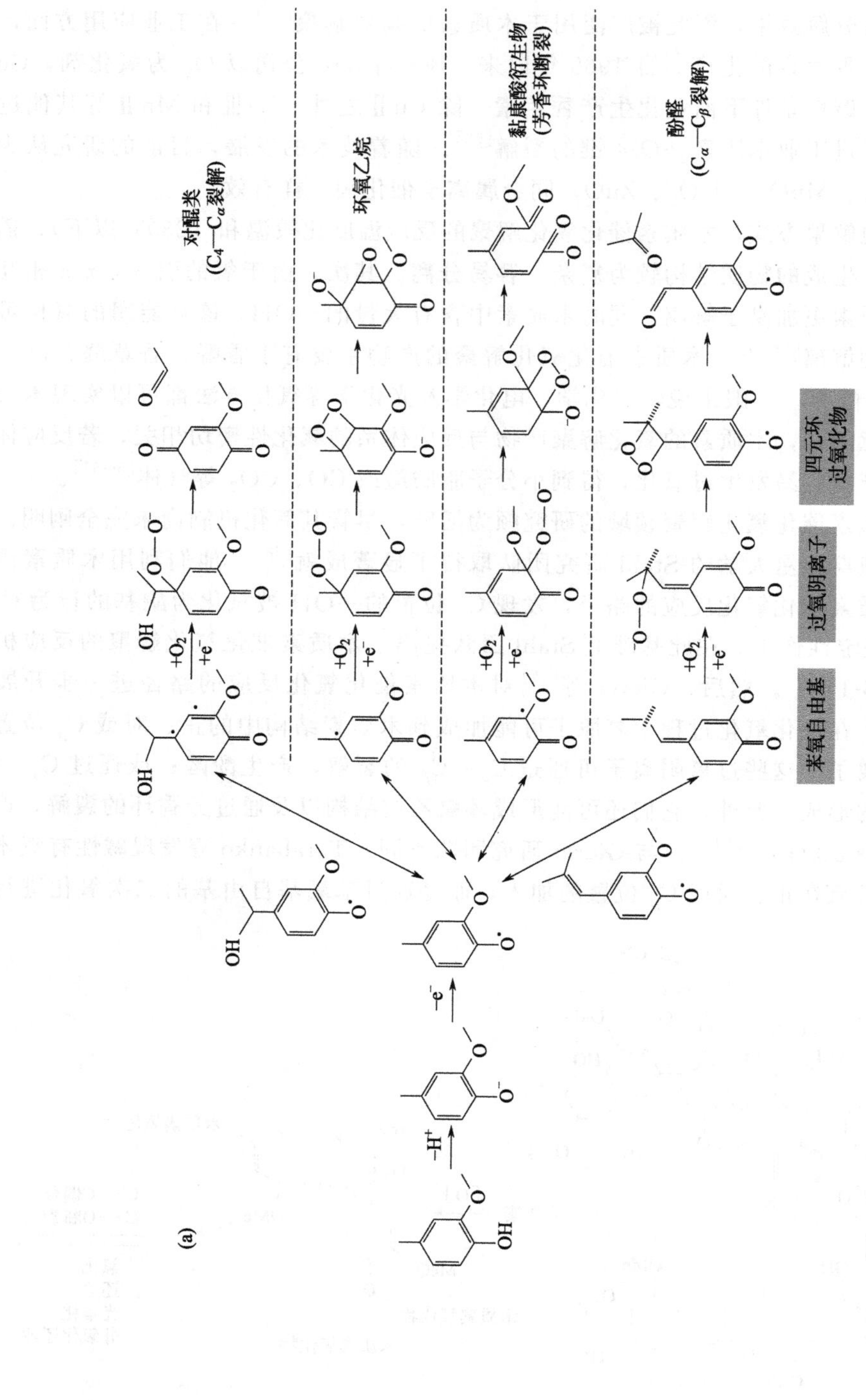
(a)
对醌类
(C_4—C_α裂解)
环氧乙烷
黏康酸衍生物
(芳香环断裂)
酚醛
(C_α—C_β裂解)
苯氧自由基
过氧阴离子
四元环
过氧化物

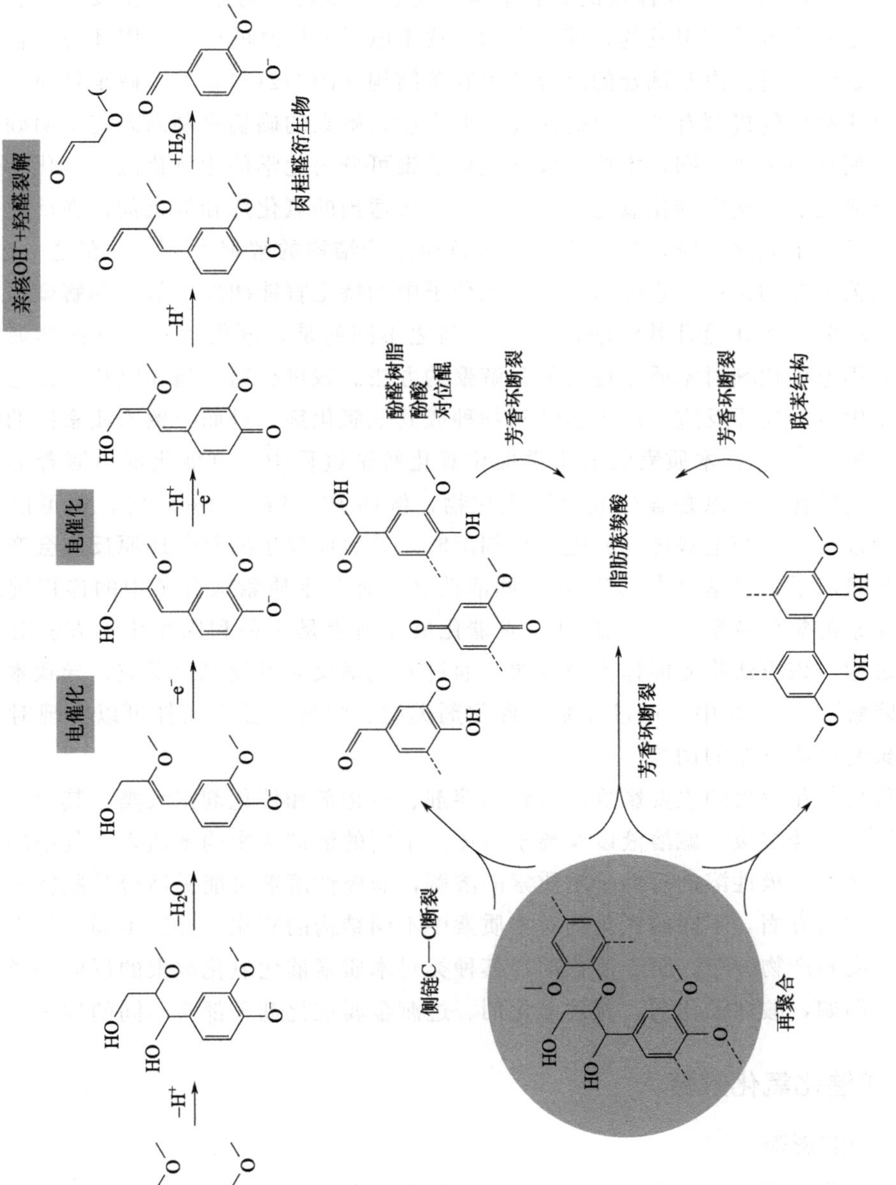

图 3-2　碱性有氧木质素氧化机理[59,61,64-65]

生类似肉桂醛的中间物，随后经逆羟醛反应破坏 $C_\alpha—C_\beta$ [图 3-2(b)][3,61,63-65]。总体而言，木质素在催化氧化过程中可能经历 $C_\alpha—C_\beta$ 或 $C_4—C_\alpha$ 的裂解，从而保持其芳香性；也可能芳香环结构被破坏，最后生成脂肪族羧酸。然而，在碱性氧化条件下木质素不稳定，因此通过 $C_\alpha—C_\beta$ 或 $C_4—C_\alpha$ 裂解途径保留的芳香结构也会进一步转化为脂肪族羧酸。由于木质素催化氧化解聚是由亲电反应引发的，即亲电物种攻击电子密度高的位置，因此遵循自由基反应机制，木质素可通过自由基耦合的缩合产生联苯结构 [图 3-2(c)][62]。截至目前，虽然对木质素催化氧化解聚的机制有了一定的研究，但木质素解聚的确切机制尚未完全明确。

根据催化氧化原理的不同，木质素催化氧化解聚可分为化学催化氧化法、电化学催化氧化法和光催化氧化法。化学催化氧化法是指通过引入适当的氧化剂和催化剂，在反应体系中促使木质素分子发生氧化反应，导致其链的断裂和分子结构的解聚[3,66-67]。在这一过程中，催化剂起着至关重要的作用，它能与木质素大分子中的特定官能团发生氧化和解聚反应，从而降低木质素的分子量并提升其溶解性[68-69]。与之不同的是，电化学催化氧化解聚是在电化学条件下利用电催化剂对木质素进行氧化解聚的方法。该过程通过施加电势，使电催化剂在电极表面发生氧化还原反应，产生活性氧物种或其他氧化剂，进而导致木质素链的断裂和分子结构的解聚[70-71]。在木质素的电化学催化氧化解聚过程中，电催化剂扮演着至关重要的角色。这些电催化剂可以是金属或金属氧化物，例如 Pt、Fe、MnO_2 等，也可以是其他具有电活性的催化剂。当电势施加到电催化剂上时，其表面发生的氧化还原反应会产生活性氧物种（例如氧离子、羟基自由基等），这些活性氧物种与木质素大分子中的连接键发生反应，导致木质素的氧化解聚[72-73]。此外，光催化氧化解聚是一种利用光化学方法对木质素进行解聚的过程。该方法将光能作为激发源，通过光化学反应引发氧化反应，导致木质素分子的解聚和降解[74-75]。其中，通过控制光催化剂类型、浓度和反应条件可以实现对木质素的选择性解聚和产物分布的调控[76-77]。

木质素催化氧化解聚的主要影响因素包括溶剂、氧化剂和催化剂三大类。其中，溶剂主要包含有机溶剂、酸溶液、碱溶液以及离子液体。不同的溶剂会影响木质素在其中的溶解性和反应活性。例如，极性溶剂有助于木质素的溶解，非极性溶剂可能更适合某些特定的反应条件。对于氧化剂方面，不同的氧化剂对木质素中不同结构的氧化选择性不同，从而影响木质素的氧化程度和产物分布。至于催化剂，其种类对木质素催化氧化解聚的反应路径和产物有显著影响。例如，酸性催化剂、碱性催化剂、过渡金属催化剂等都有不同的催化效果。

3.2.2 化学催化氧化解聚

3.2.2.1 溶剂的影响

在生物质转化的研究领域中，木质素的催化氧化解聚是一个核心环节，而溶剂的选择对于这一过程的效率和效果具有决定性的影响。其中，不同溶剂体系下的反应条件和产物分布可能会有显著差异，因此需要根据目标产物的需求来选择合适的溶剂体系。

(1) 酸性体系

在木质素的催化氧化解聚过程中，酸性体系扮演着至关重要的角色。它不仅加速了反应的进程，而且还精确地控制了产物的选择性。具体而言，酸性体系首先通过提供质子，促进了木质素大分子连接键的断裂和氧化反应[78-79]。此外，酸性体系还通过调整反应的选择性，使得不同类型的酸性催化剂在木质素分子的氧化解聚过程中表现出不同的选择性[79]。最终，在不同的酸性催化剂引发的不同反应路径下，生成了多种类型的产物[80]。例如，强酸催化剂倾向于引发木质素的裂解，产生低分子量的化合物，如酚类和芳香烃；而较弱的酸催化剂则更有利于高分子量产物的生成，如酸醇缩合物和氧化聚合物。另外，酸性体系还能影响催化剂的活性和稳定性[81]。适量的酸性环境可以提高催化剂的活性，从而加快反应的进行。然而，过于强烈的酸性条件可能会导致催化剂的失活或发生不可逆的变化。因此，在选择酸性体系时需要权衡反应速率和催化剂稳定性之间的平衡。同时，优先选择绿色、可再生的酸性催化剂，以增强木质素催化氧化解聚过程的可持续性。

总之，酸性体系对木质素催化氧化解聚具有重要的影响。在酸性条件下，木质素分子内的特定键更易于断裂，这直接提升了反应的效率。同时，氧化剂在酸性条件下的活性得到增强，进一步促进了木质素的氧化解聚。此外，酸性环境还有助于提高催化剂的稳定性，调节产物分布，并且能够降低反应的活化能，从而提升整个过程的能量效率。未来的研究应该进一步深入了解酸性体系对木质素催化氧化解聚的作用机制，并开发更加绿色可持续的酸性催化剂，以促进木质素转化技术的发展和应用。

（2）碱性体系

类似于酸性体系，碱性体系在木质素催化氧化解聚过程中也扮演着至关重要的角色。在碱性体系中，木质素的酚羟基能够发生离子化，这有利于氧化反应的进行[16,82]。它不仅能有效促进木质素的水解，加速氧化反应的进行，还能对产物的选择性产生显著影响。与酸性体系不同，碱性条件下酚羟基的离子化增强了其亲核性，可能促使氧化剂攻击木质素分子中的不同位置，如芳香环上的 C—H 键。这可能导致形成不同类型的芳香族化合物，如苯酚类及其衍生物。对于产物的选择，碱性体系下倾向于生成更多的芳香族化合物，如苯酚、甲氧基苯酚及其衍生物。此外，碱性体系还可以阻止芳香醛类的进一步降解[83]。

尽管目前关于碱性体系中木质素的裂解机制并没有得到很好的阐释，但普遍认为，酚类离子的形成及其随后向苯氧自由基的氧化是引发 C—C 裂解的关键步骤[84]。目前，虽然有较多研究提出了碱性体系中木质素的反应机理，但 Tarabanko 等[65]提出的自由基反应机理得到了大家的普遍认可。如图 3-3 所示，木质素中的酚阴离子（Ⅱ）经脱水后再失去一个电子形成酚氧自由基（Ⅳ），随后脱去一个质子，形成具有醌式结构的中间体（Ⅴ），最后断裂 C_α—C_β 键得到香草醛（Ⅶ）。

根据 Tarabanko 等[63]的理论，利用碱性体系催化氧化木质素以实现香草醛的选择性生产成为了最早商业化的木质素高值化利用途径[85]。然而，随着工业化的推进，环境问题日益严重，导致亚硫酸盐纸浆的生产受到限制。这促进了以石化原料合成香草醛的规模化生产，进而使木质素生产香兰素的比例显著下降（目前只占市场份额的 15%）[82,86]。因此，为了实现木质素资源的高值化利用，使碱性体系下的木质素裂解过程更高效、更环保，有必要对木质素在碱性体系中的解聚机理继续进行探究。深入理解木质素在碱性体系中的裂解机理，开发更准确的反应模型，以指导催化剂设计和反应条件优化，进一步推动木质素裂解技术的进步。

（3）中性体系

中性体系在木质素催化氧化解聚过程中占据重要地位。在中性体系下，木质素分子中的键更容易断裂，从而促进了其转化为小分子化合物的过程。同时，中性体系对于某些催化剂

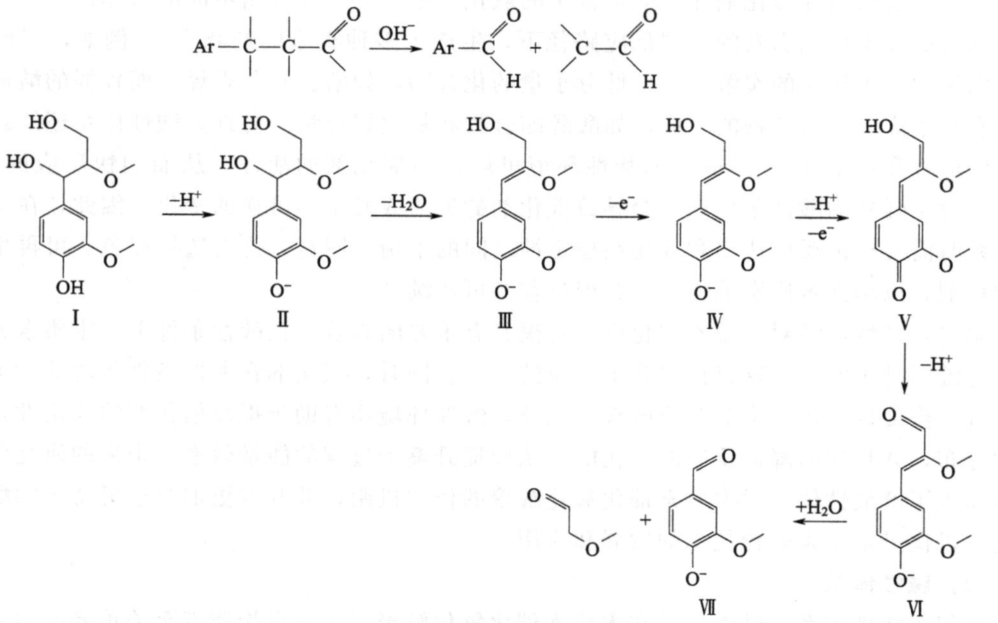

图 3-3　碱氧化木质素生成香草醛机理图[65]

的稳定性更加有利，能够保持木质素分子的稳定性，从而有助于减少副反应的发生，提高目标产物的选择性和产率。相比于酸性或碱性体系，中性体系不需要强酸或强碱的存在，从而避免了相关的腐蚀性和环境污染问题[87]，有助于实现木质素资源的高效和可持续利用。因此，研究中性体系下木质素的催化氧化解聚机理，对于开发高效、环保的木质素转化技术具有重要意义。

在中性体系下，木质素的催化氧化解聚反应能够展现出显著的选择性调控特性[88]。其中，中性催化剂在这一过程中发挥着关键作用。尽管它们在特定键的断裂和官能团形成方面的选择性不如其他类型的催化剂，但仍然能有效促进木质素的氧化解聚。此外，中性体系所产生的产物可能包含多种分子量和官能团类型，呈现出一定的结构多样性。值得一提的是，中性体系还能与其他催化剂或助剂相结合，实现协同效应[89-90]。例如，中性体系与金属催化剂或纳米材料组合成为协同催化系统，显著提高了催化剂的活性和选择性。另外，中性体系对于一些特殊的催化反应具有重要意义[91]。例如，在木质素的酶解反应中中性条件是必不可少的，这是因为酶在中性 pH 值下能够达到其最高活性。同样，基于金属有机框架材料（MOFs）的催化反应也需要在中性条件下进行，因为 MOFs 只有在这样的环境下才能有效地发挥其催化作用[92]。

中性体系对木质素催化氧化解聚具有一定的影响。未来的研究可以进一步探索中性体系下的催化反应机制，开发高效、可控的中性催化剂，并将中性催化体系应用于木质素转化技术的开发与应用中。

（4）离子液体体系

离子液体作为一种在常温常压下呈液态的电解质，主要由有机阳离子和无机或有机阴离子构成，已逐渐成为木质素催化氧化解聚领域的研究热点。这类物质因其独特的物理化学性质，如低蒸气压、高热稳定性及可调节的分子结构，为木质素在相对温和条件下的高效转化提供了可能性。离子液体作为绿色催化剂的一部分，其研究不仅有助于理解木质素降解的机制，而且对推动生物质资源的可持续利用具有重要意义[93]。

由于离子液体的阴离子和阳离子组合方式众多，因此离子液体的种类也非常多[51,94-96]，主要有以下三种：按照阳离子的种类，离子液体可以分为咪唑类、吡啶类、季铵盐类、季磷盐类、胍盐类和硫盐类等，它们可分为中性、酸性和碱性离子液体。而基于功能性的不同，又可分为疏水性、磁性离子液体等。其中，酸性离子液体又可以细分为 Lewis 酸性和 Brønsted 酸性。同样，碱性离子液体也有 Lewis 碱性和 Brønsted 碱性之分。此外，还有一些离子液体如含 $AlCl_3$ 的离子液体，既能表现出酸性也能表现出碱性。

作为一类特殊的溶剂体系，离子液体体系在木质素催化氧化解聚过程中具有重要作用。首先，得益于离子液体特殊的离子结构和低挥发性，离子液体不仅可作为良好的溶剂，而且还具有广泛的溶解性。这种溶解性使得离子液体能够有效地溶解木质素和催化剂，为木质素解聚提供独特的溶解性和反应环境。此外，离子液体的特性还促进了木质素解聚反应发生[80,97]。其次，离子液体可以作为催化剂或催化剂载体，直接参与催化反应。某些离子液体本身具有催化活性，因而在木质素氧化解聚反应中可以发挥催化剂的作用。同时，作为催化剂载体，离子液体能够提供稳定的催化剂分散度，增强催化剂与底物之间的相互作用[98]。另外，通过合理设计离子液体的结构，可以调控产物的分子量、官能团类型和分布，实现对木质素催化氧化解聚过程的精确控制[99]。例如，Zakaria 等[100-101]利用合成的三种不同酸性离子液体进行稻壳再生木质素的氧化解聚研究，其中以［C_3SO_3HMIM］［HSO_4］为催化剂的解聚产率可达 92%，主要产物为芳香醛、酮和酯。该催化剂的高效性可归因于 HSO_4 提供的强酸性环境，有利于氧化产物的生成。徐文彪[102]构建了具有多活性位点的 IL- TEMPOPOMs 复合催化剂，用于木质素催化氧化解聚，生物油产率为 50%，单体产率为 13.4%（主要为香草醛和紫丁香醛）。然而，催化剂循环 5 次后木质素单体产率下降至 9.1%。此外，离子液体还具有良好的溶解性和热稳定性，能够耐受高温条件下的反应[103]。这为高温催化氧化解聚反应提供了一种可行的催化体系，并促进了高效催化反应的进行。

在木质素催化氧化解聚的过程中，离子液体展现出前述特性，而且还呈现出独特的反应活性。特别是在氧化木质素的过程中，C_α 羟基的氧化起到了关键作用。木质素分子中的 C_α 羟基在氧化后，其化学性质发生变化，极性增加，从而导致木质素在离子液体中的溶解性得到提升。这种溶解性的提升使得木质素分子能够更加均匀地在离子液体中分布，增加了与催化剂或氧化剂的接触机会，优化了化学反应的环境。特别地，氧化剂硝酰自由基在氧化过程中转化为亚硝离子，后者对木质素侧链上的 C_α 羟基展现出较高的氧化活性。这种氧化作用有助于降低木质素侧链的键能，从而实现 β-O-4 键的选择性断裂，促进了木质素大分子向单体的转化。近期，Li 等[104]研究了在无外加催化剂条件下，碱木质素在 1-乙基-3-甲基咪唑乙酸盐离子液体中的氧化解聚反应。研究发现，咪唑阳离子和乙酸根阴离子有效地促进了碱木质素的转化。特别是，醋酸咪唑盐离子液体表现出了卓越的催化性能，实现了碱木质素的高效转化。进一步地，当在醋酸咪唑盐离子液体中添加适量的水时，大约 77.2% 的碱木质素可以解聚成小分子可溶性产物，它们主要由酚类化合物构成，其中包含香草醛。此外，研究者还发现木质素的氧化解聚程度与阳离子种类密切相关。值得注意的是，回收的离子液体（每次回收率约 90%）在经过 5 个循环后仍然保持较高的活性，仅在第 5 个循环时观察到活性的轻微下降。这些发现表明，醋酸咪唑盐离子液体是一种简便且高效的木质素氧化解聚催化体系。

木质素解聚程度受到离子液体和木质素（或反应中间体）分子间相互作用（即 π-π 堆积和氢键）的影响，活化木质素单元间的连接键，并促进其断裂[105]。通过利用离子液体阴离子和阳离子的可调节性，可以为木质素及其模型化合物的降解提供更多的可能性。尽管离子液体在木质素转化中显示出巨大潜力，但其高昂的成本、有限的氧化稳定性，以及产品分离和回收过程中遇到的挑战，均对其实际应用构成了重大障碍。因此，研发一种既环保又经济高效、同时成本较低的离子液体催化系统，对于推动木质素资源的可持续利用具有至关重要的理论与实践价值。

3.2.2.2 氧化剂的影响

木质素氧化解聚是生物质转化领域中的重要过程，其核心在于通过氧化剂的作用实现难降解的木质素向小分子化合物的转化。因此，通过优化氧化剂的选择、浓度和用量以及反应条件的控制，可以实现对木质素的高效转化和选择性解聚。此外，将氧化剂与不同的催化剂体系相结合可以提供新的解聚反应路径，进一步提高催化氧化解聚的效果。

作为木质素氧化解聚的关键因素，氧化剂可以通过提供氧原子或氧化活性位点促进木质素氧化反应发生。这一过程不仅涉及木质素大分子中键的断裂，还包括官能团的形成。与还原处理主要裂解醚键不同，氧化剂可以通过断裂 C—C 键来解聚木质素。这种处理方法能够更有效地打破木质素中的芳香环结构，从而实现对其高分子的降解。氧化剂的种类多样，目前常用的包括 O_2、H_2O_2、Cl_2、$KMnO_4$、CH_3COOOH、金属氧化物和次氯酸盐等。这些氧化剂能够在木质素芳香环上引入羟基，增加其亲水性；同时，它们可以直接攻击芳香环，导致 C—C 键的断裂，从而降解木质素。值得注意的是，虽然主要裂解 C—C 键，但某些氧化过程也可能导致醚键断裂。因此，氧化剂的选择对催化氧化解聚过程的效率和选择性具有重要影响。例如，H_2O_2 可以高效地将木质素氧化解聚为相应的功能化产物。而过氧酸则具有更高的氧化能力，因此其可以促使木质素彻底解聚。此外，氧化剂的浓度和酸碱性也对木质素催化氧化解聚过程具有至关重要的影响。适当的氧化剂浓度可以提高反应速率和产物收率，但过量的氧化剂可能引发副反应，甚至导致产物的不可控氧化[3]。同时，氧化剂可能会与催化剂和底物发生中和反应，从而影响反应速率和选择性。

在木质素氧化解聚的过程中，高效氧化剂的应用对于促进反应效率、调控产物特性、增强产物选择性、提升反应速度以及降低能源消耗和减轻环境负担具有显著作用。因此，开发和研究这类氧化剂已成为生物质转化领域的一个重要研究方向。生物质转化，作为一种重要的可再生能源和绿色化学产品来源，始终受到广泛关注。未来，随着研究的不断深入和技术的持续发展，高效氧化剂在木质素氧化解聚中的应用将会更加广泛，从而为生物质资源的充分利用和可持续发展做出更大的贡献。

3.2.2.3 催化剂的影响

催化剂的选择对于产物类型、产率、纯度及反应条件有着决定性的影响。因此，挑选合适的催化剂成为提升木质素氧化解聚效率及优化产物质量的核心。本小节对均相催化剂与非均相催化剂在木质素催化氧化解聚过程中的效能差异进行了介绍。

(1) 均相催化剂

均相催化剂在木质素催化氧化解聚中的化学效率高于非均相催化剂。这一现象主要归因于均相催化剂与反应物处于同一相态，因而具有更大的接触面积和更快的反应速率。目前已有多种催化剂被探索和应用，主要分为过渡金属配合物、贵金属均相催化剂、有机催化剂等。然而，催化剂的选择和应用需考虑具体的反应条件、木质素的结构以及所需产物的特性。

在木质素的催化氧化反应中，应用过渡金属盐配合物作为均相催化剂不仅可以实现与反应物的高效混合，还能使反应路径更加可控。这类催化剂包括铜盐、钴盐和锰盐等，它们各自展现出独特的催化活性和选择性[106]。例如，铜盐催化剂能够高效催化木质素发生氧化反应，并产生丰富的氧化解聚产物。相比之下，钴盐催化剂不仅展现出较高的催化活性，而且在木质素解聚过程中具有良好的选择性。此外，过渡金属催化剂的配体种类和配位环境对催化反应的效果具有同样重要的影响。因此，通过精心选择催化剂并合理设计、调控过渡金属盐催化剂的结构和配位环境，可以显著提高木质素解聚反应的速率和产物的选择性，实现对催化过程的精确控制。近年来，研究人员对过渡金属盐催化剂在木质素催化氧化解聚中的应用进行了广泛的研究。在对比铁、钴、铜等过渡金属盐的催化作用时，石忠亮等[107]发现铜盐催化剂在木质素氧化降解反应中的表现显著优于铁盐和钴盐，其芳香醛产率达到24.4%。在Salonen等[108]的研究中，他们在O_2/NaOH体系中采用铜盐对桉木木质素磺酸盐进行转化，成功将芳香醛的产率提升了25%～50%。此外，Xiang等[109]将$CuSO_4$和$FeCl_3$结合作为催化剂对木质素进行催化氧化解聚，使得芳香醛产率显著提高，并揭示了两种金属盐之间的协同效应所展现出的卓越催化性能。从催化机制来看，Cu^{2+}和Fe^{3+}在木质素氧化解聚过程中展现出比其他金属离子更卓越的性能。其中，Cu^{2+}作为电子受体能有效促进苯氧自由基形成，这是木质素分子中键断裂的关键步骤。同时，Fe^{3+}能形成一种新型反应中间体，即O_2-Fe^{3+}-木质素复合物，这种载氧体显著增强了木质素解聚效果。正是由于这两种金属离子的独特作用机制，它们在木质素氧化解聚反应中展现出高效的催化性能。

贵金属催化剂，例如铂、钯和铑，因其卓越的催化活性和高度选择性，在木质素解聚领域得到广泛应用。这些催化剂在氧化反应中展现出显著的催化活性，并能选择性地裂解木质素大分子内的特定键[12]。值得注意的是，贵金属催化剂的催化效率受到反应温度、压力、氧气流量等多种条件的影响。因此，通过精细调整这些反应条件，可以显著提高催化剂的活性和选择性，进而提升木质素的解聚效率。此外，贵金属催化剂通常负载在碳材料、金属氧化物等载体上，形成负载型催化剂。这种负载型催化剂具有较大的比表面积和更优的催化性能，能显著提升催化反应的效率和稳定性[12]。例如，Bhargava等[110]对比了Cu、Mn和Pt等单一金属及负载型双金属催化剂（如锰负载铂或铜、铂负载铜）在木质素催化氧化过程中的性能，发现Pt负载Cu的催化解聚效果最好。Villar等[111]的研究中，Al_2O_3负载Pt催化剂应用于硬木硫酸盐木质素的氧化降解，发现与无催化条件相比，醛或酸的产率有所下降。研究者推测，这可能是由于Pt/Al_2O_3催化剂促进了木质素的过度氧化，导致其转化为更小的分子或CO_2。Deng等[112]的研究集中在Pd/CeO_2催化剂对2-苯氧基-1-苯乙醇的催化氧化反应上，该反应主要产生苯酚、苯乙酮和苯甲酸甲酯。该催化剂能够选择性地将二级醇基氧化成酮，并通过C—O键的裂解生成苯酚和苯乙酮。此外，Pd/CeO_2还促进了有机溶剂中木质素的氧化转化。鉴于贵金属资源的有限性，正在探索使用复合金属氧化物等替代催化剂，以降低成本并提高可持续性。

复合金属氧化物，也称为混合金属氧化物，是由两种或两种以上金属元素组成的氧化物。这些金属离子在精确配比和特定排列下形成一种复合结构，其中高度分散的金属氧化物颗粒为氧化反应提供了众多活性位点，显著提升了复合金属氧化物的独特性能及其催化效率[113-114]。Jeon 等[115]研究者深入分析了 Cu-Mn 混合氧化物在催化氧化木质素生成香草醛过程中的效能。研究发现，这种混合氧化物具有非化学计量比的尖晶石结构，比表面积更大，显著提升了氧化还原性能和氧分子迁移，从而增强了催化效率。但是，当 Cu 含量较高时，表面氧浓度增加，导致香草醛被过度氧化为香草酸，降低了产率。此外，尽管在反应温度过高时催化性能有所提升，但香草醛的产率却会相应下降。针对这些现象，作者提出了一种催化氧化机理：首先，氧化剂 H_2O_2 在表面上分解为 O_2，并在氧空位（Mn^{4+}-Cu^{2+}）处转化为表面氧物种（O^*），接着形成 Mn^{3+}-O^*-Cu^{2+} 结构，促进松柏醇转化为香草醛。Panyadee 等[116]研究者使用Cu(Ⅱ) 和 Fe(Ⅲ) 混合金属氧化物催化剂，有效催化解聚木质素。在 Cu-Fe/SiO_2 催化剂的作用下，K_2CO_3-木质素的氧化降解产物中总酚类化合物的比例最高，为 63.87%。而 Cu-Fe/Al_2O_3 催化剂下总酚类化合物含量较低，仅为 49.52%。表明 Cu-Fe/Al_2O_3 催化剂在丁香醇和乙酰基选择性方面表现出更优异的性能。

杂多酸是由杂原子（P、Fe、Si、Co）与多原子（Mo、W、Ta、V、Nb）按特定结构组成的一类簇状含氧化合物，因其卓越的酸性和氧化性能，正作为一种新型、环保的酸催化剂被用于木质素的降解[117]。杂多酸含有多种活性位点，如负离子、正离子和氧原子，它们能与木质素分子中的官能团相互作用，引发化学键的形成与断裂，进而促使木质素解聚。在木质素降解过程中，杂多酸的氧化性激活了含氧自由基，促使 C_α 位的羟基转化为羰基。此外，杂多酸的强酸性对于保持高氧化还原电位至关重要，它能够促进木质素解聚片段中羟基单元的脱水和氧化，进而形成芳香醛酮化合物。值得注意的是，杂多酸的种类和组成对催化效果有显著影响。反应环境因素，例如温度、压力、催化剂的浓度以及反应的持续时间，对于催化过程的成效同样至关重要。因此，精确控制这些反应条件对于最大限度地发挥杂多酸催化剂的潜力至关重要[118]。Voitl 等[119]的研究揭示了在甲醇和乙醇介质中，$H_3PMo_{12}O_{40}$ 催化剂能有效解聚硫酸盐木质素，产生芳香醛和香草酸甲酯等化合物。此反应机理在于甲醇和乙醇与中间体碳离子之间的竞争作用，这种作用抑制了缩合反应，从而促进了香草酸酯的生成。兰海瑞[120]的研究发现，γ-戊内酯作为溶剂与 $H_3PMo_{12}O_{40}$ 催化剂在木质素解聚反应中的显著协同效应，从而显著提升了木质素的转化效率。刘晓乐[117]的研究发现，离子液体[BMIM]Cl 与 $H_5PV_2Mo_{10}O_{40}$ 杂多酸催化剂之间存在良好的协同作用，有效提升了芳香醛产率，最高可达 10.32%。此外，杂多酸在催化氧化酚类和非酚类底物时，表现出不同作用机理的催化特性。酚类底物主要通过异裂机理反应，而非酚类底物则主要经历芳环单电子转移机理。因此，木质素的酚型结构及其甲氧基的数量（即 G、S、H 的比例）显著影响反应过程，这进一步影响了氧化产物的结构和产率。另外，杂多酸催化解聚木质素时产生的高活性中间体，如苯氧自由基，可能诱导木质素分子间的缩合反应，从而阻碍解聚过程的进行。为防止这种缩合反应，反应过程中通常会添加甲醇、乙醇等封端剂，以抑制木质素自由基的缩合。目前，杂多酸作为木质素氧化增值过程中的绿色环保催化剂，不仅在实际工业应用中显示出显著的经济效益，而且对能源、环境和整个社会产生了积极的影响。

在木质素的氧化解聚过程中，有机金属催化剂因其卓越的催化性能而备受瞩目。这些催化剂由配体和过渡金属离子构成，涵盖了各种有机金属化合物（例如有机钯、有机铂、有机锡配合物）和有机分子（例如氨基配体、膦配体、胺配体等）。通过精确调控配体结构、金属中心特性以及反应条件，能够有效控制木质素解聚过程中的化学键活化、反应速率和产物选择性，从而实现高效的催化活性和选择性。与传统无催化或酸碱催化反应相比，有机金属催化剂展现出较低的使用浓度、卓越的耐用性和稳定性，即使在经历多次反应循环后，仍能保持高效活性。金属离子如 Pd、Rh、Ir、Ru 等，因其出色的催化活性和选择性，在有机金属催化剂中扮演着关键角色[33,121]。这些催化剂通过多种反应机制促进木质素的氧化解聚，如氧合反应、氧化剂的直接氧化和氢转移反应等。在有机金属催化剂领域，甲基三氧化铼（MTO）和 2,2,6,6-四甲基哌啶氮氧化物（TEMPO）得到了广泛应用。目前，关于 TEMPO 介质体系在氧化多糖反应机理方面的研究已有很多报道。Hanson 等[82]进一步系统地研究了 MTO 在不同体系中对木质素的催化氧化效果，发现 MTO 与 H_2O_2 的协同催化有助于醚键的断裂，从而使木质素的侧链大部分被氧化，芳香环开环，生成更多可溶性木质素片段。这些反应产物含有更多羧基、少量脂肪族羟基和缩合羟基。

(2) 非均相催化剂

与均相催化剂相比，非均相（多相）催化剂以固态形式存在，而反应物则通常处于液态或气态。这种独特的分布方式不仅提高了催化剂的活性和选择性，还使其分离和回收变得更加容易。因此，尽管在化学效率方面，非均相催化剂可能不如均相催化剂，但它们在操作上具有明显的优势。通过调整催化剂的组成和结构，非均相催化体系对满足各种反应性能和目标产物的需求展现出更大的应用灵活性。

非均相催化剂，主要包括金属氧化物和负载型催化剂，在木质素催化转化领域已得到广泛应用[110]。特别是金属氧化物，凭借其卓越的催化性能和稳定性，已成为木质素催化体系的关键组成部分。例如，TiO_2 和 MnO_2 等金属氧化物催化剂表现出高效的催化活性，而且在选择性氧化解聚木质素方面表现优异[122]。在木质素的氧化解聚过程中，非均相催化剂的作用机理复杂多变，涉及多个关键步骤，包括木质素分子的吸附、氧化剂的活化以及电子转移等。具体而言，金属氧化物表面的物理或化学吸附首先捕获木质素分子和氧化剂，增强催化剂与底物间的接触，从而推动反应的进行。接着，金属氧化物表面的特定活性位点与氧化剂相互作用，促进氧化反应，进而促使木质素的氧化解聚。另外，金属氧化物表面的电子传递网络有助于电子从木质素分子转移到氧化剂，加速氧化过程。因此，通过精确调控催化剂的晶体结构、孔径大小和酸碱特性，可以优化催化剂与木质素分子间的相互作用，实现对催化反应的精细控制。此外，采用负载其他催化剂、调整反应温度和压力等策略，也能显著提高非均相催化剂的催化效率。Liu 等[123]通过共沉淀技术成功制备了 La_2O_3-CuO-MgO 三元复合氧化物，并对其在异丙苯催化氧化制过氧化氢异丙苯（CHP）反应中的应用进行了深入研究。在此过程中，异丙苯的催化氧化不仅局限于催化剂表面，还涉及颗粒内部的自由基反应。特别地，La_2O_3 与 CuO 之间的强烈相互作用促使 CuO 在 La_2O_3 中心区域高度分散，并形成大量氧空位。这些氧空位的存在促进了 CHP 在催化剂表面的快速吸附和分解，生成 RO· 和 HO· 自由基。此外，颗粒内部的 Cu^{2+} 能够引发链式反应，生成 RO· 自由基，进而有效加速催化氧化过程。Xu 等[124]利用共沉淀法成功合成了一系列组成各异的 CuO-MgO 复合氧化物，并探究了这些材料在催化氧化异丙苯生成 CHP 反应中的应用。在此催化系统中，CuO 在 MgO 表面上实现了高度分散，这种分散状态对催化效率起着至关重要的作用。特别地，MgO 不仅充当了载体的角色，而且还作为主要催化剂，有效地促进了异丙苯分子中叔碳上氢原子的活化。因此，得益于主催化剂与助催化剂之间的协同效应，该催化剂显著提高了整个催化系统的性能，进而优化了异丙苯向 CHP 转化的过程。

负载型催化剂是一种将金属或金属氧化物等催化活性组分固定在特定载体上的催化剂体系。这种设计使得活性组分在载体表面高度分散，从而显著提升了催化效率。此外，所选载体通常具有较大的比表面积，这为催化反应提供了更多的活性中心。常见的载体有氧化铝、硅胶和活性炭等，而负载的金属则可能包括铂、钯、镍等。Deng 等[112]对以 Al_2O_3、SiO_2、MgO 和 CeO_2 为载体的 Pd 催化剂在催化氧化木质素模型化合物 2-苯氧基-1-苯乙醇的应用进行了研究。研究结果表明，以 CeO_2 为载体的 Pd 纳米颗粒催化剂在将有机溶剂中的木质素转化为香兰素、愈创木酚和对羟基苯甲醛的反应中表现出色，被认为是具有最高产业化潜力的催化体系。近期，磁性纳米颗粒作为多相催化剂的研究逐渐增多，尤其是在外加磁场下其易分离和回收的特性受到了广泛关注。Zhang 等[125]通过在滑石（HT）上负载 Cu、Co 等金属，成功制备了催化剂，并研究了这些催化剂在木质素氧化解聚反应中的催化效果。研究结果表明，固体催化剂的大比表面积和孔体积有利于木质素的分解，从而促进芳香族化合物的生成。此外，金属的高分散度和增加碱性催化剂的用量进一步促进了木质素的液化和酚类单体的形成。同时，非均相固体催化剂的使用还有助于酚类单体的分离。另外，Peng 等[126]开发了一系列基于不同载体的钼基固体催化剂，并与 H_2O_2 氧化剂联合应用，目的是通过化学催化氧化解聚木质素，生产香草醛和乳酸等高附加值平台化学品。这些催化剂在多次回收利用后仍保持较高的反应活性，为木质素的多相催化剂工业催化氧化解聚提供了新的研究方向。尽管非均相催化剂具有多种优势，但目前的研究主要集中于使用贵金属负载的固体催化剂，这导致了较高的生产成本[127]。因此，有必要进一步探索引入新的金属基或其他氧化还原催化剂来辅助定向降解木质素，以实现 C—O—C 和 C—C 键的高效断裂。同时，还需要改进多相催化工艺，优化小分子降解产物的分离和纯化方法，以获得高得率和高附加值的降解产物。此外，对于各种多相催化体系在降解木质素过程中的氧化解聚机理，以及催化剂性质对解聚效果的影响，还需进行更深入的研究，以便为木质素的高质、高效解聚提供坚实的理论基础。

3.2.3 电化学催化氧化解聚

木质素的电化学催化氧化解聚是一种利用电极作为催化剂，通过调节电位和电流密度来实现木质素选择性氧化解聚的技术[128]。此过程中，木质素分子内的 C—C 和 C—O 键断裂，形成更简单结构的化合物[129]。作为一种环境友好的方法，电化学氧化解聚避免了使用传统氧化剂，自 20 世纪 40 年代以来已有相关研究报道[130]。至今，该技术在木质素及其模型化合物的增值转化途径中，已经得到了广泛的研究和应用。

木质素的电化学催化氧化解聚是一个多步骤过程，涉及电子转移、离子迁移以及催化反应[131-132]。在这个过程中，电极表面的催化剂在氧化还原反应中起到电子接收或释放的作用，从而产生高活性的氧化剂或还原剂。这些活性剂与木质素分子发生作用，促进木质素的氧化和解聚，使其转化为结构更简单的化合物。由此可见，催化剂在木质素分子的电化学转化过程中起着至关重要的作用。电化学催化剂的类型，包括过渡金属离子、贵金属纳米颗粒和有机催化剂等，显著影响解聚过程的活性、选择性和稳定性[133-135]。因此，通过优化催化剂结构可以提高催化剂的活性和选择性。此外，催化剂的结构特性，包括活性位点、表面特性和分散度，对催化反应效率至关重要。基于这些因素，通过调整电解液组成、电流密度、电极材料和反应温度等反应条件，可以更有效地控制木质素的电化学氧化解聚，从而提高产物的选择性和产率[136]。

在电化学催化氧化解聚木质素的过程中，电极的物理和化学特性对解聚产物的产率有显著影响[137-138]。Zirbes 等[134]的研究表明，在催化氧化硫酸盐木质素时，采用不同阳极材料会导致产物选择性出现差异。镍基和钴基材料在此过程中表现出较高的选择性，尤其是香草醛的产率较高。然而，钴基材料可能会遭遇腐蚀问题。Chen 等[135]通过热分解法制备的四种 IrO_2 基电极（Ti/Ta_2O_5-IrO_2、Ti/SnO_2-IrO_2、Ti/RuO_2-IrO_2 和 Ti/TiO_2-IrO_2）中，Ti/RuO_2-IrO_2 电极在稳定性和反应活性方面表现最为优异。此外，电解质的选择同样至关重要。以 *N*-羟基邻苯二甲酰亚胺作为电解质为例，其在电催化氧化非酚型木质素模型物时，能高效促进 C_α—OH 的氧化，并通过苯环电子转移促成侧链 C_α—C_β 的断裂，进而氧化形成醛类芳香化合物[139]。研究显示，电极材料和电解质的选择对电化学催化氧化解聚木质素过程至关重要，显著影响产物选择性和产率。因此，优化这些参数是提升木质素电化学转化效率和产物产率的关键策略之一。

离子液体因其出色的导电性、对生物质的强大溶解能力以及宽广的电化学稳定性窗口，在木质素电化学氧化领域显示出巨大的应用潜力[140-141]。Dier 等[142]提出了一种用可重复使用的离子液体来实现木质素可持续电化学解聚的新方法。在此研究中，采用 1-乙基-3-甲基咪唑三氟甲烷磺酸盐和三乙基甲磺酸铵盐这两种离子液体，对碱木素和有机溶剂木质素实施了电化学降解。研究证实了电解质材料的完全回收与再利用的可行性，确保了该方法的可持续性。

作为一种创新的转化技术，木质素电化学催化氧化解聚以其温和的反应条件、高选择性和良好的可控性在众多技术中显得格外突出。在这一过程中，电化学催化剂的选择和结构优化对于提升木质素转化的效率和选择性至关重要。尽管如此，该技术目前仍面临电力能源消耗较高的问题，以及电解过程中可能产生的缩合产物在电极表面的沉积，这些都可能影响电极的使用寿命。面对这些挑战，未来的研究应致力于设计和开发更高活性、更低能耗和更长使用寿命的催化电极。同时，探索降低反应能耗的策略也是电化学催化氧化解聚木质素研究的一个重要方向。

3.2.4 光催化氧化解聚

木质素的光催化氧化解聚，指的是在光照条件下，利用光催化剂对木质素分子进行氧化性的解聚。此过程中，反应体系引入一种或多种光催化剂，这些催化剂吸收光能，在激发态下与木质素分子反应，可能引发光诱导电子转移、氧气激活和活性氧自由基生成，导致木质素氧化解聚[143-144]。光催化机理包括光激发、电子-空穴对生成和活性物种形成等多个步骤[145-146]。在最佳的光照、溶剂和温度条件下，催化剂能高效地激活并参与氧化还原反应，从而促进木质素的解聚[147]。因此，光源选择（如紫外线或可见光）对解聚效果有显著影响。此外，溶剂和温度控制对提升反应效率和产物选择性同样至关重要。深入探究光催化反应机理，涉及光激发、电荷传输和具体反应步骤，对理解反应过程及指导催化剂优化与设计极为重要[148]。

光催化剂的种类显著影响木质素的氧化解聚效率。常见的光催化剂包括金属氧化物、半导体材料和有机光敏剂，其选择直接影响光吸收能力、光生电子-空穴对的生成以及催化剂的稳定性[149-150]。为提升性能，可通过在光催化剂表面负载纳米颗粒、合成复合材料或改变活性位点来进行修饰。这些修饰可增强光催化剂的光吸收能力和活性物种生成，从而提高木质素转化效率和选择性。此外，光照条件也是影响光催化氧化解聚效率的重要因素。光源波长、光照强度和时间需精心选择和调控，以提升光吸收效率和活性物种生成[134,151]。木质素的结构特征，如芳香环数量、侧链取代基和官能团等，影响其与光催化剂的相互作用。因此，在选择光催化剂时，需考虑木质素的结构特征，以实现最佳催化效果[152-153]。值得注意的是，溶剂选择对光催化剂稳定性和木质素溶解度有重要影响。最后，反应条件（包括温度、时间和反应物浓度）需精细调控以优化光催化解聚过程。综合考虑以上因素，可以实现高效、选择性的木质素光催化氧化解聚[142,154]。

自 1989 年 Kobayakawa 等人首次采用以来，光催化氧化解聚木质素技术因其温和的反应条件、低廉的成本、简便的工艺和清洁无污染特性而受到广泛关注[155]。此技术中，光催化剂是核心，主要包括半导体、贵金属和有机光催化剂。其中，半导体光催化剂如二氧化钛（TiO_2）、氧化锌（ZnO）和氮化硼（BN）等，因其良好的活性和稳定性而在该领域中表现突出。特别是 TiO_2，因其强氧化能力、稳定性、易制备且无毒性，成为应用最广泛的光催化剂。例如，Kamwilaisak 和 Wright 等人[156]发现，TiO_2 与漆酶共催化能更有效地解聚木质素，产物主要为有机酸，特别是丁二酸和丙二酸。此外，通过掺杂贵金属 Pt 或加入 Fe^{2+}、纳米材料（如 CeO_2、La_2O_3 和 C）可以进一步提升 TiO_2 的催化效率[157-158]。例如，水热微乳液法制备的高比表面积 CdS/TiO_2 在可见光下可催化解聚木质素及其模型化合物中的 *β*-*O*-4 键，主要产物为香草醛。尽管其降解产物得率有待提升，但 CdS/TiO_2 催化剂仍然展现了强大的活性，将芳香烃降解为小分子化合物。为提高降解产物得率，研究者开发了高效光催化剂 $C_{60}/Bi_2TiO_4F_2$，在可见光下催化解聚木质素，生成香草醛、甲酚、香草乙酮和高香草酸等七种降解单体，其得率较 CdS/TiO_2 有所提升[159-160]。值得注意的是，有机光催化剂因其结构多样性和可调节的反应特性，通过结构设计和光条件的调整，可实现对木质素的高效光催化氧化解聚。

总的来说，光催化氧化解聚木质素技术具有广泛的应用前景和研究潜力。通过深入探究光催化剂的特性、优化反应条件以及理解反应机理，可显著提升该方法效率和选择性，推动技术领域发展与应用。然而，未来研究需解决光催化剂稳定性、废弃物后处理和规模化生产等关键挑战，以实现光催化氧化解聚木质素技术的工业化应用。

3.3 木质素催化还原解聚

木质素的催化还原解聚是指在外部氢气分子或有原位氢源存在的情况下，实现木质素的催化解聚。在木质素还原解聚中，通过将其结构中含氧官能团脱除，可将其转化为低氧/无氧木质素生物油，可用作高热值生物燃油。由于木质素的催化还原解聚具有反应能耗低、条件温和和转化率高等优点，因此其被认为是木质素转化利用中最有前景的化学解聚方法。还原解聚可将木质素大量官能团消除，进而形成一些简单的单体化合物，如酚、苯、甲苯和二甲苯，这些芳香化合物可通过石油化工行业成熟的方法合成精细化工品；而氧化解聚则是将木质素转化成更为复杂的平台化合物。

与氧化解聚不同的是，木质素还原解聚的产物中含有较少的氧，且焦炭量较低。还原解聚能够高效地将木质素降解成木质素片段、酚类以及其他高价值化合物，通过精炼将这些解聚产物转化为芳环平台化合物。这些加工也有很多分类，根据加氢反应类型的不同，可分为氢解、加氢脱氧、加氢反应以及综合加氢工艺等[161]。木质素的还原处理在早期主要是针对木质素热解生物油的加氢脱氧提质，但近年来，在氢化条件下实现木质素解聚直接制备芳香类产物也逐渐成为研究的热点。木质素催化解聚方法中的催化氢解具有许多优点，例如高转化率和高产物选择性，并且催化氢解还可以显著降低炭含量。

3.3.1 木质素催化还原反应机理

在木质素的解聚过程中，催化还原是一种常用的方法，其中 H_2 或 H-供体是必不可少的。这种还原反应主要针对木质素分子中的单元间醚键（β-O-4、α-O-4）和侧链羟基[139,154,161-162]。在不同的反应途径和机制下，最终的结果通常包括醚键的氢解、除去苄基的 OH 基团（OH_α）和除去 OH_γ 基团，从而得到取代的甲氧基苯酚和小寡聚体碎片。在特定的反应条件和催化剂作用下，这些产物会进一步发生加氢或氢解的次级反应，例如生成环己醇或环烷烃，如图 3-4 所示。值得注意的是，还原性催化体系能够钝化易缩合的活泼官能团，如烯基和羰基。因此，与酸性或碱性介质相比，还原条件可以在一定程度上避免木质素的缩聚。然而，催化还原的一个缺点是大多数还原方法无法有效断开 C—C 键。因此，其解聚程度通常与反应前木质素聚合物中存在的可裂解的单元醚键的相对量有关。这意味着，木质素的初始结构和组成对其在还原条件下的解聚效果有着重要影响[156]。

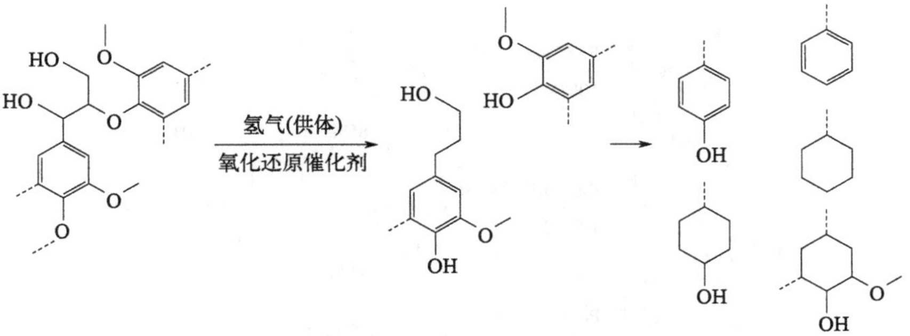

图 3-4　木质素的催化还原反应机理[159]

3.3.2 还原解聚中的氢解反应

在木质素还原解聚中，氢解反应是关键的化学步骤。此过程利用氢气、供氢溶剂或木质素自身氢化潜力，在加氢催化剂作用下破坏木质素分子中醚键，并通过氢原子取代杂原子或基团，最终生成小分子化合物[160]。当前研究重点是通过加氢途径直接将木质素转化为高经济价值化学品，如芳香烃、酚类和环烷烃。这些转化产物在化工和制药行业有重要应用，如带烷基侧链的环烷烃可用作高级燃料（如航空喷气燃料），单酚类化合物和芳香烃是化工和制药工业的关键原料。这种催化加氢解聚木质素的方法不仅能够有效地将木质素转化为高附加值的化学品，还具有较低的能耗和环境污染，因此在生物质转化领域具有重要的应用前景。

相较于热解和氧化解聚，催化加氢解聚方式的优势在于对木质素苯环结构的破坏程度相对较低，能够在断裂醚键的同时保留苯环主体，从而能够直接将木质素转化为低氧含量的液体燃料。这种转化产物的选择性较好，热值较高，且所得产物的氧含量较低，同时还能显著抑制焦炭的生成，因此非常适合工业化发展。近几十年来，关于木质素相关模型化合物的催化氢解研究已经有很多报道。这些研究主要目的是探究木质素中连接键的断键机理，这一目的很难直接从对木质素的研究中获得。通过使用木质素模型化合物，研究者能够更深入地理解催化加氢解聚的过程，从而为木质素的高效转化提供理论依据和技术支持[163]。

3.3.2.1 C—C 连接键氢解机理

在木质素的催化加氢解聚过程中，特定的 C—C 连接键，如 β-1 键和 β-β 键，因其结构稳定性而难以被断裂，这对催化剂的开发构成了挑战。Zhao 等[164]研究了含这些键的木质素模型化合物在 Pd/C 和 HZSM-5 催化剂上的氢解行为。结果表明，在氢解过程中，这些模型化合物中的 C—C 键得以保留，而羟基、酮基等官能团则被选择性地移除，最终生成了 C_{12}、C_{14} 和 C_{16} 双环烷烃（图 3-5）。这一发现意味着在特定催化剂的作用下，木质素模型化合物中的苯环能够迅速饱和，但 C—C 键仍保持完整。进一步的研究表明，木质素模型化合物二苯基甲烷（含 β-1 键）和联苯（含 5-5 键）在 Pt/C、Pd/C、Ru/C 催化剂上的氢解研究也得到了相同的结果。这表明，这些模型化合物中的苯环结构在氢解过程中得到了稳定，并且催化剂难以接近这些分子内的氢键，从而阻碍了 C—C 键的断裂[165]。这些研究结果不仅为理解木质素中难以断裂的 C—C 键提供了重要信息，而且为开发更有效的催化剂提供了理论基础。这些发现对于木质素的高效转化，特别是将其转化为高附加值化学品的过程，具有重要意义。

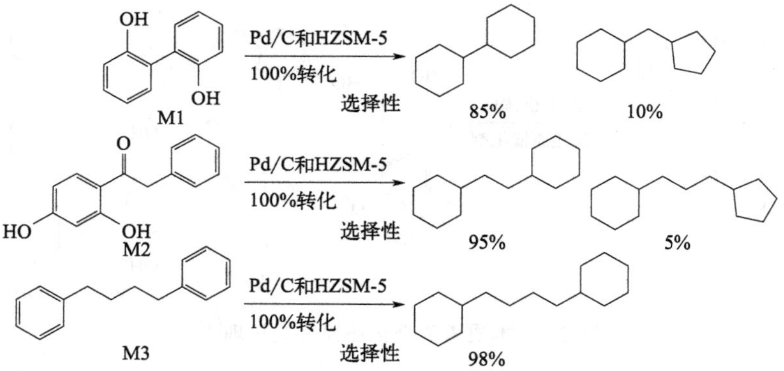

图 3-5 含 C—C 连接键的木质素模型化合物在 Pd/C 和 HZSM-5 上的转化[164]

3.3.2.2 C—O—C 连接键氢解机理

木质素是一种复杂的有机聚合物，其分子结构中包含众多类型的醚键，其中以 β-O-4 键的含量最为丰富。尽管如此，某些醚键如 α-O-4、4-O-5 和 β-O-4 键相对脆弱，易于断裂。这些键的典型反应途径已得到深入研究。例如，Zhao 等[164]的研究关注于含有 C—O—C 键的木质素模型化合物。在 Pd/C 和 HZSM-5 催化剂的作用下，这些化合物被转化为苯环饱和的产物，具体的转化过程可通过图 3-6 中的示意图来描述。此外，Güvenatam 等[165]的研究专注于 M4 和 M7 在 Pt/C 和磷酸催化剂上的氢解反应。实验结果显示，M4 主要转化为甲基环己烷（42%）、环己烷（23%）和苯酚（15%），α-O-4 键的断裂可通过酸催化的水解或 Pt

催化的氢解途径实现。而 M7 在反应中几乎全部转化为环己烷，其氢解过程涉及与直接加氢生成二环己基醚的竞争反应。最终，产物通过酸催化的水解或 Pt 催化的氢解反应生成环己醇和环己烷，这一过程在图中得到了详细阐述。类似地，Chatterjee 等[166]发现，在 Rh/C 催化剂的作用下，M7 的氢解也可得到环己醇，选择性高达 96%。M7 的转化路径涉及氢解/加氢反应、水解/加氢反应，以及加氢反应（见图 3-7）。此外，M10 在 NiRu/C 催化剂上的氢解也能够得到环己醇和苯环加氢后的二聚体产物。$Ni_{85}Ru_{15}$ 催化剂对 M10 的氢解活性最高，转化率可达 100%，且单体收率为 95.7%。M10 的反应路径如图 3-8 所示[167]。另外，也有学者提出了不同的反应路径，即芳基醚通过苯环加氢形成烯醚中间体，然后在水的攻击下迅速形成半缩醛，再转化为环己酮和苯酚/烷醇产物[168]。

在催化剂的作用下，含 C—O—C 键的木质素模型化合物能够选择性地进行氢解，而苯

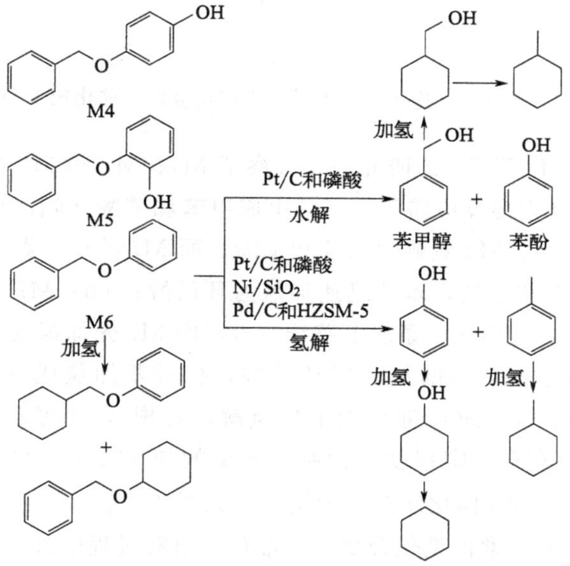

图 3-6 含 α-O-4 连接键的木质素模型化合物在催化剂上的转化[164]

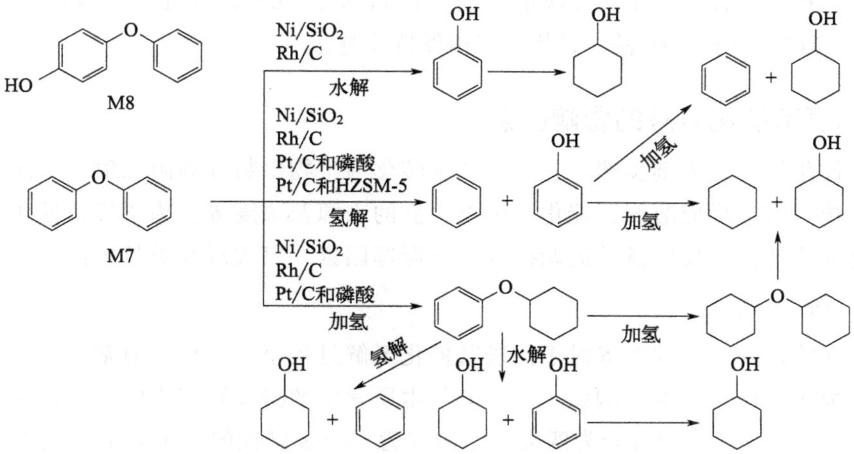

图 3-7 含 4-O-5 连接键的木质素模型化合物在催化剂上的转化[166]

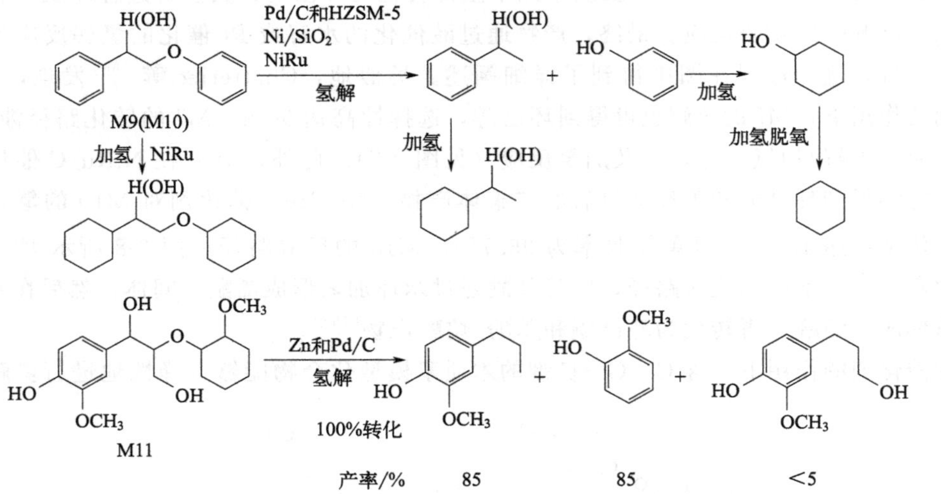

图 3-8 含 β-O-4 连接键的木质素模型化合物在催化剂上的转化

环则不发生加氢反应。He 等[169]的研究中，考察了 M4、M7 和 M9 在 Ni/SiO_2 催化剂上的氢解过程。对于 M4，其主要反应路径为氢解生成甲苯和苯酚，随后仅有少量苯酚加氢形成环己酮和环己醇（图 3-6）。M9 氢解为乙苯和苯酚。而 M7 的反应路径更为复杂，主要包括两条：(a) M7 氢解为苯和苯酚，苯酚迅速加氢为环己醇；(b) M7 水解为两分子苯酚，进而加氢为环己醇。此外，还存在一条次要路线 (c)，即 M7 先加氢成环己基苯基醚，再水解或加氢成环己醇、苯和苯酚，苯酚加氢成环己醇，少量苯加氢成环己烷。类似地，Zhang 等[170]研究了 M10 在 $Pd-Ni/ZrO_2$ 催化剂上的氢解，发现 M10 可高选择性地转化为苯酚。在这一过程中，Ni 的存在在一定程度上抑制了苯酚的加氢反应。另外，Parsell 等[171]的研究考察了 M11 在 Pd/C 和 Zn 催化体系上的氢解（见图 3-8）。

综上所述，大多数木质素模型化合物在（催化）氢解过程中被转化为苯酚或取代酚，以及苯乙酮或丙基芳香族化合物。这一转化过程显著受催化剂种类的影响。特别是，在贵金属催化剂（例如 Pt、Ru、Rh、Pd）的作用下，倾向于发生苯环的加氢反应，形成环烷类和环醇类化合物。相对而言，在非贵金属催化剂（例如 Ni、Cu）的作用下，反应主要表现为对 C—O—C 连接键的选择性断裂，而苯环结构保持完整。

3.3.3 木质素催化氢解的影响因素

木质素催化氢解是关键步骤，它将木质素转化为生物燃料和高附加值化学品。此过程受多种因素影响，包括反应溶剂、催化剂种类、氢的来源及浓度等。为了优化催化氢解，需综合考虑催化剂的选择、反应条件的调控以及氢源等因素，以实现高效且经济的转化。

3.3.3.1 反应溶剂

木质素在溶剂中的有效溶解对于促进其催化氢解过程至关重要。通常，木质素的溶解受静电作用和极化作用的影响。例如，乙二醇与木质素中的游离羟基之间的氢键作用有助于木质素的溶解[172]。溶剂一般可分为四类：①表现为 Lewis 碱性的质子溶剂，它们是优秀的氢键供体（α）、氢键受体（β）和 Lewis 碱溶剂；②不表现为 Lewis 碱性的质子溶剂，主要作为氢键供体；③非质子极性溶剂，充当氢键受体和Lewis碱溶剂；④非质子非极性溶剂，既不是氢键供体，也不是氢键受体或Lewis碱溶剂[173]。在木质素或其模型化合物的催化氢解中，通常采用含外源氢气的体系或供氢溶剂体系，不同体系会导致不同产物的生成。氢的来源可能包括水、甲酸、甲醇、乙醇、异丙醇[174]等，这些物质不仅作为溶剂分子，同时也充当氢的供体。

在木质素催化氢解过程中，选择不同的供氢溶剂会导致芳香族化合物在产物中的比例和数量发生显著变化。例如，Toledano等[83]研究探讨了木质素在不同供氢溶剂（如四氢化萘、异丙醇、甘油和甲酸）中催化氢解成芳香族化合物的过程，发现氢解产物的类型在很大程度上取决于供氢溶剂。以甲酸作为供氢溶剂时，生物油收率最高且不产生焦炭，而使用四氢化萘时，焦炭产率高达38%。Kloekhorst等[175]提出了异丙醇和甲酸可能的供氢与转化路径，首先通过脱氢生成丙酮，提供原位氢，然后丙酮的衍生物甲基异丁基酮（MIBK）和亚异丙基丙酮（MO）通过丙酮的醇醛缩合反应生成，具体如图3-9所示。Barth等[176]发现，在木质素氢解反应中，甲酸不仅作为原位氢源或供氢分子，还可能与木质素发生甲酰化-消除-氢解反应，从而解聚木质素。另外，溶剂的溶解度、极性、供氢能力以及Lewis酸碱度不仅影响解聚效率，还对木质素解聚产物的分布产生重大影响[177-178]。

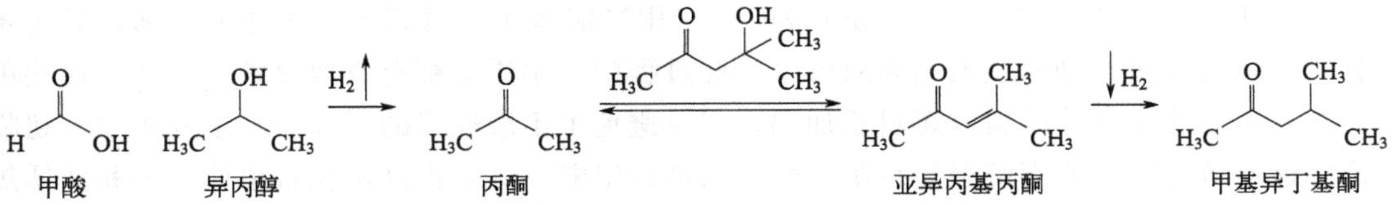

图3-9 异丙醇和甲酸可能的供氢与转化路径[175]

目前，根据反应体系不同，可分为水、醇和复合溶剂体系。

水作为一种廉价且环保的溶剂，因其良好的稳定性而在木质素催化氢解过程中被广泛应用。Wang等[179]提出了一种在碱性水中的原位催化氢解方法，研究显示碱性水能与NiAl催化剂中的Al反应，生成氢气作为原位氢源，从而促进木质素单元间醚键的断裂，并防止产物过度加氢。Zhang等[180]发现，在水溶剂中，木质素模型化合物的β-O-4键可通过Pd_1Ni_4/-MIL-100（Fe）催化剂有效断裂，无需额外氢源。这是因为水的稳定性有助于防止活性金属纳米颗粒的团聚，从而使木质素通过自氢转移反应有效解聚为单体。然而，在大多数水相溶剂反应体系中，外加氢气需要从气相扩散至液相溶剂，这在一定程度上限制了木质素解聚的效率[179,181]。同时，解聚反应过程中生成的含氧官能团的中间产物需在高压（2MPa H_2）条件才能有效移除[182]。因此，作为木质素催化氢解反应的溶剂，水对木质素反应物的溶解性较差，需要相对苛刻的反应条件（如临界或超临界状态）才能实现高效解聚。

醇类溶剂能够提升解聚中间体的溶解度，抑制焦炭的形成，并能作为木质素氢解的原位氢源。目前，常用的醇溶剂包括甲醇、乙醇、异丙醇和乙二醇等[86]。Wang等[177]在研究使用Raney Ni作为催化剂时，比较了甲醇与丙醇在解聚过程中的溶剂效应。研究发现，丙醇能促进木质素的转化，而甲醇对芳香化合物的选择性更高，并能改善Ni基催化剂的氢解效率，同时抑制苯环加氢反应。Shu等[183]探讨了甲醇、乙醇、正丙醇、异丙醇等溶剂对木质素氢解反应的影响。研究表明，以扩散性、溶解度和Lewis酸碱度最佳的甲醇为溶剂时，木质素的转化率和芳香类化合物的总单体收率最高。然而，甲醇在金属催化剂作用下容易转化为甲醛，与含苯环的木质素解聚单体反应，从而降低产物收率。将乙醇作为溶剂，则可充当甲醛消除剂[184]。Liu等[185]通过微波辅助加热技术研究了木质素在异丙醇中的解聚，发现液体产物的收率高达45.35%，炭的收率亦为38.65%。Hu等[121]研究了在异丙醇为原位供氢体的条件下将木质素通过$PtRe/TiO_2$催化剂催化氢解为单体酚的方法。研究发现，在氦气氛围下单酚总收率最高，而在氢气氛围下最低，表明氢气对木质素解聚并无助益。这可能是因为在解聚过程中，氢分子、水、异丙醇和木质素竞争吸附在催化剂表面，氢气吸附能力更强，阻碍了木质素大分子与催化剂活性位点的接触，最终导致木质素单元间醚键裂解不足[186]。Guo等[187]提出了一种以异丙醇为氢源，通过Ru/Nb_2O_5-SiO_2上的催化氢转移反应将木质素转化为芳香族化合物的直接脱氧（DDO）路线。研究发现，以异丙醇作为供氢体比使用外部氢气更有效，且可通过控制异丙醇的用量来防止过度加氢。Kong等[8]研究了负载Ni-Cu双金属的沸石催化剂在醇溶剂中对牛皮纸木质素的催化氢解效果，并将异丙醇与甲醇、乙醇和乙二醇溶剂体系进行了比较。研究表明，异丙醇在制氢方面比其他溶剂更有效，能有效促进酚类单体的加氢脱氧，并防止中间体的再聚合。

值得注意的是，超临界醇以其高分散性、对木质素的高溶解度以及良好的供氢能力而广泛用作木质素氢解的溶剂[183]。Huang等[184]采用掺铜多孔金属氧化物作为催化剂，通过氢转移机制实现有机溶剂木质素的高效解聚。此过程中，木质素被有效地分解为单体，这些单体进一步可转化为液体燃料或燃料添加剂，同时避免了不溶性炭的形成。与甲醇相比，超临界乙醇能有效去除木质素解聚过程中产生的高毒性甲醛，这是提高木质素单体产率和降低焦炭率的关键因素，同时也抑制了木质素的成焦过程。Kim等[188]系统比较了三种超临界醇（甲醇、乙醇、异丙醇）和四种催化剂（Pt/C、Pd/C、Ru/C和Ni/C）负载活性炭对木质素解聚成高附加值木质素油的影响。研究发现，不同催化剂和溶剂的组合对解聚产物的分子量和结构分布产生了显著影响。研究结果表明，超临界乙醇与Pt/C催化剂的组合能够实现最高的木质素油收率和最低的炭收率。

复合溶剂体系因其能够克服单一溶剂体系的限制，在木质素解聚中的应用引起了广泛关注。这些复合溶剂通常以醇类为主，并添加其他化学成分，如甲酸、苯酚和水，以优化反应过程。甲酸作为辅助试剂，不仅能作为原位供氢剂促进氢解反应，还能减少木质素的缩合，从而促进木质素还原产物的生成[189]。Oregui-Bengoechea等[190]的研究发现，甲酸作为原位供氢剂比使用外部氢气更有效，并且可以通过甲酰化-消除-氢解机制参与木质素反应，但是该反应却与甲酸的分解相竞争。Wu等[25]的研究则证明了乙醇、1,4-二氧六环和甲酸混合溶剂在无固体催化剂条件下，在300℃下解聚2h，硫酸盐木质素的酚类单体得率可达22.4%，显示了三种溶剂之间的良好协同作用。此外，Fang等[191]提出了一种将毛竹转化为芳香单体和小分子量低聚物的两步法。首先，在160℃条件下，在水-乙醇体系中将毛竹转化为木质素衍生的低聚物，然后在100℃条件下通过$Pd/NbOPO_4$催化剂将木质素衍生低聚物氢解为芳香单体。Ouyang等[192]在惰性气体氛围下，使用甲醇/水混合溶剂，通过Pt/γ-Al_2O_3催化剂将桦木木屑还原解聚为酚类单体。实验结果显示，甲醇/水混合溶剂体系不仅降低了成本，还能从生物质中提取木质素碎片。此外，作为供氢体，它还能提高异丙醇转移加氢过程的产氢能力，避免生成丙酮等不饱和副产物。

除此之外，一些其他的复合溶剂体系也用于木质素氢解。Saisu 等[193]在超临界水/苯酚复合溶剂体系中研究了有机溶剂木质素的解聚。研究发现，增加水的比例有助于木质素的转化，但也会导致含有反应性官能团的木质素片段产生，加剧缩聚反应。苯酚可以抑制木质素片段反应位点之间的交联，从而减少再聚合。他们还指出，苯酚影响了产物的选择性，部分烷基酚产物仅在苯酚存在时才能获得。接着，Zhou 等[194]研究了三种不同的多相催化剂对木质素在超临界乙醇-苯酚混合溶剂中催化氢解的影响。结果显示，加入苯酚可以提高生物油的收率，在优化条件下可达到最大值 81.8%，同时固体残渣的含量也有所降低。Cheng 等[195]在乙醇和异丙醇的混合溶剂中对有机溶剂杨木木质素进行了无催化剂的氢解研究。研究发现，有机溶剂杨木木质素（OPL）在乙醇/异丙醇混合溶剂中的解聚效果优于乙醇或异丙醇的单一溶剂。这表明，乙醇/异丙醇混合介质对 OPL 的氢解具有协同作用，但其具体的氢解机理还有待进一步研究。

在木质素催化还原过程中，选择合适的溶剂体系是一个复杂且关键的问题，需要考虑多个因素。目前，木质素催化还原溶剂体系的研究和应用主要集中在以下几个领域：开发更高效的催化剂和反应体系，以提升木质素转化的效率和选择性；探索更环保的溶剂和反应条件，以降低对环境的影响；提高木质素转化产物的附加值。实现木质素催化还原过程的工业化是研究的一个重要目标，这将促进木质素资源的工业应用和商业化，对资源可持续利用和环境保护有积极作用。

3.3.3.2 含外源氢气体系

氢解过程中，氢源提供活性氢原子与自由基结合，对抑制木质素解聚产物的重聚、促进木质素解聚至关重要。氢气（H_2）作为常见高效的氢源，在这一过程中发挥重要作用。例如，Xiao 等[196]的研究中，使用 MoO_x/CNT 催化剂，在氢气氛围中对木质素进行氢解，获得了高达 47%的单酚类产物收率，并对含有不饱和取代基的酚类化合物表现出了高选择性。此外，木质素模型化合物的实验结果表明，在 MoO_x/CNT 催化剂的作用下，*β*-*O*-4 模型化合物的 C—O 键断裂先于还原双键发生。也有报道称，初始反应压力为 2.0MPa 的 H_2 可用于木质素的氢解，但高 H_2 分压会促进加氢反应和甲基转移[182]。显然，以分子氢为氢源的木质素氢解过程难以控制。因此，为了提高木质素氢解过程的可控性，在含外源氢气的体系中常使用一些供氢溶剂。Bosch 等[197]使用 H_2 作为氢源，甲醇作为反应介质，对桦木锯末进行脱木质素处理，通过溶剂分解和催化氢解获得了油状产物，包括 50%的酚类单体（主要是 4-正丙基愈创木酚和 4-正丙基丁香酚）和 20%的二聚体。Ye 等[198]使用 Pt/C、Pd/C 和 Ru/C 作为催化剂，以 H_2 为氢源，在乙醇/水体系中氢解玉米秸秆木质素和竹木质素，选择性制备 4-乙基酚类产物。结果显示，H_2 压力显著影响木质素的解聚和 4-乙基酚类产物的收率，随着 H_2 压力的增加，固体残渣显著减少，表明 H_2 可抑制再聚合反应。由此可见，在含外源氢气的体系中使用供氢溶剂对产物分布有显著影响。

木质素氢解产物的产率与外源氢气的使用关联性不大，特别是高 H_2 分压对木质素解聚产物的产率并无显著的积极影响。研究指出，使用甲酸和醇类（例如甲醇、乙醇、异丙醇）作为氢源，相较于外源氢气，展现出更大的优势。在木质素氢解过程中，甲酸作为氢源的反应活性较高，这主要归因于其分解产生的原位氢以氢原子形式参与反应[199]。Song 等[200]认为外源氢气对木质素氢解并无助益，而甲醇则能提供活性氢。这是因为甲醇的 C—H 键的键解离能（96.1kcal/mol）低于分子 H_2 的 H—H 键的键解离能（104.2kcal/mol），甲醇相较于分子 H_2 更易转化为活性氢。另外，供氢溶剂如乙醇和苯酚不仅能够有效抑制缩聚反应和焦炭的形成，还能够稳定酚类中间体，并保留芳香环上的侧链基团[201-202]。

3.3.3.3 催化剂

在木质素催化氢解的过程中，选择合适的催化体系至关重要，它既需要促进木质素的解聚，又要抑制副反应的发生，以提高目标产物的选择性。目前，主要的催化体系分为均相催化剂和非均相催化剂两大类。

(1) 均相催化剂

均相催化剂主要分为液体酸催化剂和液体碱催化剂。在催化解聚过程中，常用的酸催化剂包括甲酸、硫酸、盐酸和磷酸等，而常见的碱催化剂有氢氧化钠、氢氧化钾。此外，可溶性金属催化剂也属于均相催化剂的一种。

甲酸在木质素氢解中扮演着多重角色，它不仅作为溶剂提供氢源、稳定芳香基团和抑制重聚反应，还作为催化剂降低键断裂的活化能[19]。其中，甲酸对有机溶剂木质素的催化效果显著，在300℃超临界水条件下，可实现30%的生物油收率。Huang 等[203]的研究表明，将硫酸和盐酸与 Pd/C 结合使用，可以有效保持生物质原料中其他组分的完整性，并将分离出的木质素解聚成小分子化合物。这种方法不仅保证了单体收率（44%），还降低了生产成本。在模型化合物的实验中，硫酸和盐酸被证实能有效断裂 *β-O*-4 键。此外，其他质子酸也展现出了一定的催化效果。例如，在以磷酸为催化剂、260℃的条件下，碱木质素可以获得46%的液体产物收率和大约10%的单酚类化合物收率。

在木质素氢解过程中，均相碱催化剂同样展现出优异的效果。Konnerth 等[178]研究了反应体系的 pH 值（1～14）对 *β-O*-4 模型化合物氢解的影响。研究结果显示，加入强碱（例如 NaOH）能显著增强 *β-O*-4 键的断裂活性以及选择性。在真实木质素的氢解实验中，也得出了类似的结论。这一现象可以解释为，碱的加入减少了催化剂对苯环的加氢活性，从而降低了苯环加氢还原对 *β-O*-4 键断裂的难度。在超临界水溶液中，使用 NaOH 催化解聚木质素，在330℃下反应0.5h可实现21.5%的单酚收率。Sergeev 等[204]研究了可溶性镍化合物 $Ni(COD)_2$ 在催化二芳醚氢解中的应用。该催化剂展现出对多种底物的广泛适用性，并且对碳氧键断裂的活性顺序为 Ar-O-Ar＞Ar-Ome＞$ArCH_2$-OMe。

均相催化剂的催化位点通常是均匀分散在体系中的离子，这有利于它们与反应物更充分地接触，并减少了因催化剂表面结焦而引起的失活现象。然而，均相催化剂也面临一些限制，如产物与反应物分离困难、对设备的腐蚀性较强、循环利用性不佳以及可能对环境造成污染。

(2) 非均相催化剂

与均相催化剂相比，非均相催化剂在木质素氢解等反应过程中展现出明显的优势，包括更佳的热力学稳定性、保持形态性能，以及与产物易于分离和回收再利用的特点。在催化剂作用过程中，载体的选择至关重要。

贵金属催化剂在降解木质素或者木质素模型化合物中表现出良好的催化活性，常用的贵金属有 Pd、Pt 和 Ru。这些贵金属催化剂通常负载在一些载体上，如活性炭、金属氧化物（例如 SiO_2、Al_2O_3、NbO）和分子筛（例如 HZSM、SBA-15），目的是提升金属的分散性并减少贵金属的使用量[205]。例如，Zhu 等[206]研究了 Pd/C 催化剂对木质素中三种基本苯基结构单元反应活性的影响，并指出 *β-O*-4 键的断裂活性顺序为 S＞G＞H。此外，Torr 等[207]发现 Pd/C 催化剂能高效地将木质素转化为芳香单体化合物，主要单体产物为二氢松柏油醇和 4-丙基愈创木酚。Zakzeski 等[106]使用 Al_2O_3 负载贵金属 Pt，在乙醇/水体系中催化解聚木质素，实验显示，这种具有酸活性位点的协同催化剂可以催化制取 17%的愈创木酚型化合物，同时乙醇对木质素的溶解性也促进了解聚反应的进行。Park 等[208]研究了四种不同碳载体［介孔碳（STC)、多孔碳（TC)、微孔碳（DC）和活性炭（C）］负载的 Pt 催化剂对碱木质素解聚制备酚类化合物的影响，实验结果表明，与其他催化剂相比，Pt/C 和 Pt/STC 催化剂的催化性能更佳，载体的比表面积对木质素解聚效果有显著影响，较大的比表面积有利于 Pt 纳米颗粒的分散，从而有利于木质素的催化解聚。

相较于 Pd、Pt 等贵金属，金属 Ru 的成本较低，这使得它在选择性加氢反应中受到了广泛的关注[209]。在多相催化降解木质素或其模型化合物的过程中，Ru 展现了优异的活性和选择性[210-211]。例如，Wild 等[212]通过使用 Ru/C 催化剂对木质素进行氢解，主要得到了环烷烃和环己醇作为产物。将 Ru 负载于炭上可以有效地分散活性组分，从而提高催化效率。然而，炭本身不具有酸碱活性，这不利于促进氢解反应。选择与活性组分协同作用的载体，并设计出多功能负载型催化材料，是促进解聚反应的一种有效策略。这样可以利用载体的酸碱活性位来加速反应。Yang 等[213]使用了四种贵金属（Pd、Pt、Ru 和 Rh）负载的活性炭来催化牛皮木质素的一锅法加氢裂解，以生产生物油。研究发现，贵金属能够有效促进酚类化合物的脱氧反应，从而形成芳烃，并且抑制缩合反应。在这些催化剂中，Rh/C 展现出最高的催化活性，能有效抑制生物油中氧链化合物的生成，进而提高生物油的热值。众多研究显示，Ru 在木质素氢解中表现出良好的催化活性，并且通常被负载于活性炭、沸石、氧化铝等材料上[9,12,214]。此外，还有一些其他类型的载体被用于木质素的催化氢解。Wang 等人[215]以金属 Ru 为活性组分，对比 Ru/Nb_2O_5、Ru/ZrO_2、Ru/Al_2O_3、Ru/TiO_2、Ru/HZSM-5 和 Ru/C 催化剂在木质素氢解中的活性，结果表明 Ru/Nb_2O_5 氢解木质素可获得 35.5%的芳香单体收率，其对芳烃的选择性高达 71%。

尽管贵金属催化剂在木质素解聚反应中展现出卓越性能，但它们的高成本、易引发芳香环过度氢化以及产生大量副产物等问题限制了它们在大规模应用中的可行性[216]。相比之下，过渡金属催化剂因其经济性良好、催化效率高和来源广泛而受到青睐，在木质素的催化氢解过程中得到了广泛应用。其中，镍（Ni)、铜（Cu)、钴（Co)、钼（Mo）等是常见的过渡金属催化剂。Jiang 等[217]发现雷尼镍具有和 Pd/C 催化剂相似的脱氢/加氢能力，将其应用于竹子中提取的纤维素酶解木质素，在不添加额外氢源的情况下实现了加氢解聚。与单独加入雷尼镍相比，同时使用沸石和雷尼镍可以提高酚类单体的收率，主要酚类单体包括 4-丙基愈创木酚、4-羟基-3,5-二甲氧基苯乙酸和 4-烯丙基-2,6-二甲氧基苯酚（收率可达 27.9%)，在最优条件下（270℃，0.1MPa H_2）可以同时获得超过 60%的生物油。这两种催化剂的协同效应不仅提高了解聚效率，还减少了高分子量物质的生成。Yadagiri 等[218]将 Ni 基催化剂负载在具有不同孔径大小的 SiO_2 载体上，实验结果显示当 Ni 的负载量为 20%时，该催化体系展现出最佳的催化效果。Wang 等[219]探讨了木质素衍生碳材料负载镍金属催化剂对木质素氢解的作用，并通过在空气中对催化剂进行热处理来提升其催化性能。结果显示，油相收率可达到 82.4%，其中包括 23.3%的芳香类单体产物。机理研究揭示，经过热处理的催化剂，由于电子受激转移，增强了其断键能力，从而促进了C—C键的断裂。Lu等[220]对碱木质素的催化加氢解聚过程进行了研究，他们采用Al_2O_3作为载体来负载Ni-ZrO_2活性组分，并使用甲酸作为供氢剂。通过探究温度和催化剂对氢解反应的影响，他们发现该催化剂能够实现碱木质素中醚键和碳碳单键的断裂。适当提高温度和增加催化剂的用量比有助于油相（主要为烷基酚类）的生成，并且该催化剂可循环使用。Barta等[221]研究了掺杂铜的多孔金属氧化物在甲醇中对有机溶剂木质素的催化氢解作用。通过与未掺杂铜的反应进行表征和比较，他们发现Cu在反应过程中扮演了关键角色。它不仅显著降低了炭的形成，还防止了芳香环的氢化。Rautiainen等[222]采用非均相钴催化剂解聚桦木木质素，成功获得了酚类化合物，收率高达34%。在重复使用三次后，其催化效果依然没有明显下降。

尽管单金属催化剂体系能够取得良好的催化效果，但双金属催化剂体系通过引入第二金属，能够改变单金属催化剂表面的电子结构和几何构型，从而影响其活性、稳定性和选择性，进而实现更高的催化效率。Zhang等[223]研究了木质素在双金属催化剂NiAu上的氢解过程，发现在较低的温度（170℃）下，反应12h后的单体产率可达14.2%。进一步的研究表明，使用$Ni_{85}Ru_{15}$作为催化剂时，最大单体产率为6.8%。Ru的加入不仅提升了Ni的分散度，还有助于H_2的解离。同时，由于Ni的存在，Ru对苯环的进一步加氢受到抑制，从而提高了芳烃产物的得率。Zhu等[49]对单金属Ni/C催化剂和双金属Ni-Co/C催化剂在木质素氢解过程中的作用进行了探究，发现两种催化剂均能有效断裂木质素结构中的醚键。此外，Ni-Co/C催化剂能形成合金结构，其产生的协同催化效应可大幅度提高木质素解聚的活性。Zhai等人合成了廉价双金属Ni-Fe/AC催化剂，当Ni和Fe的比例为1∶1时，氢解桦木有机溶剂木质素可得到23.2%的单体收率且并未出现过度加氢的现象。Gao等[189]成功制备了CeO_2负载的AuPd的棒状双金属催化剂，该催化剂在催化裂解芳基醚键方面表现出优异的活性，并在二聚体模型化合物和真实木质素的氢解实验中取得了显著成果。研究指出，Au和Pd原子间的强电子相互作用导致Pd位点的电子密度降低，显著增强了芳香C—O键的吸附能力，从而大幅提升了反应速率。此外，Kong等[33]发现，Ni-Re/Nb_2O_5催化剂具有适当的酸性位点和亲氧性，能够有效促进C—O键的选择性裂解，并有助于去除酚类化合物中的甲氧基和羟基，同时有效防止芳香环的氢化。

类似于双金属催化剂，双功能催化剂在降解木质素方面表现出更高的效率，能够生成高收率的芳香单体化合物。这些催化剂通常由固体酸催化剂和金属催化剂组成，旨在利用金属活性位点催化加氢断裂醚键，并通过酸性位点提高催化剂的脱氧能力。然而，催化剂的酸性和金属活性位点的平衡对于木质素氢解反应的成功至关重要。过强的酸性可能导致副反应和焦炭生成，影响催化剂的活性和稳定性。因此，为了最大化木质素解聚程度，必须优化加氢位点和脱氧位点的耦合，实现不同活性位点之间的协同催化。这种协同作用有助于提高催化剂的效率，减少副产物的生成，从而实现更高的产物选择性和催化活性。例如，双功能催化剂Ru/Al_2O_3、Rh/Al_2O_3、Pd/Al_2O_3被用于三种不同木质素的氢解[224]。结果表明，木质素在Ru/Al_2O_3催化剂作用下的解聚可以得到最高的产率，Al_2O_3上的Lewis酸位点在木质素解聚过程中发挥了巨大的作用，增加了产物中低分子量的产物。Toledano等[225]研究了木质素在双功能催化剂NiAlSBA-15、PdAlSBA-15、PtAlSBA-15、RuAlSBA-15上的氢解，发现NiAlSBA-15催化剂表现出最佳的催化性能，能够获得21.9%的单体产率。Liguori和Barth[226]研究了玉米秸秆木质素在双功能催化剂Pd和SAC-13上的氢解，发现在300℃下反应 2h 后，主要产物为愈创木酚、邻苯二酚和间苯二酚，最大产率为 7.7%，固体酸催化剂 SAC-13 因其高酸性在反应中充当 Brønsted 酸，有助于在苯环侧链上的甲氧基或其他基团的断裂，从而提高了反应产物的选择性，并与 Pd 产生协同作用，抑制苯环的加氢反应。Luo 等[227]研究了硫酸盐木质素在双功能催化剂 $Rh/La_2O_3/CeO_2\text{-}ZrO_2$ 上的氢解，反应后可获得较高的单体收率。

尽管非均相催化剂在木质素催化氢解过程中扮演着关键角色，但在工业应用方面仍面临一些挑战。例如，非均相催化剂容易发生表面饱和和失活，其选择性有待提高，尤其是在促进特定化合物的形成上，如抑制苯环加氢产物方面。此外，木质素氢解过程中焦炭的形成、缩聚反应和水的吸附问题也难以完全避免。因此，应用于木质素氢解的非均相催化剂需要在以下几个方面进行改进：①提高对目标产物的选择性；②在温和条件下实现木质素深度转化，以减少焦炭形成和缩聚反应；③提高催化剂的可重复使用性和水热耐受度[163]。

3.4 木质素催化热裂解

3.4.1 木质素催化热裂解技术简介

木质素催化热裂解（热解）是一种在缺氧或无氧的高温条件下，利用催化剂来切断木质素大分子中的化学键，促使分子键发生断裂、异构化以及小分子的聚合等反应，最终转化为低分子量的化学品的过程[69,228-229]。这种技术因其高效性，已经成为当前国内外研究者关注的前沿技术之一[230]。

催化热裂解产生的物质主要分为三种形态：固体、液体和气体。固体产物主要是焦炭，在木质素的裂解过程中，其生成量往往超过纤维素和半纤维素的裂解产物。液体产物主要是生物油，其关键成分是酚类化合物，如苯酚类、羟基苯酚类、愈创木基型酚类和紫丁香型酚类等[231]。这些酚类化合物的分布与木材原料中木质素的结构单元紧密相关。当木质素结构单元中 H 型单元的含量低于 G 型和 S 型单元时，苯酚的含量相对较低，而愈创木基型酚类和紫丁香基型酚类的含量则相对较高[232]。气体成分主要包括一氧化碳（CO）、二氧化碳（CO_2）、甲烷（CH_4）和氢气（H_2），它们主要源自苯丙烷侧链的断裂和苯环上连接官能团的脱除过程[233]。

至今，由于木质素结构的复杂性，人们对其化学组成的理解仍有限，导致目前对其热解过程尚无全面的理解[234-235]。普遍观点认为，木质素的催化裂解经历三个主要阶段：水分的释放、挥发分的脱除和某些顽固键的断裂。顽固键的断裂主要涉及 C_α-苯环键、C_β-醚键和 $C_\alpha—C_\beta$ 键的断裂、$C_\alpha—C_\beta$ 脱氢反应和去甲基化过程[236]。通常在 200℃左右，木质素开始裂解，此时分子间氢键开始断裂，苯环上的官能团发生变化。随着温度的进一步升高，较弱的 *β-O*-4 和 *α-O*-4 会发生 C—O 断裂[237]。在 *β-O*-4 结构中，逆烯反应和 Maccoll 消除反应是主要过程，而 C—O 键断裂反应是次要的[238]。*α-O*-4 结构主要以 C—O 均裂为主，伴随明显的夺氢反应。在 200～300℃的温度范围内，CO 的产生主要源于苯基丙烷侧链中羧基、羰基和酯基的裂解和转化反应[239]。此外，木质素的支链部分，主要是脂肪族基团，在约 300℃时开始断裂，从而产生一些短链烃类化合物和小分子含氧化合物。同时，C═O 键以及 C—O—C 键也会发生断裂，导致 CO_2 的释放和有机物的形成。在较高的裂解温度下（300～400℃），烷基链内部及其之间的多数 C—C 键变得不稳定并发生断裂。除了 CO、CO_2 和 H_2O 外，含有 1～3 个碳原子的化合物如甲烷、乙醛或乙酸也开始形成[240]。当热解温度超过 400℃时，甲氧基开始具有活性，主要发生 O—CH_3 键均裂、分子内重排和烷基化反应。这一过程会产生一系列不含烷基侧链的酚类产物，包括苯酚类、邻苯二酚类和邻苯三酚类，以及 CH_4、CO 和 CO_2 等小分子气体产物[241]。

研究木质素 β-O-4 二聚体模型化合物的裂解揭示了木质素大分子中关键连接键的键解离能顺序：C_{Ar}—O(380.5kJ/mol)＞C_{Ar}—C_α(374.4kJ/mol)＞C_β—C_γ(323.9kJ/mol)＞C_α—OH(303.5kJ/mol)＞C_α—C_β(259.2kJ/mol)＞C_β—O(245.3kJ/mol)[243-244]。然而，这些键的断裂并非孤立事件。例如，C_β—O 键的断裂先于 C_α—C_β，这是因为 C_β—O 的断裂会引发自由基的形成，其不稳定性进而加速 C_α—C_β 键的断裂。Kawamoto 等[233,242]对 α-O-4、β-O-4、5-5 或 β-1 等键的木质素模型化合物的裂解过程进行了研究，并提出了木质素醚键断裂的机理，如图 3-10 所示。途径 B 由于木质素支链上的羟基，反应中会产生更多自由基，提升反应效率，加速 β-O-4 键的断裂，从而促进 C_α ═O 和 C_α ═C_β 的生成。目前，木质素的裂解机理解析深度仍然不够，需要进一步结合先进的技术分析手段来研究木质素裂解历程中化学结构的变化，尤其是裂解产物官能团的演变规律。例如，热重分析（thermogravimetric analysis，TGA）技术、热重-红外技术（thermogravimetric analyzer coupled to a fourier transform infrared spectrometer，TG-FTIR）、二维相关红外光谱（two-dimensional correlation spectroscopy，2D-COS）技术、原位红外光谱（in-situ FTIR）技术等[69,237]。同时，可以利用木质素模型化合物来解析木质素裂解历程中关键连接键的断裂机制，以更深入解析木质素的裂解机理。木质素及木质素模型化合物的裂解产物与反应条件以及木质素类型密切相关，接下来将对每个影响因素进行详细的介绍。

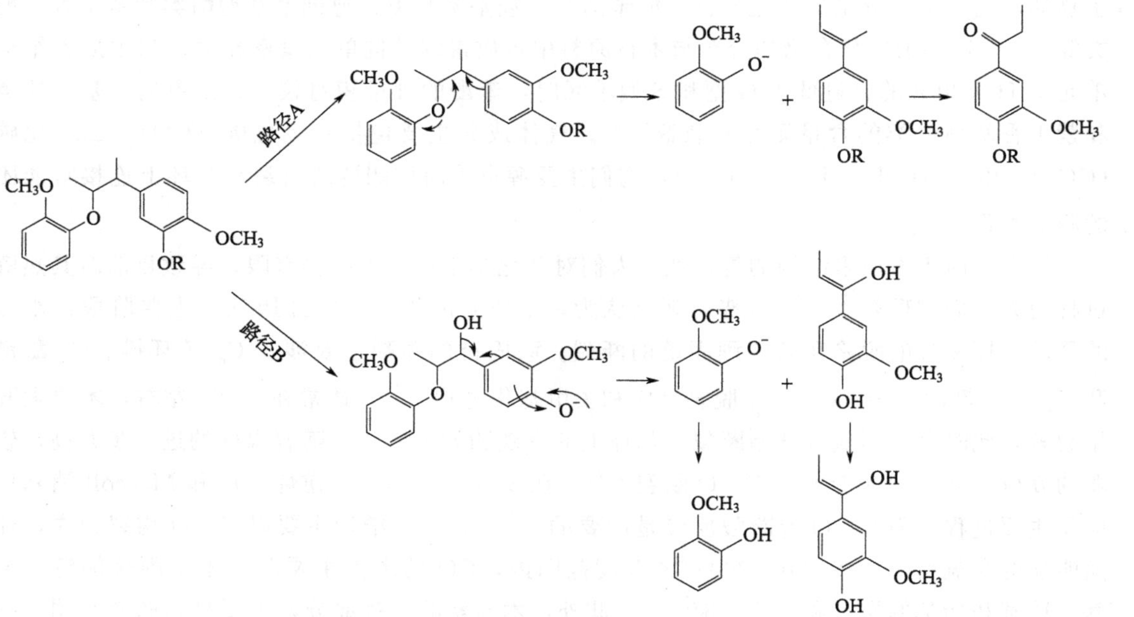

图 3-10　木质素热裂解醚键断裂过程[242]

3.4.2 木质素结构的影响

木质素作为一种丰富的天然高分子化合物，其主要来源于木质植物（如杨树、松树、桦树和橡树等树木、灌木和木本植物）、纤维素植物（如稻草、麦秸、棉秆和玉米秸等农作物残留物）以及废弃物和副产品（如木材加工残留物、农作物残留物和纸浆废料）。由于来源的不同，木质素的化学结构也存在显著的差异。这些差异主要体现在三种典型苯丙烷单元的占比、官能团的含量以及元素组成的不同。例如，单体芳香烃主要源于木质素的紫丁香基单元。在一定范围内，紫丁香基单元的含量与单体芳香烃的产率呈正相关。此外，活性官能团对木质素的裂解过程有显著影响。例如，甲氧基和酚羟基等活性基团倾向于在裂解过程中引发酚类化合物的二次聚合，从而增加固体残渣的生成，导致生物油收率的下降。同时，甲氧基的含量也会影响木质素的熔点。在裂解的初期阶段，由于温度的降低，木质素更倾向于发生熔融聚合，这一过程可能导致能量吸收的不均匀，进一步增加固体残渣的产量。另外，木质素的元素组成对其裂解产物的分布也有重要影响。例如，木质素中含硫量较高时，会显著降低生物油的收率，这表明含硫木质素在裂解过程中更容易生成固体残渣。硫的存在还可能导致芳烃含量的降低。

木质素的纯度显著影响其裂解产物的组成。木质素中含有的灰分对裂解过程具有催化效果，进而影响生物油中化合物的分布。例如，灰分中的钾（K）和钠（Na）元素会降低有机化合物的生成，导致更多的气体、水和固体残渣的产生。Jiang 等[234]研究人员利用 Py-GC/MS 技术研究了温度对木质素热裂解的影响，发现在 400～800℃的温度范围内，大约有 50 种小分子产物生成，其中在 600℃时可获得最高产率的酚类化学品，例如碱木质素可获得 15.5%的酚类化学品，乙醇木质素可获得 17.2%的酚类化学品。此外，Jegers 和 Klein[240]利用反应器对牛皮纸木质素的热解进行了研究，反应温度设定在 300～500℃。研究发现，产物中包含 33 种化合物，主要是 19 种芳香类化合物，如愈创木酚、苯甲酚和苯酚等，以及一些小分子气体、水和甲醇。Iatridis 和 Gavalas[245]同样对牛皮纸木质素进行了热解实验研究，反应工况为 400～700℃，停留时间分别保持在 10～120s，产物中主要为 60%的挥发分，其中酚类约占 3%。Oasmaa 等[246]研究了硫酸木质素和有机溶剂木质素在不同催化剂作用下的热裂解规律，当温度为 400℃，反应时间为 40min 时，有机溶剂木质素在混合催化剂（负载在 Al_2O_3-SiO_2 上的 Ni/Mo 催化剂与 Cr_2O_3 的质量比是 1∶1）作用下液体产物得率最高（占木质素初始量的 71%），由气相色谱分析可知低分子产品中包含多种烷基苯、苯酚和稠环芳烃。Horacek 等[247]研究了水解木质素的催化热裂解规律，发现反应温度、压力和催化剂用量等条件的改变显著影响固、液、气产物的分布。通过对工艺条件的优化，尤其是催化剂用量，可得到含有较多芳基化学品、酚类和萘的液体产物。Guo 等[248]发现 NaOH 和 Na_2CO_3 对碱木质素的热裂解具有催化作用，但是当 NaOH 和 Na_2CO_3 的用量增加时，木质素的失重率会有所降低。Custodis 等[249]研究了不同分离方法获得的针叶林和阔叶林木质素［二氧六环木质素、硫酸（Klason）木质素和溶剂型木质素］的裂解行为，结果表明：阔叶林木质素生成了较多的含羰基的单酚类化合物，而针叶林木质素则生成了多种类的酚类化合物。这是因为阔叶林木质素同时含有愈创木基型和紫丁香基型结构单元而具有较高的甲氧基含量，而针叶林木质素主要含有愈创木基型结构单元，甲氧基含量较低。

3.4.3 木质素催化热裂解的影响因素

（1）裂解温度对木质素热裂解的影响

热裂解过程通过连接键断裂形成自由基进行反应，所以温度对于木质素热裂解具有十分重要的影响，是热裂解工艺极其关键的参数，对反应动力学、产物分布和产率等方面都有显著影响[250]。温度的升高会提高反应物的热动力学能力，增加反应物分子的能量和碰撞频率，从而促进木质素大分子间连接键的断裂，提高生物油的产率[239]。但是，过高的温度会使得生物油发生二次裂解反应（去甲氧基化、去甲基化以及脱氧反应），从而降低生物油的产率，增加气体产量[251]。一般来说，为了获得最高产率的生物油，需要将温度控制在550～650℃，此时生物油的产率可达40%，其中，酚类化合物的占比约为20%[252]。

生物油的成分十分复杂，包含苯酚、烷基酚、甲氧基酚、甲氧基苯、其他小分子氧化物以及少量的烃类化合物等大约25～51种化合物。温度的升高不仅会改变生物油的产率，而且会改变生物油的化学组成。例如，温度的升高有利于去甲氧基化反应的进行，从而使得苯酚产率增加而愈创木酚及紫丁香酚产率下降。Zhao等[253]研究了草本类（稻草秸秆和稻壳）和阔叶木（枫树）木质素的快速热裂解。结果表明，芳香烃化合物和酚类化合物的产率随着热裂解温度的升高而增加，这与更高的温度可进一步促进木质素的脱甲氧基及脱羟基反应机制相关。此外，由于HO-Ph（463.6kJ/mol）相比于CH_3-OPh（268.6kJ/mol）具有更高的键解离能，因此，苯环上甲氧基当中的甲基易于在高温条件下脱离，从而导致邻苯二酚和连苯三酚的产生[243]。温度的升高还会促进酚类化合物的甲基化反应，使得甲基酚的占比增加。高温还有利于酚类化合物的脱氧反应，从而促进烃类化合物的形成。温度超过600℃时，木质素中的热解产物会进一步发生二次反应（裂化、脱氢、缩聚和环化等），产生小分子可燃气体如CO、CH_4，其他烃类，小分子有机物如乙酸、羟基乙醛等，环化则是小分子烃类聚合成环，生成芳香环[254]。

Ma等[255]对碱木质素的裂解特征进行了分析，结果表明：当温度为500℃时，所得生物油中总酚含量和愈创木酚类含量达到最大值，分别为78%和63.43%，而对羟基酚类含量从0.81%增至8.16%，邻苯二酚类含量从0.12%增至3.11%。Lou等探究了不同温度对木质素热裂解的影响，当温度为600℃时，生物油收率最高（54.17%），其中苯酚和香草醛的收率分别为2.95%和1.50%。Kalogiannis等[256-257]在450℃、500℃、600℃时对木质素进行热裂解，发现在450℃时，生物油收率可达37.7%，产物主要为单苯环类化合物。当温度上升到600℃时，生物油收率大幅度下降，仅为18.8%，CO、CO_2等气体的产量明显增加。热裂解是木质素大分子转化为生物油的一种重要手段，但由于木质素大分子存在醛基、羧基等官能团，因此木质素大分子在热裂解的过程中会形成固体残渣，这些固体残渣阻碍木质素进一步降解，降低生物油中单苯环类化合物的收率。

（2）停留时间对木质素热裂解的影响

停留时间是指在裂解过程中反应物在反应器内停留的平均时间长度，它对木质素裂解过程有着重要的影响。较短的停留时间通常会导致较高的产物收率和选择性。在短暂的停留时间下，裂解反应还没有完全进行，因此产物中含有较多的中间产物和轻质化合物[258]。随着停留时间的增加，反应会继续进行，产物中重质化合物的比例会增加。停留时间越长，木质素在裂解过程中越容易发生二次裂解，从而会使得生物油的产率降低，气体的产量增加[259]。尽管停留时间短有利于生物油的形成，却不一定对生物油的品质有利。因为停留时间越短，木质素之间连接键的断裂定向性更差，更易生成大分子化合物，从而增加生物油中化学组成的异构性。报道显示，二甲苯酚和甲苯酚的生成量随着停留时间的增加而增加，表明停留时间越长，越利于酚类化合物的甲基化反应[250]。此外，停留时间越长越有利于初始挥发物发生二次聚合，从而形成更多固体残渣。

还需要注意的是，停留时间同时由其他因素所影响，例如：温度以及升温速率等。一般来说，反应温度和升温速率越低，停留时间越长，而低的反应温度及升温速率下生物油得率和品质都有所下降。但是总体来说，短的停留时间有利于增加生物油的得率，而适当的停留时间有利于提升生物油的品质[260]。停留时间与碳转化率之间也存在一定的关联。较长的停留时间通常会导致更高的碳转化率，因为更充分的反应时间可以使木质素中的碳得到更充分的转化和利用[261]。然而，当停留时间过长时，反应会趋向于平衡，碳转化率可能会达到一个稳定的水平。停留时间对能量效率也有影响。较短的停留时间可以提高能量效率，因为较少的热量会在反应器中丢失。然而，较长的停留时间可能导致能量的浪费和热损失[262]。

(3) 投料速率对木质素热裂解的影响

投料速率是指在木质素裂解过程中，反应物料的输入速率，它对木质素裂解的影响是多方面的。首先，投料速率可以影响木质素裂解的反应效率。较低的投料速率可以提供更长的反应时间，使得反应物料在反应器中停留的时间增加，有助于更充分地裂解和转化。相反，较高的投料速率可能导致反应物料在反应器中停留的时间较短，不利于反应的进行[263]。要得到生物油的最大得率，适当的投料速率是必要的。这是因为在充分的能量供应条件下，刚开始投料速率的增加会增加裂解挥发物的产生；然而，当投料速率高过一定的值时，它会严重降低裂解的升温速率，从而降低生物油的得率[264]。其次，投料速率也会影响木质素裂解产物的分布。较低的投料速率通常会导致较高的液体产物收率，因为较长的反应时间有利于液体产物的生成和收集[265]。较高的投料速率可能会导致较多的气体产物生成，同时会减少液体产物的收率。这是因为过高投料速率也会增加裂解挥发物的停留时间，从而进一步降低生物油的得率[266]。最后，投料速率对温度控制也有影响。较低的投料速率可以提供更好的温度控制能力，因为反应器中的热量可以更充分地传递和均匀分布。较高的投料速率可能会导致温度不均匀和过热现象，影响反应的选择性和产物品质。并且，较高的投料速率可能会对反应器的力学性能产生不利影响[267-269]。例如，较高的投料速率可能导致反应器内部压力的快速增加，增加反应器的机械应力，对反应器的稳定性和耐久性构成挑战。在实际应用中，选择适当的投料速率需要综合考虑反应物料的性质、反应器的设计和操作条件等因素。在不同的裂解反应中，根据所需的产物和反应条件的要求，调整投料速率，实现反应的最佳效果和产物的优化。

(4) 反应器类型对木质素热裂解的影响

反应器类型是指用于进行木质素裂解反应的装置或设备，常见的反应器类型包括固定床反应器、流化床反应器、搅拌槽反应器等。反应器类型不同，则生物油的产率和品质也不尽相同。反应器类型对反应体系中的传质和传热过程都起着重要作用[270]。固定床反应器通常具有较小的质量传递阻力和传热阻力，适用于高温高压条件下的裂解反应。流化床反应器具有较好的质量传递和传热性能，能够实现较高的反应效率和产物选择性。搅拌槽反应器则能够提供良好的液相混合和传质特性。不同类型的反应器也会提供不同的反应条件，如温度、压力和反应时间等。固定床反应器通常适用于高温高压条件下的裂解反应，而流化床反应器则更适用于相对温和的反应条件。搅拌槽反应器则可以根据需要进行温度和压力的调控，具有较大的灵活性。不同类型的反应器对产物分布也具有显著影响。固定床反应器通常具有较好的催化剂利用率和产物选择性，但易受传质和传热限制。流化床反应器具有较好的气固传质性能，可以实现较高的产物选择性和反应效率。搅拌槽反应器则能够提供良好的液相混合，有利于均相反应的进行。

在国外，由美国、德国和荷兰联合的国际研究组开发了木质素的快速热裂解工艺。目前，该工艺为实验室规模（150g/h），建有小试装置，基本的过程参数为：温度673～973K，停留时间0.3～15s，采用流化床反应器或者气流床反应器，有连续式和间歇式两种运行方案。液体收率在30%～50%之间，焦炭产率在30%～50%，气体产率在6%～40%之间。谭洪等[271]在593～1073K温度范围内利用间歇式气流床反应器对木质素的快速热裂解进行了研究，研究发现焦炭产率高于26%，焦油产率低于27%。岳金方等[272]在673～1173K温度范围内采用间歇式快速升温反应器探究了工业木质素的热裂解，焦油产率低于15%，焦炭产率高于35%。

（5）升温速率对木质素热裂解的影响

升温速率对木质素热裂解具有重大影响。随着升温速率增大，热解速率均呈线性增长，这是因为物料达到热解温度的响应时间变短，有利于热解反应的发生；同时，较大的内外温差会影响内部颗粒热解反应的进行[273]。如表3-1所示，根据升温速率不同，可将木质素裂解分为常规热解、快速热解和闪速热解。其中，常规热解以生产生物炭为目的，而快速热解和闪速热解则以生产生物油为主要目标，尤其是快速热解，生物油产率可达40%～60%，闪速热解则要求有较高的冷却速率才会收集到生物油[274]。随着升温速率的增加，木质素颗粒达到预定温度的时间缩短，有助于热裂解反应进行，但因热滞后现象被放大，木质素颗粒内部温度并不高，所以热裂解并不完全。随着升温速率的降低，木质素颗粒在低温区的停留时间延长，促进了脱水碳化过程的发生，导致焦炭产量的增加[251]。当升温速率一定时，温度和升温速率对木质素热裂解产物的分布具有协同影响效应。低温和短停留时间下木质素热裂解不完全；低温和长停留时间有助于焦炭产量的最大化；高温和短停留时间有助于生物油的形成；而高温和长停留时间则使热解挥发分发生二次分解，转化为小分子气体[275]。升温速率是影响热解产物组成和性质的重要条件，较高的升温速率能够降低热解过程中的传质传热限制，促进木质素分解成挥发分，并且降低二次反应的发生。Salehi等[276]发现升温速率从500℃/min升至700℃/min，生物油产率可以提高8%。

表3-1 木质素裂解的主要类型

类型	温度	加热速率	停留时间	主要产物
常规热解	600℃	0.1～1℃/s	5～30min	焦炭、生物油、气体
快速热解	400～650℃	10～200℃/s	0.1～2s	生物油、气体
闪速热解	<650℃	>1000℃/s	<1s	生物油、气体

（6）催化剂对木质素热裂解的影响

木质素催化热裂解是指在常压下，利用催化剂来协助特定的化学键断裂，从而选择性地产生某类特定有价值的目标分子，增加木质素热裂解的选择性[230]。木质素催化裂解有两种形式：一种是原位催化裂解，即木质素原料直接与催化剂混合热解；另一种是非原位催化裂解，即木质素原料与催化剂分开装填，只有木质素热解蒸汽通过催化剂床层。木质素催化裂解最大优势在于通过选择、调整催化剂以增加对目标化学品的选择性和收率。催化剂的加入能够提升木质素转化效率以及抑制生物炭的形成和凝结，故而，木质素的催化热裂解引起了更多科研工作者的兴趣。目前，常用的催化剂主要有碱催化剂（KOH、NaOH 等）、金属负载催化剂以及分子筛催化剂。其中，分子筛催化剂的研究最为广泛，其作用机理如图 3-11 所示。一方面，沸石的孔状通道有利于稳定反应过程产生的酚醛类中间产物，防止小分子产物的再聚合，进而避免焦炭的形成；另一方面，沸石中的酸性位点有利于切割木质素中的 C—O，从而得到 CO、CO_2、CH_4、C_2H_4、C_3H_6 等气体，挥发性液体（苯和烷基取代的衍生物、甲醇和丙酮）和酚类化合物（愈创木酚、苯酚和紫丁香酚等）[29,277]。

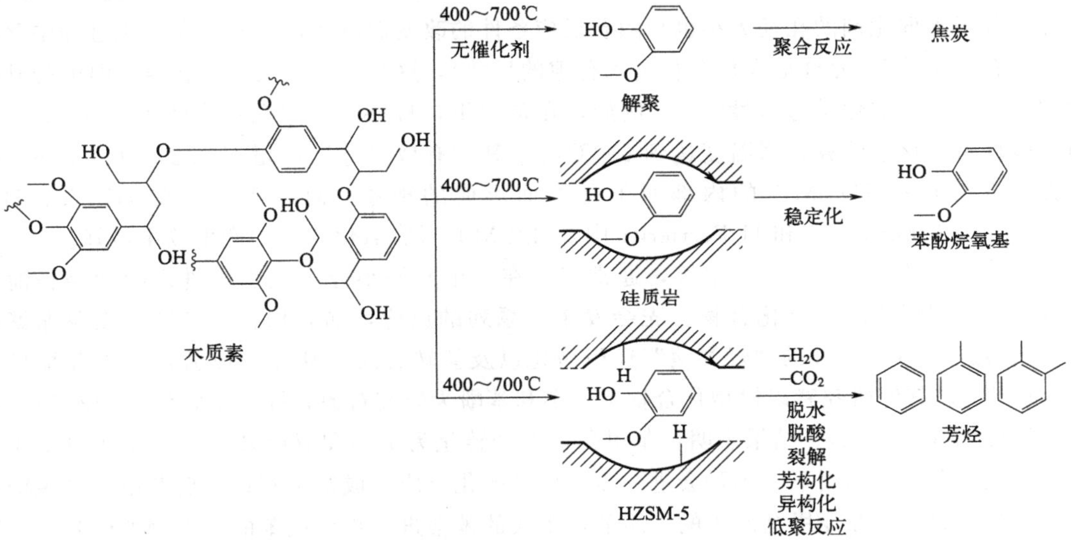

图 3-11　木质素的热裂解反应[278]

分子筛同时含有 Lewis 和 Brønsted 酸性位点，能够促进木质素大分子发生脱水、脱羰基、脱酮基、芳香化、异构化、裂化、甲基化以及低聚反应。其中，Brønsted 酸性位点主要负责含氧化合物芳烃化的转化[279]。由于木质素裂解产生的单体化合物尺寸太大，无法直接进入 HZSM-5 和 HY 等孔径较小的分子筛，因此，分子筛外部酸性位点会先将单体酚类化合物降解为更小的分子化合物，然后使其进入分子筛内部孔隙进行芳烃化。因此，分子筛芳烃化能力随着内部和外部的酸性强度一起增加而升高，而酸性强度随着 Si/Al 比值的降低而提升[280]。Ma 等[281]研究认为通过调节分子筛的酸度和孔径分布可提高目标产物的产率和选择性。在不引入催化剂的情况下，木质素热裂解的液体产物总收率仅为 40%，其中只有 6%的苯酚和 19%的烷基酚，当加入 HZSM-5 后，液体产物收率提高至 51%，以 HUSY 分子筛（大孔径、低 Si/Al 比）为催化剂时，液体产物的收率高达 75%，其中芳香族化合物（包括苯酚、烷基酚和烷基苯等）总产率达到 40%。Thring[13] 在使用 ZSM-5 催化剂（Si/Al=56）和温度为 500～600℃的条件下，将木质素转化为以芳烃（苯、甲苯、二甲苯，其中甲苯主导）为主的液态产物，产率可高达 90%。得到的液体混合物具有高辛烷值，气

态产物主要是 C_1～C_5 烃、CO 和 CO_2。Hammer 等[282]利用 HZSM-5 分子筛对木质素进行两级热解，第一步“热预处理”温度为 300～350℃，促使木质素分解为单苯环类化合物；第二步温度为 350～500℃，单苯环类化合物转化为烃类，实现木质素的选择性降解，得到富含糖类及木质素衍生物的高品质生物油。

分子筛的催化效率、产物分布主要与分子筛的酸性强度和孔径结构有关。其中，孔径大小更倾向于影响生物油的产率，酸性位点的数量决定生物油的化学组成[283-284]。一般来说，分子筛的孔径按以下顺序排列：HUSY(0.74nm)＞Hβ(0.66nm)＞HZSM-5（0.55nm)。其中，HUSY 和 Hβ 由于具有较大的孔径，几乎能够允许所有木质素基含氧化合物通过，从而减少了挥发物在催化剂上的沉积以及减少了焦炭的形成，而且能够提高液体产物的产率。然而，分子筛的孔径并不是固定不变的，而是具有一定的“弹性”[285]。例如，虽然 HZSM-5 (0.55nm）的孔径小于萘的直径（0.62nm)，但是，萘仍是在 HZSM-5 的内部而不是外面形成。原因是 HZSM-5 的孔径具有一定的灵活性，可以允许略大于催化剂孔径的化合物通过。此外，分子筛催化剂的孔径大小也会随着反应条件的改变而改变，因此，在催化过程中存在一个“有效尺寸”(允许最大化合物进入孔隙的尺寸)，这种“有效尺寸”会随着温度的升高而增大，从而影响化学选择性[286]。例如，在常温下，HZSM-5 的孔径大约为 0.55nm，然而，根据量子化学计算，当温度达到 650℃时，其“有效尺寸”可增至 0.81～0.83nm，从而会出现萘是在 HZSM-5 的内部而不是外面形成的现象。总体来说，在 HUSY、Hβ、HZSM-5、H-mordenite 和 H-Ferrierite 中，HZSM-5 对脱氧化合物的产生效果最好。

HZSM-5 的孔径大小属于中等，通常仅存在一个允许小分子化合物进入的“烃类池”，由木质素裂解形成的酚类化合物首先会发生一系列的反应，如异构化、烷基化以及缩聚反应，然后进入 HZSM-5 的“烃类池”经历裂化以及氢转移反应从而形成芳烃类以及烯烃类化合物[288]。其他研究者以模型化合物苯甲醚和苯酚为研究对象，探究了它们在 HZSM-5 催化下的转化（图 3-12)。结果表明：苯甲醚首先会转化为苯酚和亚甲基离子；而亚甲基离子十分活跃，在它的作用下，苯酚会进一步经历异构化反应形成苯甲醛；随后苯甲醛经脱羰基化形成苯。此外，在亚甲基离子的作用下，生成的苯会进一步形成苯的衍生物如甲苯、二甲苯以及萘等，而苯酚则进一步经历芳基、苯氧基、羟基和氢自由基的形成与重组，最终转化为芳烃[289]。除了上述两条形成芳烃的路径，木质素脂肪族侧链在 HZSM-5 作用下能够从苯环中脱离再经历脱氧形成烯烃，而后经 Alder-Diels 反应形成芳烃[290]。

虽然分子筛的催化效果较好，但是存在失活的问题。一方面，分子筛的失活与其自身性质和结构密切相关。一般情况下，分子筛酸性越强，就越容易与酚类化合物结合，从而形成积碳，造成分子筛的失活。同时，木质素在催化转化过程中产生的焦炭也会严重影响分子筛的活性。另一方面，分子筛的失活与木质素大分子含有的官能团有关。例如，木质素中的对羟基苯酚能够与分子筛的酸性位点形成牢固的结合，从而使催化剂失去其活性；酚羟基也会与其中的氧结合形成酚盐离子，从而困于分子筛当中的铝框架中。此外，一些小分子化合物，如乙酸和甲醛，很容易进入分子筛孔隙并与其中的酸性位点结合，造成焦炭的形成而使催化剂失活。乙烯也是焦炭的一种前体物质，也能够造成分子筛的失活。相比于对羟基苯酚结构，紫丁香酚和愈创木酚类化合物更不易于使分子筛失活，这是因为其中的甲氧基会造成位阻障碍，阻止酚羟基与分子筛中的氧结合。Zhang 等[291]研究了 HZSM-5 分子筛和 HY 分子筛对利用有机溶剂提取的山杨木质素热裂解的影响，并利用 Py-GC-MS 对产物进行了分

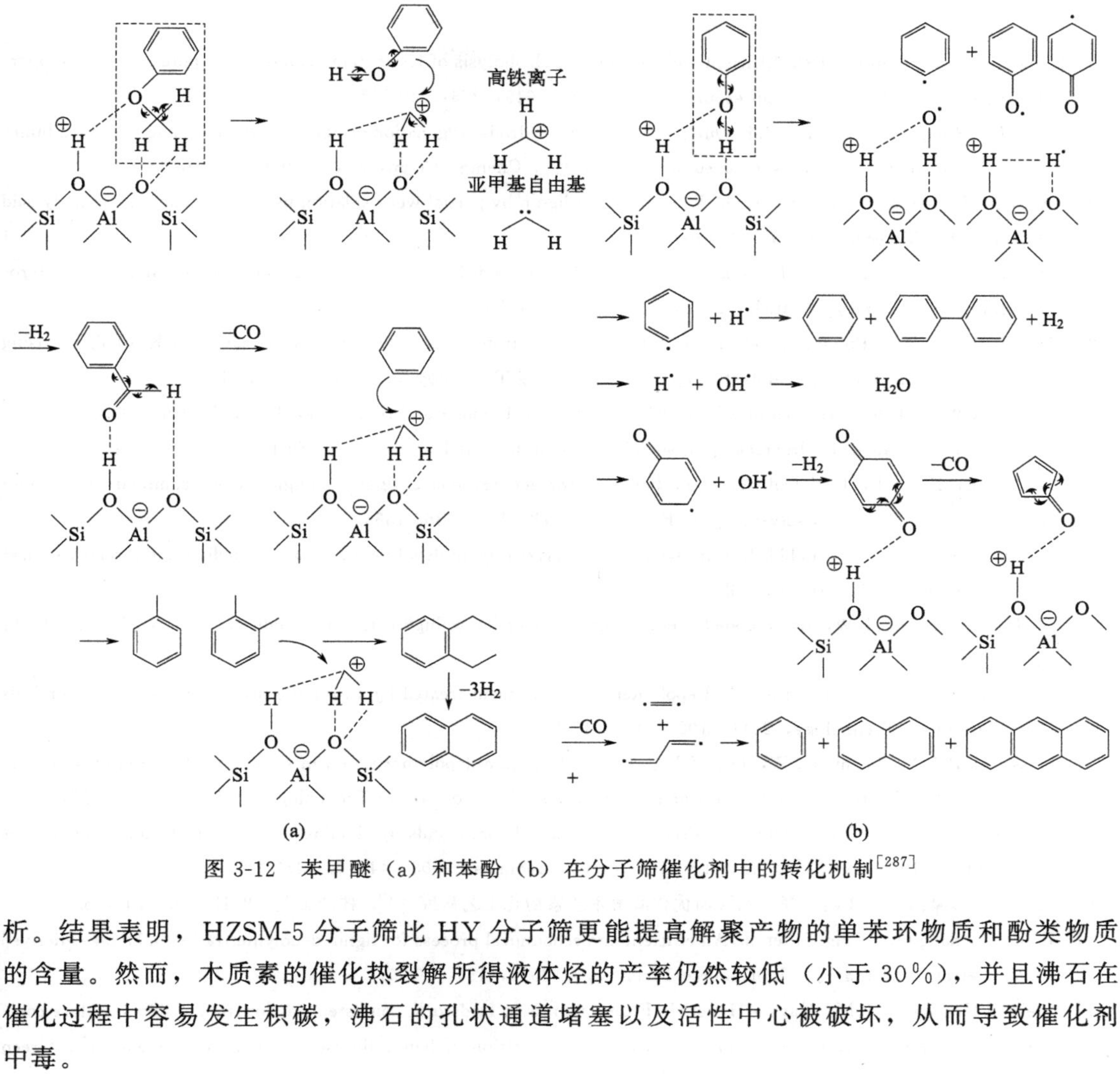

图 3-12　苯甲醚（a）和苯酚（b）在分子筛催化剂中的转化机制[287]

析。结果表明，HZSM-5 分子筛比 HY 分子筛更能提高解聚产物的单苯环物质和酚类物质的含量。然而，木质素的催化热裂解所得液体烃的产率仍然较低（小于 30%），并且沸石在催化过程中容易发生积碳，沸石的孔状通道堵塞以及活性中心被破坏，从而导致催化剂中毒。

参考文献

[1] Lu Y, Wei X, Zong Z, et al. Structural investigation and application of lignins [J]. Progress in Chemistry, 2013, 25 (5): 838-858.

[2] 杨淑蕙. 植物纤维化学 [M]. 3 版. 北京: 中国轻工业出版社, 2001.

[3] Li C, Zhao X, Wang A, et al. Catalytic Transformation of lignin for the production of chemicals and fuels [J]. Chemical Reviews, 2015: 11559-11624.

[4] Ito H, Imai T, Lundquist K, et al. Revisiting the mechanism of *β*-*O*-4 bond cleavage during acidolysis of lignin. Part 3: Search for the rate-determining step of a non-phenolic C_6-C_3 type model compound [J]. Journal of Wood Chemistry & Technology, 2011, 31 (2): 172-182.

[5] 江蓉. 木质素高效率醇化的工艺条件研究 [J]. 黄山学院学报, 2008 (05): 50-53.

[6] Shevchenko S M. Depolymerization of lignin in wood with molecular hydrogen iodide [J]. Croatica Chemica Acta, 2000, 73 (3): 831-841.

[7] Jia S, Cox B J, Guo X, et al. Cleaving the *β*-*O*-4 bonds of lignin model compounds in an acidic ionic liquid, 1-*H*-3-

methylimidazolium chloride an optional strategy for the degradation of lignin [J]. ChemSusChem, 2010, 3 (9): 1078-1084.

[8] Kong L, Liu C, Gao J, et al. Efficient and controllable alcoholysis of Kraft lignin catalyzed by porous zeolite-supported nickel-copper catalyst [J]. Bioresource Technology, 2019, 276: 310-317.

[9] Wang H, Ruan H, Feng M, et al. One-pot process for hydrodeoxygenation of lignin to alkanes using Ru-based bimetallic and bifunctional catalysts supported on zeolite Y [J]. ChemSusChem, 2017, 10 (8): 1846-1856.

[10] Abayneh D, Arto L, Mika S, et al. Valorization of lignin by partial wet oxidation using sustainable heteropoly acid catalysts [J]. Molecules, 2017, 22 (10): 1625.

[11] Du F, Li Y, Xian X, et al. Liquefaction behavior of lignin in different alcohol solvents under the catalysis of heteropolyacid salt [J]. Energy & fuels, 2019, 33 (8): 7366-7376.

[12] Hita I, Deuss P J, Bonura G, et al. Biobased chemicals from the catalytic depolymerization of Kraft lignin using supported noble metal-based catalysts [J]. Fuel Processing Technology, 2018, 179: 143-153.

[13] Thring R W. Alkaline degradation of ALCELL lignin [J]. Biomass and Bioenergy, 1994, 7 (1-6): 125-130.

[14] Thring R W, Breau J. Hydrocracking of solvolysis lignin in a batch reactor [J]. Fuel, 1996, 75 (7): 795-800.

[15] Miller J E, Evans L, Littlewolf A, et al. Batch microreactor studies of lignin and lignin model compound depolymerization by bases in alcohol solvents [J]. Fuel, 1999, 78 (11): 1363-1366.

[16] Toledano A, Serrano L, Labidi J. Improving base catalyzed lignin depolymerization by avoiding lignin repolymerization [J]. Fuel, 2014, 116: 617-624.

[17] Shabtai J, Zmierczak W, Kadangode S, et al. Lignin conversion to high-octane fuel additives [J]. NREL, 1999, 1: 811-818.

[18] Lavoie J M, Wadou B, Bilodeau M. Depolymerization of steam-treated lignin for the production of green chemicals [J]. Bioresource Technology, 2011, 102 (7): 4917-4920.

[19] Gosselink R J A, Teunissen W, Dam J E G V, et al. Lignin depolymerisation in supercritical carbon dioxide/acetone/water fluid for the production of aromatic chemicals [J]. Bioresource Technology, 2012, 106: 173-177.

[20] Nenkova S, Vasileva T, Stanulov K. Production of phenol compounds by alkaline treatment of technical hydrolysis lignin and wood biomass [J]. Chemistry of Natural Compounds, 2008, 44 (2): 182-185.

[21] 王祺铭，海潇涵，徐文彪，等．响应面优化酶解木质素酚化工艺研究 [J]. 林产工业，2019，56 (10)：6.

[22] Long J, Zhang Q, Wang T, et al. An efficient and economical process for lignin depolymerization in biomass-derived solvent tetrahydrofuran [J]. Bioresource Technology, 2014, 154: 10-17.

[23] Stein T V, Grande P M, Kayser H, et al. From biomass to feedstock: one-step fractionation of lignocellulose components by the selective organic acid-catalyzed depolymerization of hemicellulose in a biphasic system [J]. Green Chemistry, 2011, 13 (7): 1772-1777.

[24] Adler E, Pepper J M, Eriksoo E. Action of mineral acid on lignin and model substances of guaiacylglycerol-β-aryl ether type [J]. Industrial & Engineering Chemistry, 2002, 49 (9): 1391-1392.

[25] Wu Z, Zhao X, Zhang J, et al. Ethanol/1, 4-dioxane/formic acid as synergistic solvents for the conversion of lignin into high-value added phenolic monomers [J]. Bioresource Technology, 2019, 278: 187-194.

[26] Chaudhary R, Dhepe P L. Solid base catalyzed depolymerization of lignin into low molecular weight products [J]. Green Chemistry, 2016, 19: 778-788.

[27] Kim J Y, Moon J, Lee J H, et al. Conversion of phenol intermediates into aromatic hydrocarbons over various zeolites during lignin pyrolysis [J]. Fuel, 2020, 279: 118484.

[28] Zou Q, Lin W, Xu D, et al. Study the effect of zeolite pore size and acidity on the catalytic pyrolysis of Kraft lignin [J]. Fuel Processing Technology, 2022, 237: 107467.

[29] Nishu, Liu R, Rahman M M, et al. A review on the catalytic pyrolysis of biomass for the bio-oil production with ZSM-5: Focus on structure [J]. Fuel Processing Technology, 2020, 199: 106301.

[30] Zhang D, Jin T, Peng J, et al. In-situ synthesis of micro/mesoporous HZSM-5 zeolite for catalytic pyrolysis of lignin to produce monocyclic aromatics [J]. Fuel: A journal of fuel science, 2023, 334: 126588.

[31] Ryu H W, Lee H W, Jae J, et al. Catalytic pyrolysis of lignin for the production of aromatic hydrocarbons: Effect of magnesium oxide catalyst [J]. Energy, 2019, 179: 669-675.

[32] Yan H, Liu X, Wang H, et al. Valorization of lignin to phenols over highly dispersed $NiRu/Al_2O_3$ without extra H_2: Effect of reaction conditions and insight into the resulting phenols distributions [J]. Fuel: A journal of fuel science, 2022, 330: 125548.

[33] Kong L, Zhang L, Gu J, et al. Catalytic hydrotreatment of kraft lignin into aromatic alcohols over nickel-rhenium supported on niobium oxide catalyst [J]. Bioresource Technology, 2020, 299: 122582.

[34] Xing X, Liu L, Zhang Y, et al. Mild modification of lignin pyrolysis vapors by metal oxide catalysts: A comparative study with molecular sieve catalysts [J]. Energy sources, Part A. Recovery, utilization, and environmental effects, 2023, 45 (2): 5052-5062.

[35] Wang C, Ou J, Zhang T, et al. Sustainable aromatic production from catalytic pyrolysis of lignin mediated by a novel solid Lewis acid catalyst [J]. Fuel: A journal of fuel science, 2023, 348: 128513.

[36] Yang H, Han T, Shi Z, et al. In situ catalytic fast pyrolysis of lignin over biochar and activated carbon derived from the identical process [J]. Fuel Processing Technology, 2022, 227: 107103.

[37] Zhao W J, Li X, Li H W, et al. Selective hydrogenolysis of lignin catalyzed by the cost-effective Ni metal supported on alkaline MgO [J]. ACS Sustatinable Chemistry & Engineering, 2019, 7 (24): 19750-19760.

[38] Li L, Dong L, Li D, et al. Hydrogen-free production of 4-alkylphenols from lignin via self-reforming-driven depolymerization and hydrogenolysis [J]. ACS Catalysis, 2020: 15197-15206.

[39] Mankar A R, Ahmad E, Pant K K. Insights into reductive depolymerization of Kraft lignin to produce aromatics in the presence of Pt/HZSM-23 catalyst [J]. Materials Science for Energy Technologies, 2021 (7): 341-348.

[40] Lv W, Zhu Y, Liu J, et al. Modifying MgO with carbon for valorization of lignin to aromatics [J]. ACS Sustainable Chemistry & Engineering, 2019, 7 (6): 5751-5763.

[41] Karnitski A, Choi J, Dong J. Roles of metal and acid sites in the reductive depolymerization of concentrated lignin over supported Pd catalysts [J]. Catalysis Today, 2023, 411-412: 113844.

[42] Li T, Lin H, Ouyang X, et al. In situ preparation of Ru@N-doped carbon catalyst for the hydrogenolysis of lignin to produce aromatic monomers [J]. ACS Catalysis, 2019, 9 (7): 5828-5836.

[43] Jiang W, Cao J, Yang Z, et al. Hydrodeoxygenation of lignin and its model compounds to hydrocarbon fuels over a bifunctional Ga-doped HZSM-5 supported metal Ru catalyst [J]. Applied Catalysis, A: General, 2022, 633: 118516.

[44] Jiang M, Chen X, Wang L, et al. Anchoring single Ni atoms on CeO_2 nanospheres as an efficient catalyst for the hydrogenolysis of lignin to aromatic monomers [J]. Fuel, 2022, 324: 124499.

[45] Gao J, Cao Y, Luo G. High-efficiency catalytic hydrodeoxygenation of lignin-derived vanillin with nickel-supported metal phosphate catalysts [J]. Chemical engineering journal, 2022, 448: 137723.

[46] Cai Q, Gong T, Yu T, et al. Comparison of hydrocracking and cracking of pyrolytic lignin over different Ni-based catalysts for light aromatics production [J]. Fuel Processing Technology, 2023, 240: 107564.

[47] Cheng C B, Li P F, Yu W B, et al. Catalytic hydrogenolysis of lignin in ethanol/isopropanol over an activated carbon supported nickel-copper catalyst [J]. Bioresource Technology: Biomass, Bioenergy, Biowastes, Conversion Technologies, Biotransformations, Production Technologies, 2021, 319: 124238.

[48] Hu J, Zhao M, Jiang B, et al. Catalytic transfer hydrogenolysis of native lignin to monomeric phenols over a Ni-Pd bimetallic catalyst [J]. Energy & Fuels, 2020: 9754-9762.

[49] Zhu J, Chen F, Zhang Z, et al. M-gallate (M=Ni, Co) metal-organic framework-derived Ni/C and bimetallic Ni-Co/C catalysts for lignin conversion into monophenols [J]. ACS Sustainable Chemistry & Engineering, 2019, 7 (15): 12955-12963.

[50] Lin F, Ma Y, Sun Y, et al. Identification of the cleavage mechanisms and hydrogenation activity of the β-O-4 linkage in a lignin model compound over $Ni\text{-}CeO_2/H\text{-}ZSM\text{-}5$ [J]. Applied Catalysis A: General, 2020, 598: 117552.

[51] Dai J, Patti A F, Saito K. Recent developments in chemical degradation of lignin: catalytic oxidation and ionic liq-

uids [J]. Tetrahedron Letters, 2016: 4945-4951.

[52] Hanna P, Eemeli E, Marko M, et al. Base-catalyzed oxidative depolymerization of softwood kraft lignin [J]. Industrial Crops and Products, 2020, 152: 112473.

[53] Bourbiaux D, Pu J, Rataboul F, et al. Reductive or oxidative catalytic lignin depolymerization: an overview of recent advances [J]. Catalysis Today, 2021: 373: 24-37.

[54] Hafezisefat P, Lindstrom J K, Brown R C, et al. Non-catalytic oxidative depolymerization of lignin in perfluorodecalin to produce phenolic monomers [J]. Green Chemistry, 2020, 22: 6567-6578.

[55] Rawat S, Gupta P, Singh B, et al. Molybdenum-catalyzed oxidative depolymerization of alkali lignin: Selective production of Vanillin [J]. Applied Catalysis A: General, 2020, 598: 117567.

[56] Zhao Y, Xu Q, Yong T. Depolymerization of lignin by catalytic oxidation with aqueous polyoxometalates [J]. Applied Catalysis A General, 2013, 467: 504-508.

[57] Collinson S R, Thielemans W. The catalytic oxidation of biomass to new materials focusing on starch, cellulose and lignin [J]. Coordination Chemistry Reviews, 2010, 254 (15-16): 1854-1870.

[58] Rahimi A, Ulbrich A, Stahl S S, et al. Formic-acid-induced depolymerization of oxidized lignin to aromatics [J]. Nature, 2014, 515 (7526): 249-252.

[59] Gierer J. Chemistry of delignification. Part 2: reactions of lignins during bleaching [J]. Wood Science & Technology, 1986, 20 (1): 1-33.

[60] Josef G, Ingegerd P. Studies on the condensation of lignins in alkaline media. Part Ⅱ. The formation of stilbene and arylcoumaran structures through neighbouring group participation reactions [J]. Canadian Journal of Chemistry, 1977, 55 (4): 593-599.

[61] Tarabanko V E, Petukhov D V, Selyutin G E. New mechanism for the catalytic oxidation of lignin to vanillin [J]. Kinetics and Catalysis, 2004, 45 (4): 569-577.

[62] Ma R, Xu Y, Zhang X. Catalytic oxidation of biorefinery lignin to value-added chemicals to support sustainable biofuel production [J]. ChemSusChem, 2015, 8 (1): 24-51.

[63] Tarabanko V E, Petukhov D V. Study of mechanism and improvement of the process of oxidative cleavage of ligins into the aromatic aldehydes [J]. Chemistry for Sustainable Development, 2003: 655-667.

[64] Claire F, Lvaro M, Silva J, et al. Kinetics of vanillin oxidation [J]. Chemical Engineering & Technology, 2010, 19 (2): 127-136.

[65] Tarabanko V E, Hendogina Y V, Petuhov D V, et al. On the role of retroaldol reaction in the process of lignin oxidation into vanillin. Kinetics of the vanillideneacetone cleavage in alkaline media [J]. Reaction Kinetics and Catalysis Letters, 2000, 69 (2): 361-368.

[66] Wu L, Behaghel J, Bueren D, et al. Highly selective oxidation and depolymerization of α,γ-diol-protected lignin [J]. Angewandte Chemie International Edition, 2019, 58 (9): 2649-2654.

[67] Cabral Almada C, Kazachenko A, Fongarland P, et al. Supported-metal catalysts in upgrading lignin to aromatics by oxidative depolymerization [J]. Catalysts, 2021, 11 (4): 467.

[68] Cecilia S, Luca S, Jozef D, et al. New insights into green protocols for oxidative depolymerization of lignin and lignin model compounds [J]. International Journal of Molecular Sciences, 2022, 23 (8): 4378.

[69] Pandey M P, Kim C S. Lignin depolymerization and conversion: a review of thermochemical methods [J]. Chemical Engineering & Technology, 2011, 34 (1): 29-41.

[70] Gao D, Ouyang D, Zhao X. Electro-oxidative depolymerization of lignin for production of value-added chemicals [J]. Green Chemistry, 2022, 24 (22): 8585-8605.

[71] Ayub R, Raheel A. High-value chemicals from electrocatalytic depolymerization of lignin: challenges and opportunities [J]. International Journal of Molecular Sciences, 2022, 23 (7): 3767.

[72] Wijaya Y P, Smith K J, Kim C S, et al. Electrocatalytic hydrogenation and depolymerization pathways for lignin valorization: toward mild synthesis of chemicals and fuels from biomass [J]. Green Chemistry, 2020, 22 (21): 7233-7264.

[73] Garedew M, Lam C H, Petitjean L, et al. Electrochemical upgrading of depolymerized lignin: a review of model compound studies [J]. Green Chem., 2021, 23 (8): 2868-2899.

[74] Li S, Liu S, Colmenares J, et al. A sustainable approach for lignin valorization by heterogeneous photocatalysis [J]. Green Chemistry, 2016, 18: 594-607.

[75] Xiang Z, Han W, Deng J, et al. Photocatalytic conversion of lignin into chemicals and fuels [J]. ChemSusChem, 2020 (17): 13.

[76] Kumaravel S, Thiruvengetam P, Karthick K, et al. Green and sustainable route for oxidative depolymerization of lignin: New platform for fine chemicals and fuels [J]. Biotechnology progress, 2021, 37 (2): e3111.

[77] Wan Z, Zhang H, Guo Y. Advances in catalytic depolymerization of lignin [J]. Chemistry Select, 2022, 7 (40): e202202582.

[78] Ahmad Z, Paleologou M, Xu C C. Oxidative depolymerization of lignin using nitric acid under ambient conditions [J]. Industrial Crops and Products, 2021, 170: 113757.

[79] Rahman M S, Roy R, Montoya C, et al. Acidic and basic amino acid-based novel deep eutectic solvents and their role in depolymerization of lignin [J]. Journal of Molecular Liquids, 2022, 362: 119751.

[80] Zhang J, Zhu X, Xu X, et al. Cooperative catalytic effects between aqueous acidic ionic liquid solutions and polyoxometalate-ionic liquid in the oxidative depolymerization of alkali lignin [J]. Journal of Environmental Chemical Engineering, 2022, 10 (5): 108260.

[81] Hasegawa I, Inoue Y, Muranaka Y, et al. Selective production of organic acids and depolymerization of lignin by hydrothermal oxidation with diluted hydrogen peroxide [J]. Energy & Fuels, 2011, 25: 791-796.

[82] Hanson S K, Baker R T. Knocking on wood: base metal complexes as catalysts for selective oxidation of lignin models and extracts [J]. Accounts of Chemical Research, 2015, 48 (7): 2037-2048.

[83] Toledano A, Serrano P L, Labidi D J, et al. Heterogeneously catalysed mild hydrogenolytic depolymerisation of lignin under microwave irradiation with hydrogen-donating solvents [J]. Chemcatchem, 2012, 5 (4): 977-985.

[84] Kruger J S, Dreiling R J, Wilcox D G, et al. Lignin alkaline oxidation using reversibly-soluble bases [J]. Green Chemistry, 2022, 24 (22): 8733-8741.

[85] Kumar A, Biswas B, Kaur R, et al. Hydrothermal oxidative valorisation of lignin into functional chemicals: A review [J]. Bioresource technology, 2021, 342: 126016.

[86] Ye K, Liu Y, Wu S, et al. A review for lignin valorization: Challenges and perspectives in catalytic hydrogenolysis [J]. Industrial Crops and Products, 2021, 172 (9): 114008.

[87] Cui Y, Goes S L, Stahl S S. Sequential oxidation-depolymerization strategies for lignin conversion to low molecular weight aromatic chemicals [J]. Advances in Inorganic Chemistry, 2021, 77: 99-136.

[88] Beckham G T, Johnson C W, Karp E M, et al. Opportunities and challenges in biological lignin valorization [J]. Current Opinion in Biotechnology, 2016, 42: 40.

[89] Wang X, Xu W, Zhang D, et al. Structural characteristics-reactivity relationships for catalytic depolymerization of lignin into aromatic compounds: A review [J]. International Journal of Molecular Sciences, 2023, 24 (9): 8330.

[90] Sun Z, Bálint F, Santi A D, et al. Bright side of lignin depolymerization: Toward new platform chemicals [J]. Chemical Reviews, 2018, 118 (2): 614-678.

[91] Kim K H, Kim C S. Recent efforts to prevent undesirable reactions from fractionation to depolymerization of lignin: Toward maximizing the value from lignin [J]. Frontiers in Energy Research, 2018, 6: 92.

[92] Cao Y, Chen S S, Zhang S, et al. Advances in lignin valorization towards bio-based chemicals and fuels: Lignin biorefinery [J]. Bioresource Technology, 2019, 291: 121878.

[93] Chang, Geun, Yoo, et al. Ionic liquids: Promising green solvents for lignocellulosic biomass utilization [J]. Current Opinion in Green and Sustainable Chemistry, 2017, 5: 5-11.

[94] Silva V G D. Laccases and ionic liquids as an alternative method for lignin depolymerization: A review [J]. Bioresource Technology Reports, 2021, 16: 100824.

[95] Singh S. Ionic liquids and lignin interaction: An overview [J]. Bioresource Technology Reports, 2022, 17: 100958.

[96] Hossain M M, Aldous L. Ionic liquids for lignin processing: Dissolution, isolation, and conversion [J]. Australian Journal of Chemistry, 2012, 65 (11): 1465-1477.

[97] Szalaty T J, Łukasz K, Jesionowski T. Recent developments in modification of lignin using ionic liquids for the fabrication of advanced materials——A review [J]. Journal of Molecular Liquids, 2020, 301: 112417.

[98] Zhu X, Peng C, Chen H, et al. Opportunities of ionic liquids for lignin utilization from biorefinery [J]. ChemistrySelect, 2018, 3 (27): 7945-7962.

[99] Zhang Z C. Catalytic transformation of carbohydrates and lignin in ionic liquids [J]. WIREs Energy and Environment, 2013, 2 (6): 655-672.

[100] Zakaria S M, Idris A, Chandrasekaram K, et al. Efficiency of bronsted acidic ionic liquids in the dissolution and depolymerization of lignin from rice husk into high value-added products [J]. Industrial Crops and Products, 2020, 157: 112885.

[101] Zakaria S M, Idris A, Alias Y B. Lignin extraction from coconut shell using aprotic ionic liquids [J]. Bioresources, 2017, 12: 5749-5774.

[102] 徐文彪. 基于多酸催化的木质素氮化降解研究 [D]. 哈尔滨：东北林业大学，2019.

[103] Li P, Ren J, Jiang Z, et al. Review on the preparation of fuels and chemicals based on lignin [J]. RSC Advances, 2022, 12 (17): 10289-10305.

[104] Li W, Wang Y, Li D, et al. 1-ethyl-3-methylimidazolium acetate ionic liquid as simple and efficient catalytic system for the oxidative depolymerization of alkali lignin [J]. International Journal of Biological Macromolecules, 2021, 183: 285-294.

[105] Zhou N, Thilakarathna W P D W, He Q S, et al. A review: depolymerization of lignin to generate high-value bioproducts: opportunities, challenges, and prospects [J]. Frontiers in Energy Research, 2022, 9: 758744.

[106] Zakzeski J, Jongerius A L, Bruijnincx P C A, et al. Catalytic lignin valorization process for the production of aromatic chemicals and hydrogen [J]. ChemSusChem, 2012, 5 (8): 1602-1609.

[107] 石忠亮，刘仕伟，于世涛. 木质素催化氧化降解制备芳香醛的研究 [J]. 化工科技，2012 (05): 1-3.

[108] Salonen H E P, Mecke C P A, Karjomaa M I, et al. Copper catalyzed alcohol oxidation and cleavage of *β-O*-4 lignin model systems: from development to mechanistic examination [J]. ChemistrySelect, 2018, 3 (44): 12446-12454.

[109] Xiang Q, Lee Y Y. Production of oxychemicals from precipitated hardwood lignin [J]. Applied Biochemistry & Biotechnology Part A Enzyme Engineering & Biotechnology, 2001, 93 (1-9): 71-80.

[110] Bhargava S, Jani H, Tardio J, et al. Catalytic wet oxidation of ferulic acid (a model lignin compound) using heterogeneous copper catalysts [J]. Industrial & Engineering Chemistry Research, 2007, 46 (25): 8652-8656.

[111] Villar J C, Caperos A, García-Ochoa F. Oxidation of hardwood kraft-lignin to phenolic derivatives with oxygen as oxidant [J]. Wood Science and Technology, 2001, 35: 245-255.

[112] Deng W P, Zhang H X, Wu X J, et al. Oxidative conversion of lignin and lignin model compounds catalyzed by CeO_2-supported Pd nanoparticles [J]. Green Chemistry, 2015, 17 (11): 5009-5018.

[113] 谢葛亮，周贤君，董澄宇，等. 木质素基芳香醛类化合物的制备及其转化研究进展 [J]. 林产化学与工业，2023, 43 (4): 115-126.

[114] Ding H, Pan W, Zhang K. Research progress of a composite metal oxide catalyst for VOC degradation [J]. Environmental science & technology, 2022, 56 (13): 9220-9236.

[115] Jeon W, Choi I H, Park J Y, et al. Alkaline wet oxidation of lignin over Cu-Mn mixed oxide catalysts for production of vanillin [J]. Catalysis Today, 2020, 352: 95-103.

[116] Panyadee R, Saengsrichan A, Posoknistakul P, et al. Lignin-derived syringol and acetosyringone from palm bunch using heterogeneous oxidative depolymerization over mixed metal oxide catalysts under microwave heating [J]. Molecules, 2021, 26 (24): 7444.

[117] 刘晓乐. 杂多酸 $H_3PW_{12}O_{40}$ 与 $H_5PV_2Mo_{10}O_{40}$ 催化降解木质素的研究 [D]. 哈尔滨：东北林业大学，2018.

[118] Gregorio G F D, Prado R, Vriamont C, et al. Oxidative depolymerization of lignin using a novel polyoxometalate-

protic ionic liquid system [J]. ACS Sustainable Chemistry & Engineering, 2016, 4 (11): 6031-6036.

[119] Voitl T, Rohr P R v. Oxidation of lignin using aqueous polyoxometalates in the presence of alcohols [J]. ChemSusChem, 2008, 1 (8-9): 763-769.

[120] 兰海瑞. 应用两种杂多酸催化氧化木质素制备芳香化合物 [D]. 昌吉: 昌吉学院, 2018.

[121] Hu J, Zhang S, Xiao R, et al. Catalytic transfer hydrogenolysis of lignin into monophenols over platinum-rhenium supported on titanium dioxide using isopropanol as in situ hydrogen source [J]. Bioresource technology, 2019, 279: 228-233.

[122] 修鹏程. 镍基氧化物催化解聚木质素制备酚类化合物研究 [D]. 南京: 南京林业大学, 2023.

[123] Liu H S, Wang K, Cao X, et al. A new highly active La_2O_3-CuO-MgO catalyst for the synthesis of cumyl peroxide by catalytic oxidation [J]. RSC Advances, 2021, 11 (21): 12532-12542.

[124] Xu S, Huang C, Zhang J, et al. Catalytic activity of Cu/MgO in liquid phase oxidation of cumene [J]. Korean Journal of Chemical Engineering, 2009, 26 (6): 1568-1573.

[125] Zhang Y, Yue H, Zou J, et al. Oxidative lignin depolymerization using metal supported hydrotalcite catalysts: Effects of process parameters on phenolic compounds distribution [J]. Fuel, 2023, 331: 125805.

[126] Peng M, Shen M, Muraishi T, et al. Insights into co-solvent roles in oxidative depolymerization of lignin to vanillin and lactic acid [J]. Fuel, 2023, 354: 129369.

[127] 朱磊, 黄煜琪, 胡军, 等. 木质素氧化解聚衍生芳香族化合物的研究进展 [J]. 中国造纸学报, 2024, 39 (02): 52-60.

[128] Stiefel S, Lölsberg J, Wessling M, et al. Controlled depolymerization of lignin in an electrochemical membrane reactor [J]. Electrochemistry communications, 2015, 61: 49-52.

[129] Chang X, Zalm J V D, Thind S S, et al. Electrochemical oxidation of lignin at electrochemically reduced TiO_2 nanotubes [J]. Journal of electroanalytical chemistry, 2020, 863: 114049.

[130] Ma X, Ma J, Li M, et al. MnO_2 oxidative degradation of lignin and electrochemical recovery study [J]. Polymer Degradation and Stability, 2022, 204: 110091.

[131] Bawareth B, Di Marino D, Wessling M, et al. Unravelling electrochemical lignin depolymerization [J]. ACS Sustainable Chemistry & Engineering, 2018, 6 (6): 7565-7573.

[132] Tian Q, Xu P, Huang D, et al. The driving force of biomass value-addition: Selective catalytic depolymerization of lignin to high-value chemicals [J]. Journal of Environmental Chemical Engineering, 2023, 11 (3): 109719.

[133] Ha J M, Hwang K R, Kim Y M, et al. Recent progress in the thermal and catalytic conversion of lignin [J]. Renewable and Sustainable Energy Reviews, 2019, 111: 422-441.

[134] Zirbes M, Waldvogel S R. Electro-conversion as sustainable method for the fine chemical production from the biopolymer lignin [J]. Current Opinion in Green and Sustainable Chemistry, 2018, 14: 19-25.

[135] Chen J, Yang H, Fu H, et al. Electrochemical oxidation mechanisms for selective products due to C—O and C—C cleavages of *β-O*-4 linkages in lignin model compounds [J]. Physical chemistry chemical physics, 2020, 22: 11508-11518.

[136] Marino D D, Aniko V, Stocco A, et al. Emulsion electro-oxidation of kraft lignin [J]. Green Chemistry, 2017, 19: 4778-4784.

[137] Cruz M G A d, Gueret R, Chen J, et al. Electrochemical depolymerization of lignin in a biomass-based solvent [J]. ChemSusChem, 2022, 15 (15): e202200718.

[138] Tolba R, Tian M, Wen J, et al. Electrochemical oxidation of lignin at IrO_2-based oxide electrodes [J]. Journal of Electroanalytical Chemistry, 2010, 649 (1-2): 9-15.

[139] Galkin M V, Sawadjoon S, Rohde V, et al. Mild heterogeneous Palladium-catalyzed cleavage of *β-O*-4′-ether linkages of lignin model compounds and native lignin in air [J]. ChemCatChem, 2014, 6 (1): 179-184.

[140] Bosque I, Magallanes G, Rigoulet M, et al. Redox catalysis facilitates lignin depolymerization [J]. Acs Central Science, 2017: 621-628.

[141] Liu G, Wang Q, Yan D, et al. Insights into the electrochemical degradation of phenolic lignin model compounds in

protic ionic liquid-water system [J]. Green Chemistry, 2021, 23: 1665-1677.

[142] Dier T K F, Rauber D, Durneata D. et al. Sustainable electrochemical depolymerization of lignin in reusable ionic liquids [J]. Sci Rep, 2017, 7: 5041.

[143] Yang C, Krks M D, Magallanes G, et al. Organocatalytic approach to photochemical lignin fragmentation [J]. Organic letters, 2020, 22 (20): 8082-8085.

[144] Nguyen J D, Matsuura B S, Stephenson C R J. A photochemical strategy for lignin degradation at room temperature [J]. Journal of the American Chemical Society, 2014, 136 (4): 1218-1221.

[145] Nelson D, Hector M. Biomass photochemistry. Ⅴ. modifications of lignin by photochemical treatment and its chemiluminescence [J]. Journal of Macromolecular Science: Part A——Chemistry, 1984, 21 (11-12): 1467-1485.

[146] Das A, König B. Transition metal-and photoredox-catalyzed valorisation of lignin subunits [J]. Green Chemistry, 2018, 20 (21): 4844-4852.

[147] Das A, Rahimi A, Ulbrich A, et al. Lignin conversion to low-molecular-weight aromatics via an aerobic oxidation-hydrolysis sequence: Comparison of different lignin sources [J]. Acs Sustainable Chemistry & Engineering, 2018, 6 (3): 3367-3374.

[148] Li S, Li Z J, Yu H, et al. Solar-driven lignin oxidation via hydrogen atom transfer with a dye-sensitized TiO_2 photoanode [J]. ACS Energy Letters, 2020, 5 (3): 777-784.

[149] Torsten R, Carsten B. Cobalt-catalyzed oxidation of the *β-O*-4 bond in lignin and lignin model compounds [J]. Acs Omega, 2018, 3 (7): 8386-8392.

[150] Kim S A, Kim S E, Kim Y K, et al. Copper-catalyzed oxidative cleavage of the C—C bonds of *β*-alkoxy alcohols and *β*-1 compounds [J]. ACS Omega, 2020, 5 (49): 31684-31691.

[151] Liu J, Lu L, Wood D, et al. New redox strategies in organic synthesis by means of electrochemistry and photochemistry [J]. ACS Central Science, 2020, 6 (8): 1317-1340.

[152] Yang C, Maldonado S, Stephenson C R J. Electrocatalytic lignin oxidation [J]. ACS Catalysis, 2021, 11 (16): 10104-10114.

[153] Ossola R, Gruseck R, Houska J, et al. Photochemical production of carbon monoxide from dissolved organic matter: role of lignin methoxyarene functional groups [J]. Environmental Science & Technology, 2022, 56 (18): 13449-13460.

[154] Guo H, Zhang B, Peng C, et al. Tungsten carbide: A remarkably efficient catalyst for the selective cleavage of lignin C—O bonds [J]. ChemSusChem, 2016, 9 (22): 3220-3229.

[155] Liu Y, Li C, Wang M, et al. Mild redox-neutral depolymerization of lignin with a binuclear Rh complex in water [J]. ACS catalysis, 2019, 9 (5): 4441-4447.

[156] Kamwilaisak K, Wright P C. Investigating laccase and titanium dioxide for lignin degradation [J]. Energy Fuels, 2012, 26 (4): 2400-2406.

[157] Xu J, Li M, Qiu J, et al. Photocatalytic depolymerization of organosolv lignin into valuable chemicals [J]. International Journal of Biological Macromolecules, 2021, 180 (3): 403-410.

[158] Brown E. Minireview: recent efforts toward upgrading lignin-derived phenols in continuous flow [J]. Journal of Flow Chemistry, 2022, 13: 91-102.

[159] Luo H, Abu-Omar M M. Chemicals From Lignin [C]. Encyclopedia of Sustainable Technologies, 2017: 573-585.

[160] 王文锦，徐莹，王东玲，等．木质素氢解反应溶剂与催化剂研究进展 [J]. 化工学报，2019，70 (12)：9.

[161] 沈晓骏，黄攀丽，文甲龙，等．木质素氧化还原解聚研究现状 [J]. 化学进展，2017，29 (1)：17.

[162] Zaheer M, Kempe R. Catalytic hydrogenolysis of aryl ethers: A key step in lignin valorization to valuable chemicals [J]. Acs Catalysis, 2015, 5 (3): 1675-1684.

[163] 程崇博．供氢溶剂体系下木质素定向解聚的机理研究 [D]. 南京：东南大学，2020.

[164] Zhao C, Lercher J A. Selective hydrodeoxygenation of lignin-derived phenolic monomers and dimers to cycloalkanes on Pd/C and HZSM-5 catalysts [J]. Chemcatchem, 2012, 4 (1): 64-68.

[165] Güvenatam B, Kursun O, Heeres E H J, et al. Hydrodeoxygenation of mono-and dimeric lignin model compounds on noble metal catalysts [J]. Catalysis Today, 2014, 233: 83-91.

[166] Chatterjee M, Chatterjee A, Ishizaka T, et al. Rhodium-mediated hydrogenolysis/hydrolysis of the aryl ether bond in supercritical carbon dioxide/water: an experimental and theoretical approach [J]. Catalysis Science & Technology, 2015, 5: 1532-1539.

[167] Zhang J, Teo J, Chen X, et al. A series of NiM (M=Ru, Rh, and Pd) bimetallic catalysts for effective lignin hydrogenolysis in water [J]. ACS Catalysis, 2014, 4 (5): 1574-1583.

[168] Wang M, Hui S, Camaioni D M, et al. Palladium-catalyzed hydrolytic cleavage of aromatic C—O bonds [J]. Angewandte Chemie International Edition, 2017, 56 (8): 2110-2114.

[169] He J, Zhao C, Lercher J. Ni-catalyzed cleavage of aryl ethers in the aqueous phase [J]. Journal of the American Chemical Society, 2012, 134 (51): 20768.

[170] Zhang J, Cai Y, Lu G, et al. Facile and selective hydrogenolysis of β-*O*-4 linkages in lignin catalyzed by Pd-Ni bimetallic nanoparticles supported on ZrO_2 [J]. Green Chemistry, 2016, 18: 6229-6235.

[171] Parsell T H, Owen B C, Klein I, et al. Cleavage and hydrodeoxygenation (HDO) of C—O bonds relevant to lignin conversion using Pd/Zn synergistic catalysis [J]. Chemical Science, 2013, 4 (2): 806-813.

[172] Sun J, Dutta T, Ramakrishnan, et al. Rapid room temperature solubilization and depolymerization of polymeric lignin at high loadings [J]. Green Chemistry, 2016, 18: 6012-6020.

[173] Yoshida H, Onodera Y, Fujita S-i, et al. Solvent effects in heterogeneous selective hydrogenation of acetophenone: differences between Rh/C and Rh/Al_2O_3 catalysts and the superiority of water as a functional solvent [J]. Green Chemistry, 2015, 17: 1877-1883.

[174] Cheng S, Wilks C, Yuan Z, et al. Hydrothermal degradation of alkali lignin to bio-phenolic compounds in sub/supercritical ethanol and water-ethanol co-solvent [J]. Polymer Degradation and Stability, 2012, 97 (6): 839-848.

[175] Kloekhorst A, Yu S, Yie Y, et al. Catalytic hydrodeoxygenation and hydrocracking of Alcell lignin in alcohol/formic acid mixtures using a Ru/C catalyst [J]. Biomass and Bioenergy, 2015, 80: 147-161.

[176] Oregui-Bengoechea M, Gandarias I, Barth T, et al. Unraveling the role of formic acid and the type of solvent in the catalytic conversion of lignin: A holistic approach [J]. ChemSusChem, 2017, 10: 754-766.

[177] Wang X, Rinaldi R. Solvent effects on the hydrogenolysis of diphenyl ether with raney nickel and their implications for the conversion of lignin [J]. Chemsuschem, 2012, 5 (8): 1455-1466.

[178] Konnerth H, Zhang J, Ma D, et al. Base promoted hydrogenolysis of lignin model compounds and organosolv lignin over metal catalysts in water [J]. Chemical Engineering Science, 2015, 123: 155-163.

[179] Wang D, Wang Y, Li X, et al. Lignin valorization: A novel in situ catalytic hydrogenolysis method in alkaline aqueous solution [J]. Energy & Fuels, 2018, 32 (7): 7643-7651.

[180] Zhang J, Lu G, Cai C. Self-hydrogen transfer hydrogenolysis of β-*O*-4 linkages in lignin catalyzed by MIL-100 (Fe) supported Pd-Ni BMNPs [J]. Green Chemistry, 2017 (19): 4538-4543.

[181] Li C, Zheng M, Wang A, et al. One-pot catalytic hydrocracking of raw woody biomass into chemicals over supported carbide catalysts: simultaneous conversion of cellulose, hemicellulose and lignin [J]. Energy & Environmental Science, 2012, 5 (4): 6383-6390.

[182] Nimmanwudipong T, Runnebaum R C, Block D E, et al. Catalytic conversion of guaiacol catalyzed by platinum supported on alumina: Reaction network including hydrodeoxygenation reactions [J]. Energy & Fuels, 2011, 25: 3417-3427.

[183] Shu R, Zhang Q, Ma L, et al. Insight into the solvent, temperature and time effects on the hydrogenolysis of hydrolyzed lignin [J]. Bioresource Technology, 2016, 221: 568-575.

[184] Huang X, Koranyi T I, Boot M D, et al. Ethanol as capping agent and formaldehyde scavenger for efficient depolymerization of lignin to aromatics [J]. Green Chemistry, 2015, 17: 4941-4950.

[185] Liu Q, Li P, Liu N, et al. Lignin depolymerization to aromatic monomers and oligomers in isopropanol assisted by microwave heating [J]. Polymer Degradation & Stability, 2017, 135: 54-60.

[186] Ma X, Ma R, H W, et al. Common pathways in ethanolysis of Kraft lignin to platform chemicals over molybdenum-based catalysts [J]. ACS Catalysis, 2015, 5 (8): 4803-4813.

[187] Guo T, Xia Q, Shao Y, et al. Direct deoxygenation of lignin model compounds into aromatic hydrocarbons through hydrogen transfer reaction [J]. Applied Catalysis, A. General: An International Journal Devoted to Catalytic Science and Its Applications, 2017, 547: 30-36.

[188] Kim J-Y, Park J, Kim U-J, et al. Conversion of lignin to phenol-rich oil fraction under supercritical alcohols in the presence of metal catalysts [J]. Energy Fuels, 2015, 29 (8): 5154-5163.

[189] Gao X, Zhu S, Li Y. Selective hydrogenolysis of lignin and model compounds to monophenols over AuPd/CeO_2 [J]. Molecular Catalysis, 2019, 462: 69-76.

[190] Oregui-Bengoechea M, Gandarias I, Arias P L, et al. Solvent and catalyst effect in the formic acid aided Lignin-to-liquids [J]. Bioresource Technology, 2018, 270: 529-536.

[191] Fang Q, Jiang Z, Guo K, et al. Low temperature catalytic conversion of oligomers derived from lignin in pubescens on Pd/$NbOPO_4$ [J]. Applied Catalysis B: Environmental, 2020, 263 (1): 118325.

[192] Ouyang X, Huang X, Zhu J, et al. Catalytic conversion of lignin in woody biomass into phenolic monomers in methanol/water mixtures without external hydrogen [J]. ACS Sustainable Chemistry & Engineering, 2019, 7 (16): 13764-13773.

[193] Saisu M, Sato T, Watanabe M, et al. Conversion of lignin with supercritical waterPhenol mixtures [J]. Energy & Fuels, 2003, 17 (4): 922-928.

[194] Zhou M, Sharma B K, Liu P, et al. Catalytic in situ hydrogenolysis of lignin in supercritical ethanol: Effect of phenol, catalysts, and reaction temperature [J]. ACS Sustainable Chemistry & Engineering, 2018, 6 (5): 6867-6875.

[195] Cheng C, Truong J, Barrett J A, et al. Hydrogenolysis of organosolv lignin in ethanol/isopropanol media without added transition-metal catalyst [J]. ACS Sustainable Chemistry & Engineering, 2019, 8 (2): 1023-1030.

[196] Xiao L, Wang S, Li H, et al. Catalytic hydrogenolysis of lignins into phenolic compounds over carbon nanotube supported molybdenum oxide [J]. Acs Catal, 2017, 7 (11): 7535-7542.

[197] Bosch S V d, Schutyser W, Vanholme R, et al. Reductive lignocellulose fractionation into soluble lignin-derived phenolic monomers and dimers and processable carbohydrate pulps [J]. Energy & Environmental Science, 2015, 8 (6): 1748-1763.

[198] Ye Y, Yu Zhang, Fan J, et al. Selective production of 4-ethylphenolics from lignin via mild hydrogenolysis [J]. Bioresource Technology, 2012, 118: 648-651.

[199] Huang S, Mahmood N, Tymchyshyn M, et al. Reductive de-polymerization of kraft lignin for chemicals and fuels using formic acid as an in-situ hydrogen source [J]. Bioresource Technology, 2014, 171: 95-102.

[200] Song Q, Wang F, Cai J, et al. Lignin depolymerization (LDP) in alcohol over nickel-based catalysts via a fragmentation-hydrogenolysis process [J]. Energy & Environmental Science, 2013, 6: 994-1007.

[201] Hu J, Shen D, Wu S, et al. Composition analysis of organosolv lignin and its catalytic solvolysis in supercritical alcohol [J]. Energy & Fuels, 2014, 28 (7): 4260-4266.

[202] Ouyang X, Zhu G, Huang X, et al. Microwave assisted liquefaction of wheat straw alkali lignin for the production of monophenolic compounds [J]. Journal of Energy Chemistry, 2015, 24 (1): 72-76.

[203] Huang X, Ouyang X, Hendriks B M S, et al. Selective production of mono-aromatics from lignocellulose over Pd/C catalyst: the influence of acid co-catalysts [J]. Faraday Discussions, 2017, 202: 141-156.

[204] Sergeev A G, Webb J D, Hartwig J F. A heterogeneous nickel catalyst for the hydrogenolysis of aryl ethers without arene hydrogenation [J]. Journal of the American Chemical Society, 2012, 134 (50): 20226-20229.

[205] 李天津．氮掺杂多孔碳负载金属催化剂的制备及其在木质素氢解中的应用 [D]．广州：华南理工大学，2020.

[206] Zhu G, Ouyang X, Jiang L, et al. Effect of functional groups on hydrogenolysis of lignin model compounds [J]. Fuel Processing Technology, 2016: 132-138.

[207] Torr K M, Pas D J v d, Cazeils E, et al. Mild hydrogenolysis of in-situ and isolated Pinus radiata lignins [J].

Bioresour Technol，2011，102（16）：7608-7611.

[208] Park J，Oh S，Kim J-Y，et al. Comparison of degradation features of lignin to phenols over Pt catalysts prepared with various forms of carbon supports [J]. RSC Advances，2016，6（21）：16917-16924.

[209] Cui X，Surkus A-E，Junge K，et al. Highly selective hydrogenation of arenes using nanostructured ruthenium catalysts modified with a carbon-nitrogen matrix [J]. Nature Communications，2016，7：11326.

[210] Luo Z，Zhao C. Mechanistic insights into selective hydrodeoxygenation of lignin-derived *β-O*-4 linkage to aromatic hydrocarbons in water [J]. Catalysis Science & Technology，2016，6：3476-3484.

[211] Huang Y，Yan L，Chen M，et al. Selective hydrogenolysis of phenols and phenyl ethers to arenes though direct C—O cleavage over ruthenium-tungsten bifunctional catalysts [J]. Cheminform，2015，46（38）：3010-3017.

[212] Wild P d，Laan R V d，Kloekhorst A，et al. Lignin valorisation for chemicals and（transportation）fuels via（catalytic）pyrolysis and hydrodeoxygenation [J]. Environmental Progress & Sustainable Energy，2009，28（3）：461-469.

[213] Yang J，Zhao L，Liu S，et al. High-quality bio-oil from one-pot catalytic hydrocracking of kraft lignin over supported noble metal catalysts in isopropanol system [J]. Bioresour Technol，2016：302-310.

[214] Anwar H，Khoa P，Mohammad Shahinur R，et al. Catalytic cleavage of the *β-O*-4 aryl ether bonds of lignin model compounds by Ru/C catalyst [J]. Applied Catalysis A：General，2019，582：117100.

[215] Shao Y，Xia Q N，Wang Y Q，et al. Selective production of arenes via direct lignin upgrading over a niobium-based catalyst [J]. Nature Communications，2017，8：16104.

[216] Zhai Y，Li C，Xu G，et al. Depolymerization of lignin via a non-precious Ni-Fe alloy catalyst supported on activated carbon [J]. Green Chemistry，2017，19：1895-1903.

[217] Jiang Y，Li Z，Tang X，et al. Depolymerization of cellulolytic enzyme lignin for the production of monomeric phenols over Raney Ni and acidic zeolite catalysts [J]. ENERG FUEL，2015，29（3）：1662-1668.

[218] Yadagiri J，Swamy K K，Sankar E S，et al. Ni/KIT-6 catalysts for hydrogenolysis of lignin-derived diphenyl ether [J]. Journal of Chemical Sciences，2018，130（8）：106.

[219] Wang D，Li G，Zhang C，et al. Nickel nanoparticles inlaid in lignin-derived carbon as high effective catalyst for lignin depolymerization [J]. Bioresource Technology，2019，289：121629.

[220] Lu X，Wang D，Guo H，et al. Highly selective conversion from alkali lignin to phenolic products [J]. Energy & Fuels，2020，34（11）：14283-14290.

[221] Barta K，Warner G R，Beach E S，et al. Depolymerization of organosolv lignin to aromatic compounds over Cu-doped porous metal oxides [J]. Green Chemistry，2013，16（1）：191-196.

[222] Rautiainen S，Di Francesco D，Katea S N，et al. Lignin valorization by cobalt-catalyzed fractionation of lignocellulose to yield monophenolic compounds [J]. ChemSusChem，2019，12（2）：404-408.

[223] Zhang J，Asakura H，Rijn J v，et al. Highly efficient，NiAu-catalyzed hydrogenolysis of lignin into phenolic chemicals [J]. Green Chemistry，2014，16（5）：2432-2437.

[224] Oregui B M，Hertzberg A，Miletic N，et al. Simultaneous catalytic de-polymerization and hydrodeoxygenation of lignin in water/formic acid media with Rh/Al_2O_3，Ru/Al_2O_3 and Pd/Al_2O_3 as bifunctional catalysts [J]. Journal of Analytical and Applied Pyrolysis，2015，113：713-722.

[225] Toledano A，Serrano L，Pineda A，et al. Microwave-assisted depolymerisation of organosolv lignin via mild hydrogen-free hydrogenolysis：Catalyst screening [J]. Applied Catalysis B Environmental，2014，145（2）：43-55.

[226] Liguori L，Barth T. Palladium-Nafion SAC-13 catalysed depolymerisation of lignin to phenols in formic acid and water [J]. Journal of Analytical & Applied Pyrolysis，2011，92（2）：477-484.

[227] Luo L，Yang J，Yao G，et al. Controlling the selectivity to chemicals from catalytic depolymerization of kraft lignin with In-situ H_2 [J]. Bioresource Technology，2018，264：1-6.

[228] 李志礼，肖多，葛圆圆．木质素催化热裂解转化为低分子化学品的研究进展 [J]．中华纸业，2013（14）：46-49.

[229] Mohan D，Pittman C U，Steele P H. Pyrolysis of wood/biomass for bio-oil：A critical review [J]. Energy & Fuels，2006，20（3）：848-889.

[230] Kim J Y, Lee J H, Park J, et al. Catalytic pyrolysis of lignin over HZSM-5 catalysts: Effect of various parameters on the production of aromatic hydrocarbon [J]. Journal of Analytical & Applied Pyrolysis, 2015, 114: 273-280.

[231] Mu W, Ben H, Ragauskas A, et al. Lignin pyrolysis components and upgrading——Technology review [J]. Bioenergy Research, 2013, 6 (4): 1183-1204.

[232] Yang H, Yan R, Chen H, et al. Characteristics of hemicellulose, cellulose and lignin pyrolysis [J]. Fuel, 2007, 86 (12-13): 1781-1788.

[233] Kawamoto H. Lignin pyrolysis reactions [J]. Journal of Wood Science, 2017, 63 (2): 117-132.

[234] Jiang X, Lu Q, Hu B, et al. Intermolecular interaction mechanism of lignin pyrolysis: A joint theoretical and experimental study [J]. Fuel, 2018, 215: 386-394.

[235] Asmadi M, Kawamoto H, Saka S. Thermal reactivities of catechols/pyrogallols and cresols/xylenols as lignin pyrolysis intermediates [J]. Journal of Analytical & Applied Pyrolysis, 2011, 92 (1): 76-87.

[236] Saiz-Jimenez C, Leeuw J W D. Lignin pyrolysis products: Their structures and their significance as biomarkers [J]. Organic Geochemistry, 1986, 10 (4-6): 869-876.

[237] Leng E, Guo Y, Chen J, et al. A comprehensive review on lignin pyrolysis: Mechanism, modeling and the effects of inherent metals in biomass [J]. Fuel, 2022, 309: 122102.

[238] Jiang G, Nowakowski D J, Bridgwater A V. A systematic study of the kinetics of lignin pyrolysis [J]. Thermochimica Acta, 2010, 498 (1-2): 61-66.

[239] Li J, Bai X, Fang Y, et al. Comprehensive mechanism of initial stage for lignin pyrolysis [J]. Combustion and Flame, 2020, 215: 1-9.

[240] Jegers H E, Klein M T. Primary and secondary lignin pyrolysis reaction pathways [J]. Industrial & Engineering Chemistry Process Design and Development, 1998, 24: 173-183.

[241] Avni E, Coughlin R W, Solomon P R, et al. Mathematical modelling of lignin pyrolysis [J]. Fuel, 1985, 64 (11): 1495-1501.

[242] Kawamoto H, Horigoshi S, Saka S. Pyrolysis reactions of various lignin model dimers [J]. Journal of Wood Science, 2007, 53 (2): 168-174.

[243] Christian B, Victoria C, Gunnar J, et al. Insitu observation of radicals and molecular products during lignin pyrolysis [J]. Chemsuschem, 2014, 7 (7): 2022-2029.

[244] Kotake T, Kawamoto H, Saka S. Pyrolysis reactions of coniferyl alcohol as a model of the primary structure formed during lignin pyrolysis [J]. Journal of Analytical & Applied Pyrolysis, 2013, 104: 573-584.

[245] Iatridis B, Gavalas G R. Pyrolysis of a precipitated kraft lignin [J]. Industrial & Engineering Chemistry Product Research & Development, 1979, 18 (2): 127-130.

[246] Oasmaa A, Johansson A. Catalytic hydrotreating of lignin with water-soluble molybdenum catalyst [J]. Energy & Fuels, 1993, 7 (3): 426-429.

[247] Horacek J, Homola F, Kubickova I, et al. Lignin to liquids over sulfided catalysts [J]. Catalysis Today, 2012, 179 (1): 191-198.

[248] Guo D, Wu S, Liu B, et al. Catalytic effects of NaOH and Na_2CO_3 additives on alkali lignin pyrolysis and gasification [J]. Applied Energy, 2012, 95 (2): 22-30.

[249] Custodis V B F, Bährle C, Vogel F, et al. Phenols and aromatics from fast pyrolysis of variously prepared lignins from hard-and softwoods [J]. Journal of analytical & applied pyrolysis, 2015, 115: 214-223.

[250] Patwardhan P R, Brown R C, Shanks B H. Understanding the fast pyrolysis of lignin [J]. Chemsuschem, 2011, 4 (11): 1629-1636.

[251] Brebu M, Vasile C. Thermal degradation of lignin——A review [J]. Cellulose Chemistry and Technology, 2010, 44 (9): 353-363.

[252] Jiang G, Nowakowski D J, Bridgwater A V. Effect of the temperature on the composition of lignin pyrolysis products [J]. Energy Fuels, 2010, 24: 4470-4475.

[253] Zheng A, Jiang L, Zhao Z, et al. Impact of torrefaction on the chemical structure and catalytic fast pyrolysis be-

havior of hemicellulose, lignin, and cellulose [J]. Energy & Fuels, 2015, 29 (12): 8027-8034.

[254] Kibet J, Khachatryan L, Dellinger B. Molecular products and radicals from pyrolysis of lignin [J]. Environmental Science & Technology, 2012, 46 (23): 12994-13001.

[255] Ma Z, Sun Q, Ye J, et al. Study on the thermal degradation behaviors and kinetics of alkali lignin for production of phenolic-rich bio-oil using TGA-FTIR and Py-GC/MS [J]. Journal of Analytical & Applied Pyrolysis, 2016, 117: 116-124.

[256] Kalogiannis K G, Stefanidis S D, Michailof C M, et al. Pyrolysis of lignin with 2DGC quantification of lignin oil: Effect of lignin type, process temperature and ZSM-5 in situ upgrading [J]. Journal of Analytical & Applied Pyrolysis, 2015, 115: 410-418.

[257] Kalogiannis K G, Matsakas L, Lappas A A, et al. Aromatics from beechwood organosolv lignin through thermal and catalytic pyrolysis [J]. Energies, 2019, 12 (9): 1606.

[258] Galano A, Aburto J, Sadhukhan J, et al. A combined theoretical-experimental investigation on the mechanism of lignin pyrolysis: Role of heating rates and residence times [J]. Journal of Analytical & Applied Pyrolysis, 2017, 128: 208-216.

[259] Waters C L, Janupala R R, Mallinson R G, et al. Staged thermal fractionation for segregation of lignin and cellulose pyrolysis products: An experimental study of residence time and temperature effects [J]. Journal of Analytical and Applied Pyrolysis, 2017, 126: 380-389.

[260] Demirbas A, Arin G. An overview of biomass pyrolysis [J]. Energy Sources, 2002, 24 (5): 471-482.

[261] Caballero J A, Font R, Marcilla A. Pyrolysis of kraft lignin: Yields and correlations [J]. Journal of Analytical & Applied Pyrolysis, 1997, 39 (2): 161-183.

[262] Trinh T N. Fast pyrolysis of lignin using a pyrolysis centrifuge reactor [J]. Energy & Fuels, 2013, 27 (7): 3802-3810.

[263] Singh-Morgan A, Puente-Urbina A, Bokhoven J A V. Technology overview of fast pyrolysis of lignin: Current state and potential for scale-up [J]. ChemSusChem, 2022, 15 (14): e202200343.

[264] Mukkamala S, Wheeler M C, van Heiningen A R P, et al. Formate-assisted fast pyrolysis of lignin [J]. Energy & Fuels, 2012, 26 (2): 1380-1384.

[265] Li D, Briens C, Berruti F. Oxidative pyrolysis of kraft lignin in a bubbling fluidized bed reactor with air [J]. Biomass & Bioenergy, 2015, 76: 96-107.

[266] Zhang L, Zhang S, Hu X, et al. Progress in application of the pyrolytic lignin from pyrolysis of biomass [J]. Chemical engineering journal, 2021, 419 (1): 129560.

[267] Nowakowski D J, Bridgwater A V, Elliott D C, et al. Lignin fast pyrolysis: Results from an international collaboration [J]. Journal of Analytical and Applied Pyrolysis, 2010, 88 (1): 53-72.

[268] Zhang H, Wang Y, Shao S, et al. Catalytic conversion of lignin pyrolysis model compound-guaiacol and its kinetic model including coke formation [J]. Scientific Reports, 2016, 6: 37513.

[269] Wild P J D, Huijgen W J J, Gosselink R J A. Lignin pyrolysis for profitable lignocellulosic biorefineries [J]. Biofuels Bioproducts & Biorefining, 2015, 8 (5): 645-657.

[270] Fan L, Zhang Y, Liu S, et al. Bio-oil from fast pyrolysis of lignin: Effects of process and upgrading parameters [J]. Bioresource Technology, 2017: S0960852417307976.

[271] 谭洪，王树荣，骆仲泱，等．木质素快速热裂解试验研究 [J]. 浙江大学学报：工学版，2005，39 (5)：5.

[272] 岳金方，应浩．工业木质素的热裂解试验研究 [J]. 农业工程学报，2006 (S1)：4.

[273] Braun J L, Holtman K M, Kadla J F. Lignin-based carbon fibers: Oxidative thermostabilization of kraft lignin [J]. Carbon, 2005, 43 (2): 385-394.

[274] Nassar M M, Mackay G D M. Mechanism of thermal decomposition of lignin [J]. Wood Fiber, 1984, 16 (3): 441-453.

[275] Li C, Hayashi J I, Sun Y, et al. Impact of heating rates on the evolution of function groups of the biochar from lignin pyrolysis [J]. Journal of Analytical and Applied Pyrolysis, 2021, 155 (6): 105031.

[276] Salehi E, Abedi J, Harding T. Bio-oil from sawdust: Effect of operating parameters on the yield and quality of pyrolysis products [J]. Energy & Fuels, 2011, 25: 4145-4154.

[277] Wang Y, Akbarzadeh A, Chong L, et al. Catalytic pyrolysis of lignocellulosic biomass for bio-oil production: A review [J]. Chemosphere, 2022, 297: 134181.

[278] Ma Z, Bokhoven J A v. Deactivation and regeneration of H-USY zeolite during lignin catalytic fast pyrolysis [J]. ChemCatChem, 2012, 4 (12): 2036-2044.

[279] Jin T, Wang H, Peng J, et al. Catalytic pyrolysis of lignin with metal-modified HZSM-5 as catalysts for monocyclic aromatic hydrocarbons production [J]. Fuel Processing Technology, 2022, 230107201.

[280] Zhang H, Luo B, Wu K, et al. Ex-situ catalytic pyrolysis of lignin using lignin-carbon catalyst combined with HZSM-5 to improve the yield of high-quality liquid fuels [J]. Fuel, 2022: 318: 123635.

[281] Ma Z Q, Troussard E, van Bokhoven J A. Controlling the selectivity to chemicals from lignin via catalytie fast pyrolysis [J]. Applied Catalysis A: General, 2012, 423-424: 130-136.

[282] Hammer N L, Garrido R A, Starcevich J, et al. Two-step pyrolysis process for producing high quality bio-oils [J]. Industrial & Engineering Chemistry Research, 2015, 54 (43): 10629-10637.

[283] To A T, Resasco D E. Role of a phenolic pool in the conversion of m-cresol to aromatics over HY and HZSM-5 zeolites [J]. Applied Catalysis A: General, 2014, 487: 62-71.

[284] Yu J, Luo B, Wang Y, et al. An efficient way to synthesize biomass-based molybdenum carbide catalyst via pyrolysis carbonization and its application for lignin catalytic pyrolysis [J]. Bioresource Technology, 2022, 346: 126640.

[285] Vichaphund S, Wimuktiwan P, Soongprasit C, et al. Aromatic and aliphatic production of catalytic pyrolysis of lignin using ZSM-5/Al-SBA-15 catalyst derived from high-calcium fly ash [J]. Energy Reports, 2021, 7: 232-247.

[286] Elfadly A M, Zeid I F, Yehia F Z, et al. Production of aromatic hydrocarbons from catalytic pyrolysis of lignin over acid-activated bentonite clay [J]. Fuel Processing Technology, 2017, 163: 1-7.

[287] Thilakaratne R, Tessonnier J-P, Brown R C. Conversion of methoxy and hydroxyl functionalities of phenolic monomers over zeolites [J]. Green Chemistry, 2016, 18: 2231-2239.

[288] Tang S, Zhang C, Xue X, et al. Catalytic pyrolysis of lignin over hierarchical HZSM-5 zeolites prepared by post-treatment with alkaline solutions [J]. Journal of Analytical & Applied Pyrolysis, 2019, 137: 86-95.

[289] Lee H W, Kim Y-M, Jae J, et al. Catalytic pyrolysis of lignin using a two-stage fixed bed reactor comprised of in-situ natural zeolite and ex-situ HZSM-5 [J]. Journal of analytical & applied pyrolysis, 2016, 122: 282-288.

[290] Lee H W, Kim T H, Park S H, et al. Catalytic fast pyrolysis of lignin over mesoporous Y zeolite using Py-GC/MS [J]. Journal of Nanoscience & Nanotechnology, 2013, 13 (4): 2640.

[291] Zhang J, Lombardo L, Gözaydın G, et al. Single-step conversion of lignin monomers to phenol: Bridging the gap between lignin and high-value chemicals [J]. Chinese Journal of Catalysis, 2018, 39 (9): 1445-1452.

第4章 综纤维素催化降解与转化

4.1 综纤维素催化热裂解

热裂解（热解）是一项热化学技术，可以在缺氧的惰性条件下将生物质转化为有用化学品，如燃料、化学品和高热值气体。这一复杂的过程不仅涉及热量传递、物质扩散等物理过程，还涉及生物质大分子之间的化学键断裂、分子间脱水、官能团重排等化学过程。生物质热解的优势在于其投资成本低、储存和运输便捷。与其他技术相比，热解在生物质高值化利用方面效率更高，同时环境污染的风险小。

热解包括慢速热解、快速热解以及闪蒸热解等多种形式。在慢速热解过程中（采用相对较慢的加热速度），通常会导致木炭的生成。同时，底物在热解温度下的停留时间更长（长达5～30min），远高于快速热解[1]。慢速热解过程中蒸汽不会迅速释放，这为气相成分之间的相互作用提供了更长的反应时间，从而导致不需要的固体焦炭和液体的生成[2]。因此，闪蒸热解和快速热解在生物质生产天然气和生物油方面的应用更加广泛。

由于结构上的不同，综纤维素组分和木质素组分的热解反应存在较大差异，两类组分能够形成的高值产物也不相同。本节重点概述综纤维素（即纤维素与半纤维素）的催化热解。

4.1.1 纤维素的催化热裂解

在众多热解原料中，纤维素因其生产绿色化学品和生物燃料的巨大潜力而受到广泛关注。纤维素作为生物质的基本组成单元，其热裂解特性在很大程度上代表了生物质整体的热裂解行为，因此，对纤维素热裂解机理的研究对于深入理解生物质热裂解的整体机理具有至关重要的意义。

纤维素的分子结构如图4-1所示，其基本结构单元为纤维二糖，是由D-吡喃葡萄糖通过β-1,4-糖苷键线性聚合而成的大分子化合物，天然纤维素的聚合度可达10000左右。纤维素链中间每个葡萄糖环上有三个自由羟基，C-6位为伯羟基，C-2、C-3位为仲羟基，这三个羟基有不同的反应活性，且能够互相形成分子内、分子间氢键，对纤维素形态（结晶度、可及度等）有很大影响。为了使结构保持稳定，吡喃葡萄糖环倾向于能量最低的椅式构象，吡喃葡萄糖环有^{4}C-1和^{1}C-4两种可能的存在形式，^{1}C-4构象中的羟基都是平伏键，而^{4}C-1构象中的羟基都是直立键，^{4}C-1的构象更稳定。当—CH_2OH绕C-5—C-6键旋转时，相对于C-5—O-5可能存在三种构象，若以g代表旁式，t代表反式，则三种构象为gt、gg和tg，通常认为天然纤维素是 gt 构象，再生纤维素是 tg 构象。另外，纤维素分子链末端为半缩醛结构的为还原性末端基，具有潜在的还原性，另一端为非还原性末端基，也会影响其化学反应的活性。

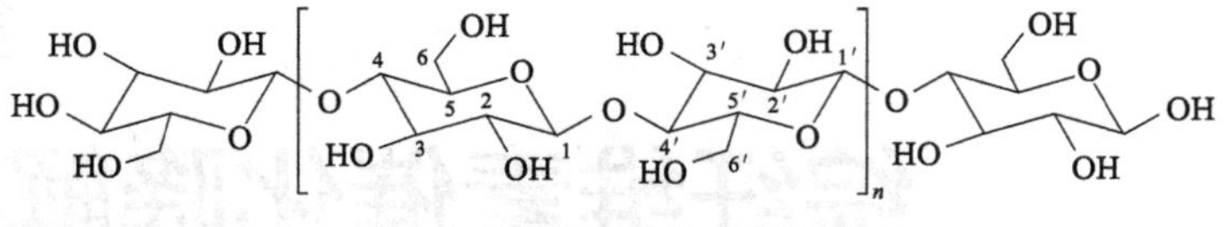

图 4-1　纤维素大分子的结构

4.1.1.1　纤维素热裂解过程

为了更有效地利用热化学转化法对纤维素进行转化，国内外的科研人员对纤维素的热裂解过程进行了广泛的研究。

Kilzer 等[3]最早开展纤维素热裂解机理的研究。他们在纤维素燃烧实验中发现，有一部分纤维素在较低温度下发生了脱水反应生成脱水纤维素；当温度高于 553.15K 时，纤维素将发生解聚反应生成生物油，脱水纤维素也会进一步反应生成气体和焦炭。Broido 等[4]通过实验提出，在纤维素热解过程中，生成焦炭和生物油的反应是相互竞争的反应途径，低温条件有利于生成焦炭，高温条件有利于生成生物油，据此建立了 Broido&Nelson 多步反应模型，如图 4-2 所示。

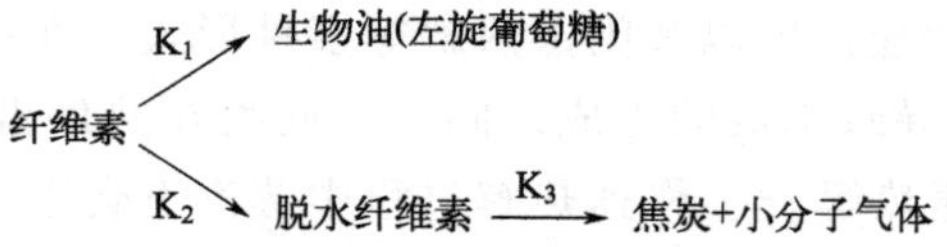

图 4-2　Broido&Nelson 多步反应模型[4]

Shafizadeh[5]在 532.15～680.15K 温度下进行纤维素的等温热裂解实验，发现在失重初始阶段有一加速过程，并据此提出了纤维素在热裂解反应初期经历了从“非活化态”向“活化态”转变的假设。引入活性纤维素概念的 Broido&Nelson 模型被称作“Broido-Shafizadeh”模型[6]，如图 4-3 所示。虽然活性纤维素的概念一直没有得到实验验证，但是这种机理还是得到了不同研究方法观测结果的支持[7]。

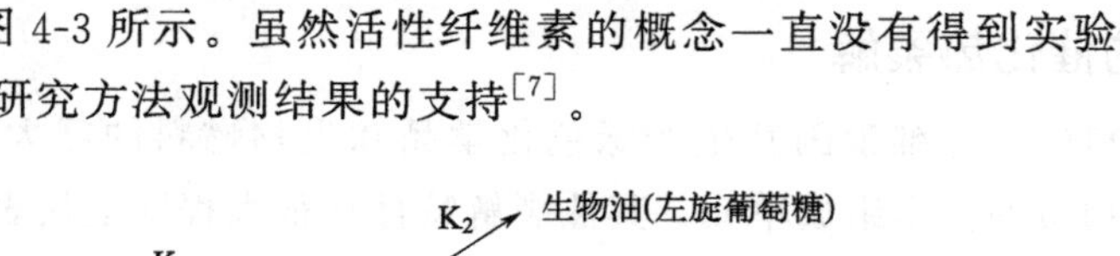

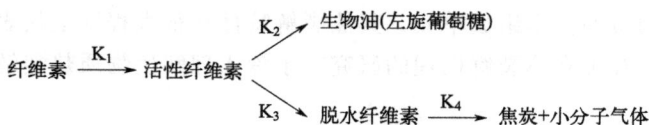

图 4-3　纤维素热裂解的 Broido-Shafizadeh 机理模型[6]

活性纤维素是一种聚合度较低，又相当活泼的物质，直到 20 世纪末，Boutin 等[8]利用设计的强热流密度和淬冷实验才得以直接观察和收集到活性纤维素。它是一种不同于原始纤维素和闪速热解油的特殊产物，组分相对简单，品种也明显少于闪速热解油。

Vathegyi 等[9]对纤维素热解产生焦炭的过程进行研究时，进行了对坩埚不加盖和加盖的热重分析实验。发现不加盖时焦炭产量为 5%，加盖后焦炭产量迅速提升到 19%，这一结果说明有大量的挥发分通过二次裂解生成焦炭。二次裂解本身包含着一系列复杂的由热分解规律和自由基理论支配的化学键断裂、重组的过程，但其总体上降低了反应物质的平均分子量，实验显示小分子的气体产物是二次裂解过程的主要产物[10-11]；另外，生物质常规热裂解实验所得到的黏稠且具有高度芳香化结构的生物油，明显与一次挥发分快速冷却后得到的可凝性液体不同，根据对两种液体产物组分和结构的分析，可以认为常规热解中产生的生物油是一次挥发组分进一步裂解、缩合后形成的二次产物，即所谓的二次生物油。这样，全面的纤维素热解二次反应中包含了轻质气体、焦炭和生物油三种产物[11]。因而在新的纤维素热裂解机理模型中引入了二次反应，将 Broido-Shafizadeh 机理模型进行了一定的改进，如图 4-4 所示。

图 4-4 改进的 Broido-Shafizadeh 机理[9]

Liao 等[12-13]进行的纤维素快速热解实验表明，左旋葡聚糖在液体产物中的含量最高，占焦油质量的 45%～85%。在快速升温到 823.15K 时，乙醇醛和丙酮醇在焦油中的质量分数分别为 6%和 4%，且其产量均随着温度的升高而不断增加，表明了高温有利于小分子物质的生成。同时他们还发现，随着小分子物质的生成量增加，左旋葡聚糖的生成量会减少。左旋葡聚糖生成与乙醇醛的生成为相互竞争关系。

除了 Broido-Shafizadeh 模型外，Mamleev 等[14-16]通过实验提出了纤维素热解的两相模型，如图 4-5 所示。该模型认为，纤维素解聚产生的低聚糖在纤维素基体中熔化达到一定浓度时会形成被封包的微液滴，这种由液滴形成的纤维晶体内空穴又称反应核，一旦形成就不

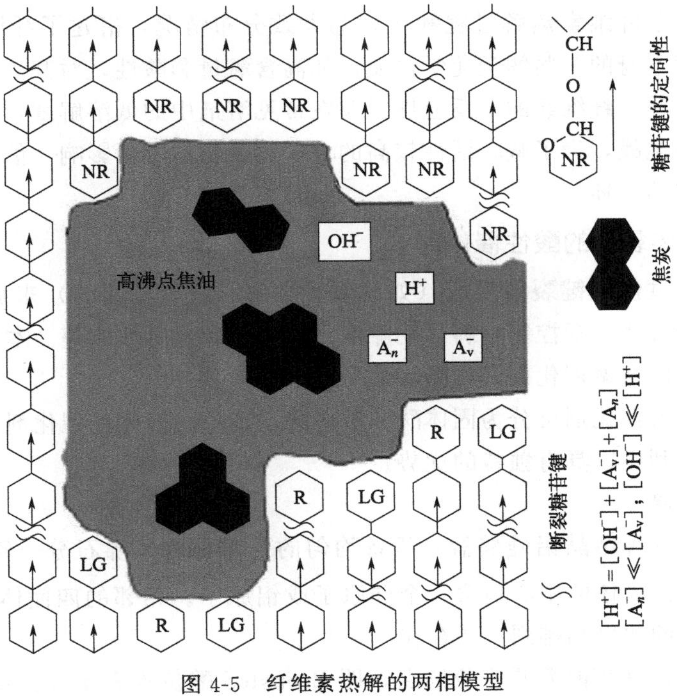

图 4-5 纤维素热解的两相模型

会消失，只能越长越大，即在液固相界面间解聚产生的可熔低聚糖通过渗透进入液相，从而使反应核逐渐增大。空穴内的熔融低聚糖的种类由温度决定，左旋葡聚糖的熔点是453.15K，在此温度下空穴内只有熔化的左旋葡聚糖能够存在；纤维二糖的熔点是513.15K，如果没有熔化在葡聚糖内，则将会继续以固体形式保留在纤维素基体中。当以较低升温速率升高到573.15K时，种类主要含有左旋葡聚糖、纤维二糖和纤维三糖。当以较快的速率升高到716.15K时，包含的低聚糖的聚合度则会较高，能够达到七个吡喃葡萄糖单元。这些液体的存在释放了纤维素的张力，使得纤维素在高温下具有较好的柔韧性。

实验证明，纤维素的脱水反应在573.15K下就可以进行，与醇类在酸性条件下脱水反应的计算模拟和实验结果非常接近。因此可以认为纤维素的脱水反应过程中有酸催化剂参与。酸催化作用共需要两个条件，一个是能够导电的电解质溶液，另外一个是提供质子的酸。但是酸性催化剂在纤维素基体中并不存在，而纤维素本身为非电解质，因此在纤维素基体内部发生大规模的脱水反应和β消去反应的可能性很小。和纤维素基体内部脱水一样，纤维素基体内部的吡喃环和糖苷键的打开也很困难。

纤维素通过转糖苷作用形成的纤维晶格的空穴内，充满了可以充当电解液的液态焦油。热解过程中产生的各种挥发性的酸溶解在焦油的电解质溶液中后，能够强烈地催化纤维素降解反应。因此纤维素的热解过程变成了在纤维素链的一端从纤维素晶体或者固体，向被高沸点焦油浸渍的焦炭相转变的过程。在两相的界面处，纤维素链的解聚过程要比这个大分子在其他位置的随机断裂容易些。这也正是左旋葡聚糖的收率能够达到60%的原因，增大两个相的接触面积能够加快热解过程的速率。

热解过程中所产生的轻组分气体是纤维素链端或者液态焦油进一步裂解的产物，或者说生成气体的反应是解聚过程的二次反应。气体产品的产生需要催化剂，后者由于纤维素非还原端的分解产生液态焦油和挥发性酸，由大分子的转糖苷作用产生。

上述研究概述了纤维素热解过程和产物的大致分布情况，搭建了纤维素热解的模型框架。但是，纤维素本身的一些物理化学性质，如高含氧量和酸性，对其催化热解的商业化应用构成了障碍。另外，纤维素的低反应性以及在常见溶剂中的低溶解度，也限制了其更广泛的应用。针对这些挑战，为了减轻活性较高的含氧化合物的负面影响，催化剂的使用成为热解反应中不可或缺的一环。

4.1.1.2 纤维素热裂解的酸性催化剂

催化剂可以通过促使键裂解反应（如脱氧、裂解、脱羰基化等）来促进目标产物的生成。改进催化剂的方法包括控制材料的孔隙度、酸碱度和金属载体等。本节将介绍纤维素催化热解过程中常用的酸碱催化剂，如图4-6所示。

纤维素热解的酸催化剂可分为固体酸和液体酸。其中，固体酸催化剂不仅具有较高的催化活性，还能回收利用，具有独特的优势。

(1) 沸石分子筛

沸石分子筛是一种结晶铝硅酸盐，具备均匀的孔隙结构。沸石分子筛由SiO_4或AlO_4四面体组成，每个四面体的中心包含一个硅原子或铝原子。相邻的四面体之间共享氧原子，这些氧原子以不同的比例和排列方式存在。

在沸石结构中，有两种类型的酸位点，即Brønsted酸位点和Lewis酸位点。由于铝的

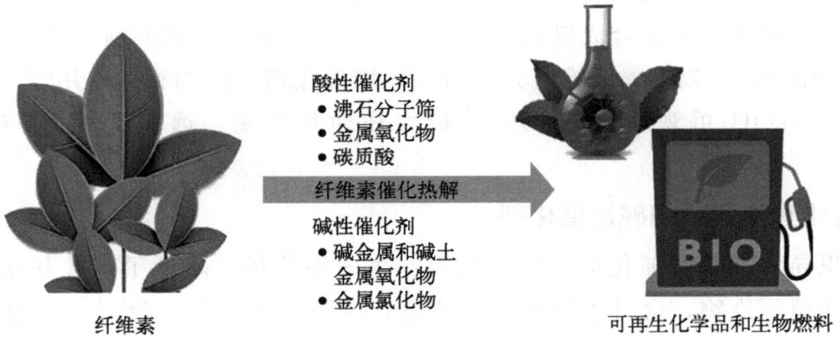

图 4-6　纤维素催化热解的酸碱催化剂

电荷低于硅原子，因此材料的电负性高度依赖于骨架中硅原子和铝原子之间的比例。骨架中硅原子的数量越多，Brønsted 酸性 OH 键的酸性强度就会越高，从而减少 Brønsted 酸位点的数量[1]。此外，作为一种热力学不稳定的材料，沸石的结构容易被高温，高浓度无机酸、碱性物质或蒸汽破坏，导致铝原子离开骨架，这些额外的铝位点也具有 Lewis 酸性质。

使用沸石催化剂催化纤维素快速热解有望生产出芳香烃。使用沸石分子筛 NaY 催化纤维素快速热解，可获得较高的呋喃产率（46.71%）且芳香烃（包括苯、甲苯和二甲苯）的选择性为 10.7%[17]。目前，ZSM-5 分子筛因其孔道结构、强酸性和高水热稳定性，成为生物质原料生产芳烃中催化活性强和选择性高的催化剂。然而，由于大分子反应物和产物传质速率的限制，催化剂的高酸度和微孔性导致焦炭形成。为了减少大分子的扩散和接触限制，引入与微孔相连的中孔是一种很有前景的方法。介孔具有相对较大的孔隙和弱酸性，可提高液体产率。最近的研究表明，通过脱硅制备的多级 ZSM-5（同时具有微孔和介孔）可以减少焦炭的形成，因此大大提高了芳烃的产量。

（2）金属氧化物

纳米级金属氧化物因其卓越的特性（高比表面积和纳米晶体结构），在多种催化反应中得到了应用[18]。特别是在纤维素降解的过程中，金属氧化物表面活性位点的存在，能够有效地促进脱水反应。

Al_2O_3、SiO_2、MgO、$Al_2O_3TiO_2$ 和 $TiSiO_4$ 等金属氧化物在纤维素热解过程中产生了无水糖产物。其中，$Al_2O_3TiO_2$ 对纤维素热解行为有显著影响，在 500℃时左旋葡糖酮产率最高（19%）[19-20]。结果表明，催化剂的酸度对碳氢化合物的生产有很大影响，其中硫酸化金属氧化物催化热解纤维素可以促进低温下左旋葡萄糖苷的产生。

（3）碳质酸

近年来，碳质固体酸催化剂因其经济且环保的特点，在纤维素转化工艺中的应用备受关注。这类催化剂可适用于不同类型的反应介质，包括水、有机溶剂和离子液体等[21]。通常，多相碳质固体酸催化剂的制备方法涉及对天然有机材料进行不完全碳化，产生无定形碳，然后在浓酸（包括硫酸和氯磺酸）中进行磺化处理[22-23]。因此，这些催化剂包含酚羟基（—OH)、羧基（—COOH）和磺酸基（$—SO_3H$）。前两者能够通过范德华力吸附纤维素，并在分子间和分子内氢键的作用下使其断裂[24-26]。与此同时，磺酸基充当水解剂，赋予了这些催化剂卓越的活性。

但是用于 SO_3H 改性的浓酸相当危险，并且会释放大量酸废物，对环境产生负面影响。

因此，一种更环保、更安全的催化剂合成方法应运而生——分别以对甲苯磺酸（TsOH）和三氯蔗糖为磺化剂和碳前体合成磺化碳质固体酸。蔗糖素（三氯蔗糖）提供了—Cl 基团，可作为纤维素结合区，以改善纤维素分子与固体酸催化剂之间的相互作用[27]。在 130℃温度下使用 SA-TsOH 可观察到 67.6%的最大还原糖产量，远高于不含—Cl 的固体催化剂[28-30]。

4.1.1.3 纤维素热裂解的碱性催化剂

焦炭沉积导致了酸性催化剂失活，从而产生多环芳烃，降低了液体热解的产率。这些芳香烃是环境污染物，会对生物体产生致癌、致畸和致突变风险[31-32]。焦炭的形成是大分子无法进入催化剂的微孔而沉积在催化剂表面所致。这一现象限制了催化剂在纤维素热解中的应用[33]。此外，酸性催化剂的水热稳定性低、生产成本高，也阻碍了其在有机反应中的应用[34]。为了克服这些限制，研究人员探索了用于纤维素热解的碱性催化剂。这些催化剂具有裂解生物油中低聚物的潜力，并在脱羰基和脱氧反应中具有双键迁移的活性[35]。此外，这种催化剂还能与 Cl 和 O 等杂原子发生反应，促进不饱和化合物中的双键迁移[36]。

（1）碱金属和碱土金属氧化物

碱金属和碱土金属（AAEMs）氧化物具有从饱和碳原子（尤其是烯丙基位）抽取质子的能力[36]。这些金属离子在碱催化的纤维素热解中发挥着重要作用，是裂解反应的有效催化剂。AAEMs 由 Na、K、Mg、Ca、Al、Fe、Mn、Cu、Zn 等组成，其存在于木质生物质中，约占质量的 1%[37]。对于低分子量物质，碱金属可促进羟基乙醛和乙醇的形成，而碱土金属则有利于包括糠醛在内的呋喃的生成。

此外，AAEMs 还会促进羰基化合物和酸的形成，从而降低生物油的质量[38]。因此，为了提高生物油的产量，还可以采用洗涤处理来消除生物质中的 AAEMs。在热解过程中，当 AAEMs 导致糖产量显著增加，生物油中的轻质有机化合物随之减少时，也观察到了类似的结果[39]。

MgO 是一种经济实惠的碱土金属，能够将酸转化为酮，有效降低生物油的腐蚀性[40]。值得注意的是，MgO 通过酮化和醛醇缩合等碳偶联反应强化了生物油的脱氧作用，使得酮的生成率达到 10.1%。浸渍有 C、ZrO_2 和 Al_2O_3 等支撑材料的氧化镁也被应用于纤维素的催化快速热解。其中，MgO/C 表现出更高的酮产量（18%）以及更高的芳烃产量（10%）。芳烃效率的提高得益于较大的比表面积和中等的酸碱位点。事实上，催化剂的大表面积可对包括芳烃在内的有价值化学品的生产产生积极影响。此外，在催化快速热解纤维素的过程中，更多的酸性和碱性位点也可促进脱氧。

除了 MgO 之外，CaO 也是一种常见的能有效去除含氧酸性物质的碱性催化剂[41]。随着 CaO 的添加，生成酮的含量增加，酸性化合物的含量减少。至于纤维素热解，CaO 的存在也丰富了糖类的开环和脱水反应，从而促进了轻质有机化合物的生产。CaO 在低温下显著降低了糖产量，由于糖在高温下催化裂解，呋喃和酮明显增加。这些结果表明，与碱土金属相比，碱的裂解催化作用更为显著，导致产生的分子种类更少。

（2）金属氯化物

纤维素的热解过程首先形成以脱水糖和少量糖组成的中间态，随后这些中间态进一步转化为挥发物、气体和焦炭[42-43]。研究表明，氯化镁（$MgCl_2$）在促进低温下中间体形成方面比氯化钠（NaCl）更为有效，这可能是纤维素分解温度降低的最主要原因。这一结果可归因于 Mg^{2+} 和 Na^{+} 的 Lewis 酸性特质，其中 Mg^{2+} 的 Lewis 酸性更强。

在低温下，添加无机盐，尤其是 $CaCl_2$，通过削弱糖苷键、减弱氢键，从而产生高产率的左旋葡聚糖（16.3%）[44]。相反，糖单元中的脱水反应在高温下主要导致糖环的破坏，随后吡喃环断裂，形成低分子量有机物质，而不饱和化合物的积累则抑制了糖苷的裂解，导致焦炭的形成。

近年来，阴离子和 K 对纤维素热解的影响受到了越来越多的关注。高浓度的 K 会促进裂解反应，产生羟基乙醛等低分子量化合物，而低浓度的 K 会促进解聚机制，增加高分子量化合物。研究表明，K 和阴离子，尤其是 K 和 HCO_3^- 的协同作用可通过裂环、裂解、环化和脱水反应催化纤维素热解分解，从而提高纤维素催化热解过程中的液体产物收率和生物油的升级。

4.1.2 半纤维素的催化热裂解

半纤维素由短链异质多糖结构组成，占木质纤维素生物质的 10%～35%。它们通常包括葡萄糖、甘露糖、半乳糖、木糖、糖醛酸和乙酰产物等。不同生物质原料的半纤维素组成存在较大差异，例如，针叶木的半纤维素主要由葡萄甘露聚糖和木聚糖组成，而阔叶木和禾本科植物的半纤维素则以木聚糖为主。一般而言，葡萄甘露聚糖和纤维素的结构较为相似，所以它们的热裂解产物也类似，而木聚糖与纤维素的组成结构存在较大差异，所以它们的热解产物有显著不同。因此，大多数半纤维素热解机理的研究都是以木聚糖为原料展开的。

对于半纤维素的快速热裂解，一般认为其反应机理和纤维素相似。然而，由于半纤维素缺乏结晶区，所以其热稳定性比纤维素差。在快速热解过程中，半纤维素会经历解聚和开裂两大相互竞争的反应途径，形成各种一次热解产物。此外，由于半纤维素含有大量乙酰基等取代基，还会发生取代基的脱落和裂解反应，所以能形成多种热解产物。由于不同生物质中半纤维素的结构和含量存在较大差异，因此通常采用多种模型化合物来进行半纤维素热裂解机理的研究。

4.1.2.1 半纤维素热裂解的基本过程

(1) 糖结构单元热裂解

木糖、甘露糖、半乳糖和阿拉伯糖构成半纤维素的典型基本结构单元。其中，甘露糖和半乳糖为六碳糖，属于同分异构体，而木糖和阿拉伯糖则为五碳糖。以甘露糖为例，其主要热解发生在 175～525℃之间。在 200℃之前，发生结晶水的析出；温度升至 300℃时，甘露糖完全裂解，糖环上的 C—O 和 C—C 键断裂，生成多种挥发分和小分子气体产物。

基于 Py-GC/MS 研究发现，甘露糖、半乳糖和阿拉伯糖的热裂解产物组成基本相似，包括酸、醛、酮、醇和糖苷类物质。其中，酸类主要包含甲酸、乙酸和丙酸，而半乳糖的热裂解生成的酸类物质总含量最高。综合比较发现，产物中糠醛和 5-羟甲基糠醛的含量最高，是三种单糖的典型热解产物。

(2) 木聚糖模型化合物热裂解

热重分析结果表明，木聚糖的主要热裂解区间为 220～315℃，析出产物包括水、CO、CO_2、烷烃、醛、酸、醇、酮等物质。木聚糖的热解通常产生 20%～30%的焦炭和 10%～20%的不凝气体。其中气体主要成分为 CO 和 CO_2，次要成分为 H_2、CH_4 和 C_2H_4。剩下的 40%～60%是生物油，主要包括水、酸（如乙酸和甲酸）、呋喃（如糠醛）、糖（如无水木糖）、醛（如乙醛）以及少量芳香族化合物。

(3) 提取半纤维素热裂解

从生物质中提取/分离出来的半纤维素在成分和结构上接近半纤维素的原生形式。因此，在最近的半纤维素热解研究中，提取半纤维素也被越来越多地用作半纤维素的模型化合物。

研究人员采用了一系列提取方法从生物质中分离半纤维素，例如蒸汽爆炸、微波热分馏、湿化氧化、有机溶剂、臭氧分解、酶水解、稀酸水解和热水萃取[45-49]。然而，半纤维素的组成和结构会受到处理参数（如温度、碱酸的浓度以及停留时间）的影响。例如，在萃取处理（如碱萃取、热水萃取和酸水解）过程中，原生半纤维素的乙酰基会被裂解。此外，在萃取过程中，半纤维素会通过水解等机制发生解聚，从而改变半纤维素多糖的化学成分。因此，经过不同萃取处理的提取半纤维素在快速热解过程中的产物分布会有很大不同。

研究人员通过热水处理从玉米秸秆中提取了半纤维素，并在 500℃温度下使用 Py-GC-MS/FID 系统对样品进行了快速热解[50]。所得产物包括 7.14%的无水吡喃糖、17.76%的二羟基吡喃糖、12.85%的乙二醛、3.31%乙二醛甲酯、1.15%乙醛、2.20% 2-呋喃甲醛、1.20%乙醇、14.98% H_2O、6.02% CO_2、1.72% CO 和 9.44%焦炭。由于在热水处理过程中乙酰基被去除，因此乙酸的产量仅为 0.18%。

但是迄今为止，尚未报道任何一种提取方法能够从生物质中提取所有半纤维素多糖而不引起降解。因此，在未来的研究中，有必要开发出有效的分离和纯化方法，以获得高纯度和高产量的半纤维素，同时最大程度地减少结构破坏。

4.1.2.2 半纤维素热裂解的影响因素

(1) 热解温度的影响

温度对生物油的产量和半纤维素热解的产物分布具有显著影响。Patwardhan 等[51]对半纤维素在 250～600℃的高温热解过程进行了研究。当温度从 250℃升至 400℃时，二氧化碳的产率从 2.7%急剧增至 17%，而 CO 的产率则从 300℃时的 0.5%逐渐增至 550℃时的 4.7%。温度升高可提高低分子量产物的产率，然而，当温度从 250℃升至 300℃和 600℃时，焦炭的产率（质量分数）分别从 80%骤降至 24%和 6.3%。

在 350～450℃的温度范围内，脱水产物（包括 2-呋喃甲醛、无水吡喃糖和二羟基吡喃糖）的产量最高。Lv 等[52]观察到，在 450℃的管式反应器中快速热解提取半纤维素时，生物油的最高产率为 48.2%，其中主要成分包括 19.5%的 1-羟基-2-丙酮、12.0%的 1-羟基-2-丁酮、14.6%的糠醛和 15.6%的乙酸。Shen 等[53]发现，在流化床反应器中快速热解木聚糖，在 475℃时获得的生物油产率最高，高达 45%。经测定，生物油的主要成分为甲醇、乙酸、丙酮、糠醛和羟基吡喃糖。当温度从 425℃升至 690℃时，乙酸和羟基吡喃糖的摩尔分数分别从12.31%和10.66%降至7.71%和2.18%，而糠醛的摩尔分数则从5.37%升至9.98%。

(2) 停留时间的影响

在热解过程中，停留时间是决定产物形成和分布的关键条件之一。相较于较短的停留时间，延长停留时间有助于增加半纤维素产生的有机蒸汽向木炭转化的可能性，同时也有助于控制二次反应的发生，进而有利于生物油的生产。对木聚糖在不同停留时间（2～20s）进行热裂解研究，发现酸类物质和醛类物质是木聚糖裂解的主要产物，随着停留时间的增加，前者的含量增加，而后者的含量减少。

(3) 矿物质的影响

在生物质热解过程中，如何高效且经济地处理矿物质是一个亟需解决的难题。这些矿物质主要由硅、钾、钙、镁、钠、磷和氯等元素构成，是天然存在于生物质中的成分（质量分数<1%）。事实证明，这些矿物质（尤其是碱金属和碱土金属）即使是微量存在，不仅会对快速热解的产物分布产生影响，而且会对热解生物油的稳定性和生物油的下游催化升级过程产生负面影响。

一般来说，快速热解中矿物质的存在会促进炭和较轻化合物的形成，但会消耗生物油。Shafizadeh等[54-55]研究发现，在木聚糖中添加质量分数为1%的$ZnCl_2$可使木炭产率从31.1%增加到42.2%。Ponder和Richards报告说，掺入1%NaCl的木聚糖热解可促进C_1～C_3产品的形成。Stefanidis等[56]观察到，商业木聚糖样品中的高灰分含量可促进二次裂解，并导致水、气体产物和焦炭的产率增加。但值得注意的是，要将生物质原料或生物油产品中的无机金属去除到足够低的水平，这一操作不仅成本高，而且还具有挑战性。此外，使用碱溶液从生物质中提取半纤维素可能会在提取样品中引入额外的碱金属污染物。

4.1.2.3 半纤维素热裂解的机理

半纤维素热解时可同时生成可冷凝和不可冷凝的气态产物，以及称为焦炭的固体残留物。可冷凝气态产物被称为液相产物或生物油，其中包括水、醇、醛、酸、呋喃和脱水糖。不可冷凝的气态产物包括氢气、CO和CO_2，以及轻质烃，如CH_4、C_2H_6和C_3H_8。半纤维素的热裂解涉及极其复杂的反应机理，包括聚合物反应物的解聚、糖苷键裂解、水解、脱水和重排等。

研究人员提出了半纤维素分解为主要产物的潜在途径。Shanks等[51]提出了半纤维素热解的推测反应方案，其中存在相互竞争的途径：解聚为糖和无水糖，脱水为呋喃和吡喃环衍生物，以及呋喃糖和吡喃糖环断裂产生轻含氧物质，如图4-7所示。Wang等[57]提出了一种木聚糖分解反应方案，其中除乙酸外的所有热解产物的形成均需要无环D-木糖中间体[58]。

Shen等[59]还提出了快速热解*O*-乙酰-4-*O*-甲基葡糖醛酸木聚糖生成1,4-脱水-D-木糖吡喃糖、糠醛、丙酮、乙酸、甲酸、CO_2、CO、甲醇等的反应方案（如图4-8）。在该机制中，假定乙酸和二氧化碳的主要形成途径分别是木聚糖结构中乙酰基的裂解和乙酰基的脱羧反应，这两种反应都会与二氧化碳的形成发生竞争。所有醛类物质（如甲醛和乙醛），都可以脱羰形成CO，这也解释了CO产率随温度升高而增加的原因。

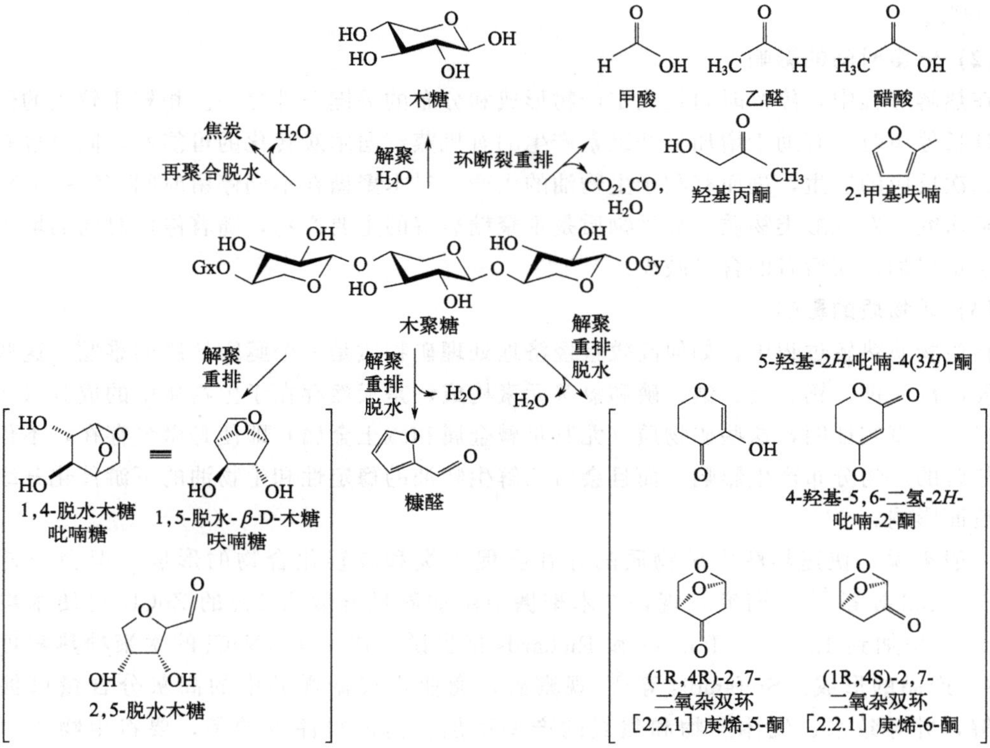

图 4-7 Shanks 等推测的半纤维素热解反应方案[51]

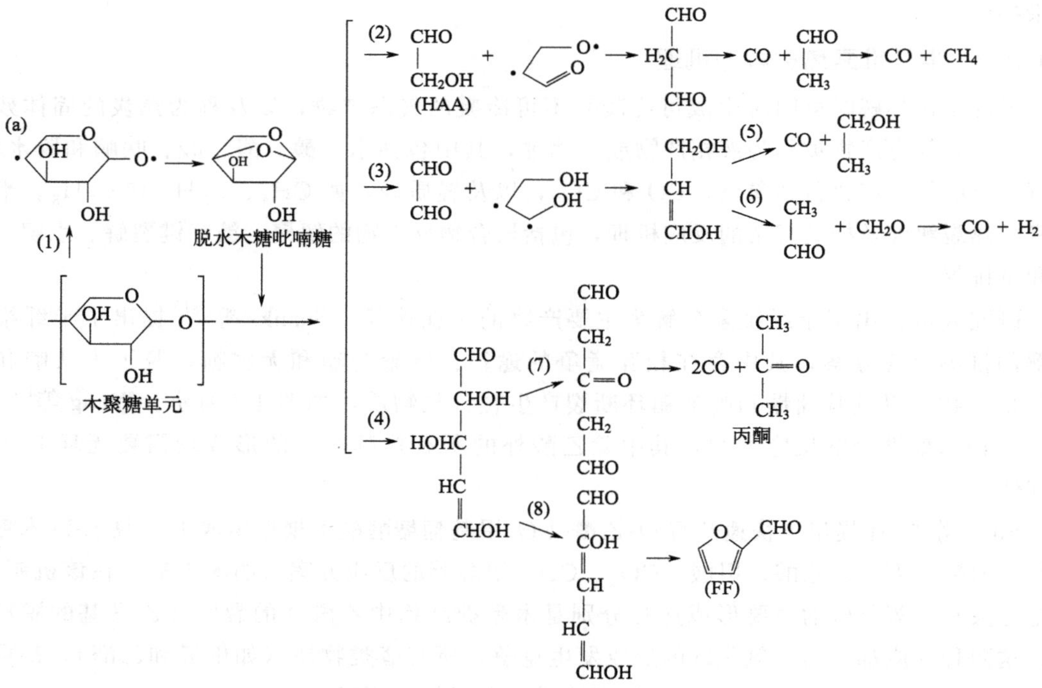

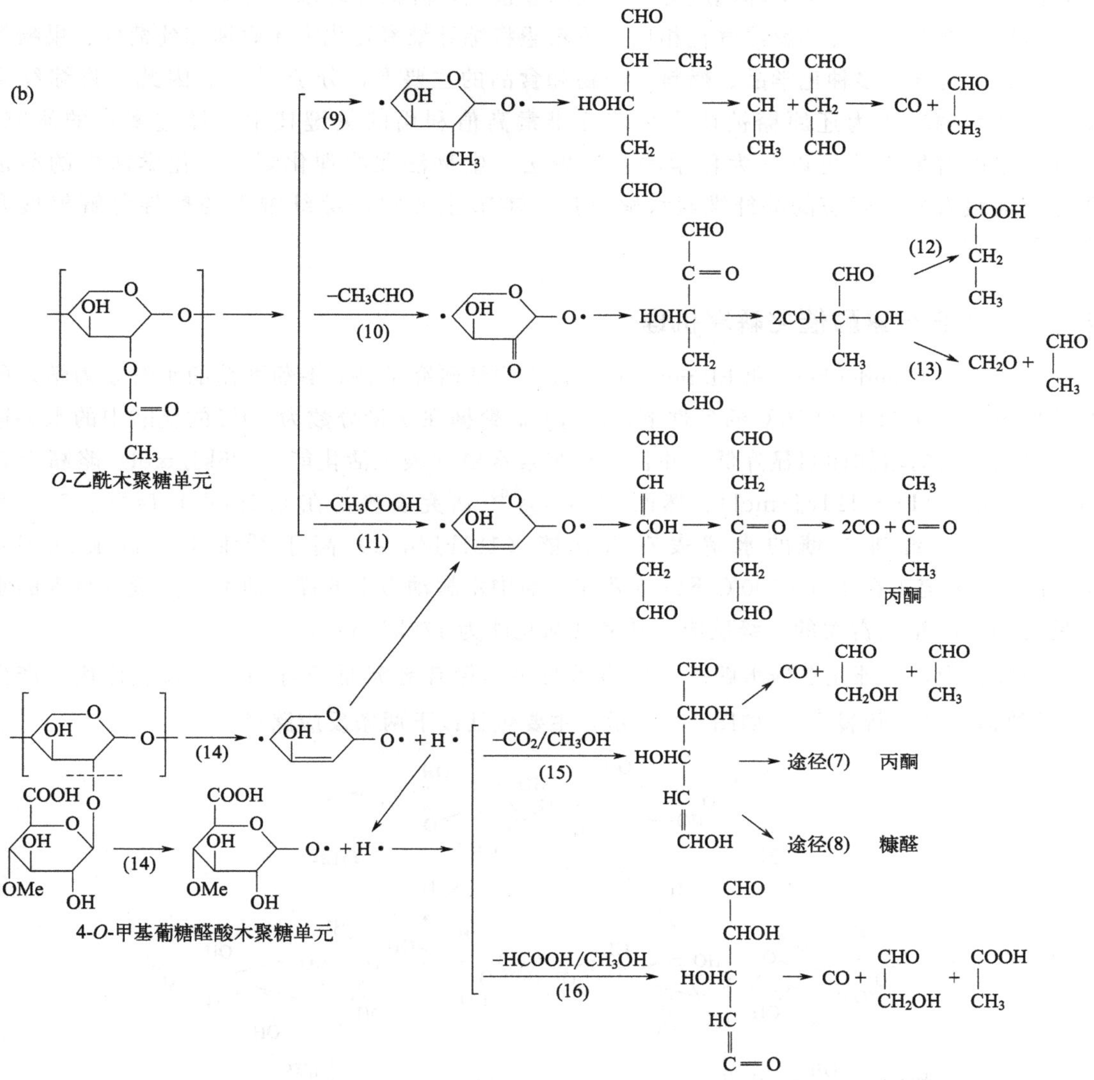

图 4-8　O-乙酰-4-O-甲基葡糖醛酸木聚糖（a）和 O-乙酰木聚糖和 4-O-甲基葡糖醛酸木聚糖的热解反应方案（b）

4.2　综纤维素酸催化解聚转化

综纤维素通常指生物质原料除去木质素后所留下的多聚体，即纤维素和半纤维素的总和。综纤维素被木质素的复杂的苯基丙烷聚合物所包围，木质素为半纤维素-纤维素框架提供了一个保护鞘。在木材的综纤维素部分被用于生产化学品（如糠醛等）之前，必须对其进行预处理，以将其从外部木质素包裹物中分离出来。木质纤维素材料的脱木质素作用暴露了综纤维素组分，显著提高了水解步骤的总体效率。综纤维素很难直接被高值化利用，将其解聚分解成单体或者平台分子是最常见的利用形式之一，而为了获得高产率的单体或平台化学品，必须采用可行的方法破坏相应分子之间的连接键，降低综纤维素的聚合度。

与综纤维素的高温热解或气化相比，更希望将综纤维素转化为还原糖如葡萄糖、果糖等物质，它们是合成多种化学品、燃料、药物和食品的主要平台分子[60-61]。因此，将综纤维素选择性水解转化为还原糖被认为是综纤维素高值利用的关键技术。经过多年的研究，综纤维素的解聚方法可以分为化学法、物理法、生物法和物理化学法。化学法中的酸催化是目前最有效、经济的综纤维素水解方法，本节主要围绕综纤维素的酸催化解聚展开详细的介绍。

4.2.1 综纤维素酸催化解聚机理

1935 年，Freudenberg 和 Blomqvist[62]首次详细研究了 β-1,4-葡聚糖的水解动力学，研究结果表明，在 18℃和 30℃的条件下，β-1,4-葡聚糖在质量分数为 50%的硫酸中的水解速率随着聚合度的增加而明显降低。并且，纤维素水解的表观活化能（125kJ/mol）略高于 β-1,4-葡聚糖（114～121kJ/mol）。然而 Sharples[63]研究发现，在 0.5mol/L 硫酸、75℃和 80℃条件下，纤维二糖的水解表观活化能（131kJ/mol）高于纤维素（118kJ/mol）。Saeman[64]报道了在 170～190℃下纤维素在稀酸中水解动力学的详细研究，发现纤维素的水解是与 H_3O^+ 浓度有关的一级反应，其表观活化能为 179kJ/mol。

一般认为，酸催化多糖水解的主要步骤是多糖糖苷键氧原子与 H_3O^+ 发生作用，产生 O^+ 导致糖苷键的断裂[65]。如图 4-9 所示，主要包括以下两条反应路径。

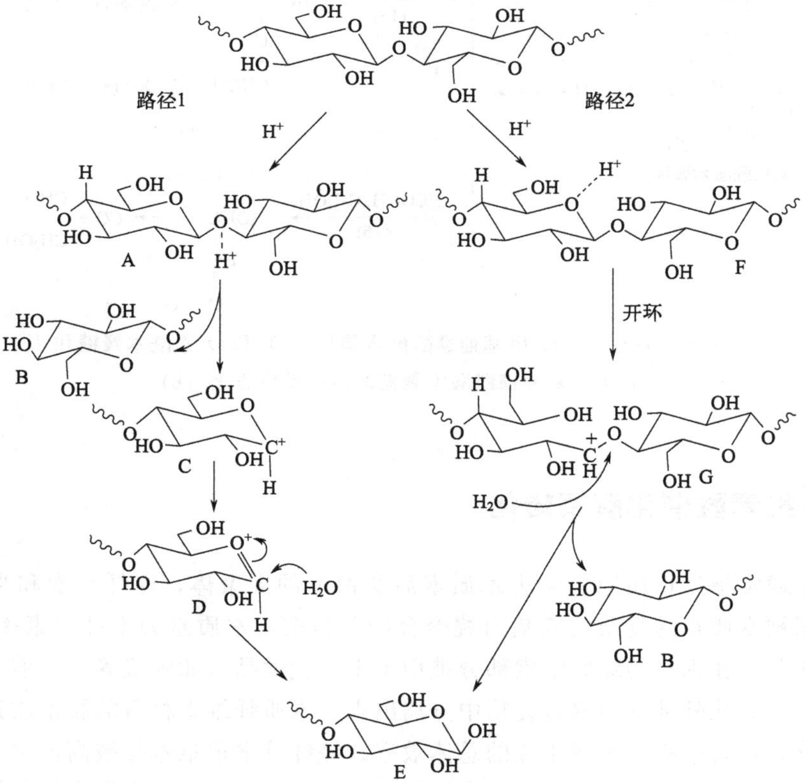

图 4-9　酸水解断裂纤维素糖苷键的机理[65]

路径 1 中，催化剂的 H^+ 攻击糖苷键中的氧原子，糖苷氧被质子化并发生断键；与糖苷氧相连的 C-1 位无水葡萄糖发生半椅式旋转构象变化。该机制的关键步骤是通过单分子步骤形成的碳正离子，Edward[66] 提出该反应涉及环状碳正离子（物质 C）的形成，且该中间体的形成需要经过环的构象变化，经历环翻转至半椅式构象。如图 4-10 所示，通过沿着 C-2—C-3 和 C-4—C-5 键的旋转将原子 C-1、C-2、O 和 C-5 带入同一平面。因此，由于固体纤维素的超分子结构中分子间和分子内氢键的旋转约束，糖苷键断裂这一步需要外部能量的输入[67]。在纤维素的均相水解（其中聚合物溶解在反应介质中）中，这些约束被减弱，导致水解速率相对于非均相水解速率高数个数量级[68]。最后，水与碳正离子反应，重建异头中心生成物质 E 并再生 H_3O^+ 相以完成循环催化。

另外，还存在第二种反应路径（路径 2），该路径的第一步是催化剂的 H^+ 攻击葡萄糖环上的氧原子，形成氧鎓盐（物质 F）；第二步发生开环反应，同时 H^+ 发生转移，得到物质 G；第三步水分子进攻糖苷键，发生断裂反应，得到物质 E。

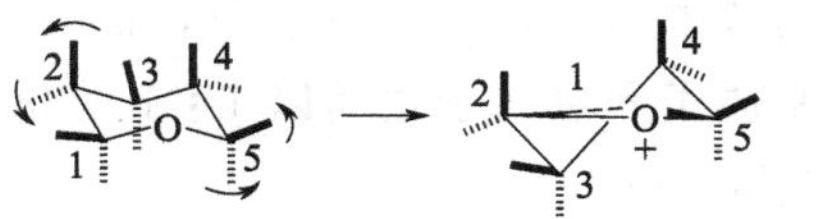

图 4-10　纤维素水解过程中四氢吡喃环的构象变化[66]

对于半纤维素水解反应，动力学研究表明，初始速率对水的依赖性为零级，对自由质子和 β-1,4-糖苷键浓度的依赖性为一级。半纤维素水解的活化能低于纤维素水解的活化能，木糖和葡萄糖的降解也有类似的趋势（木糖比葡萄糖更容易降解）。如上所述，都归因于半纤维素和纤维素之间的固有结构差异。

半纤维素因其组分复杂，降解过程没有绝对统一的路径，其根本原理和纤维素水解相似，多糖糖苷键上的氧原子和酸性质子作用，导致糖苷键断裂，多糖逐渐水解得到低聚糖，再由低聚糖水解得到单糖，每一步都是一级反应[69]。因此，在半纤维素的水解过程中，相邻糖分子之间的 C—O 键的选择性裂解对于生成完整的单体糖分子是非常重要的。

综纤维素水解的一个常见问题是水解产物单糖易于脱水分解，这会导致糖产物的选择性降低，用于进一步发酵过程的糖产率降低，生产成本提高[64,70]。已知纤维素的水解和葡萄糖的分解具有非常相似的表观活化能[71]，此外，在大多数常规方法的反应条件下，糖的水解和降解速率处于相同的数量级。但研究表明，在离子液体 1-乙基-3-甲基咪唑氯化物（[BMIM]Cl）介质中，葡萄糖的降解比纤维二糖的水解快得多[71]。总之，无论是在什么样的介质中，单糖的分解都很容易作为纤维素水解的连续步骤发生，因此控制反应条件是至关重要的。

4.2.2　综纤维素酸催化解聚的反应介质

综纤维素解聚过程中溶剂是必不可少的，除了有分散综纤维素的作用之外，溶剂介质还可使聚合物溶胀，促使其水解活化。水是最常用的溶剂，其次，有机溶剂、离子液体以及双相体系也常被用于综纤维素的解聚过程。但考虑到产物还原糖回收的难易程度和绿色化学宗旨，水是应用最为广泛的绿色溶剂[72]。由于纤维素的结晶形式和强烈的分子内和分子间氢键，纤维素在水性反应介质中的分解是非常缓慢的反应，这意味着需要较高的温度和催化剂的引入。而半纤维素则不存在此类问题，相同条件下的水解效果优于纤维素。研究表明，在酸解聚麦秸过程中，相对于葡萄糖之间的糖苷键，H^+更容易断裂木糖之间的糖苷键，导致解聚液中的木糖浓度远高于葡萄糖[73]。但是，溶剂对半纤维素的解聚过程是有影响的，在硫酸催化干玉米芯水解过程中，Chen 等[74]探究了不同溶剂（乙醚、碳酸二甲酯、乙酸乙酯、四氢呋喃、乙醇、水等）的水解表现，结果表明碳酸二甲酯是一种良好的浸渍介质。同时，为了揭示溶剂影响半纤维素解聚的原因，采用 Kamlet-Taft 表达式单独测量了影响溶剂整体极性的特定相互作用。根据相关参数推断得出结论：具有较高极性/极化率和 Lewis 碱度的溶剂更有利于反应。

此外，离子液体是综纤维素的特殊溶剂，在综纤维素水解中也发挥了非常好的作用。早在 2002 年，Swatloski 等[75]就发现离子液体［BMIM]Cl 可以溶解纤维素。实验证明，精制和纯天然纤维素都可以很容易地以高浓度溶解在这些离子液体中。还有报道称，即使是未经处理的生物质来源（如木材），也可以在离子液体中至少部分溶解或膨胀[76]。之后，Remsing 等[77]通过^{13}C和$^{35/37}Cl$的核磁共振弛豫测量手段，证明了纤维素被离子液体［BMIM］Cl 溶剂化时，碳水化合物羟基质子和氯离子之间以 1∶1 的化学计量关系形成了氢键，为纤维素可溶于离子液体提供了直接证据。

4.2.3 综纤维素酸催化解聚的催化剂

4.2.3.1 均质酸

(1) 无机酸

纤维素的超分子晶体结构导致其水溶性较差，因此人们最初用强质子酸催化剂（比如硫酸和盐酸）促进纤维素的水解[78]。温和条件下纤维素水解的初始阶段是一个非均相反应，均相质子酸催化剂可以渗透到纤维素的非均相基质中，从而引发解聚反应。根据水解过程中所用酸的浓度，无机酸催化纤维素水解可以分为浓酸水解和稀酸水解。

纤维素水解研究比半纤维素多，表 4-1 总结了工业应用中一些典型的无机酸水解纤维素工艺。最早的无机酸水解纤维素的工艺是 1923 年开发的 Scholler 工艺，用质量分数为 0.5%的稀硫酸在 170℃条件下与压缩木材废料接触 45min，然后经过滤、冷却、中和得到可发酵的还原糖，收率可达到 50%[79]。Madison、Grethlein 和两段法工艺也是稀硫酸水解的典型工艺代表。在 Madison 木材-糖工艺中，木材用质量分数为 0.5%的稀硫酸的连续流在 150～180℃的温度下处理[80]。高温条件下，由于水解产物在反应器中的停留时间变短，这种连续方法比 Scholler 方法有效。Grethlein 工艺也是连续流处理过程，采用质量分数为 1%的稀硫酸，停留时间仅为 0.22min，240℃温度下可以从木材中至少获得 50%的潜在葡萄糖。而两段法工艺则认为，在纤维素水解之前将半纤维素提取出来更容易获得可用于发酵的高纯度葡萄糖。第一阶段中，半纤维素在温和的条件下水解可得到木糖和糠醛，然后剩余物质经过洗涤器清洗后进入第二阶段进行纤维素的降解，最后洗涤得到葡萄糖溶液和木质素残渣[81]。最后，液体水解产物经过中和、纯化后用于发酵产乙醇。剩余水解纤维素的顽固残余物和木质素部分用作电力或蒸汽生产的锅炉燃料[82]。两步水解过程通常用于从可再生生物质中最大化回收总糖（木糖和葡萄糖）。

除稀硫酸外，相对较高浓度的盐酸和氢氟酸也是常用的水解酸催化剂。比如，Bergius

工艺[83]选择质量分数为 40%的盐酸溶液（约 12mol/L）作为纤维素水解的催化剂。常温条件下，纤维素和半纤维素都可溶于该催化体系中，纤维素在短时间内可分解为寡糖和葡萄糖，不会过度解聚形成脱水产物 5-羟甲基糠醛（HMF）和乙酰丙酸（LA）；半纤维素则可分解得到甘露糖、木糖、半乳糖、葡萄糖和果糖等低聚物。而相对于其他无机酸而言，氢氟酸的优点是沸点低（19.5℃），有利于酸回收。连续流水解工艺中，均质酸水解综纤维素通常在高于 160℃的温度下进行，半纤维素的水解在高温下更容易进行。

表 4-1 纤维素水解的典型工艺[84]

工艺名称	均质酸	温度/℃
Scholler	0.5% H_2SO_4	170
Bergius	40% HCl	25
Madison	0.5% H_2SO_4	180
Noguchi	气相 HCl	45
Grethlein	1% H_2SO_4	240
Hoechst	无水 HF	40
两段法	0.4% H_2SO_4(第一阶段) 0.8% H_2SO_4(第二阶段)	170(第一阶段) 190(第二阶段)

除工业实例，在实验室中也开展了许多综纤维素水解工艺变量及其优化的研究。例如，在稀硫酸（1%）水解纤维素的研究中，考察了温度和反应时间对水解程度的影响[85-86]。结果表明升高温度和缩短反应时间有利于葡萄糖的生成，在 220℃条件下水解 1min，葡萄糖的收率最高可达到 42.8%。Karimi 等[87]研究了真实生物质稻草的水解过程，采用两段法稀硫酸工艺。第一步在 10L 反应器中进行，研究了工艺变量如水解停留时间（3～10min）、压力（10～35bar）和酸浓度（0～1%）对木聚糖解聚成木糖的影响。在水解压力 15bar、停留时间 10min、酸浓度 0.5%的条件下，第一阶段解聚得到了 80.8%的木糖产率。第二步，在 30bar 的压力下，78.9%的木聚糖和 46.6%的葡聚糖在 0.5%的酸浓度和 3min 的保留时间下分别转化为木糖和葡萄糖。

半纤维素的酸催化解聚相对比较容易，除无机强酸[88]和有机强酸[89-90]外，草酸[91]和醋酸[92]等弱酸也可用于半纤维素的解聚。强有机酸三氟乙酸（TFA）[90]在 100℃下水解麦草时，23h 得到了 23%的木糖产率，该值对应于总木聚糖含量的 80%。此外，同样条件下，木糖的分解是最小的，但有约 10%的木质素作为水溶性木质素片段存在于水解产物中。同 HF 一样，使用 TFA 作为催化剂的优点是它可以通过蒸发分离回收。在草酸催化甘蔗渣水解过程中，结合 Saeman 模型预测半纤维素的水解，模型拟合得到木聚糖水解速率较快，但得到的木糖也容易继续降解生成副产物糠醛[91]。最佳反应条件为温度 125℃和反应时间 77min，木糖产率最大为 52.11%，副产物糠醛的收率较低。

不同种类的原料对酸水解半纤维素解聚也会产生一定的影响，这些原料来源包括硬木和软木的木屑以及生物质秸秆。在木屑的酸水解中，软木（特别是松木）通常比硬木更难水解。例如，软木火炬松的最佳酸水解条件是 150℃、pH＝1.65 以及反应时间 60min，可以实现对半纤维素完全的选择性水解，得到约 70%的可溶性单糖，并且没有显著的纤维素溶解现象发生[88]。

在将综纤维素转化为增值产品的背景下，使用离子液体作为反应介质将其水解成糖也引起了广泛的关注。对于亲水性离子液体，水的加入可以极大提高离子液体对纤维素的溶解性。2007 年，Li 等[93]开发了一种在［BMIM］Cl 体系中由 HCl、H_2SO_4、HNO_3 和 H_3PO_4 等多种无机酸催化水解纤维素的方法。结果表明，高酸度的 H_2SO_4 具有较好的催化活性，纤维素在［BMIM］Cl 中溶解形成的均匀溶液使得 H^+ 更容易接近 β-糖苷键。因此，在 H_2SO_4/［BMIM］Cl 催化体系中，水解速率要比在没有离子液体体系中的水解速率高得多。Morales-delaRosa 等[94]也做过类似的实验，同样证明了酸性越强，纤维素水解效率越好。［EMIM］Cl 是另一种常用的离子液体溶剂，例如 Binder 等[95]通过研究发现，在［EMIM］Cl 体系中，水的加入量会显著影响纤维素的水解过程，通过向 HCl/［EMIM］Cl 催化体系中加入水来平衡纤维素的溶解性和反应活性，在 105℃下可以实现高达 90%的葡萄糖产率。Enslow 和 Bell[96]也报道了在 H_2SO_4/［EMIM］Cl 催化体系中，半纤维素（木聚糖）可以在 80℃下完成水解，生成木糖（产率 90%）以及脱水产物（5%）和胡敏素（4%）。

对于疏水性离子液体，例如三甲基丙基铵双（三氟甲烷磺酰）亚胺（［TMPA］［TFSI］），在 1.5g LiCl、1mL HCl 和 100℃微波辐射条件下，15min 内纤维素水解即可得到 51%的葡萄糖产率[97]。尽管疏水性离子液体的水解效率没有亲水性离子液体好，但是疏水性离子液体可以定量回收。对于亲水性离子液体体系后续葡萄糖的提取，相关研究提出了一种两相分离法[98]，通过将 NaOH、K_3PO_4 或 K_2HPO_4 加入含有葡萄糖或纤维素水解物的离子液体中形成两相体系，这些体系能够将葡萄糖转移到底部富盐相。在最优条件下，4 倍离子液体体积的 50% NaOH 或 K_3PO_4 溶液可分离得到 90%的葡萄糖。

与稀酸法相比，浓酸解聚过程中单糖进一步降解的产物较少，单糖损失率小[99]。稀酸水解过程通常需要高温条件，会导致单糖的二次降解，生成糠醛、5-HMF、LA 和甲酸等副产物，以及均质酸水解综纤维素过程中酸回收、设备腐蚀、去除降解产物和废水处理等是这类工艺存在的关键问题，特别是浓酸催化过程[100]。不管是稀酸还是浓酸解聚在实际应用过程中都存在不足，故需要开发更简易、经济的酸解聚催化剂。

（2）杂多酸

除无机酸类均质酸外，可溶于水的杂多酸[101-102]以及金属盐[103]等物质也可用于纤维素的水解过程。例如，杂多酸磷钨酸（$H_3PW_{12}O_{40}$）可以作为催化纤维素水解的有效催化剂，在 180℃ 反应 2h，葡萄糖的产率可达到 50.5%，选择性高达 90%[102]。这是由于 $H_3PW_{12}O_{40}$ 的高水热稳定性和优异的催化性能，如强 Brønsted 酸位，且该均相催化剂可通过乙醚萃取回收再利用，具有一定的可重复利用性。此外，Morales-delaRosa 等[104]研究发现杂多酸 $H_3PW_{12}O_{40}$ 和［EMIM］Cl 混合体系不仅表现出了较高的纤维素溶解度，而且［EMIM］Cl 的存在增加了 $H_3PW_{12}O_{40}$ 的 Hammett 酸度，均有利于纤维素的水解，140℃下可实现 87%的葡萄糖产率。

（3）无机盐

无机盐如氯化物盐，由于其经济性和腐蚀性比无机酸小，在综纤维素解聚中表现出优异的性能。例如，$CuCl_2$/［EMIM］Cl[105]、$AlCl_3$-H_2O[106]和 $ZrOCl_2$-H_2O[107]等体系，都对综纤维素的解聚有很好的催化作用。在 $AlCl_3$-H_2O 体系中，半纤维素的转化率达到 92.5%，低聚糖是主要产物。其中 Al^{3+} 和 Cl^- 两种物质能够协同破坏纤维素中的抗性氢键，而且 $AlCl_3$ 中 L 酸与纤维素分解过程中产生的 H^+ 之间存在协同作用，均可促使纤维素高效转化[108]。而 $ZrOCl_2$-H_2O 体系则可以选择性地水解毛竹中的半纤维素，主要产物为低聚糖。$ZrOCl_2$ 还可以抑制中间体和产物的缩聚反应，120℃条件下半纤维素转化率可达到 97.3%，而纤维素和木质素的转化率低于 15%，此外，Wang 等[109]研究发现高铼酸盐（ReO_4^-）和纤维素中羟基之间形成的氢键可以削弱 β-1,4-糖苷键，使水分子更有效地插入 β-1,4-糖苷键中，从而促进纤维素水解成葡萄糖、纤维二糖和/或其他多糖。葡萄糖产率随着高铼酸季铵中阳离子烷基链长度的增加而逐渐降低，因为长且大的烷基基团可能使 ReO_4^- 难以与纤维素表面相互作用形成氢键，而氢键的形成是纤维素水解的决定性步骤。

4.2.3.2 非均相酸

长期以来，均质酸是木质纤维素材料转化最常用的催化剂，但存在酸回收困难、产物分离复杂、环境污染严重等问题。相比之下，非均相催化剂具有价格低廉、可重复性高、性能可控和腐蚀性小等优势，在催化综纤维素解聚中的应用越来越广[110-111]。

固体酸表面存在酸性位点，可以催化综纤维素的水解。近年来，在合成高性能的综纤维素水解固体酸催化剂，了解催化机理，提高综纤维素水解的水热稳定性和重复利用性等方面取得了大量的研究成果[111-114]。但是，固体酸在应用于综纤维素水解的过程中，仍有许多未解决的问题。如何提高固体酸的水热稳定性和可再循环性仍然是巨大的挑战，主要是由于木质纤维素组分的复杂性，木质素在综纤维素周围形成物理屏蔽以阻止综纤维素的水解，以及综纤维素水解后的木质素残余物会使得固体酸的循环使用更加困难。

酸性位点对于固体酸是否能够有效地将综纤维素水解成还原糖是至关重要的。大多数固体酸带有 B 酸基团，如强磺酸基团（$—SO_3H$）、弱羧酸基团（—COOH）。一些固体酸（如 H 型沸石和金属氧化物）不仅具有强的 B 酸性，而且具有 L 酸性。研究发现对于无机酸和杂多酸，较强的 B 酸更有利于纤维素和纤维二糖中 β-1,4-糖苷键的断裂。对于盐，纤维素水解速率随阳离子的 L 酸度增加而增加；具有中等 L 酸度的金属离子（Sn^{4+} 和 Ru^{3+}）的总还原糖形成速率和纤维素消耗速率最高[101]。但是，由于存在水配位形成的 L 酸-碱复合物，L 酸中心在水中通常是不稳定且无活性的[115]。通常人们认为纤维素在水中的水解主要由 B 酸位点催化[68]，但相关发现表明固体酸上的 L 酸位点同样能够裂解 β-1,4-糖苷键。因此，在固体酸催化剂中引入 L 酸位点是增加总酸度并促进综纤维素水解的有效策略，如引入金属。此外，一些预处理方法（如球磨和有机溶剂辅助）被广泛使用，旨在部分破坏纤维素的顽固结构[72]。

表 4-2 总结了目前用于综纤维素水解的固体酸催化剂，可分为 H 型沸石[116-119]、功能化（磺化）C/Si 材料[120-121]、金属氧化物[115,122]或负载型金属催化剂[123-125]、杂多酸[126-127]、功能化酸性树脂[128-130]等。

表 4-2 不同类型的固体酸催化剂催化综纤维素解聚的反应体系

催化剂	底物	反应条件	溶剂	主要产物	产率/%	参考文献
HZSM-5 Hβ	微晶纤维素	130℃,8h	LBTH	葡萄糖+HMF	58.1+3.8 60.6+3.6	[117]

续表

催化剂	底物	反应条件	溶剂	主要产物	产率/%	参考文献
HUSY	软木半纤维素	170℃,3h	水	木糖+阿拉伯糖	41	[119]
磺化碳	纤维素	150℃,24h	水	葡萄糖	74.5	[120]
$Si_{33}C_{66}$-823-SO_3H	球磨纤维素	150℃,24h	水	葡萄糖	50.4	[121]
$HNbMoO_6$	球磨纤维素	室温,24h	无溶剂	水溶性糖	72	[122]
Pt/γ-Al_2O_3	微晶纤维素	190℃,24h,5MPa H_2	水	糖醇	31	[123]、[124]
$Cs_1H_2PW_{12}O_{40}$	微晶纤维素	160℃,6h	水	葡萄糖	27.2	[126]
Amberlyst 15DRY	α-纤维素	100℃,5h	[BMIM]Cl	总还原糖	12.7	[128]
Amberlyst 35W resin	纤维二糖	160℃,3.5min	水	葡萄糖	90	[129]
Smopex-101	AG	90℃,24h	水	阿拉伯糖	95	[130]
AIL-SiO_2	Sigmacell 纤维素	190℃,3h	水	总还原糖	48.1	[131]
Fe_3O_4-SBA-SO_3H	非晶纤维素	150℃,3h	水	葡萄糖	50	[132]
GO-ene	纤维素	150℃,24h	水	葡萄糖	49.9	[133]

(1) 沸石

在众多固体酸中，沸石由于其酸性可调、有一定择形性等特点[118]，被认为是一种独特的综纤维素水解催化剂。然而，由于固体沸石和固体纤维素之间有限的相互作用，沸石在催化水中纤维素水解的效果通常不如均相无机酸和酶。上一节提到离子液体对纤维素的溶解性大于水，除离子液体外，无机熔融盐水合物也能够溶解纤维素[134-135]。例如，具有高硅铝比的沸石分子筛 HZSM-5 和 Hβ 在三水溴化锂溶剂（LBTH）中可实现纤维素的高效解聚，得到葡萄糖、寡糖和 HMF 等产物。Wu 等[117]探究了不同温度、催化剂添加量、硅铝比以及反应时间下的纤维素分解情况，并提出 LBTH 体系中纤维素的水解路径。首先，Li^+ 进入分子筛的孔道，与 B 酸中心发生离子交换，释放出 H^+。然后催化 LBTH 中溶解的纤维素水解以产生寡糖和葡萄糖。寡糖进一步水解生成葡萄糖，部分葡萄糖在酸性条件下脱水生成 5-HMF。分子筛对于半纤维素的催化解聚也表现出很好的解聚效果，Dhepe 和 Sahu[119]研究了半纤维素在不同固体 B 酸催化剂上的催化转化。当使用孔径为 0.74nm，Si/Al 比为 15 的分子筛催化剂 HUSY 时，阿拉伯糖和木糖的收率最高（总收率为 41%）。对催化剂进行了回收研究，研究表明 HUSY 可以重复进行 5 次催化运行，且几乎具有相同的活性。

(2) 功能化 C/Si 材料

磺酸基团具有很强的 B 酸酸性，可引入催化剂中用来提高整体酸性。Vyver 等[121]报道过一种通过蒸发诱导自组装制备的磺化硅碳纳米复合材料，并考察了其在球磨纤维素水解过程中的反应，实现了纤维素 61%的转化率，葡萄糖产率高达 50%，水解效果显著。这主要归因于强而可及的B酸位点，以及二氧化硅和碳组分相互渗透形成的杂化表面结构，有利于β-1,4-葡聚糖在催化剂上的吸附。

活性炭（AC）作为一种典型的碳材料在催化领域具有重要的应用价值，有研究发现功能化的碳材料是综纤维素解聚的优良催化剂[113,136]。例如，Lin等[137]合成了一种多孔碳基固体酸催化剂，它可以将半纤维素和木糖转化为低聚木糖（XOS）和糠醛。Rahmati等[138]结合等离子体处理和酸处理技术用于AC改性，得到了功能化的AC催化剂，以水为溶剂，可将甘蔗渣半纤维素选择性水解为XOS（50%）和木糖（15%），没有检测到糖降解产物。

（3）金属氧化物和负载型金属催化剂

强酸性层状钼酸铌（$HNbMoO_6$）的层状结构可以分层以暴露强酸位点，并且固体结构与纤维素链之间具有良好的相互作用。研究表明，采用机械化学相结合的方法选用$HNbMoO_6$作为催化剂，在球磨微晶纤维素无溶剂水解过程中获得了较高的催化活性，产物包括葡萄糖、甘露糖和纤维低聚物以及脱水糖。研究还发现添加少量极性溶剂（二甲基亚砜）可提高糖的收率，但是添加水则会降低脱水糖的选择性[122]。此外，前文中提到金属可作为L酸中心引入催化剂中来提高整体酸度并促进纤维素水解，例如，Dhepe等[123-124]探究了纤维素在负载Pt或Ru催化剂上在水中氢解条件下的裂解，得到山梨糖醇为主要产物。Pt/γ-Al_2O_3催化剂的产率和选择性最高，且可循环使用。主要反应路径为纤维素通过酸位点水解形成葡萄糖，葡萄糖在金属催化剂上立即还原为山梨醇和甘露醇。

（4）杂多酸

Keggin型杂多酸$H_3PW_{12}O_{40}$除了具有较强的B酸酸性外，还具有可离散和移动的离子结构和适当的氧化还原能力。但是由于在水中的高溶解性，它不能作为固体酸催化剂。当$H_3PW_{12}O_{40}$的氢质子被更大的、不溶于水的一价阳离子取代后，就会产生疏水性的杂多酸类固体酸催化剂[139]，如磷钨酸铯盐。研究发现，铯的含量对催化性能有很大影响，具有最强质子酸中心的$Cs_1H_2PW_{12}O_{40}$在160℃下反应6h得到27.2%的葡萄糖产率，而具有微孔结构的$Cs_{2.2}H_{0.8}PW_{12}O_{40}$在相同反应条件下葡萄糖的选择性最高为83.9%[126]。另外杂化杂多酸也是降低杂多酸水溶性的一种途径，如十六烷基三甲基溴化铵（CTAB）和$H_3PW_{12}O_{40}$反应合成了一种两亲性胶束杂多酸，当其用作水溶液中纤维素水解的催化剂时，在170℃下反应8h可获得39.3%的葡萄糖产率和89.1%的葡萄糖选择性[127]。

（5）功能化酸性树脂

除硅碳材料外，用—SO_3H官能化的树脂也是用于离子液体体系中的纤维素选择性解聚的催化剂，如Amberlyst 15DRY具有相对大孔的酸性树脂，是用于离子液体中纤维素、微晶纤维素或木材解聚的合适催化剂[128]。Kusema等[130]在Smopex-101催化剂上选择性水解阿拉伯半乳聚糖（AG），观察到自加速效应：水解速率在开始时非常缓慢，但随着半纤维素大分子的裂解而加速。因此需要很长的反应时间（超过24h）来完成水解。该工艺选择性强，主要反应产物为糖单体，只有少量低聚物，且未检测到低分子降解产物，说明催化剂对单糖的选择性较高。为了比较不同类型催化剂催化半纤维素水解的性能，Cara等[140]进行了磺化树脂（Amberlyst 70、Amberlyst 35W resin、磺化超交联聚苯乙烯树脂D5082和D5081）、磺化硅胶和沸石（HZSM-5和H-Faujasite）三种固体酸水解木聚糖的实验研究。

在 120℃和 10bar 氩气条件下反应 4h 后，Amberlyst 35W resin 最高可得到约 80%收率的单糖（木聚糖和阿拉伯糖），而磺化硅胶和沸石（H-ferrierite）性能均低于酸性树脂。但是，酸性离子交换树脂由于磺酸基团的浸出而迅速失活，磺化硅胶性能相对稳定。质子交换的 H-ferrierite 由于具有相对较高的酸强度，在活性和催化剂稳定性方面表现更优异。

（6）其他类型的固体酸催化剂

除了以上常见的酸性催化剂以外，研究者们还开发了一些其他种类的固体酸催化剂用于综纤维素的水解。例如，为了解决离子液体催化剂的高成本、高黏度和分离困难等问题，开发了二氧化硅固定化咪唑鎓型酸性离子液体催化剂 AIL-SiO_2[131]、磁性固体酸催化剂 Fe_3O_4-SBA-SO_3H[132]、碳质固体酸催化剂氧化石墨烯基催化剂 GO-ene[133]以及基于 MIL-101 的多孔配位聚合物 MIL-101-PCP-SO_3H[141]等新型催化剂。它们具有较好的可重复使用性能，例如，催化剂 MIL-101-PCP-SO_3H 即使重复使用 13 次，催化活性也没有下降。然而，由于它们合成方法都比较烦琐，其在工业应用上受到了限制。

相较于均质酸催化剂，固体酸催化剂具有易分离、可重复利用等优点，更适合工业应用。通常在低于 160℃条件下进行催化，使用质量分数为 10%～40%的固体负载。可重复使用性是衡量固体酸催化剂性能的关键指标。稳定的固体酸催化剂可以重复使用而不失活，这对大规模工业应用中降低成本、简化流程具有重要意义。

4.3 几种主要平台化合物的催化制备

平台化合物是一类可以作为结构单元或基本元素，用于工业规模合成一系列化工中间体和产品的化合物。随着对生物质催化转化制备化学品研究的深入，生物质平台分子的概念逐渐被提出并完善[60]。与石油资源相比，木质纤维素不仅富含碳和氢元素，还含有较高的氧元素[142]。这种独特的元素组成使得通过木质纤维素综合炼制得到的化学产品种类远多于石油炼制的产品种类，特别是高附加值化学品。木质纤维素转化而成的化学品大多含有氧元素，这一特性赋予了这些平台化学品独特的物理化学属性。

在众多的化学品中，糠醛和乙酰丙酸被广泛认为是目前最重要的两种木质纤维素平台化合物。美国能源部在其发布的《生物质衍生高附加值化学品》报告中，列出了超过 300 种生物质衍生化学品，通过评估这些化学品的原料成本、生产成本、价格、需求规模以及商业化可行性等关键指标，筛选出了 12 种重要的小分子化合物，包括丁二酸、2,5-呋喃二甲酸、3-羟基丙酸、天冬氨酸、葡萄糖二酸、衣康酸、乙酰丙酸、谷氨酸、甘油、山梨醇、3-羟基内丁酯和木糖醇[5]。这些重要的小分子化合物因其在合成生物质基高附加值化学品过程中占有的重要地位和潜在应用价值，被称作最具代表性的生物质平台分子[143]。

随着生物质制备高附加值化学品领域研究的深入，Bozell 和 Peterson 在 2010 年对原有的生物质平台化合物评价标准进行了补充和完善。他们增加了包括制备路线、产物附加值、技术可行性等在内的 9 条更为全面的评价标准。基于这些标准，重新评估并筛选出了 14 种生物质衍生顶端化学品，这些化学品被称为“TOP 10＋4”，包括乙醇、异戊二烯、糠醛（FF）、5-羟甲基糠醛（HMF）、氨基酸、2,5-呋喃二甲酸（FDCA）、甘油及其衍生物、乳酸、琥珀酸、羟基丙酸（HPA）、山梨醇和木糖醇等（图 4-11）[144-145]。这些化合物不仅在化学合成中具有重要地位，还在生物燃料和高附加值化学品的制备中扮演着关键角色，本节将对其中几种主要平台化合物的基本特性及催化制备进行介绍。

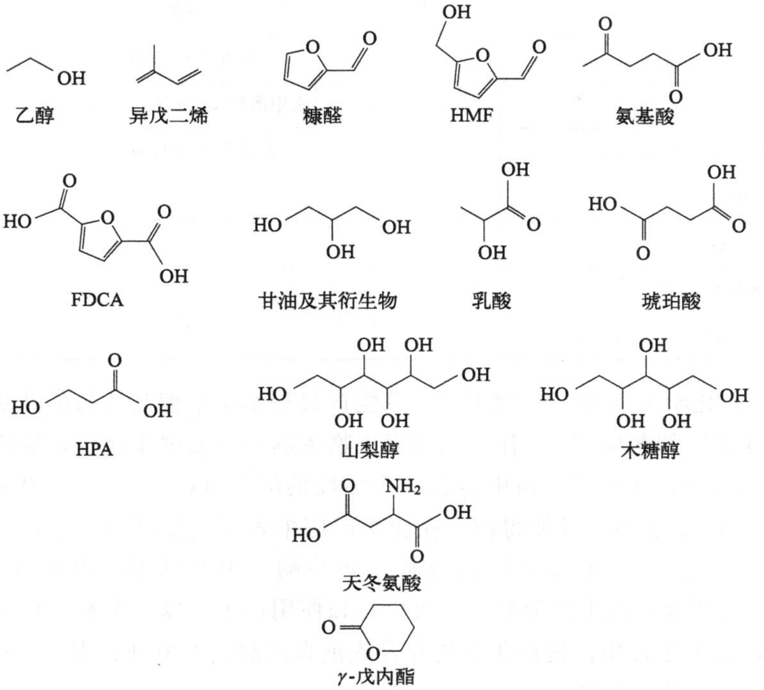

图 4-11　14 种生物质衍生顶端化学品

4.3.1　呋喃类平台化合物

呋喃类化合物及其下游产物占据“TOP 10＋4”中的 4 种类型，而糠醛与 5-羟甲基糠醛是其中两种最具代表性的呋喃类化合物，可用于制备多种生物燃料中间体与高附加值化学品，被誉为“连接原始生物质与高附加值产品的桥梁”，其物理化学性质如表 4-3 所示[146]。

表 4-3　糠醛与 5-羟甲基糠醛的物理化学性质[146]

糠醛		5-羟甲基糠醛	
性质	数值	性质	数值
分子量	96.08	分子量	126.11
沸点/℃	161.7	沸点/℃	245
凝点/℃	36.5	凝点/℃	33～35
自燃温度/℃	315	闪点/℃	138
临界温度/℃	397	蒸发焓/(kcal/g)	0.14
临界压力/MPa	5.502	溶解热/(cal/g)	19
生成焓/(kJ/mol)	151	酸强度(pK_a)	4.5
蒸发焓/(kJ/mol)	42.8	密度(－25℃)/(g/cm^3)	1.14

续表

糠醛		5-羟甲基糠醛	
性质	数值	性质	数值
密度(－25℃)/(g/cm^3)	1.16	折光率(－25℃)	1.4396
热值(－25℃)/(kJ/mol)	234.4	水中溶解度(－20℃)/(g/L)	675
运动黏度(－25℃)/(m^2/s)	1.49	表面张力/(dyne/cm)	39.7
折光率(－25℃)	1.5235		
介电常数(－20℃)	41.9		
水中溶解度(－25℃)/%	8.3		
表面张力(－29.9℃)/(mN/m)	40.7		

糠醛（FF），化学名称为 α-呋喃甲醛，其生产过程始于米糠与稀酸的共热反应，这一过程赋予了它“糠醛”的名称[147]。作为木质素生物炼制中的关键化合物，糠醛在化学结构上属于芳香杂环化合物，其分子结构中包含一个活泼的醛基（C—H—O）和一个双键共轭体系（C═C—C═C）。这些特性使得糠醛在化学反应中表现出较高的活性，可以通过加氢反应转化为糠醇及其他五元含氧杂环化合物，如呋喃、甲基呋喃、呋喃甲胺和呋喃甲酸等[148]。此外，糠醛及其衍生物糠醇不仅可以单独使用，还可以与苯酚、丙酮或尿素等物质反应，生成固体酯类化合物。这些化合物在合成抗真菌剂、杀虫剂、农药、香水和食品添加剂等领域具有重要的应用价值[146]。

5-羟甲基糠醛（HMF）是一种呋喃化合物，其分子结构中羟基和醛基分别取代了呋喃环上的 2,5-位。这种独特的化学结构赋予了 HMF 分子较高的化学活性，使其能够参与多种典型的醛类和醇类化合物的氧化还原反应，如缩醛反应和酰化反应等。HMF 分子由于含有更多的碳原子，在合成化学品方面展现出更大的潜力。其在功能上替代或直接替代现有的大宗商业化学品，主要基于以下三个关键性质[149-150]，①双官能团分子：HMF 是一种 α,ω-双官能团分子，其 2,5-位上的取代基可以被氧化生成二元羧酸或还原生成二元醇，这些化合物都是合成聚合物的重要原料。②不饱和芳香环系化合物：HMF 的不饱和芳香环结构使其可以通过加氢反应转化为燃料分子，这为生物燃料的制备提供了新的途径。③呋喃环的杂环结构：HMF 分子内的呋喃环结构可以用于制备一系列具有生物活性的功能分子，这些分子在药物和抗真菌剂的合成中具有重要的应用价值。

HMF 和 FF 都可以通过 C_6 和 C_5 的碳水化合物转化获得，它们在生成机理上具有许多相似之处。相应地，从生物质碳水化合物的液相分解中制备 HMF 和 FF 的反应体系也表现出显著的共性，见图 4-12[151]。影响碳水化合物向呋喃类化合物转化的关键因素不仅包括反应温度和时间等过程参数，还包括液相溶剂体系的组成和催化剂的特性。溶剂会显著影响反应的热化学过程及反应中间体的过渡态，进而改变最终产物的分布。催化剂的酸性，如 Lewis 酸（L 酸）和 Brønsted 酸（B 酸）的分布，对糖转化过程中的决速步骤具有选择性作用，例如，L 酸促进葡萄糖的异构化，而 B 酸则促进果糖的脱水[152]。

随着 HMF 和 FF 的利用价值日益受到重视，研究人员已经开发了多种不同的反应体系用于它们的制备。根据体系所采用的溶剂特点可以分成三类，分别是单相反应体系、双相反

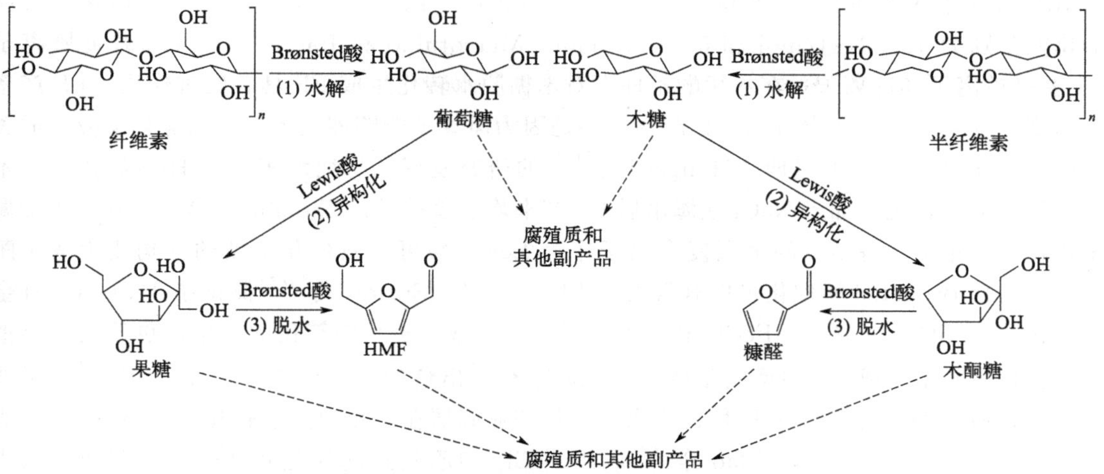

图 4-12　纤维素和半纤维素催化转化制备 HMF 和糠醛的路径[151]

应体系和离子液体反应体系，下面将对此展开具体介绍。

4.3.1.1　单相反应体系

单相反应体系指反应物系仅呈现一个相的反应过程，其中反应介质通常由单一溶剂或多种互溶溶剂组成。水作为一种广泛使用的溶剂，因其成本低廉、易于获取和环保等优点，在生物质转化为 HMF 和 FF 的过程中被广泛采用。果糖作为一种典型的六碳酮糖，其转化为 HMF 的反应活性较高[153]。Moller 等[154]在微波水热条件下，通过将果糖和葡萄糖分别在 220℃和 240℃下进行降解转化，获得了 47.5%和 30%的 HMF 产率。Ranoux 等[155]发现果糖在水相条件中降解生成的酸性产物（如甲酸）能提高体系的酸性，从而催化果糖脱水生成 HMF。基于此，他们提出了果糖水相自动催化机制，并在优化反应温度条件下（200℃）获得约 50%的 HMF 产率。Putten 等[156]比较了酮糖（果糖、塔格糖和山梨糖）和醛糖（葡萄糖、半乳糖和甘露糖）在稀 H_2SO_4（33～300mmol/L）水溶液中于 100～160℃转化生成 HMF 的情况，结果显示，酮糖的 HMF 产率（40%～50%）明显高于醛糖（约 5%）。

在转化为 HMF 的过程中，葡萄糖的反应活性显著低于果糖。这一现象已得到多项研究的证实，并且研究者们通过调整不同的催化剂和反应条件对其进行了优化。Choudhary 等[157]发现，Lewis 酸（如 $CrCl_3$ 和 $AlCl_3$）在水相中水解生成的金属复合离子能够有效催化葡萄糖异构化为果糖，同时质子酸的存在进一步促进了果糖向 HMF 的转化。de 等[158]的研究表明 $AlCl_3$ 可以显著促进葡萄糖向 HMF 转化，他们通过 $AlCl_3$ 催化水相中的葡萄糖在 120℃时获得了 40.3%的 HMF 产率。Wang 等[159]选取了对水敏感（$InCl_3$、$GaCl_3$、$AlCl_3$）和不敏感（$LaCl_3$、$DyCl_3$、$YbCl_3$）的 Lewis 酸，通过调整不同 pH 值分析 Lewis 酸和 Brønsted 酸对葡萄糖转化和果糖转化的影响，发现对于同系的 Lewis 酸，金属原子半径越小，催化葡萄糖转化的活性越高。此外，Lewis 酸会降低果糖转化为 HMF 的选择性。对于固体酸催化，Qi 等[160]研究了 TiO_2 和 ZrO_2 催化果糖和葡萄糖在水相中转化制取 HMF。结果显示，果糖在 200℃和 5min 的反应条件下，HMF 产率分别为 38.2%和 30.6%，而葡萄糖在相同条件下的产率则显著较低，分别为 7.68%和 4.61%。

水相反应体系在 FF 的制取中得到了广泛的应用。Jing 等[161]发现在 180～220℃及

10MPa 高压水热条件下，木糖降解转化的最高 FF 产率约为 50%，木糖和糠醛转化的反应活化能分别为 123.27kJ/mol 和 58.84kJ/mol。Marcotullio 和 Jong[162-163] 发现碱金属离子（主要是钠离子和钾离子）在水相酸条件下对木糖脱水转化生成 FF 具有促进作用，FF 产率可达到 85%以上。他们指出高 FF 产率主要是因为卤离子能够催化木糖的烯醇化反应生成关键中间体 1,2-烯醇。类似地，Hongsiri 等[164]的研究发现，与纯水相中的 HCl 催化转化木糖和阿拉伯糖相比，加入 NaCl 或海水后 FF 产率均显著提升。Choudhary 等[165]则指出金属氯化物在水相中水解生成的金属复合离子作为 Lewis 酸可有效催化木糖的异构化生成木酮糖，再结合 Brønsted 酸催化可以有效提高 FF 的产率。Enslow 等[166]测试了 HCl 和多种金属氯化物（$AlCl_3$、$CrCl_3$、$FeCl_3$ 和 $SnCl_4$ 等）对木糖在水相中转化的效果，也发现了类似的异构化后脱水生成 FF 的反应路径，且 $SnCl_4$ 有着出色的催化效果。Yemis 等[167]在微波辅助下，通过 HCl 催化小麦秸秆、小黑麦秸秆和亚麻屑在水相中降解转化，FF 产率分别为 48.4%、45.7%和 72.1%。Mao 等[168]利用 $FeCl_3$ 和乙酸共同催化并结合蒸汽萃取由玉米芯在水相中转化得到 67.89% 的 FF 产率。对于固体酸催化，Antunes 等[169] 研究了 H-MCM-22 和 ITQ-2 两种催化剂对木糖在水相中的转化，发现在 170℃和 32h 的条件下可获得 91%～97%的木糖转化率和 54%～56%的 FF 产率。Cheng 等[170]开发了介孔磷酸锆固体酸催化剂，并应用于木糖的水相催化转化，结果表明，在 170℃和 2h 的反应条件下 FF 的产率达到 52%。他们认为是介孔磷酸锆固体酸中合适的 Lewis/Brønsted 酸性位带来了良好的催化效果。值得指出的是，Weingarten 等[171]在研究了多种固体酸对木糖在水相中的转化效果后，发现催化剂中较低的 Lewis/Brønsted 酸性更有利于获得高的 FF 选择性。

虽然水作为反应介质在经济和环境友好性方面具有显著优势，但其强极性质子溶剂的特性以及较高的介电常数，导致在高温水相环境中容易发生产物的二次反应，尤其是 HMF 的再水合反应，形成乙酰丙酸（LA），从而降低 HMF 的产率。此外，在酸性水相中，不溶性固体副产物胡敏素的生成也较为常见，这些副产物主要来源于糖类、糖类转化中间体以及 HMF 或 FF 的脱水聚合反应[172]。针对这一问题，目前许多学者倾向于使用基于有机溶剂的单相反应体系，如二甲基亚砜（DMSO）、二甲基乙酰胺（DMA）、二甲基甲酰胺（DMF）、二氧六环、乙醇、丙醇和 γ-戊内酯（GVL）等有机溶剂，以促进生物质碳水化合物向 HMF 和 FF 的转化。

DMSO 作为一种典型的强极性非质子有机溶剂，在糖类酸性脱水生成呋喃类产物的反应中具有显著的催化效果。DMSO 对 HMF 的稳定性也表现出了良好的效果，其与 HMF 的羰基和羟基的结合更为紧密，从而提高了 HMF 的前线轨道 LUMO 能级，降低了其对亲核攻击的敏感性[173]。Amarasekara 等[174]的研究发现，DMSO 在果糖环状脱水生成 HMF 的过程中具有显著的催化作用。Yan 等[175]在纯 DMSO 环境中，无需催化剂，仅在 130℃下反应 4h，就能从果糖中获得高达 71.9%的 HMF 产率；在相同条件下，从葡萄糖中也能获得 4.3%的 HMF 产率，这进一步证明了 DMSO 在 HMF 生成过程中的促进作用。此外，他们还测试了 SO_4^{2-}/ZrO_2 和 SO_4^{2-}/ZrO_2-Al_2O_3 在 DMSO 中的催化效果，实验结果表明，使用这两种催化剂时，果糖转化为 HMF 的产率略有下降，约为 68%，而葡萄糖转化为 HMF 的产率则显著提升至 48%。

Seri 等[176]对果糖在不同有机溶剂中的 $LaCl_3$ 催化转化制取 HMF 的效果进行了比较。结果显示，在 100℃和 4h 的条件下，DMSO 中 HMF 的产率最高，超过了 95%，DMF 和

DMA 中的 HMF 产率也达到了 90%。相比之下，环丁砜中的 HMF 产率大约为 50%，而 1,4-二氧六环和 1-丁醇中的 HMF 产率仅为 25%左右。此外，Seri 等还对不同糖类在 DMSO 中的转化效率进行了研究，在 120℃和 2h 的条件下，葡萄糖、甘露糖和半乳糖生成的 HMF 产率均低于 10%，远低于果糖和山梨糖的 92.6%和 61.4%。多糖如异麦芽酮糖、蔗糖、松二糖、松三糖和棉子糖的 HMF 产率分别为 35.8%、93.0%、24.8%、23.8%和 64.8%。Tucker 等[177]研究了果糖在 DHMTHF、THF、THFA 和 DMSO 等有机溶剂与水组成的单相混溶体系中，利用 Amberlyst 70 催化制取 HMF 的转化效果。他们发现，这些有机溶剂的存在提高了呋喃型果糖构型的比例，从而促进了 HMF 的生成。Gallo 等[178]则研究了由 THF、GVL、GHL 等可从生物质制取的有机溶剂与水组成的单相溶剂体系用于葡萄糖制取 HMF，在结合 Lewis 酸和 Brønsted 酸催化的情况下，得到了约 60%的 HMF 产率。Weingarten 等[179]报道了一种新型反应路线，即在极性非质子有机溶剂 THF 中，纤维素直接利用硫酸催化制取 HMF，其中纤维素先转化为脱水糖，脱水糖再转化为 HMF，在优化条件下可获得高达 44%的 HMF 产率。

Bicker 等[180]对果糖在亚/超临界流体中转化制取呋喃类产物进行了研究。他们发现，在乙酸、丙酮/水（体积比 9：1）和甲醇中，果糖转化得到的 5-乙酰氧基甲基糠醛、HMF 和 5-甲氧基-甲基糠醛的产率分别为 38%、77%和 78%，这些产率均高于在水中得到的 35%的 HMF。Yang 等[181]在乙醇/水的混合单相体系中，使用 $AlCl_3$ 作为催化剂，从葡萄糖中获得了 24%的 HMF 和 33%的 5-乙氧基-甲基糠醛。这些研究表明，在特定的有机溶剂中，不仅可以提高 HMF 的产率，还可以进一步将 HMF 转化为其醚或酯类衍生物。这些衍生物不仅可以直接使用，还可以通过水解重新转化为 HMF，为 HMF 的制备提供了新的技术路线。

对于 FF 的制取，Lam 等[182]在 DMSO 中使用 Nafion 117 和 Nafion SAC-13 固体酸作为催化剂，从木糖中制取 FF（糠醛），分别获得了 60%和 55%的产率。Dias 等[183]研究了杂多酸 $H_3PW_{12}O_{40}$、$H_4SiW_{12}O_{40}$ 和 $H_3PMo_{12}O_{40}$ 对木糖在 DMSO 中转化的影响，发现在 140℃和 4h 的条件下，FF 的产率可以达到 58%～67%。他们还合成了微/介孔固体磺酸催化剂 MCM-41-SO_3Hs，用于在 DMSO 中 150℃和 24h 条件下的木糖转化，获得了 74.6%的 FF 产率，这一结果优于 Amberlyst 15 的 63%[184]。Binder 等[185]在 DMA 中研究了 HCl、$CrCl_3$ 和 $CrCl_2$ 等多种催化剂对木糖和木聚糖转化的影响，发现在 $CrCl_2$ 和 LiBr 的共同作用下，木糖的 FF 产率可以达到 56%，而木聚糖的 FF 产率相对较低。Shirotori 等[186]利用 Ni^{2+}-改性 γ-Al_2O_3 和 Amberlyst 15 组成的双催化体系，在 DMF 中催化木糖制取 FF，在 100℃的低温条件下获得了 47%的 FF 产率。Takagaki 等[187]在 DMF 中使用固体碱和固体酸催化木糖经历异构化和脱水生成 FF，在 100℃时获得了 51%的产率。Iglesias 等[188]在甲醇、乙醇和异丙醇等醇类溶剂中，研究了多种固体酸催化剂对木糖转化为 FF 的影响，发现异丙醇作为溶剂与 β-分子筛作为催化剂的组合对 FF 的生成最为有利。Hu 等[189]则研究了 20 种不同的溶剂，包括水以及醇、酮、呋喃、醚、酯、烃和芳烃等有机溶剂，对 Amberlyst 70 催化木糖转化的影响。这些溶剂由于具有不同的极性和分子结构，影响了反应物与酸性树脂催化剂酸性位点的相互作用方式，从而改变了反应路径。在这些溶剂中，酯类溶剂如甲酸甲酯对 FF 的生成表现出良好的选择性，在温和的反应条件下，可以获得约 70%的 FF 产率。

近些年，GVL 因其可再生性和良好的性能被广泛用于 FF 的制取中。Zhang 等[190]研究了在 GVL 溶剂中，使用 $FeCl_3$ 作为催化剂，从木糖、木聚糖和玉米芯中制备 FF，结果表明，在 170℃的条件下，这些原料分别可以获得 86.5%、68.6%和 66.8%的 FF 产率。特别地，在 185℃的条件下，玉米芯的 FF 产率可以达到 79.5%。这一高效率的原因之一是在该体系中，六碳糖可以通过逆醇醛缩合反应生成五碳糖中间体和甲醛，其中五碳糖中间体继续转化为 FF，这一路径避免了 HMF 的生成。Gurbuz 等[191]在 GVL 中研究了多种固体酸催化剂（包括磺酸型固体酸、分子筛、磺化金属氧化物）对木糖转化的影响，发现分子筛 H-mordenite 表现出最佳效果，在 170℃和 2h 的条件下，可以获得 81%的 FF 产率。Gallo 等[192]则在 GVL 中利用 Hβ 分子筛作为催化剂，从木糖、阿拉伯糖和核糖中分别获得了高达 71%、73%和 72%的 FF 产率。此外，使用 Hβ 分子筛催化玉米纤维的转化，也得到了 62%的 FF 产率，这主要归功于 Hβ 分子筛优良的 Brønsted 和 Lewis 酸性位点分布。

4.3.1.2 双相反应体系

双相体系是指反应体系中存在两个相，如不互溶的水/有机相体系。与单相体系不同，双相体系中 HMF 在一相（常见的是水相或改进后的水相）中生成后快速被抽提到另一相中（常见的是有机相），从而大大降低羟甲基糠醛发生降解或者再水合的概率，最终有效提高目标产物产率。在 2006 年，Roman-Leshkov 等[193]发表在 *Science* 上的论文首次提出了双相反应体系用于果糖制取 HMF（如图 4-13），其中果糖在水相中转化生成 HMF，并同时被原位萃取到与水相不互溶的有机溶剂相中，避免了 HMF 的二次反应并有效提高了 HMF 的生成选择性。自此之后，双相反应体系在呋喃类产物 HMF/FF 的制取中受到了广泛的关注。

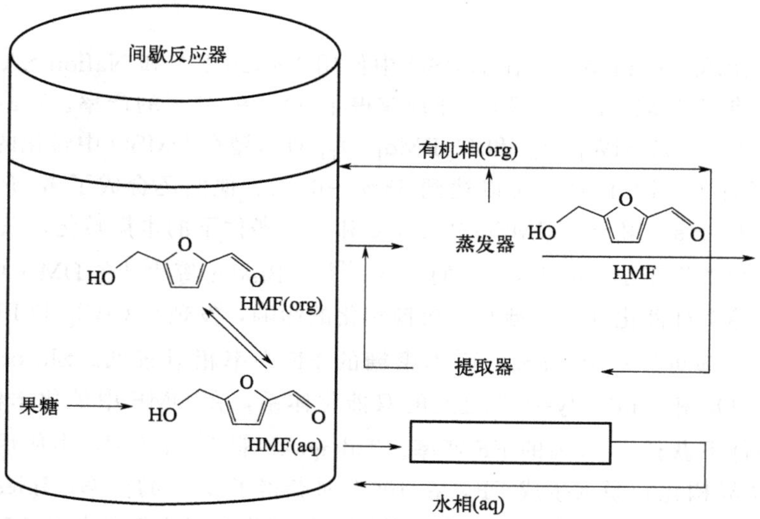

图 4-13　果糖在双相反应体系中转化制取 HMF[193]

目前已有多种不同的溶剂组合被用于双相反应体系，其中水相主要包括水、水-有机溶剂以及无机盐助剂，而有机相采用的溶剂主要有 MIBK（甲基异丁基酮）、2-丁醇、THF、甲苯、二氯甲烷等。Chheda 等[194]在由水-DMSO 与 MIBK-2-丁醇组成的双相体系中，利用 HCl 催化可由果糖和葡萄糖转化达到 90%和 50%的 HMF 选择性，同时对多糖的转化也有较好转化效果，此外在双相反应体系中可以适用高浓度的反应底物。Roman-Leshkov

等[195]考察了不同 C_3～C_6 有机溶剂（伯醇、仲醇、酮和环醚类）作萃取相以及在水相中添加不同无机盐（钠盐、钾盐等）对果糖转化为 HMF 的影响，其中 C_4 有机溶剂（如丁醇）作萃取相时最有利于提升 HMF 产率，而 THF 作萃取相时 HMF 的选择性较高（83%）且萃取效果最好（$R=7.1$）。此外，在水相中添加无机盐后产生的溢出效应能显著改善萃取效果，从而提高 HMF 的产率。

Yang 等[196]比较了 $AlCl_3$ 在水（单相）与水/THF（双相），以及水-NaCl（单相）与水-NaCl/THF（双相）中催化葡萄糖转化制取 HMF，分别得到了 22%与 52%，以及 17%与 62%的 HMF 产率，利用 THF 萃取以及添加 NaCl 助剂显著促进了 HMF 的生成。Shi 等[197]在水/THF 中利用高浓度盐（$NaHSO_4$ 和 $ZnSO_4$）催化纤维素转化，得到 53%的 HMF 产率，其中纤维素水解是整个反应的速率限制步骤。Ordomsky 等[198]研究了不同固体酸催化剂对果糖在水/MIBK 体系中转化制取 HMF 的影响，发现 B 酸性位数量与 HMF 选择性存在正相关性。

Dutta 等[199]报道了在水-NaCl/MIBK 双相体系中大孔径介孔磷酸锡固体酸催化剂用于制取 HMF，从果糖、葡萄、蔗糖、纤维二糖和纤维素分别得到 77%、50%、51%、39%和 32%的 HMF 产率，他们认为催化剂的孔结构和表面酸性分布是影响 HMF 生成的关键因素。Atanda 等[200]利用磷酸化氧化钛 P-TiO_2 催化剂在水-NMP-NaCl/THF 双相反应体系中实现了由葡萄糖高效制取 HMF，在 175℃和 105min 的条件下获得了高达 90.5%的 HMF 产率，同时在该体系中机械球磨预处理过的纤维素可以转化得到高达 86.2%的 HMF 产率，他们认为该体系中获得的出色的 HMF 产率是由于催化剂 P-TiO_2 中适当的酸性分布和结构以及 NMP 溶剂对副反应的抑制作用。

Choudhary 等[165]利用 Lewis 酸 $CrCl_3$ 和 HCl 在水/甲苯双相反应体系中催化木糖转化得到 76.3%的 FF 产率，其效果远高于在纯水体系中的 38.4%。Amiri 等[201]比较了稻秆在纯水相体系与添加了有机溶剂 1-丁醇、异丙醇、MIBK、丙酮和 THF 的两相体系中 H_2SO_4 催化生成 FF 的效果，有机相的存在显著提高了 FF 的产量，且其中 THF 的促进效果最好。Yang 等[202]在水-NaCl/THF 双相反应体系中，利用 $AlCl_3$ 催化剂在微波辅助加热下由木糖和木聚糖可获得 75%和 64%的 FF 产率。此外，该体系也适应于生物质制取 FF，可由玉米秆、松木、象草和杨木分别获得 55%、38%、56%和 64%的 FF 产率。

Zhang 等[203]研究了介孔分子筛 MCM-41 在水-NaCl/1-丁醇双相体系中催化木糖转化制取 FF，在 170℃和 3h 的条件下得到了 96.85%的木糖转化率和 44.05%的 FF 产率。Lessard 等[204]采用氢型发光沸石作催化剂，在水/甲苯双相反应体系中实现对木糖的高效转化，在 260℃下得到 98%的 FF 产率。Sahu 等[205]利用 HUSY 分子筛在双相反应体系中催化半纤维素转化，在 170℃和 4h 时分别由水/甲苯、水/对二甲苯和水/MIBK 体系制取得到 54% FF+18%（木糖和阿拉伯糖）+23%低聚糖、55%FF+20%（木糖和阿拉伯糖）+19%低聚糖以及 56%FF+17%（木糖和阿拉伯糖）+23%低聚糖。Bhaumik 等[206]开发了硅铝磷酸盐固体酸催化剂 SAPO-44，在 170℃和 8h 时分别由水/甲苯、水/对二甲苯和水/MIBK 体系从半纤维素转化得到 63%、55%和 53%的 FF 产率，同时 SAPO-44 催化剂的亲水特性使其具有较好的稳定性。

针对生物质的整体利用，Dumesic 团队[207]提出了生物质中 C_6 和 C_5 碳水化合物分别制取 HMF 和 FF 并进一步转化制取液体燃料，而木质素部分制取酚类并作为萃取 HMF 和 FF

等平台化合物的有机溶剂的技术路线（图 4-14）。他们发现源自木质素的酚类有机溶剂（如 2-仲丁基苯酚、丙基愈创木酚、丙基紫丁香酚等）对 HMF 和 FF 具有出色的萃取能力且不会萃取均质酸。比如 2-仲丁基苯酚不会萃取 HCl，而 THF 会萃取高达 30%的 HCl。基于此，他们利用多种催化剂用于碳水化合物在水/酚类溶剂的双相体系中制取 HMF/FF，并取得了良好的效果。比如在水-NaCl/2-仲丁基苯酚双相体系中，利用 $AlCl_3$ 和 HCl 催化可由葡萄糖制取得到 62%的 HMF，而利用 HCl 催化可由木糖制取得到 78%的 FF。总体而言，双相有机溶剂体系由于能够原位萃取生成的 HMF 而提高 HMF 的产率，但在该体系中需要用到大量的有机溶剂，同时带来了较高的能耗。

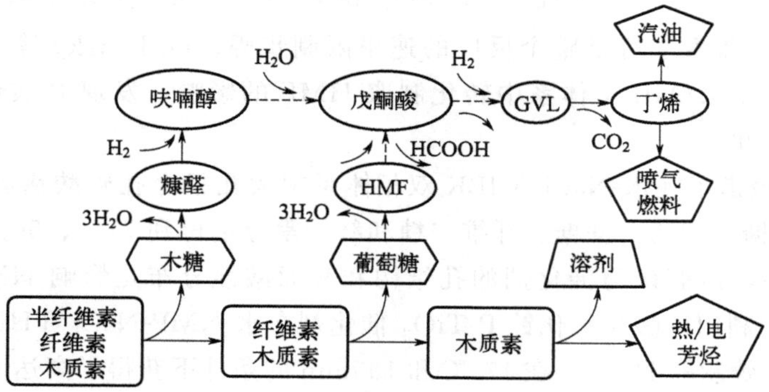

图 4-14　果糖在双相反应体系中转化制取 HMF[207]

4.3.1.3　离子液体反应体系

葡萄糖转化制取 HMF 的活性较低，2007 年 Zhao 等[208]发表在 *Science* 上的论文报道了离子液体在糖类转化制取 HMF 中的优异性能，其中在 100℃和 3h 时，葡萄糖在离子液体［EMIM］Cl 和 $CrCl_2$ 催化剂中可转化得到高达 70%的 HMF 产率。自此，离子液体在生物质转化制取 HMF 和 FF 上的应用开始受到越来越多的关注。离子液体是由阴离子和有机阳离子组成的盐，它们的分类基于有机阳离子的种类，其中最常见的阳离子包括季铵、*N*-烷基吡啶和甲基咪唑等。与传统的分子型溶剂相比，离子液体具有独特的物理化学特性。离子液体挥发性低，易溶解大分子物质，热化学稳定性好，同时可根据反应需要进行修饰，这些优良的性质使得近年来离子液体反应体系被广泛应用于 HMF/FF 的制取当中。

离子液体在呋喃类产物制取中主要被用作溶剂。HMF/FF 能够通过多种单分子底物在不含水的离子液体中制得，并且相对水相反应体系表现出更好的产物选择性，因为离子液体溶剂能够阻碍包括糠醛水解在内的一系列分解副反应的进行。对于 HMF 的制取，果糖和葡萄糖两种六碳糖常被选作底物进行研究。Lansalot-Matras 等[209]使用［BMIM］［PF_6］和［BMIM］［BF_4］离子液体作为溶剂，以离子交换树脂作为催化剂催化果糖制取 HMF，在 DMSO 作为共同溶剂的条件下获得了 87%的 HMF 产率。Moreau 等[210]使用［HMIM］Cl 同时作为溶剂与酸催化剂催化果糖转化制取 HMF，取得了高达 92%的产率，并发现离子液体能够有效阻止 HMF 的二次水解反应，同时提高了产物萃取效率。

Hu 等[211]针对酸性离子液体中果糖水解制取 HMF 进行了更深入的研究，他们使用 PyHCl 和［HMIM］Cl 作为溶剂/催化剂在 80℃下催化果糖转化制取 HMF，1h 后得到了

70%的产率，对应的果糖转化率为 90%～95%；此外，他们还研究了氯化胆碱（ChoCl）/柠檬酸反应体系并得到了 75%的 HMF 产率，而进一步使用乙酸乙酯对 HMF 进行在线萃取则可以得到高达 92%的 HMF 产率。Hu 等[212]利用［EMIM］［BF_4］离子液体作为溶剂和 $SnCl_4$ 作为催化剂，在 100℃下由葡萄糖得到了接近 60%的 HMF 产率，与果糖、蔗糖和纤维二糖作为反应底物时获得的 HMF 产率接近。Lima 等[213]使用 $CrCl_3$ 作为催化剂在［BMIM］CI/甲苯混合溶剂体系中催化葡萄糖转化制取 HMF，在 100℃下反应 4h 后获得了 91%的 HMF 产率。离子液体溶剂同样被用于通过二糖和多糖制取 HMF 的研究中。Qi 等[214]在［BMIM］Cl/水溶剂体系中以菊糖为底物制取 HMF，在 80℃下测试了多种 B 酸离子液体催化剂及离子交换树脂催化剂的催化效果，最终在 Amberlyst 15 的催化下得到了 67%的 HMF 产率，菊糖转化率接近 100%。

在 FF 的制取中，木糖是最受关注的反应底物之一，其他常见的反应物还包括阿拉伯糖、来苏糖和核糖等[215-216]。［EMIM］Cl、［BMIM］Cl 和［BMIM］［PF_6］等离子液体都常被用作反应溶剂在温和条件下制取 FF，对应的催化剂包括金属卤化物、固体酸催化剂、Brønsted 酸等，结果表明以金属卤化物或固体酸作为催化剂时能够获得更高的产率（75%以上）[217-218]。

Heguaburu 等[219]以多种戊糖为原料，使用离子交换树脂作为固体酸催化剂在［BMIM］Cl 离子液体中制取 FF，在最优反应条件下获得了 92%的 FF 产率，并认为离子液体作为反应介质具有降低工业生产成本的潜力。Zhang 等[216]采用 B 酸催化剂磺酸化聚乙二醇（PEG-OSO_3H），在［BMIM］［PF_6］离子液体溶剂中通过木糖制取 FF，在 120℃下获得了 75%的 FF 产率，并发现离子液体作为反应介质能够通过稳定产物 FF 从而提高反应的选择性。此外，Zhang 等[220]还采用 $AlCl_3$ 催化剂在［BMIM］Cl 中催化多种生物质及木聚糖进行转化制取 FF，发现 $AlCl_3$ 在离子液体的作用下能够形成［$AlCl_n$］$^{(n-3)-}$形式的复杂阴离子，这种阴离子降低了木聚糖中糖苷键的稳定性，促进了木聚糖的水解，最终获得了高达 84.8%的 FF 产率。

此外，离子液体在制取呋喃类产物过程中可以作为催化剂或添加剂。Li 等[221]利用［C_3SO_3HMIM］［HSO_4］离子液体和 $InCl_3$ 分别作 Brønsted 酸和 Lewis 酸催化剂，在 DMSO 溶剂中可由纤维素制取得到产率为 45.3%的 HMF。Tao 等[222]使用［SbMIM］［HSO_4］离子液体作为催化剂，在水相溶剂体系中使用木糖制取 FF，反应在 150℃下进行 25min 后获得最大 FF 产率 91.45%。他们发现离子液体经过 5 次重复利用都未显示出失活现象。Serrano-Ruiz 等[223]使用多种磺酸化离子液体（［SbPY］［BF_4］、［SbPY］［$MeSO_3$］、［Sbe_3N］［$MeSO_4$］、［Sbe_3N］［BF_4］等）作为催化剂在水相溶剂体系中转化木糖制取 FF，在 180℃条件下取得了 85%的 FF 产率。他们认为离子液体中有机阳离子的独特结构以及对磺酸基团的稳定作用促进了木糖的选择性转化，同时阴离子的种类对整个体系的反应活性有至关重要的影响。Zhang 等[50]以卤化铬为催化剂，在 DMA 溶剂中催化木糖转化制取 FF。反应体系中加入离子液体后，阻碍了 FF 与 FF 或与木糖间聚合副反应的发生，FF 产率从未添加离子液体的 30%～40%提高到了 56%。

当直接使用木质纤维素类生物质作为原料时，离子液体是一种极具优势的反应介质，因为其能够有效破坏坚固的木质纤维素结构，实现对生物质的充分溶解[224]。离子液体中的阴离子具有很强的氢键碱性，这使得它们能够有效破坏生物质聚合物中的氢键网络，从而改变生物质大分子的理化特性和分子结构[225]。这一过程使得生物质大分子中的糖苷键更容易与催化剂接触，促进了大分子解聚反应的进行。除此之外离子液体还能够对某些反应中间产物起到稳定作用，阻止这些活性物质发生副反应，从而提高整个反应的产率[226]。

Brandt 等[227]使用 [BMIM][HSO_4] 作为溶剂/催化剂，在 120℃下催化转化芒草，在 22h 后获得了 33%的 FF 产率。Zhang 等[216]在 [BMIM]PF 离子液体中使用 PEG-OSO_3H/$MnCl_2$ 催化体系转化玉米秸秆，反应温度为 120℃时仅需 18min 就获得了 36%的 FF 产率。Jiang 等[228]使用离子液体 [BMIM]Cl 作为溶剂，在多种 B 酸离子液体催化剂催化下通过纤维素水解制取 HMF，结果表明带有磺酸基团的咪唑类离子液体催化效果最好，在 100℃下反应 1h 后得到了 15%的 HMF 产率。结合离子液体的优良特性，由生物质制取呋喃类产物过程中的溶解、分馏、水解、转化能够合为一步，为呋喃类产物的制取提供一种更绿色更高效的合成路径。另外，离子液体相对较高的价格以及存在高沸点高黏度难分离也给其大规模应用带来了诸多挑战，而有关离子液体的高效分离回收方法目前仍有待进一步深入探索开发。

4.3.2 乙酰丙酸类平台化合物

乙酰丙酸，又可以称为 4-氧化戊酸、左旋糖酸或戊隔酮酸，是一种常用的短链非挥发性脂肪酸，其主要的物理化学性质见表 4-4[229]。乙酰丙酸在常温下呈白色片状或叶状体结晶，低毒，易燃，有吸湿的特性，易溶于水、醇类、醚类以及苯酚，不溶于四氯化碳、苯、高级脂肪酸类等物质，微溶于矿物油、二硫化碳等物质。

表 4-4 乙酰丙酸的物理化学性质[229]

项目	数值
分子量	116.11
沸点/℃	245
凝点/℃	33～35
密度(－25℃)/(g/cm^3)	1.14
折光率(－25℃)	1.4396
闪点/℃	138
酸强度(pK_a)	4.5
在水中的溶解度(20℃)/(g/L)	675
表面张力/(dyne/cm)	39.7
蒸发焓/(kcal/g)	0.14
溶解热/(cal/g)	19

从分子结构上来看，乙酰丙酸具有一个羰基和一个羧基，其中在羰基中存在 π 电子，易流动的 π 电子被拉向氧原子，使得羰基上的碳原子表现出缺电子的状态而带正电，而羰基上的氧原子表现出富电子的状态而带负电，而 α 位上的 C—H 结构由于受到 π 电子表现出较强

的极性，所以很容易发生断裂失去质子 H 并表现出酸性。当 α 位上的 H 失去后，剩余的结构带负电并形成 p-π 结构使得 α 位的负电子得以分散从而保持一个稳定的结构。同时，由于羟基上的电子云由于受到羰基的吸引使得 O—H 中的 H 很容易以 H^+ 的形式离去，而剩余的结构带负电形成一个共轭体系使得性质较稳定。

基于以上原因，乙酰丙酸表现为中强酸性，并能够很容易发生乙酰化、取代、缩合和中和等化学反应。同时，由于乙酰丙酸结构中羰基很容易被异构成烯醇结构，因此很容易发生加氢和氧化反应。结构中位于 4 位的羰基还可以通过不对称的还原形成手性化合物。因此乙酰丙酸具备了羰基和羧基所有的化学性质，很容易发生酯化、卤化、加氢、缩合、中和以及氧化反应生成一系列的化合物，并广泛应用在医药、香料、农业、化妆品、烟草、塑料助剂、润滑油、高分子聚合物、涂料等许多行业中[230]。

现阶段，乙酰丙酸的炼制技术从原料来分主要有两种（图 4-15），第一种是六碳糖路径：纤维素水解得到葡萄糖，葡萄糖异构成果糖，果糖脱水得到 HMF，HMF 酸催化水解得到乙酰丙酸和甲酸；第二种是五碳糖路径：半纤维素水解得到木糖，木糖脱水得到糠醛，糠醛加氢得到糠醇，糠醇酸催化水解得到乙酰丙酸。另外的如不饱和烷烃的氧化、5-甲基呋喃的氧化等方法均不常用[231]。由于生物质原料来源广泛，廉价易得可再生，其成为转化乙酰丙酸的重要途径之一。生物质转化为乙酰丙酸按照工艺来分可以分为一步法转化和两步法转化。由连续式和序批式两种模式对原料进行直接蒸煮获得乙酰丙酸，这种炼制技术可以统称为一步法。一步法生产糠醛的效率较低，为了提高其转化率，近年来新开发了两步法，即在低温条件下先将纤维素水解获得已糖，在酸催化剂的作用下，提高已糖溶液转化温度获得乙酰丙酸[232]。

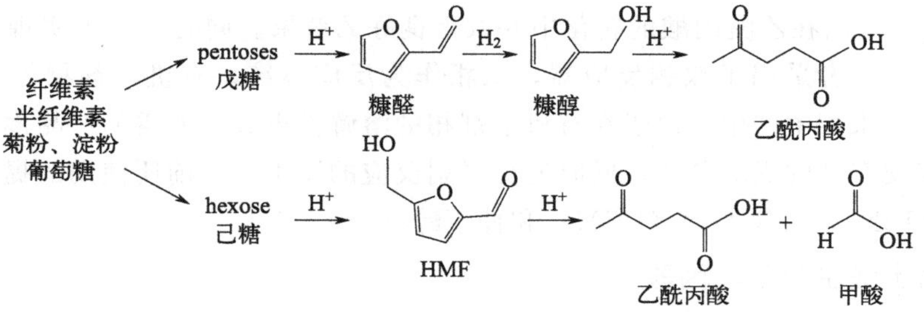

图 4-15 在酸催化剂作用下生产乙酰丙酸

4.3.2.1 一步法生产乙酰丙酸

一步法指的是以木质纤维素为原料，以有机酸、无机酸、固体酸等为催化剂，在一定温度下直接将木质纤维素中的纤维素组分转化为乙酰丙酸，此工艺的优点是过程简单，设备投资较少。但由于反应体系中的组分较多，在酸催化剂的作用下容易发生副反应，所以糠醛转化率较低[233]。对于一步法生产乙酰丙酸，研究者们做了大量研究以提高乙酰丙酸的转化率，主要研究方向为传统催化剂优化、体系条件优化、新型催化剂开发、反应体系中提取剂或者有机溶剂的使用以及反应体系添加剂的使用等方面[234]。

在反应条件优化方面，很多研究人员采用响应面软件对反应时间、催化剂浓度和反应温度等反应条件进行优化，例如 Jeong[235] 采用氨基葡萄糖为原料并通过稀酸转化生产乙酰丙酸，利用响应面软件优化后，当反应温度为 188℃，催化剂浓度为 4%（质量分数），反应时间为 49min，底物固含量为 120g/L 时，乙酰丙酸的最大浓度可以达到 30.3g/L（质量分数 25.3%）。Ya'aini 等[236]采用葡萄糖以及红麻原料生产乙酰丙酸，所有的实验参数采用中心复合设计（central composite design，CCD）方法进行优化，在反应温度为 145.2℃，反应时间为 146.7min，催化剂浓度为 12.0%时，葡萄糖转化乙酰丙酸的最大转化率为 55.2%；在最佳条件下，采用红麻进行实验其转化率可以达到 66.1%。

对于新型催化剂开发方面的研究，尤其是对固体酸催化剂而言，由于其可回收性能，近年来已经得到了越来越多的研究。目前所报道的固体催化剂有氧化锆和二氧化钛、氯化亚锡和氯化锡、SO_4^{2-}/ZrO_2-Al_2O_3（CSZA）、$AlCl_3$-$6H_2O$、金属锡的化合物、锆的磷酸盐和离子交换树脂固体催化剂等。这些催化剂在乙酰丙酸生产中已经凸显出了自身的优势，例如催化效率较高，可重复利用较长时间，但是在使用的过程中也会出现催化剂催化失活的现象，其主要原因在于催化过程中所产生的副产物焦炭或者胡敏素附着在催化剂表面，或者活性金属及酸基团从载体上脱落。使催化剂再生的方法之一是在 400～500℃下灼烧 3～4h。当然这种催化剂再生的方式只适合由于胡敏素等所导致的催化剂失活，通过去除表面上的胡敏素等杂质可以使催化剂达到最初的催化活性水平。而对于活性基团从载体脱落所导致的催化剂失活，则不能使用这种催化剂再生方式。同时，这种再生方式也不适合在高温下容易分解的固体催化剂（>200℃），当这种催化剂一旦失活，可以考虑采用盐酸、双氧水、乙醇、甲醇、氢氧化钠、丙酮等进行洗脱，大多数情况下采用这种方式对催化剂进行再生都可以使催化剂的活性恢复到最初始的水平。

为了增加底物以及产物的溶解性，增加转化过程中的转化率和选择性，利用有机溶剂代替水作为反应体系的溶剂也得到了大量的研究。目前所使用的溶剂有 DMSO、DMF、DMA、THF 和 γ-戊内酯等。离子液体如 $[BMIM]^+$、$[EMIM]^+$、$[OMIM]^+$、$[HMIM]^+$、$[C_4MIM]^+$ 等也应用在乙酰丙酸的转化中并取得良好的效果。同时，为了实现催化转化和产物的提取，很多学者采用了双相反应器，水相作为反应系统，有机溶剂相作为产物提取系统，产物不断从水相中产生，由于在有机溶剂相的溶解性更大，所得的产品逐渐转移到有机相中，从而实现产品的提取分离，同时避免了副反应的发生。目前所使用的提取溶剂有甲基异丁基酮（MIBK）、二氯甲烷（DCM）和仲丁醇。

4.3.2.2 两步法生产乙酰丙酸

两步法生产乙酰丙酸，首先通过各种预处理方式如高温液态水处理、稀酸处理、气爆法、SPORL 法（亚硫酸盐预处理）、离子液体处理等将木质纤维素中的半纤维素组分及木质素组分去除，最后获得纤维素组分，纤维素组分在酸催化剂作用以及一定温度下直接转化为乙酰丙酸。当使用固体催化剂时，纤维素组分则需要水解成己糖，再经过固体酸的催化转化获得乙酰丙酸。此方法由于去除了半纤维素及木质素组分，最后直接将纤维素及己糖直接转化为乙酰丙酸，避免了半纤维素组分、木质素及其衍生物与 HMF 以及葡萄糖等组分发生副反应产生胡敏素等，从而提高了乙酰丙酸的得率。近年来，基于此的两步法转化生产糠醛也受到了广泛关注。

Daiane 等用稻壳作为原材料，分别以 4.5%盐酸和 4%硫酸作为催化剂催化转化生产乙酰丙酸。稻壳预先分别经过氧化氢、氯化钠溶液、草酸、索式水提取、索式有机溶剂提取剂热水预处理去除大部分的木质素和半纤维素，处理后样品富含大量的纤维素，在酸催化剂的作用下直接转化为乙酰丙酸。结果表明索式水提取后的样品在 HCl 体积分数 4.5%，反应温度 170℃，压力 56bar 和反应时间 60min 的条件下，其乙酰丙酸产率最高可达 59.4%（质量分数）。

Runge 等[237]研究两步法酸催化生产乙酰丙酸的工艺，原料白杨木首先在较低的温度下处理，将原料里的半纤维素水解成戊糖，而纤维素组分几乎没有分解，经过固液分离后，固相含有较高浓度的纤维素组分。所获得的固相在较高的温度下，直接将纤维素组分转化成乙酰丙酸。第二阶段的反应参数（如反应温度、时间、固含量等）通过所建立反应模型进一步优化，在最佳的反应条件下（反应温度 190℃，反应时间 50min，硫酸浓度质量分数为 5%，液体和固体的比例为 10∶1），乙酰丙酸的产率最大可以达到 60.3%。

Yang 等[238]以棉秆为原料，以稀硫酸为催化剂，利用两步法催化生产乙酰丙酸。首先优化了第一阶段的反应参数（如反应时间、液固比和催化剂浓度），在最佳的反应条件下，即反应温度为 120℃，催化剂浓度为 0.2mol/L，反应时间为 20min 时，水解液中的木糖浓度达到了 9.7%，葡萄糖浓度达到了 4.1%。第一阶段反应结束后，改变反应条件进入第二阶段，当反应温度为 180℃，催化剂浓度为 0.2mol/L，反应时间为 60min 时，乙酰丙酸的产率最大达到了 9.51%。

Hayes 等[239]开发了 Biofine 炼制过程综合生产糠醛和乙酰丙酸，这个过程主要包括了两个反应阶段，第一反应阶段为管式反应器，在高温高压的条件下直接将半纤维素组分转化为糠醛，第二反应阶段为搅拌时高压蒸煮罐，糠醛在第二阶段被蒸馏出，实现了糠醛组分的分离，同时第二阶段反应继续将第一阶段产生的 HMF 和己糖单糖、葡聚糖等聚糖进一步转化为乙酰丙酸。其中第一阶段的反应温度在 210～220℃，反应压力 25bar，反应停留时间 12s 左右。第二阶段的反应温度在 190～200℃，反应压力在 14bar 左右，反应时间根据原料的种类及用量的不同一般在 20～60min。这个工艺糠醛的转化率在 70%左右，而乙酰丙酸的产率在 70%～80%，此工艺的最大优点在于糠醛和乙酰丙酸的分步转化，避免了转化过程中糠醛和 HMF 以及葡萄糖等中间产物发生副反应形成胡敏素，从而提高了糠醛和乙酰丙酸的产率。糠醛和水在高温高下形成了共沸物，其沸点远远小于水和糠醛各自的沸点，使得糠醛在转化过程中分离，获得高浓度和纯度的糠醛溶液。同时，这个工艺可以通过连续进料操作，实现糠醛和乙酰丙酸的连续生产。

4.3.3　其他平台化合物

4.3.3.1　有机酸类化合物

从生物质资源合成的各种化学品及其衍生物中，乳酸（又名丙醇酸或 2-羟基丙酸）作为一种具有高潜力和多功能的化学平台化合物，能够广泛应用于食品、医药、化妆品等领域，特别是可以作为生物降解塑料的单体以及环保性溶剂，受到人们的广泛重视[240]。乳酸分子中同时含有羟基（—OH）和羧基（—COOH）两个官能团，因此具有良好的化学性质，能够发生许多化学反应。乳酸的羧酸官能团具有温和的酸性，第二个碳原子的立体化学性质在聚乳酸的合成中具有十分重要的作用。乳酸脱羧生成乙醛，脱水生成丙烯酸，脱氧还原生成丙酸，缩合生成乙酰丙酮，加氧还原生成 1,2-丙二醇，自酯化生成乳交酯。此外，乳酸也能合成丙酮酸、2,3-戊二酮和乳酸酯。通过适当的催化剂和反应过程，乳酸可以转化为许多有机化学品。随着市场对乳酸需求量的扩大，世界每年乳酸的需求量达到 50 万吨，但人工合成的乳酸每年产量在26万吨，导致供需出现严重失衡，所以大力发展乳酸生产已成为全世界共同关注的话题[241]。

以纤维素为原料制备乳酸是一个复杂的反应，包含多步反应过程。首先，纤维素在高温酸性条件下，水解生成葡萄糖，葡萄糖经过烯醇式互变异构化生成果糖，果糖经过逆羟醛缩合反应断链生成中间体化合物甘油醛，甘油醛可与1,3-二羟基丙酮之间发生可逆转化，然后进一步脱水生成丙酮醛。最后，丙酮醛在氢转移的作用下发生水合重排转化生成乳酸（图4-16）。但在这个过程中，常常伴随着一些副反应的发生，例如，葡萄糖异构化生成的果糖脱水生成HMF，而HMF在水中易于进一步发生水合反应生成甲酸和乙酰丙酸[242]。因此，寻找节能、环保、高效的乳酸制备方法是值得科研工作者关注的研究方向。

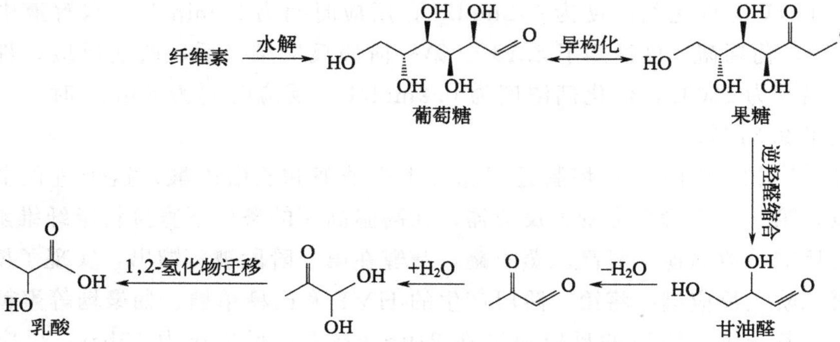

图4-16 纤维素催化转化制备乳酸的路径[242]

此外，葡萄糖酸是一种多羟基有机酸，在食品、医药、轻工、化工等行业中有着广泛的应用。近年来，随着生物质领域的不断发展，经化学催化转化碳水化合物为葡萄糖酸受到研究者的广泛关注，如图4-17所示[243]。

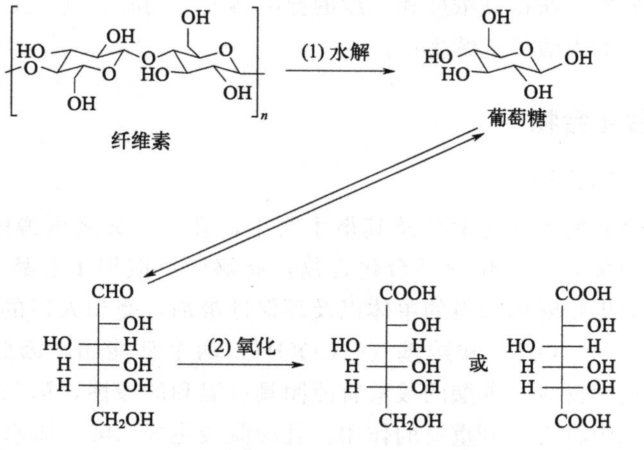

图4-17 纤维素催化转化制备葡萄糖酸的路径[243]

葡萄糖转化为葡萄糖酸的氧化剂主要有 H_2O_2、HNO_3、O_2 等。其中，H_2O_2 和

HNO_3 本身具有很强的氧化性，因此在氧化葡萄糖时基本不用再添加额外的催化剂。然而，以氧气为催化剂时，则需要加入金属催化剂如 Au、Pd、Pt 等来活化氧气分子。例如，An 等[244]将 Au 纳米粒子负载到 Keggin 结构的多金属氧酸盐上，制备了高活性的催化剂用于纤维素和纤维二糖催化转化为葡萄糖酸的研究。他们发现以纤维素为原料，在 145℃ 条件下，葡萄糖的产率和选择性分别可达 60%和 80%。Witonska 等[245]制备了负载 Pd/SiO_2 催化剂，并将其应用于葡萄糖催化转化制备葡萄糖酸的研究，结果显示葡萄糖酸的产率为 73.5%。Zhang 等[246]的研究发现高浓度的 $FeCl_3$ 水合物亦可用于催化葡萄糖氧化制备葡萄糖酸，其葡萄糖酸的产率在 50%左右，并且此过程不需在氧气的氛围下进行，这为化学催化氧化法制备葡萄糖酸提供了新思路。不过总体来说，化学催化氧化法制备葡萄糖酸还不够成熟，仍需要开发高效稳定的新型催化剂应用于该类反应。

4.3.3.2　多元醇类化合物

能够由生物质基碳水化合物合成的多元醇主要包括山梨醇、甘露醇、异山梨醇、乙二醇和丙二醇等，它们都是非常重要的化工原料。图 4-18 展示了以纤维素为原料制备不同多元醇的转化路径。由图可知：纤维素首先经过酸水解可以解离成葡萄糖，葡萄糖进一步加氢可以生成糖醇（山梨醇或甘露醇），糖醇再经过 2 步连续脱水可得到更高价值的异山梨醇；此外葡萄糖也可在某些特定催化剂的作用下经历 C—C 键的断裂（即逆羟醛缩合反应）形成乙醇醛，乙醇醛进一步加氢可以得到乙二醇；另外，葡萄糖在 Lewis 酸或碱性条件下可异构成果糖，生成的果糖进行逆羟醛缩合得到二羟基丙酮，然后再加氢即可获得 1,2-丙二醇。

目前，以纤维素等生物质基碳水化合物为原料制备糖醇的研究已经取得了一系列的成果。张彬等[247]报道了一系列沸石 ZSM-5 负载的 Ni 催化剂用于纤维素的水解加氢，结果发现使用浸渍法制备的 Ni/ZSM-5 展现出较高的糖醇选择性，催化剂上 Ni(111) 晶面被证明是主要的加氢活性位。在 Ni/ZSM-5 催化剂上，糖醇的选择性最高可以达到 82%，相反其他的 Ni 基催化剂往往会产生大量小分子的多元醇，研究表明负载型 Ni 基催化剂高的加氢活性和低的脱氢活性是导致山梨醇高选择性的原因。席金旭等[248]通过水热法合成了一种高酸量的磷酸铌材料，进一步负载钌后用于纤维素水解加氢制备山梨醇的研究。结果表明在 170℃ 和 4MPa、H_2 气氛的条件下反应 24h 可以得到产率为 69% 的山梨醇。

以纤维素等生物质基碳水化合物为原料，催化转化制备乙二醇、1,2-丙二醇等二元醇最早由中国科学院大连化学物理研究所张涛等人报道[249]。2008 年，张涛团队[250]报道了利用纤维素为原料选择性催化转化制备乙二醇的研究工作，引起了国内外学术界的广泛关注，被认为是开辟纤维素转化制备化学品的新途径。该研究采用自制的 Ni-W_2C/AC 为催化剂，在氢气和水热环境下，经过 30min 的反应，实现了纤维素 100%转化，乙二醇得率高达 61%。然而，反应中镍的流失以及催化剂回收过程中被氧化会导致催化剂活性下降，最终降低回用过程中乙二醇的得率。随后制备的磷化钨催化剂也具有与碳化钨相似的现象。为进一步提高目标产物乙二醇的收率，他们又制备了负载在不同载体材料上的金属钨二元催化剂，并将其应用于纤维素转化制备乙二醇的实验中。结果发现，Ni-W/SBA-15 催化剂实现纤维素完全转化，并获得最高的乙二醇产率，为 76.1%。此外，二元醇的得率还可以通过调节过渡金属和钨的比例来调控。

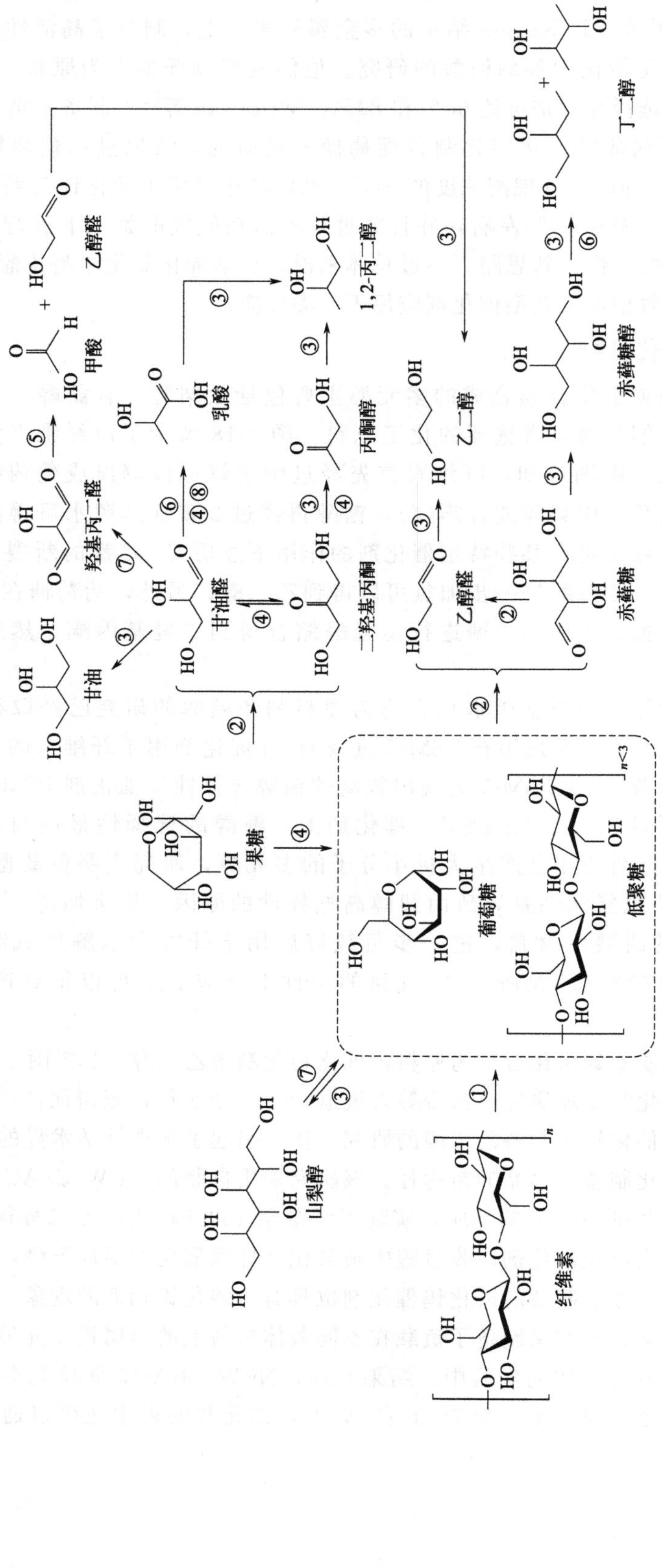

①水解反应（hydrolysis）；②逆羟醛缩合反应（retro-adol condensation）；③催化加氢反应（hydrogenation）；④异构化反应（isomerization）；⑤逆克莱森缩合反应（retro-Claisen reaction）；⑥脱水反应（dehydration）；⑦脱氢反应（dehydrogenation）；⑧水合反应（hydration）

图 4-18 纤维素催化转化制备多元醇的路径

参考文献

[1] Bridgwater A V, Peacocke G V C. Fast pyrolysis processes for biomass [J]. Renewable and Sustainable Energy Reviews, 2000, 4 (1): 1-73.

[2] Mohan D, Pittman, Jr. C U, Steele P H. Pyrolysis of wood/biomass for bio-oil: A critical review [J]. Energy & Fuels, 2006, 20 (3): 848-889.

[3] Kilzer F J, Broido A. Speculations on nature of cellulose pyrolysis [J]. Pyrodynamics, 1965, 2 (2-3): 151-163.

[4] Broido A, Nelson M A. Char yield on pyrolysis of cellulose [J]. Combustion and Flame, 1975, 24 (2): 263-268.

[5] Shafizadeh F. Pyrolysis and combustion of cellulosic materials [M]. Advances in carbohydrate chemistry. Elsevier, 1968.

[6] Bradbury A G W, Sakai Y, Shafizadeh F. A kinetic model for pyrolysis of cellulose [J]. Journal of Applied Polymer Science, 1979, 23 (11): 3271-3280.

[7] Mok W S L, Antal M J. Effects of pressure on biomass pyrolysis . Ⅰ. Cellulose pyrolysis products [J]. Thermochimica Acta, 1983, 68 (2-3): 155-164.

[8] Boutin O, Ferrer M, Lédé J. Radiant flash pyrolysis of cellulose-Evidence for the formation of short life time intermediate liquid species [J]. Journal of Analytical and Applied Pyrolysis, 1998, 47 (1): 13-31.

[9] Varhegyi G, Antal M J, Szekely T, et al. Simultaneous thermogravimetric mass-spectrometric studies of the thermal-decomposition of bio-polymers . 1. Avicel cellulose in the presence and absence of catalysts [J]. Energy & Fuels, 1988, 2 (3): 267-272.

[10] DiBlasi C. Kinetic and heat transfer control in the slow and flash pyrolysis of solids [J]. Industrial & Engineering Chemistry Research, 1996, 35 (1): 37-46.

[11] Chan W-C R, Kelbon M, Krieger B B. Modeling and experimental-verification of physical and chemical processes during pyrolysis of a large biomass particle [J]. Fuel, 1985, 64 (11): 1505-1513.

[12] Liao Y F, Luo Z Y, Wang S R, et al. Mechanism of rapid pyrolysis of cellulose Ⅰ. Experimental research [J]. Journal of Fuel Chemistry and Technology, 2003, 31 (2): 133-138.

[13] Wang S R, Liao Y F, Tan H, et al. Mechanism of cellulose rapid pyrolysis Ⅱ. Mechanism analysis [J]. Journal of Fuel Chemistry and Technology, 2003, 31 (4): 317-321.

[14] Mamleev V, Bourbigot S, Yvon J. Kinetic analysis of the thermal decomposition of cellulose: The main step of mass loss [J]. Journal of Analytical and Applied Pyrolysis, 2007, 80 (1): 151-165.

[15] Mamleev V, Bourbigot S, Le Bras M L, et al. Model-free method for evaluation of activation energies in modulated thermogravimetry and analysis of cellulose decomposition [J]. Chemical Engineering Science, 2006, 61 (4): 1276-1292.

[16] Mamleev V, Bourbigot S, Yvon J. Kinetic analysis of the thermal decomposition of cellulose: The change of the rate limitation [J]. Journal of Analytical and Applied Pyrolysis, 2007, 80 (1): 141-150.

[17] Wang W, Shi Y, Cui Y, et al. Catalytic fast pyrolysis of cellulose for increasing contents of furans and aromatics in biofuel production [J]. Journal of Analytical and Applied Pyrolysis, 2018, 131: 93-100.

[18] Donar Y O, Sınağ A. Catalytic effect of tin oxide nanoparticles on cellulose pyrolysis [J]. Journal of Analytical and Applied Pyrolysis, 2016, 119: 69-74.

[19] Fabbri D, Torri C, Mancini I. Pyrolysis of cellulose catalysed by nanopowder metal oxides: production and characterisation of a chiral hydroxylactone and its role as building block [J]. Green Chemistry, 2007, 9 (12): 1374-1379.

[20] Fabbri D, Torri C, Baravelli V. Effect of zeolites and nanopowder metal oxides on the distribution of chiral anhydrosugars evolved from pyrolysis of cellulose: An analytical study [J]. Journal of Analytical and Applied Pyrolysis, 2007, 80 (1): 24-29.

[21] Cao L, Yu I K M, Chen S S, et al. Production of 5-hydroxymethylfurfural from starch-rich food waste catalyzed by sulfonated biochar [J]. Bioresource Technology, 2018, 252: 76-82.

[22] Mahajan A, Gupta P. Carbon-based solid acids: a review [J]. Environmental Chemistry Letters, 2020, 18 (2): 299-314.

[23] Yamaguchi D, Hara M. Starch saccharification by carbon-based solid acid catalyst [J]. Solid State Sciences, 2010, 12 (6): 1018-1023.

[24] Chen S S, Maneerung T, Tsang D C W, et al. Valorization of biomass to hydroxymethylfurfural, levulinic acid, and fatty acid methyl ester by heterogeneous catalysts [J]. Chemical Engineering Journal, 2017, 328: 246-273.

[25] Qi X, Lian Y, Yan L, et al. One-step preparation of carbonaceous solid acid catalysts by hydrothermal carbonization of glucose for cellulose hydrolysis [J]. Catalysis Communications, 2014, 57: 50-54.

[26] Suganuma S, Nakajima K, Kitano M, et al. Hydrolysis of cellulose by amorphous carbon bearing SO_3H, COOH, and OH groups [J]. Journal of the American Chemical Society, 2008, 130 (38): 12787-12793.

[27] Shen F, Guo T, Bai C, et al. Hydrolysis of cellulose with one-pot synthesized sulfonated carbonaceous solid acid [J]. Fuel Processing Technology, 2018, 169: 244-247.

[28] Chen X, Li S, Liu Z, et al. Pyrolysis characteristics of lignocellulosic biomass components in the presence of CaO [J]. Bioresource Technology, 2019, 287: 121493.

[29] Chen G, Wang X, Jiang Y, et al. Insights into deactivation mechanism of sulfonated carbonaceous solid acids probed by cellulose hydrolysis [J]. Catalysis Today, 2019, 319: 25-30.

[30] Chen L, Li Y, Zhang X, et al. One-pot conversion of cellulose to liquid hydrocarbon efficiently catalyzed by Ru/C and boron phosphate in aqueous medium [J]. Energy Procedia, 2019, 158: 160-166.

[31] Abbas I, Badran G, Verdin A, et al. Polycyclic aromatic hydrocarbon derivatives in airborne particulate matter: sources, analysis and toxicity [J]. Environmental Chemistry Letters, 2018, 16 (2): 439-475.

[32] Liu J, Jia H, Zhu K, et al. Formation of environmentally persistent free radicals and reactive oxygen species during the thermal treatment of soils contaminated by polycyclic aromatic hydrocarbons [J]. Environmental Chemistry Letters, 2020, 18 (4): 1329-1336.

[33] Zhang H, Zheng J, Xiao R, et al. Study on pyrolysis of pine sawdust with solid base and acid mixed catalysts by thermogravimetry-fourier transform infrared spectroscopy and pyrolysis-gas chromatography/mass spectrometry [J]. Energy & Fuels, 2014, 28 (7): 4294-4299.

[34] Lu Q, Zhang Z F, Dong C Q, et al. Catalytic upgrading of biomass fast pyrolysis vapors with nano metal oxides: An analytical Py-GC/MS study [J/OL]. Energies, 2010, 3 (11): 1805-1820.

[35] Hattori H. Solid base catalysts: generation of basic sites and application to organic synthesis [J]. Applied Catalysis A: General, 2001, 222 (1-2): 247-259.

[36] Hattori H, Shima M, Kabashima H. Alcoholysis of ester and epoxide catalyzed by solid bases [M]. Studies in Surface Science and Catalysis. Elsevier, 2000.

[37] Mourant D, Wang Z, He M, et al. Mallee wood fast pyrolysis: Effects of alkali and alkaline earth metallic species on the yield and composition of bio-oil [J]. Fuel, 2011, 90 (9): 2915-2922.

[38] Hu S, Jiang L, Wang Y, et al. Effects of inherent alkali and alkaline earth metallic species on biomass pyrolysis at different temperatures [J]. Bioresource Technology, 2015, 192: 23-30.

[39] Lin X, Kong L, Cai H, et al. Effects of alkali and alkaline earth metals on the co-pyrolysis of cellulose and high density polyethylene using TGA and Py-GC/MS [J]. Fuel Processing Technology, 2019, 191: 71-78.

[40] Stefanidis S D, Karakoulia S A, Kalogiannis K G, et al. Natural magnesium oxide (MgO) catalysts: A cost-effective sustainable alternative to acid zeolites for the in situ upgrading of biomass fast pyrolysis oil [J]. Applied Catalysis B: Environmental, 2016, 196: 155-173.

[41] Chen X, Chen Y, Yang H, et al. Fast pyrolysis of cotton stalk biomass using calcium oxide [J]. Bioresource Technology, 2017, 233: 15-20.

[42] Gong X, Yu Y, Gao X, et al. Formation of anhydro-sugars in the primary volatiles and solid residues from cellulose fast pyrolysis in a wire-mesh reactor [J]. Energy & Fuels, 2014, 28 (8): 5204-5211.

[43] Yi Y B, Lee J L, Choi Y H, et al. Direct production of hydroxymethylfurfural from raw grape berry biomass using ionic liquids and metal chlorides [J]. Environmental Chemistry Letters, 2012, 10 (1): 13-19.

[44] Leng E, Wang Y, Gong X, et al. Effect of KCl and $CaCl_2$ loading on the formation of reaction intermediates during cellulose fast pyrolysis [J]. Proceedings of the Combustion Institute, 2017, 36 (2): 2263-2270.

[45] Capek P, Kubackova M, Alföldi J, et al. Galactoglucomannan from the secondary cell wall of *Picea abies* L. Karst [J]. Carbohydrate Research, 2000, 329 (3): 635-645.

[46] Yang H, Chen Q, Wang K, et al. Correlation between hemicelluloses-removal-induced hydrophilicity variation and the bioconversion efficiency of lignocelluloses [J]. Bioresource Technology, 2013, 147: 539-544.

[47] Söderström J, Pilcher L, Galbe M, et al. Two-step steam pretreatment of softwood with SO_2 impregnation for ethanol production [J]. Applied Biochemistry and Biotechnology, 2002, 98 (1-9): 5-21.

[48] Rowley J, Decker S R, Michener W, et al. Efficient extraction of xylan from delignified corn stover using dimethyl sulfoxide [J]. 3 Biotech, 2013, 3 (5): 433-438.

[49] Schell D J, Ruth M F, Tucker M P. Modeling the enzymatic hydrolysis of dilute-acid pretreated Douglas Fir [J]. Applied Biochemistry and Biotechnology, 1999, 77 (1-3): 67-81.

[50] Zhang J, Choi Y S, Yoo C G, et al. Cellulose-hemicellulose and cellulose-lignin interactions during fast pyrolysis [J]. ACS Sustainable Chemistry & Engineering, 2015, 3 (2): 293-301.

[51] Patwardhan P R, Brown R C, Shanks B H. Product distribution from the fast pyrolysis of hemicellulose [J]. ChemSusChem, 2011, 4 (5): 636-643.

[52] Lv G J, Wu S B, Lou R. Characteristics of corn stalk hemicellulose pyrolysis in a tubular reactor [J]. BioResources, 2010, 5 (4): 2051-2062.

[53] Shen D K, Gu S, Bridgwater A V. The thermal performance of the polysaccharides extracted from hardwood: Cellulose and hemicellulose [J]. Carbohydrate Polymers, 2010, 82 (1): 39-45.

[54] Shafizadeh F, McGinnis G D, Philpot C W. Thermal degradation of xylan and related model compounds [J]. Carbohydrate Research, 1972, 25 (1): 23-33.

[55] Shafizadeh F, McGinnis G D, Susott R A, et al. Thermal reactions of α-D-xylopyranose and β-D-xylopyranosides [J]. The Journal of Organic Chemistry, 1971, 36 (19): 2813-2818.

[56] Stefanidis S D, Kalogiannis K G, Iliopoulou E F, et al. A study of lignocellulosic biomass pyrolysis via the pyrolysis of cellulose, hemicellulose and lignin [J]. Journal of Analytical and Applied Pyrolysis, 2014, 105: 143-150.

[57] Wang S-r, Liang T, Ru B, et al. Mechanism of xylan pyrolysis by Py-GC/MS [J]. Chemical Research in Chinese Universities, 2013, 29 (4): 782-787.

[58] Shen D K, Gu S, Bridgwater A V. Study on the pyrolytic behaviour of xylan-based hemicellulose using TG-FTIR and Py-GC-FTIR [J]. Journal of Analytical and Applied Pyrolysis, 2010, 87 (2): 199-206.

[59] Shen D, Jin W, Hu J, et al. An overview on fast pyrolysis of the main constituents in lignocellulosic biomass to valued-added chemicals: Structures, pathways and interactions [J]. Renewable and Sustainable Energy Reviews, 2015, 51: 761-774.

[60] Huber G W, Iborra S, Corma A. Synthesis of transportation fuels from biomass: chemistry, catalysts, and engineering [J]. Chemical reviews, 2006, 106 (9): 4044-4098.

[61] Klemm D, Heublein B, Fink H P, et al. Cellulose: fascinating biopolymer and sustainable raw material [J]. Angewandte Chemie International Edition, 2005, 44 (22): 3358-3393.

[62] Freudenberg K, Blomqvist G. Die hydrolyse der cellulose und ihrer oligosaccharide [J]. Berichte der Deutschen Chemischen Gesellschaft, 1935, 68: 2070-2082.

[63] Sharples A. The hydrolysis of cellulose and its relation to structure [J]. Transactions of Faraday Society, 1957, 53: 1003-1013.

[64] Saeman J F. Kinetics of wood saccharification——hydrolysis of cellulose and decomposition of sugars in dilute acid at high temperature [J]. Industrial and Engineering Chemistry, 1945, 37 (1): 43-52.

[65] 辛勤，徐杰．现代催化化学［M］．北京：科学出版社，2016．

[66] Edward J T. Stability of glycosides to acid hydrolysis [M]. Chemistry and Industry, 1955.

[67] Zhao Y, Lu K, Xu H, et al. A critical review of recent advances in the production of furfural and 5-hydroxymethylfurfural from lignocellulosic biomass through homogeneous catalytic hydrothermal conversion [J]. Renewable and Sustainable Energy Reviews, 2021, 139: 110706.

[68] Xiang Q, Lee Y Y, Pettersson P O, et al. Heterogeneous aspects of acid hydrolysis of α-cellulose [J]. Applied Biochemistry and Biotechnology, 2003, 107: 505-514.

[69] Mamman A S, Lee J-M, Kim Y-C, et al. Furfural: Hemicellulose/xylosederived biochemical [J]. Biofuels, Bioproducts and Biorefining, 2008, 2 (5): 438-454.

[70] Qian X, Nimlos M R, Johnson D K, et al. Acidic sugar degradation pathways: an ab initio molecular dynamics study [J]. Applied Biochemistry and Biotechnology, 2005, 121-124: 989-997.

[71] Vanoye L, Fanselow M, Holbrey J D, et al. Kinetic model for the hydrolysis of lignocellulosic biomass in the ionic liquid, 1-ethyl-3-methyl-imidazolium chloride [J]. Green Chemistry, 2009, 11 (3): 390-396.

[72] Zhang Z, Qiao Y, Liu F, et al. Utilization of hydroxyl-enriched glucose-based carbonaceous sphere (HEGCS) as a catalytic accelerator to enhance the hydrolysis of cellulose to sugar [J]. ACS Applied Materials & Interfaces, 2020, 12 (23): 25693-25699.

[73] 吴倩倩，常璇，马玉龙．麦秸酸解聚产物的形成机制研究［J］．高分子通报，2015：80-86．

[74] Chen Y, Shan J, Cao Y, et al. Mechanocatalytic depolymerization of hemicellulose to xylooligosaccharides: New insights into the influence of impregnation solvent [J]. Industrial Crops and Products, 2022, 180: 114704.

[75] Swatloski R P, Spear S K, Holbrey J D, et al. Dissolution of cellose with ionic liquids [J]. Journal of the American Chemical Society, 2002, 124 (18): 4974-4975.

[76] Fort D A, Remsing R C, Swatloski R P, et al. Can ionic liquids dissolve wood? Processing and analysis of lignocellulosic materials with 1-*n*-butyl-3-methylimidazolium chloride [J]. Green Chemistry, 2007, 9 (1): 63-69.

[77] Remsing R C, Swatloski R P, Rogers R D, et al. Mechanism of cellulose dissolution in the ionic liquid 1-*n*-butyl-3-methylimidazolium chloride: a ^{13}C and $^{35/37}Cl$ NMR relaxation study on model systems [J]. Chemical Communications, 2006, (12): 1271-1273.

[78] Harmsen P F H, Huijgen W J J, Bermudez Lopez L M, et al. Literature review of physical and chemical pretreatment processes for lignocellulosic biomass [J]. Biomass, 2010: 1-49.

[79] Faith W L. Development of the scholler process in the united states [J]. Industrial & Engineering Chemistry, 1945, 37 (1): 9-11.

[80] Harris E E, Beglinger E. Madison wood sugar process [J]. Industrial & Engineering Chemistry, 1946, 38 (9): 890-895.

[81] Harris J F, Baker A J, Conner A H, et al. Two-stage dilute sulfuric acid hydrolysis of wood: An investigation of fundamentals [R]. Madison: U. S. Department of Agriculture, Forest Service, Forest Products Laboratory, 1985.

[82] Wooley R, Ruth M, Sheehan J, et al. Lignocellulosic biomass to ethanol process design and economics utilizing co-current dilute acid prehydrolysis and enzymatic hydrolysis current and futuristic scenarios [R]. Colorado: U. S. Department of Energy, National Renewable Energy Laboratory, 1999.

[83] Bergius F. Conversion of wood to carbohydrates [J]. Industrial & Engineering Chemistry, 1937, 29 (3): 247-253.

[84] Rinaldi R, Schüth F. Acid hydrolysis of cellulose as the entry point into biorefinery schemes [J]. ChemSusChem, 2009, 2 (12): 1096-1107.

[85] Yan L, Greenwood A A, Hossain A, et al. A comprehensive mechanistic kinetic model for dilute acid hydrolysis of switchgrass cellulose to glucose, 5-HMF and levulinic acid [J]. RSC Advances, 2014, 4 (45): 23492-23504.

[86] Fagan R D, Grethlein H E, Converse A O, et al. Kinetics of the acid hydrolysis of cellulose found in paper refuse [J]. Environmental Science & Technology, 1971, 5 (6): 545-547.

[87] Karimi K, Kheradmandinia S, Taherzadeh M J. Conversion of rice straw to sugars by dilute-acid hydrolysis [J]. Bi-

omass and Bioenergy，2006，30（3）：247-253.

[88] Marzialetti T，Valenzuela Olarte M B，Sievers C，et al. Dilute acid hydrolysis of loblolly pine：A comprehensive approach [J]. Industrial & Engineering Chemistry Research，2008，47（19）：7131-7140.

[89] Lu Y，Mosier N S. Kinetic modeling analysis of maleic acid-catalyzed hemicellulose hydrolysis in corn stover [J]. Biotechnology and bioengineering，2008，101（6）：1170-1181.

[90] Fanta G F，Abbott T P，Herman A I，et al. Hydrolysis of wheat straw hemicellulose with trifluoroacetic acid. Fermentation of xylose with *Pachysolen tannophilus* [J]. Biotechnology and bioengineering，1984，26（9）：1122-1125.

[91] Liu X，Tang Q，Li S，et al. Saeman kinetics model for hydrolysis of sweet sorghum bagasse by oxalic acid [J]. Huaxue Gongcheng/Chemical Engineering（China），2010，38（5）：79-82.

[92] 岳昌海，薄德臣，李凭力．醋酸水解玉米芯中木聚糖的动力学 [J]. 化学工程，2011，39：16-20.

[93] Li C，Zhao Z K. Efficient acid-catalyzed hydrolysis of cellulose in ionic liquid [J]. Advanced Synthesis & Catalysis，2007，349（11-12）：1847-1850.

[94] Morales-delaRosa S，Campos-Martin J M，Fierro J L G. High glucose yields from the hydrolysis of cellulose dissolved in ionic liquids [J]. Chemical Engineering Journal，2012，181-182：538-541.

[95] Binder J B，Raines R T. Fermentable sugars by chemical hydrolysis of biomass [J]. Proceedings of the National academy of Sciences of the United States of America，2010，107（10）：4516-4521.

[96] Enslow K R，Bell A T. The kinetics of Brønsted acid-catalyzed hydrolysis of hemicellulose dissolved in 1-ethyl-3-methylimidazolium chloride [J]. RSC Advances，2012，2（26）：10028-10036.

[97] Kamimura A，Okagawa T，Oyama N，et al. Combination use of hydrophobic ionic liquids and LiCl as a good reaction system for the chemical conversion of cellulose to glucose [J]. Green Chemistry，2012，14（10）：2816-2820.

[98] Liu Z，Li L，Liu C，et al. Saccharification of cellulose in the ionic liquids and glucose recovery [J]. Renewable Energy，2017，106：99-102.

[99] 李梦鸽．玉米芯及玉米秸秆的多聚糖组分解聚及转化研究 [D]. 郑州：郑州大学，2021.

[100] van de Vyver S，Geboers J，Jacobs P A，et al. Recent advances in the catalytic conversion of cellulose [J]. Chem Cat Chem，2011，3（1）：82-94.

[101] Shimizu K-i，Furukawa H，Kobayashi N，et al. Effects of Brønsted and Lewis acidities on activity and selectivity of heteropolyacid-based catalysts for hydrolysis of cellobiose and cellulose [J]. Green Chemistry，2009，11（10）：1627-1632.

[102] Tian J，Wang J，Zhao S，et al. Hydrolysis of cellulose by the heteropoly acid $H_3PW_{12}O_{40}$ [J]. Cellulose，2010，17（3）：587-594.

[103] 杨丽芳，亓伟，庄新姝，等．金属盐助催化超低酸水解纤维素的实验和机理 [J]. 太阳能学报，2013，34：395-401.

[104] Morales-delaRosa S，Campos-Martin J M，Fierro J L G. Complete chemical hydrolysis of cellulose into fermentable sugars via ionic liquids and antisolvent pretreatments [J]. ChemSusChem，2014，7（12）：3467-3475.

[105] Su Y，Brown H M，Li G，et al. Accelerated cellulose depolymerization catalyzed by paired metal chlorides in ionic liquid solvent [J]. Applied Catalysis A：General，2011，391（1-2）：436-442.

[106] Jiang Z，Ding W，Xu S，et al. A 'Trojan horse strategy' for the development of a renewable leather tanning agent produced via an $AlCl_3$-catalyzed cellulose depolymerization [J]. Green Chemistry，2020，22（2）：316-321.

[107] Gao M，Jiang Z，Ding W，et al. Selective degradation of hemicellulose into oligosaccharides assisted by $ZrOCl_2$ and their potential application as a tanning agent [J]. Green Chemistry，2022，24（1）：375-383.

[108] Jiang Z，Budarin V L，Fan J，et al. Sodium chloride-assisted depolymerization of xylo-oligomers to xylose [J]. ACS Sustainable Chemistry & Engineering，2018，6（3）：4098-4104.

[109] Wang J，Zhou M，Yuan Y，et al. Hydrolysis of cellulose catalyzed by quaternary ammonium perrhenates in 1-allyl-3-methylimidazolium chloride [J]. Bioresource Technology，2015，197：42-47.

[110] Zeng M, Pan X. Insights into solid acid catalysts for efficient cellulose hydrolysis to glucose: progress, challenges, and future opportunities [J]. Catalysis Reviews, 2020, 64 (3): 445-490.

[111] Hu L, Lin L, Wu Z, et al. Chemocatalytic hydrolysis of cellulose into glucose over solid acid catalysts [J]. Applied Catalysis B: Environmental, 2015, 174-175: 225-243.

[112] Huang Y B, Fu Y. Hydrolysis of cellulose to glucose by solid acid catalysts [J]. Green Chemistry, 2013, 15 (5): 1095-1111.

[113] Shrotri A, Kobayashi H, Fukuoka A. Cellulose depolymerization over heterogeneous catalysts [J]. Accounts of Chemical Research, 2018, 51 (3): 761-768.

[114] Rinaldi R, Schüth F. Design of solid catalysts for the conversion of biomass [J]. Energy & Environmental Science, 2009, 2 (6): 610-626.

[115] Takagaki A, Tagusagawa C, Domen K. Glucose production from saccharides using layered transition metal oxide and exfoliated nanosheets as a water-tolerant solid acid catalyst [J]. Chemical Communications, 2008 (42): 5363-5365.

[116] Onda A, Ochi T, Yanagisawa K. Selective hydrolysis of cellulose into glucose over solid acid catalysts [J]. Green Chemistry, 2008, 10 (10): 1033-1037.

[117] Wu T, Li N, Pan X, et al. Homogenous hydrolysis of cellulose to glucose in an inorganic ionic liquid catalyzed by zeolites [J]. Cellulose, 2020, 27: 9201-9215.

[118] Chu S, Yang L n, Guo X, et al. The influence of pore structure and Si/Al ratio of HZSM-5 zeolites on the product distributions of α-cellulose hydrolysis [J]. Molecular Catalysis, 2018, 445: 240-247.

[119] Dhepe P L, Sahu R. A solid-acid-based process for the conversion of hemicellulose [J]. Green Chemistry, 2010, 12 (12): 2153-2156.

[120] Pang J, Wang A, Zheng M, et al. Hydrolysis of cellulose into glucose over carbons sulfonated at elevated temperatures [J]. Chemical Communications, 2010, 46 (37): 6935-6937.

[121] van de Vyver S, Peng L, Geboers J, et al. Sulfonated silica/carbon nanocomposites as novel catalysts for hydrolysis of cellulose to glucose [J]. Green Chemistry, 2010, 12 (9): 1560-1563.

[122] Furusato S, Takagaki A, Hayashi S, et al. Mechanochemical decomposition of crystalline cellulose in the presence of protonated layered niobium molybdate solid acid catalyst [J]. ChemSusChem, 2018, 11 (5): 888-896.

[123] Fukuoka A, Dhepe P L. Catalytic conversion of cellulose into sugar alcohols [J]. Angewandte Chemie International Edition, 2006, 45 (31): 5161-5163.

[124] Dhepe P L, Fukuoka A. Cracking of cellulose over supported metal catalysts [J]. Catalysis Surveys from Asia, 2007, 11 (4): 186-191.

[125] Yan N, Zhao C, Luo C, et al. One-step conversion of cellobiose to C_6-alcohols using a ruthenium nanocluster catalyst [J]. Journal of the American Chemical Society, 2006, 128 (27): 8714-8715.

[126] Tian J, Fang C, Cheng M, et al. Hydrolysis of cellulose over $Cs_xH_{3-x}PW_{12}O_{40}$ ($x=1-3$) heteropoly acid catalysts [J]. Chemical Engineering & Technology, 2011, 34 (3): 482-486.

[127] Cheng M, Shi T, Guan H, et al. Clean production of glucose from polysaccharides using a micellar heteropolyacid as a heterogeneous catalyst [J]. Applied Catalysis B: Environmental, 2011, 107 (1-2): 104-109.

[128] Rinaldi R, Palkovits R, Schuth F. Depolymerization of cellulose using solid catalysts in ionic liquids [J]. Angewandte Chemie International Edition, 2008, 47 (42): 8047-8050.

[129] Youngmi Kim, Rick Hendrickson, Nathan Mosier, et al. Plug-flow reactor for continuous hydrolysis of glucans and xylans from pretreated corn fiber [J]. Energy&Fuels, 2005, 19 (5): 2189-2200.

[130] Kusema B T, Hilmann G, Mäki-Arvela P, et al. Selective hydrolysis of arabinogalactan into arabinose and galactose over heterogeneous catalysts [J]. Catalysis Letters, 2011, 141 (3): 408-412.

[131] Wiredu B, Amarasekara A S. Synthesis of a silica-immobilized Brønsted acidic ionic liquid catalyst and hydrolysis of cellulose in water under mild conditions [J]. Catalysis Communications, 2014, 48: 41-44.

[132] Lai D-m, Deng L D, Li J, et al. Hydrolysis of cellulose into glucose by magnetic solid acid [J]. ChemSusChem, 2011, 4 (1): 55-58.

[133] Zhao X, Wang J, Chen C, et al. Graphene oxide for cellulose hydrolysis: how it works as a highly active catalyst? [J]. Chemical Communications, 2014, 50 (26): 3439-3442.

[134] Li N, Li Y, Yoo C G, et al. An uncondensed lignin depolymerized in the solid state and isolated from lignocellulosic biomass: a mechanistic study [J]. Green Chemistry, 2018, 20 (18): 4224-4235.

[135] Li N, Pan X, Alexander J. A facile and fast method for quantitating lignin in lignocellulosic biomass using acidic lithium bromide trihydrate (ALBTH) [J]. Green Chemistry, 2016, 18 (19): 5367-5376.

[136] Chen P, Shrotri A, Fukuoka A. Soluble cello-oligosaccharides produced by carbon-catalyzed hydrolysis of cellulose [J]. ChemSusChem, 2019, 12 (12): 2576-2580.

[137] Lin Q X, Zhang C H, Wang X H, et al. Impact of activation on properties of carbon-based solid acid catalysts for the hydrothermal conversion of xylose and hemicelluloses [J]. Catalysis Today, 2019, 319: 31-40.

[138] Rahmati S, Atanda L, Horn M, et al. A hemicellulose-first approach: one-step conversion of sugarcane bagasse to xylooligosaccharides over activated carbon modified with tandem plasma and acid treatments [J]. Green Chemistry, 2022, 24 (19): 7410-7428.

[139] Okuhara T. Water-tolerant solid acid catalysts [J]. Chemcal Reviews, 2002, 102 (10): 3641-3665.

[140] Cara P D, Pagliaro M, Elmekawy A, et al. Hemicellulose hydrolysis catalysed by solid acids [J]. Catalysis Science & Technology, 2013, 3 (8): 2057-2061.

[141] Akiyama G, Matsuda R, Sato H, et al. Cellulose hydrolysis by a new porous coordination polymer decorated with sulfonic acid functional groups [J]. Advanced Materials, 2011, 23 (29): 3294-3297.

[142] Ragauskas A J, Williams C K, Davison B H, et al. The path forward for biofuels and biomaterials [J]. Science, 2006, 311 (5760): 484-489.

[143] Bozell J J, Petersen G R. Technology development for the production of biobased products from biorefinery carbohydrates——The US Department of Energy's "Top 10" revisited [J]. Green chemistry, 2010, 12 (4): 539-554.

[144] Werpy T, Petersen G. Top value added chemicals from biomass: Volume Ⅰ——Results of screening for potential candidates from sugars and synthesis gas [R]. United States, 2004.

[145] Bozell J J, Holladay J E, Johnson D, et al. Top value added chemicals from biomass-volume Ⅱ: results of screening for potential candidates from biorefinery lignin [J]. Pacific Northwest National Laboratory, Richland, WA, 2007, 10: 921839.

[146] Kong Q S, Li X L, Xu H J, et al. Conversion of 5-hydroxymethylfurfural to chemicals: A review of catalytic routes and product applications [J]. Fuel Processing Technology, 2020, 209: 106528.

[147] Elias V R, Ferrero G O, Idriceanu M G, et al. From biomass-derived furans to aromatic compounds: design of Al-Nb-SBA-15 mesoporous structures and study of their acid properties on catalytic performance [J]. Catalysis Science & Technology, 2024, 14 (6): 1488-1500.

[148] Manikandan S, Vickram S, Sirohi R, et al. Critical review of biochemical pathways to transformation of waste and biomass into bioenergy [J]. Bioresource Technology, 2023, 372: 128679.

[149] Xia H, Xu S, Hu H, et al. Efficient conversion of 5-hydroxymethylfurfural to high-value chemicals by chemo-and bio-catalysis [J]. RSC Advances, 2018, 8 (54): 30875-30886.

[150] Sun W, Zhong F, Ge X, et al. Selective hydrogenation of 5-hydroxymethylfurfural to 2, 5-bis (hydroxymethyl) furan over Ni-Ga intermetallic catalysts and its kinetic studies [J]. Reaction Chemistry & Engineering, 2024, 9 (7): 1796-1804.

[151] van Putten R-J, van Der Waal J C, de Jong E, et al. Hydroxymethylfurfural, a versatile platform chemical made from renewable resources [J]. Chemical reviews, 2013, 113 (3): 1499-1597.

[152] Agirrezabal-Telleria I, Garcia-Sancho C, Maireles-Torres P, et al. Dehydration of xylose to furfural using a Lewis or Brønsted acid catalyst and N_2 stripping [J]. Chinese Journal of Catalysis, 2013, 34 (7): 1402-1406.

[153] 林海周．生物质碳水化合物液相催化转化制取呋喃类平台化合物研究［D］．杭州：浙江大学，2017.

[154] Moller M，Harnisch F，Schroder U. Microwave-assisted hydrothermal degradation of fructose and glucose in subcritical water［J］. Biomass and Bioenergy，2012，39：389-398.

[155] Ranoux A，Djanashvili K，Arends I W，et al. 5-Hydroxymethylfurfural synthesis from hexoses is autocatalytic［J］. ACS Catalysis，2013，3（4）：760-763.

[156] van Putten R J，Soetedjo J N M，Pidko E A，et al. Dehydration of different ketoses and aldoses to 5-hydroxymethylfurfural［J］. ChemSusChem，2013，6（9）：1681-1687.

[157] Choudhary V，Pinar A B，Lobo R F，et al. Comparison of homogeneous and heterogeneous catalysts for glucose-to-fructose isomerization in aqueous media［J］. ChemSusChem，2013，6（12）：2369-2376.

[158] de S，Dutta S，Saha B. Microwave assisted conversion of carbohydrates and biopolymers to 5-hydroxymethylfurfural with aluminium chloride catalyst in water［J］. Green Chemistry，2011，13（10）：2859-2868.

[159] Wang T，Glasper J A，Shanks B H. Kinetics of glucose dehydration catalyzed by homogeneous Lewis acidic metal salts in water［J］. Applied Catalysis A：General，2015，498：214-221.

[160] Qi X，Watanabe M，Aida T M，et al. Catalytical conversion of fructose and glucose into 5-hydroxymethylfurfural in hot compressed water by microwave heating［J］. Catalysis Communications，2008，9（13）：2244-2249.

[161] Jing Q，Lu X. Kinetics of non-catalyzed decomposition of D-xylose in high temperature liquid water［J］. Chinese Journal of Chemical Engineering，2007，15（5）：666-669.

[162] Marcotullio G，de Jong W. Chloride ions enhance furfural formation from D-xylose in dilute aqueous acidic solutions［J］. Green chemistry，2010，12（10）：1739-1746.

[163] Marcotullio G，de Jong W. Furfural formation from D-xylose：the use of different halides in dilute aqueous acidic solutions allows for exceptionally high yields［J］. Carbohydrate Research，2011，346（11）：1291-1293.

[164] Hongsiri W，Danon B，de Jong W. Kinetic study on the dilute acidic dehydration of pentoses toward furfural in seawater［J］. Industrial & Engineering Chemistry Research，2014，53（13）：5455-5463.

[165] Choudhary V，Sandler S I，Vlachos D G. Conversion of xylose to furfural using Lewis and Brønsted acid catalysts in aqueous media［J］. ACS Catalysis，2012，2（9）：2022-2028.

[166] Enslow K R，Bell A T. $SnCl_4$-catalyzed isomerization/dehydration of xylose and glucose to furanics in water［J］. Catalysis Science & Technology，2015，5（5）：2839-2847.

[167] Yemiş O，Mazza G. Acid-catalyzed conversion of xylose，xylan and straw into furfural by microwave-assisted reaction［J］. Bioresource Technology，2011，102（15）：7371-7378.

[168] Mao L，Zhang L，Gao N，et al. $FeCl_3$ and acetic acid co-catalyzed hydrolysis of corncob for improving furfural production and lignin removal from residue［J］. Bioresource Technology，2012，123：324-331.

[169] Antunes M M，Lima S，Fernandes A，et al. Aqueous-phase dehydration of xylose to furfural in the presence of MCM-22 and ITQ-2 solid acid catalysts［J］. Applied Catalysis A：General，2012，417：243-252.

[170] Cheng L，Guo X，Song C，et al. High performance mesoporous zirconium phosphate for dehydration of xylose to furfural in aqueous-phase［J］. RSC advances，2013，3（45）：23228-23235.

[171] Weingarten R，Tompsett G A，Conner Jr. W C，et al. Design of solid acid catalysts for aqueous-phase dehydration of carbohydrates：The role of Lewis and Brønsted acid sites［J］. Journal of Catalysis，2011，279（1）：174-182.

[172] van Zandvoort I，Wang Y，Rasrendra C B，et al. Formation，molecular structure，and morphology of humins in biomass conversion：influence of feedstock and processing conditions［J］. ChemSusChem，2013，6（9）：1745-1758.

[173] Tsilomelekis G，Josephson T R，Nikolakis V，et al. Origin of 5-hydroxymethylfurfural stability in water/dimethyl sulfoxide mixtures［J］. ChemSusChem，2014，7（1）：117-126.

[174] Amarasekara A S，Williams L D，Ebede C C. Mechanism of the dehydration of d-fructose to 5-hydroxymethylfurfural in dimethyl sulfoxide at 150℃：an NMR study［J］. Carbohydrate Research，2008，343（18）：3021-3024.

[175] Yan H，Yang Y，Tong D，et al. Catalytic conversion of glucose to 5-hydroxymethylfurfural over SO_4^{2-}/ZrO_2 and

$SO_4^{2-}/ZrO_2-Al_2O_3$ solid acid catalysts [J]. Catalysis Communications, 2009, 10 (11): 1558-1563.

[176] Seri K-i, Inoue Y, Ishida H. Highly efficient catalytic activity of lanthanide (Ⅲ) ions for conversion of saccharides to 5-hydroxymethyl-2-furfural in organic solvents [J]. Chemistry Letters, 2000, 29 (1): 22-23.

[177] Tucker M H, Alamillo R, Crisci A J, et al. Sustainable solvent systems for use in tandem carbohydrate dehydration hydrogenation [J]. ACS Sustainable Chemistry & Engineering, 2013, 1 (5): 554-560.

[178] Gallo J M R, Alonso D M, Mellmer M A, et al. Production and upgrading of 5-hydroxymethylfurfural using heterogeneous catalysts and biomass-derived solvents [J]. Green Chemistry, 2013, 15 (1): 85-90.

[179] Weingarten R, Rodriguez-Beuerman A, Cao F, et al. Selective conversion of cellulose to hydroxymethylfurfural in polar aprotic solvents [J]. ChemCatChem, 2014, 6 (8): 2229-2234.

[180] Bicker M, Hirth J, Vogel H. Dehydration of fructose to 5-hydroxymethylfurfural in sub-and supercritical acetone [J]. Green Chemistry, 2003, 5 (2): 280-284.

[181] Yang Y, Hu C, Abu-Omar M M. Conversion of glucose into furans in the presence of $AlCl_3$ in an ethanol-water solvent system [J]. Bioresource technology, 2012, 116: 190-194.

[182] Lam E, Majid E, Leung A C W, et al. Synthesis of furfural from xylose by heterogeneous and reusable nafion catalysts [J]. ChemSusChem, 2011, 4 (4): 535-541.

[183] Dias A S, Pillinger M, Valente A A. Liquid phase dehydration of D-xylose in the presence of Keggin-type heteropolyacids [J]. Applied Catalysis A: General, 2005, 285 (1-2): 126-131.

[184] Dias A S, Pillinger M, Valente A A. Dehydration of xylose into furfural over micro-mesoporous sulfonic acid catalysts [J]. Journal of Catalysis, 2005, 229 (2): 414-423.

[185] Binder J B, Blank J J, Cefali A V, et al. Synthesis of furfural from xylose and xylan [J]. ChemSusChem, 2010, 3 (11): 1268-1272.

[186] Shirotori M, Nishimura S, Ebitani K. One-pot synthesis of furfural from xylose using Al_2O_3-Ni-Al layered double hydroxide acid-base bi-functional catalyst and sulfonated resin [J]. Chemistry Letters, 2016, 45 (2): 194-196.

[187] Takagaki A, Ohara M, Nishimura S, et al. One-pot formation of furfural from xylose via isomerization and successive dehydration reactions over heterogeneous acid and base catalysts [J]. Chemistry Letters, 2010, 39 (8): 838-840.

[188] Iglesias J, Melero J A, Morales G, et al. Dehydration of xylose to furfural in alcohol media in the presence of solid acid catalysts [J]. ChemCatChem, 2016, 8 (12): 2089-2099.

[189] Hu X, Westerhof R J M, Dong D, et al. Acid-catalyzed conversion of xylose in 20 solvents: insight into interactions of the solvents with xylose, furfural, and the acid catalyst [J]. ACS sustainable chemistry & engineering, 2014, 2 (11): 2562-2575.

[190] Zhang L, Yu H, Wang P, et al. Production of furfural from xylose, xylan and corncob in gamma-valerolactone using $FeCl_3 \cdot 6H_2O$ as catalyst [J]. Bioresource Technology, 2014, 151: 355-360.

[191] Gurbuz E I, Gallo J M R, Alonso D M, et al. Conversion of hemicellulose into furfural using solid acid catalysts in γ-valerolactone [J]. Angewandte Chemie International Edition, 2013, 52 (4): 1270-1274.

[192] Gallo J M R, Alonso D M, Mellmer M A, et al. Production of furfural from lignocellulosic biomass using beta zeolite and biomass-derived solvent [J]. Topics in Catalysis, 2013, 56: 1775-1781.

[193] Roman-Leshkov Y, Chheda J N, Dumesic J A. Phase modifiers promote efficient production of hydroxymethylfurfural from fructose [J]. Science, 2006, 312 (5782): 312.

[194] Chheda J N, Roman-Leshkov Y, Dumesic J A. Production of 5-hydroxymethylfurfural and furfural by dehydration of biomass-derived mono-and poly-saccharides [J]. Green Chemistry, 2007, 9 (4): 342-350.

[195] Roman-Leshkov Y, Dumesic J A. Solvent effects on fructose dehydration to 5-hydroxymethylfurfural in biphasic systems saturated with inorganic salts [J]. Topics in Catalysis, 2009, 52: 297-303.

[196] Yang Y, Hu C W, Abu-Omar M M. Conversion of carbohydrates and lignocellulosic biomass into 5-hydroxymethylfurfural using $AlCl_3 \cdot 6H_2O$ catalyst in a biphasic solvent system [J]. Green Chemistry, 2012, 14 (2):

509-513.
[197] Shi N, Liu Q, Zhang Q, et al. High yield production of 5-hydroxymethylfurfural from cellulose by high concentration of sulfates in biphasic system [J]. Green chemistry, 2013, 15 (7): 1967-1974.
[198] Ordomsky V V, van der Schaaf J, Schouten J C, et al. Fructose dehydration to 5-hydroxymethylfurfural over solid acid catalysts in a biphasic system [J]. ChemSusChem, 2012, 5 (9): 1812-1819.
[199] Dutta A, Gupta D, Patra A K, et al. Synthesis of 5-hydroxymethylfurural from carbohydrates using large-pore mesoporous tin phosphate [J]. ChemSusChem, 2014, 7 (3): 925-933.
[200] Atanda L, Shrotri A, Mukundan S, et al. Direct production of 5-Hydroxymethylfurfural via catalytic conversion of simple and complex sugars over Phosphated TiO_2 [J]. ChemSusChem, 2015, 8 (17): 2907-2916.
[201] Amiri H, Karimi K, Roodpeyma S. Production of furans from rice straw by single-phase and biphasic systems [J]. Carbohydrate Research, 2010, 345 (15): 2133-2138.
[202] Yang Y, Hu C W, Abu-Omar M M. Synthesis of furfural from xylose, xylan, and biomass using $AlCl_3 \cdot 6H_2O$ in biphasic media via xylose isomerization to xylulose [J]. ChemSusChem, 2012, 5 (2): 405-410.
[203] Zhang J, Zhuang J, Lin L, et al. Conversion of D-xylose into furfural with mesoporous molecular sieve MCM-41 as catalyst and butanol as the extraction phase [J]. Biomass and Bioenergy, 2012, 39: 73-77.
[204] Lessard J, Morin J-F, Wehrung J-F, et al. High yield conversion of residual pentoses into furfural via zeolite catalysis and catalytic hydrogenation of furfural to 2-methylfuran [J]. Topics in Catalysis, 2010, 53: 1231-1234.
[205] Sahu R, Dhepe P L. A one-pot method for the selective conversion of hemicellulose from crop waste into C_5 sugars and furfural by using solid acid catalysts [J]. ChemSusChem, 2012, 5 (4): 751-761.
[206] Bhaumik P, Dhepe P L. Efficient, stable, and reusable silicoaluminophosphate for the one-pot production of furfural from hemicellulose [J]. ACS Catalysis, 2013, 3 (10): 2299-2303.
[207] Gurbuz E I, Wettstein S G, Dumesic J A. Conversion of hemicellulose to furfural and levulinic acid using biphasic reactors with alkylphenol solvents [J]. ChemSusChem, 2012, 5 (2): 383-387.
[208] Zhao H, Holladay J E, Brown H, et al. Metal chlorides in ionic liquid solvents convert sugars to 5-hydroxymethylfurfural [J]. Science, 2007, 316 (5831): 1597-1600.
[209] Lansalot-Matras C, Moreau C. Dehydration of fructose into 5-hydroxymethylfurfural in the presence of ionic liquids [J]. Catalysis Communications, 2003, 4 (10): 517-520.
[210] Moreau C, Finiels A, Vanoye L. Dehydration of fructose and sucrose into 5-hydroxymethylfurfural in the presence of 1-H-3-methyl imidazolium chloride acting both as solvent and catalyst [J]. Journal of Molecular Catalysis A: Chemical, 2006, 253 (1-2): 165-169.
[211] Hu S, Zhang Z, Zhou Y, et al. Conversion of fructose to 5-hydroxymethylfurfural using ionic liquids prepared from renewable materials [J]. Green Chemistry, 2008, 10 (12): 1280-1283.
[212] Hu S, Zhang Z, Song J, et al. Efficient conversion of glucose into 5-hydroxymethylfurfural catalyzed by a common Lewis acid $SnCl_4$ in an ionic liquid [J]. Green Chemistry, 2009, 11 (11): 1746-1749.
[213] Lima S, Neves P, Antunes M M, et al. Conversion of mono/di/polysaccharides into furan compounds using 1-alkyl-3-methylimidazolium ionic liquids [J]. Applied Catalysis A: General, 2009, 363 (1-2): 93-99.
[214] Qi X, Watanabe M, Aida T M, et al. Efficient one-pot production of 5-hydroxymethylfurfural from inulin in ionic liquids [J]. Green Chemistry, 2010, 12 (10): 1855-1860.
[215] Peleteiro S, Garrote G, Santos V, et al. Conversion of hexoses and pentoses into furans in an ionic liquid [J]. Afinidad, 2014, 71 (567): 202-206.
[216] Zhang Z, Du B, Quan Z J, et al. Dehydration of biomass to furfural catalyzed by reusable polymer bound sulfonic acid (PEG-OSO_3H) in ionic liquid [J]. Catalysis Science & Technology, 2014, 4 (3): 633-638.
[217] Sievers C, Musin I, Marzialetti T, et al. Acid-catalyzed conversion of sugars and furfurals in an ionic-liquid phase [J]. ChemSusChem, 2009, 2 (7): 665-671.
[218] Zhang L, Yu H, Wang P. Solid acids as catalysts for the conversion of d-xylose, xylan and lignocellulosics into

furfural in ionic liquid [J]. Bioresource Technology，2013，136：515-521.

[219] Heguaburu V，Franco J，Reina L，et al. Dehydration of carbohydrates to 2-furaldehydes in ionic liquids by catalysis with ion exchange resins [J]. Catalysis Communications，2012，27：88-91.

[220] Zhang L，Yu H，Wang P，et al. Conversion of xylan，d-xylose and lignocellulosic biomass into furfural using $AlCl_3$ as catalyst in ionic liquid [J]. Bioresource Technology，2013，130：110-116.

[221] Li H，Zhang Q，Liu X，et al. $InCl_3$-ionic liquid catalytic system for efficient and selective conversion of cellulose into 5-hydroxymethylfurfural [J]. RSC Advances，2013，3 (11)：3648-3654.

[222] Tao F，Song H，Chou L. Efficient process for the conversion of xylose to furfural with acidic ionic liquid [J]. Canadian Journal of Chemistry，2011，89 (1)：83-87.

[223] Serrano-Ruiz J C，Campelo J M，Francavilla M，et al. Efficient microwave-assisted production of furfural from C_5 sugars in aqueous media catalysed by Brønsted acidic ionic liquids [J]. Catalysis Science & Technology，2012，2 (9)：1828-1832.

[224] Li C，Wang Q，Zhao Z K. Acid in ionic liquid：An efficient system for hydrolysis of lignocellulose [J]. Green chemistry，2008，10 (2)：177-182.

[225] Carvalho A V，Da Costa Lopes A M，Bogel-Łukasik R. Relevance of the acidic 1-butyl-3-methylimidazolium hydrogen sulphate ionic liquid in the selective catalysis of the biomass hemicellulose fraction [J]. RSC Advances，2015，5 (58)：47153-47164.

[226] Zhang Q，Zhang S，Deng Y. Recent advances in ionic liquid catalysis [J]. Green Chemistry，2011，13 (10)：2619-2637.

[227] Brandt A，Ray M J，To T Q，et al. Ionic liquid pretreatment of lignocellulosic biomass with ionic liquid-water mixtures [J]. Green Chemistry，2011，13 (9)：2489-2499.

[228] Jiang F，Zhu Q，Ma D，et al. Direct conversion and NMR observation of cellulose to glucose and 5-hydroxymethylfurfural (HMF) catalyzed by the acidic ionic liquids [J]. Journal of Molecular Catalysis A：Chemical，2011，334 (1-2)：8-12.

[229] 彭红，刘玉环，张锦胜，等．生物质生产乙酰丙酸研究进展 [J]. 化工进展，2009，28：2237-2241.

[230] Xu W P，Chen X F，Guo H J，et al. Conversion of levulinic acid to valuable chemicals：a review [J]. Journal of Chemical Technology & Biotechnology，2021，96 (11)：3009-3024.

[231] Zhang M，Wang N，Liu J，et al. A review on biomass-derived levulinic acid for application in drug synthesis [J]. Critical Reviews in Biotechnology，2022，42 (2)：220-253.

[232] 杨佳鑫，司传领，刘坤，等．木质纤维生物质制备乙酰丙酸及其应用综述 [J]. 林业工程学报，2020，5：21-27.

[233] Xu X，Liang B，Zhu Y，et al. Direct and efficient conversion of cellulose to levulinic acid catalyzed by carbon foam-supported heteropolyacid with Brønsted-Lewis dual-acidic sites [J]. Bioresource Technology，2023，387：129600.

[234] Liu L，Li Z，Hou W，et al. Direct conversion of lignocellulose to levulinic acid catalyzed by ionic liquid [J]. Carbohydrate Polymers，2018，181：778-784.

[235] Jeong G-T. Production of levulinic acid from glucosamine by dilute-acid catalyzed hydrothermal process [J]. Industrial Crops and Products，2014，62：77-83.

[236] Ya'aini N，Amin N A S，Asmadi M. Optimization of levulinic acid from lignocellulosic biomass using a new hybrid catalyst [J]. Bioresource Technology，2012，116：58-65.

[237] Runge T，Zhang C. Two-stage acid-catalyzed conversion of carbohydrates into levulinic acid [J]. Industrial & engineering chemistry research，2012，51 (8)：3265-3270.

[238] Yang Z，Kang H，Guo Y，et al. Dilute-acid conversion of cotton straw to sugars and levulinic acid via 2-stage hydrolysis [J]. Industrial Crops and Products，2013，46：205-209.

[239] Hayes D J，Fitzpatrick S，Hayes M H，et al. The biofine process-production of levulinic acid，furfural，and formic acid from lignocellulosic feedstocks [J]. Biorefineries-Industrial Processes and Product，2006，1：139-164.

[240] 王勇，邹献武，秦特夫．生物质转化及生物质油精制的研究进展 [J]. 化学与生物工程，2010，27：1-5.

[241] 余开荣．生物质基葡萄糖催化转化制备乳酸的研究［D］．广州：华南理工大学，2019.

[242] Dong W, Shen Z, Peng B, et al. Selective chemical conversion of sugars in aqueous solutions without alkali to lactic acid over a Zn-Sn-Beta Lewis acid-base catalyst [J]. Scientific Reports, 2016, 6 (1): 26713.

[243] Tsuji M, Koriyama C, Ishihara Y, et al. Association between bisphenol A diglycidyl ether-specific IgG in serum and food sensitization in young children [J]. European Journal of Medical Research, 2018, 23 (1): 61.

[244] An D, Ye A, Deng W, et al. Selective conversion of cellobiose and cellulose into gluconic acid in water in the presence of oxygen, catalyzed by polyoxometalate-supported gold nanoparticles [J]. Chemistry——A European Journal, 2012, 18 (10): 2938-2947.

[245] Witonska I, Frajtak M, Karski S. Selective oxidation of glucose to gluconic acid over Pd-Te supported catalysts [J]. Applied Catalysis A: General, 2011, 401 (1-2): 73-82.

[246] Zhang H, Li N, Pan X, et al. Oxidative conversion of glucose to gluconic acid by iron (Ⅲ) chloride in water under mild conditions [J]. Green Chemistry, 2016, 18 (8): 2308-2312.

[247] 张彬，张弨，李小汝，等．纤维素为模板合成介微孔 ZSM-5 分子筛直接催化纤维素制六元醇：第 18 届全国分子筛学术大会［C］．上海，2015.

[248] 席金旭，张宇，王艳芹．新型介孔磷酸铌基催化剂在纤维素制备异山梨醇中的应用：第十七届全国分子筛学术大会［C］．银川，2013.

[249] 郑明远，庞纪峰，王爱琴，等．纤维素直接催化转化制乙二醇及其他化学品：从基础研究发现到潜在工业应用［J］．催化学报，2014，35：602-613.

[250] Ji N, Zhang T, Zheng M, et al. Direct catalytic conversion of cellulose into ethylene glycol using nickel-promoted tungsten carbide catalysts [J]. Angewandte Chemie International Edition, 2008, 47 (44): 8510-8513.

第5章 解聚产物催化转化利用

5.1 酚类平台化合物加氢脱氧转化

在生物质炼制过程中，酚类化合物是重要的中间产物之一，其高效转化对于实现生物质的全面利用具有重要意义。酚类化合物广泛存在于生物质的热解和液化产物中，具有较高的含氧量和复杂的化学结构。为了提高其作为燃料或化工原料的价值，需要通过加氢脱氧（HDO）去除其中的氧，转化为低氧或无氧的烃类化合物。HDO不仅能提高产物的能量密度和化学稳定性，还能减少其腐蚀性，从而提升其应用性能。尽管HDO具有重要的应用前景，但其反应机理复杂，影响因素众多（包括催化剂的选择、反应条件以及原料的性质等）。因此，深入研究酚类化合物的HDO转化机理及其影响因素，对于实现高效转化具有重要的理论意义和实际应用价值。

本节聚焦于酚类平台化合物的HDO转化，首先介绍其化学性质和工业应用，然后详细探讨HDO的催化剂、催化机理、反应途径及其影响因素。通过对反应过程和产物分布的深入分析，旨在为实现酚类化合物的高效转化提供理论基础和技术指导，从而推动生物质炼制技术的发展和应用。

5.1.1 酚类平台化合物的性质与应用

酚类平台化合物主要是由木质素解聚得到的。木质素主要由三种结构单元组成，分别为香豆醇（4-羟基苯丙烯醇）、松柏醇（3-甲氧基-4-羟基苯丙烯醇）和芥子醇（3,5-二甲氧基-4-羟基苯丙烯醇）[1]。通过对木质素进行热解，断裂其中的醚键（如 α-O-4 键或者 β-O-4 键）和C—C键可以得到酚类化合物。

木质素单体种类繁多且结构复杂，主要可以将酚类平台化合物分为四类：①苯酚类（如对甲基苯酚、对乙基苯酚、对丙基苯酚等）；②愈创木酚类（如愈创木酚、对甲基愈创木酚、对乙基愈创木酚、对丙基愈创木酚、丁香酚等）；③邻苯二酚类；④紫丁香酚类。

酚类平台化合物由于其丰富的化学结构和活性，在多个工业领域有着广泛的应用：①化工原料：苯酚被广泛用于生产酚醛树脂、双酚A和己内酰胺（用于尼龙生产）。②液体燃料：通过HDO等催化转化技术，将酚类化合物转化为低氧或无氧的烃类化合物，这些产物具有较高的能量密度和化学稳定性，适合作为液体燃料使用。③医药：许多酚类化合物具有显著的生物活性，被用于制造抗炎药、消炎药和抗菌药。例如，水杨酸及其衍生物是重要的消炎药。④抗氧化剂：某些酚类化合物具有优良的抗氧化性能，被广泛应用于食品、化妆品和工业产品中，以防止氧化变质。⑤染料和颜料：酚类化合物也是许多染料和颜料的前体。例如，苯酚和间苯二酚等可以用于合成酸性染料。

总而言之，酚类平台化合物以其独特的化学性质和广泛的应用前景，在化工、能源、医药、食品等多个领域发挥着重要作用。深入研究和开发酚类化合物的高效转化技术具有重要意义。

5.1.2 酚类平台化合物加氢脱氧催化技术

木质素衍生酚类化合物的 HDO 是生物质转化为高值化学品和燃料最有前景的策略之一。酚类平台化合物的含氧基团主要有羟基（—OH）和甲氧基（$—OCH_3$），最常见的酚类化合物有苯酚、甲酚和愈创木酚等。苯酚和甲酚的 HDO 反应路径相似，但受甲基的空间位阻效应和电子诱导效应影响，部分酚类化合物的 HDO 反应速率为：邻甲酚＜对甲酚＜间甲酚＜苯酚。通常认为酚类化合物的脱氧路径包含 2 种类型，第一种为芳环先加氢再脱氧（HYD）路径，第二种为与苯环直接相连的 C—O 键直接断裂的脱氧（DDO）路径，但愈创木酚的反应比较复杂，通常还可能发生脱甲基（DME）、脱甲氧基（DMO）和烷基化转移反应等。因此，对于不同催化剂催化酚类化合物的 HDO 研究有重要意义。

5.1.2.1 硫化态 Mo 基催化剂

硫化物催化剂是加氢脱氧反应中较为经典的催化剂，早期在酚类化合物加氢脱氧的过程中主要使用硫化的 NiMo 和 CoMo 催化剂。

Kallury 等[2]利用苯酚、双酚、愈创木酚、紫丁香醇等不同的模型化合物评价了 NiMo/γ-Al_2O_3 催化剂的加氢脱氧活性。实验结果表明在 350℃下，双酚很容易去掉一个酚羟基而形成苯酚。然而，在该条件下苯环的加氢性能受到抑制。

Laurent 等[3]比较了 NiMo/Al_2O_3、NiCo/γ-Al_2O_3 催化剂上愈创木酚的加氢脱氧情况（300℃，7MPa H_2）。研究亦证实双酚是愈创木酚 HDO 反应时首先形成的主要中间体，然后才发生去羟基反应形成苯酚。

Zhang 等[4]在 260℃、7.8MPa H_2 压力条件下，比较了 MoS_2 和 CoMoS/γ-Al_2O_3 在苯酚 HDO 反应中的催化性能。结果发现，MoS_2 催化苯酚转化率达 99%，主要产物为环己烷，而 CoMoS/γ-Al_2O_3 催化苯酚的转化率为 27%，主要产物为苯。

Bui 等[5]在 300℃、4.0MPa H_2 压力条件下，在固定床反应器上比较了 CoMoS/γ-Al_2O_3、CoMoS/ZrO_2 和 CoMoS/TiO_2 催化愈创木酚的 HDO 反应。结果表明，CoMoS/γ-Al_2O_3 促进了愈创木酚的 DME 反应，主要产物为苯、甲苯和环己烷；CoMoS/TiO_2 促进了愈创木酚的 DME，生成邻苯二酚，邻苯二酚再脱羟基生成苯酚，苯酚经过 DDO 和 HYD 路径分别生成了苯和环己烷；CoMoS/ZrO_2 的催化路线为愈创木酚先发生 DMO 生成苯酚，苯酚再直接脱羟基生成苯。3 种不同载体的催化剂中 CoMoS/ZrO_2 的氢解活性最好，产物中苯含量最高。愈创木酚在 CoMoS 催化剂上的 HDO 反应路径如图 5-1 所示。

这一类催化剂虽然可以取得较好的反应效果，但却会导致产品中的硫残留以及催化剂的快速失活。因此，近年来的研究集中于开发高活性的无硫催化体系用于酚类化合物的 HDO 过程。

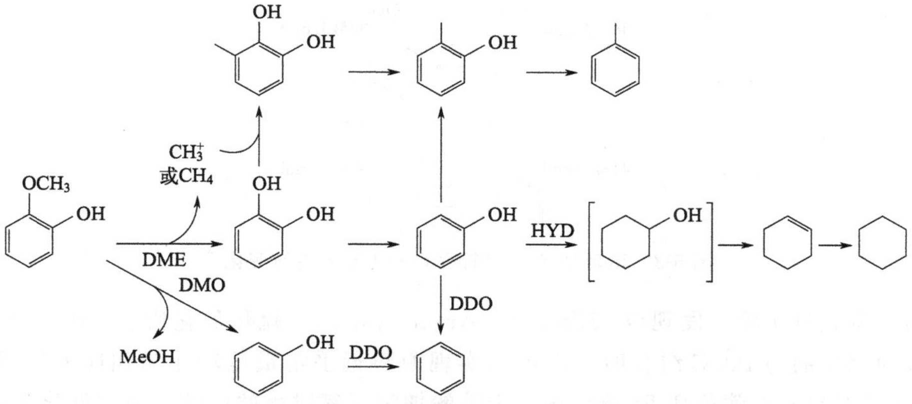

图 5-1　愈创木酚在 CoMoS 催化剂上的 HDO 反应路径[6]

5.1.2.2　贵金属催化剂

为避免无硫生物质液体燃料因催化剂材料而带入污染源硫元素，研发人员开始把目光转向了以 Rh、Pt、Pd 等为代表的贵金属加氢催化剂。这类贵金属催化加氢性能稳定，催化条件更为温和，表现出良好的加氢脱氧催化活性。如 Pd 基催化剂在以苯并呋喃为模型化合物的反应中，苯并呋喃转化率几乎可达 100%，产物中无氧化合物最高可达 99%。而 Gutierrez 等[7]以愈创木酚为模型化合物研究了 ZrO_2 负载的几种贵金属（Rh、Pd、Pt）催化剂的加氢脱氧反应性能，其中 Rh/ZrO_2 催化剂表现出的催化活性与硫化的 $CoMo/Al_2O_3$ 催化剂相当，但由于反应温度低，抗积炭性能更具优势。

由于 Rh、Pd、Pt、Ru 等贵金属具有优异的加氢性能，在反应过程中，酚类化合物中苯环首先被加氢饱和转化为脂肪族醚或醇中间体，然后再发生后续的加氢脱氧反应，因此，贵金属催化剂作用下的酚类化合物 HDO 反应产物一般以烷烃为主。反应机理如图 5-2 所示（以 Rh 催化的愈创木酚加氢脱氧为例）[8]。

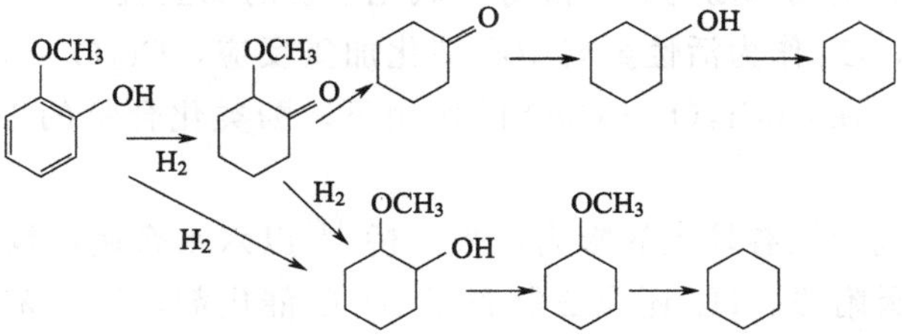

图 5-2　Rh 催化的愈创木酚加氢脱氧机理[8]

此外，酚类化合物中苯环首先加氢饱和转化为脂肪族醚或醇中间体后，C—O 键的键能均有不同程度的下降（见图 5-3），这有利于后续的加氢脱氧反应，正因如此，负载型贵金属催化剂作用下的酚类化合物加氢脱氧反应条件更为温和，反应温度有所降低[9]。

贵金属 HDO 催化剂是由加氢活性位（金属中心）与酸性中心组成的一种双功能催化剂。Chen 等[10]发展了一种水溶性的、类似于离子液体的共聚物稳定的 Ru 纳米颗粒，与磷酸组成催化体系（$Ru/A\text{-}H_3PO_4$），进行酚类的加氢脱氧实验，以苯酚为原料，使用这种催化剂在 200℃反应 3h，环己烷的产率＞99%。Zhao 研究了 Pd/C 与一系列固体酸催化剂对丙

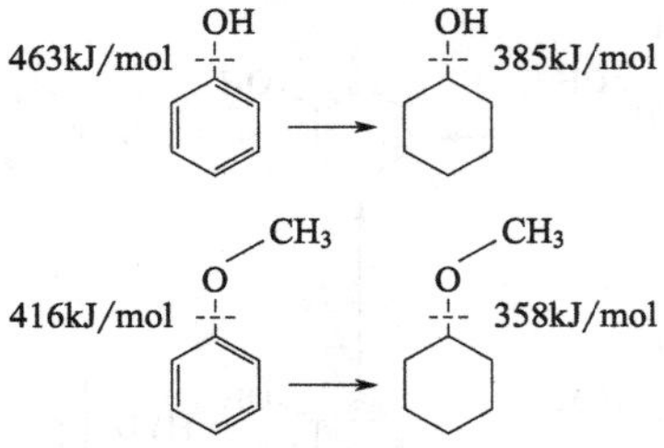

图 5-3 苯环加氢饱和前后 C—O 键键能的变化[9]

基苯酚的加氢脱氧实验，发现以 HZSM-5、Amberlyst 15、硫化氧化锆、Nafion/SiO_2 和杂多酸盐等为催化剂与 Pd/C 组合时，都可以实现原料近乎定量地转化为相应的烷烃。Hong 等[11]研究了不同分子筛负载 Pt 催化剂对于苯酚加氢脱氧过程的影响，通过催化剂筛选，发现 Pt/HY、Pt/Hβ 和 Pt/HZSM-5 都可以实现苯酚高效转化为环己烷，在 250℃、氢气压力为 4MPa、苯酚为底物的条件下，三种催化剂对于环己烷的选择性分别为 93.7%、94.7% 和 89.7%。

尽管贵金属催化剂对酚类化合物具有良好的加氢活性和稳定性，但是贵金属价格昂贵，增加了工艺成本，限制了其大规模使用。因此，许多研究者致力于非贵金属催化酚类化合物 HDO 研究，以寻找性能优良、价格低廉的 HDO 催化剂。

5.1.2.3 非硫化态非贵金属催化剂

从成本以及环保的角度出发，非硫化态非贵金属催化剂具有更好的发展前景。其中，Ni、Fe、Cu 等非贵金属在酚类化合物加氢脱氧反应中具有良好的加氢或脱氧活性。

Zhao 等[12]以 Raney Ni 作为加氢催化剂，Nafion/SiO_2 作为氢解与脱水的固体酸载体，在水相环境中将几种生物油模型化合物（酚类化合物）高收率地转化为烷烃，在重复使用 4 次后催化剂活性未见明显下降，展示了 Ni 基催化剂的优异催化加氢脱氧性能。

Deutsch 等[13]制备了一种新型 HDO 催化剂 $CuCr_2O_4 \cdot CuO$。该催化剂应用于苯乙醇、苯酚、苯甲醚、甲酚、愈创木酚与香草醇等含氧化合物的加氢脱氧反应，展示了良好的催化活性。在反应过程中，Cu 作为活性金属中心催化加氢反应，Cr_2O_4 则提供弱酸性中心催化脱水与烷基转移反应。在 $CuCr_2O_4 \cdot CuO$ 的作用下，酚类化合物的 HDO 过程首先发生去甲氧基反应。

还原方法对催化剂活性有较大的影响，张玉桥[14]以六水合硝酸镍为镍前驱体分别通过 KBH_4 还原法、组合吸附法、H_2 还原法制备了 Ni/C 催化剂，用于苯酚加氢反应。结果表明，KBH_4 还原法制备的催化剂由于 Ni-B 键的存在而使得镍均匀地分布在碳载体表面，催化活性最高，在 130℃、3.5MPa H_2 条件下，苯酚的转化率为 96.3%，环己醇的选择性为 99.6%。

活性组分粒度的大小也会影响催化剂的活性和选择性，Yang 等[15]在 300℃、常压条件下通过固定床反应器研究了 Ni/SiO_2 催化剂粒度对间甲酚 HDO 活性的影响，发现颗粒越小对脱氧反应越有利，颗粒越大越有利于加氢反应。当催化剂粒度为 2nm 时催化剂上间甲酚转化率为 95.6%，甲苯的选择性为 67.6%，苯选择性 11.6%；粒度为 22nm 时间甲酚转化率为 93.9%，甲苯选择性为 30.2%，苯选择性 15.6%。

过渡金属磷化物也是一种重要的酚类化合物 HDO 催化剂，金属磷化物种类繁多，按照金属与磷的摩尔比（M/P），可以分为富金属磷化物（M/P>1）和富磷磷化物（M/P<1），其中富金属磷化物通常具有更加优异的物化性能和催化活性。以 Ni_2P 为例，Ni_2P 晶体结构中由于原子配位数不同，通常存在 Ni(1) 四面体配位和 Ni(2) 四棱锥配位 2 种镍原子结构，如图 5-4 所示。Ni(1) 原子具有催化氢解活性，Ni(2) 原子具有催化加氢活性，由于 2 种镍原子的存在，Ni_2P 催化剂具有优良的催化活性。

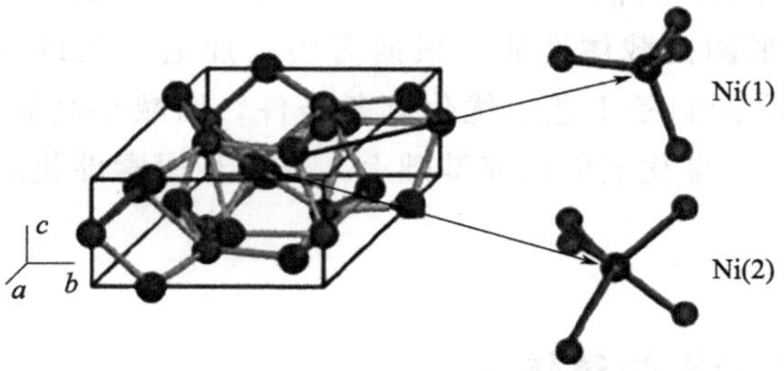

图 5-4　Ni_2P 的晶体结构及 Ni（1）、Ni（2）的结构

常见的磷化物主要有 Ni_2P、Co_2P、Fe_2P、WP、MoP 等。Zhao 等[16] 在 300℃、0.1MPa($H_2/N_2=4:1$) 条件下，研究了 SiO_2 负载不同磷化物催化愈创木酚的 HDO 实验。结果表明，催化剂的活性依次为 $Ni_2P/SiO_2>Co_2P/SiO_2>Fe_2P/SiO_2\approx WP/SiO_2\approx MoP/SiO_2$，其中 Ni_2P/SiO_2 催化愈创木酚的转化率最高，达到 80%以上，主要产物为苯（60%）和苯酚（30%）。Wu 等[17]采用次磷酸盐热分解法，制备 SiO_2 负载的磷化镍催化剂用于愈创木酚加氢脱氧反应。结果表明，Ni/P=3、2、1 时的活性相分别为 Ni_3P、$Ni_{12}P_5$、Ni_2P，HDO 活性依次为 $Ni_3P/SiO_2>Ni_2P/SiO_2>Ni_{12}P_5/SiO_2$，$Ni_2P/SiO_2$ 促进了愈创木酚的 DMO 和 DDO 过程，主要产物为苯酚和苯，Ni_3P/SiO_2 和 $Ni_{12}P_5/SiO_2$ 促进了愈创木酚的 DME 和 TRA（甲氧基转移或重新排列）过程，生成了苯酚、3-甲基邻苯二酚和 3-甲基愈创木酚。磷化物催化剂在酚类化合物 HDO 反应方面表现出较传统催化剂更优异的催化活性，是有可能替代贵金属和硫化物催化剂的新型催化剂材料。但是稳定性较差、遇水易失活的缺陷使得对磷化物催化剂的研究还有待进一步完善。

与金属磷化物类似的金属氮化物、碳化物催化剂亦有报道。碳、氮原子可以进入金属原子的晶格内，使得相应金属原子的 d 带收缩，增大了金属-金属键的距离，提高了金属的电子密度，使得碳氮化物在酚类化合物 HDO 反应中有较高的活性。碳氮化物催化剂主要有 Mo_2C、Mo_2N，碳化物催化剂在酚类化合物 HDO 反应中有较高的芳烃选择性，Lee 等[18]在 140～260℃、常压条件下研究了 Mo_2C 催化苯甲醚的 HDO 反应，结果表明苯甲醚的转化率为 70%，苯的选择性达到 95%。此外，他们通过对比 Mo_2C 和 MoO_x 催化苯甲醚的 HDO 反应，发现 Mo_2C 的活性比 MoO_x 高 10 倍以上。但碳化物在 HDO 过程中容易被氧化，从而大大降低了碳化物催化剂的活性。Boullosa-Eiras 等[19] 在 350℃、2.5MPa H_2 压力下，通过固定床反应器比较了 Mo_2C/TiO_2、Mo_2N/TiO_2、MoP/TiO_2 催化苯酚的 HDO 反应。结果表明，Mo_2C/TiO_2 催化剂的活性最好，苯酚转化率为 98%，苯选择性为 90%，Mo_2N/TiO_2、MoP/TiO_2 催化苯酚的转化率分别为 57%、55%，主要产物都为苯。碳化物和氮化物催化剂也有较好的催化酚类化合物 HDO 活性，尤其 Mo_2C 具有优异的 HDO 性能，但是碳氮化物催化剂容易被氧化，稳定性较差，且许多反应机理尚不明确，因此，进一步提高碳氮化物催化剂的稳定性，并深入探究其反应机理，仍是未来研究的重要方向。

随着HDO技术的不断发展，对于酚类化合物HDO催化剂的研究也越来越深入，但目前的研究仍存在一些不足。为此，未来的研究方向应包括以下几点：①不同催化剂都有各自的优缺点，应该探寻新的方法来解决和弥补其不利因素的影响，如通过将非贵金属负载在高比表面积载体上以减少其团聚失活的可能性；②不断探寻新的活性组分及载体，通过对载体改性或制备复合型载体来调控载体性质，根据需要添加适宜的助剂来提高催化剂的活性；③不断创新催化体系、改善制备工艺、优化制备条件，以减小高温高压对催化剂活性的影响；④在酚类化合物HDO催化剂的研究基础上，进一步探索催化剂对真实生物油HDO反应催化性能的影响。

5.2 糖及其衍生物加氢脱氧转化

糖类化合物作为生物质资源的重要部分，经化学转化能够制备多种平台化合物，这些化合物可用于生产香料、医药和燃料添加剂等化工产品[20-22]。目前，甘蔗、甜菜以及谷物这类可食用糖料作物中的糖，被广泛用于化学品和燃料的生产。然而，可食用糖料作物通常成本较高，在经济上不具备竞争力，将其作为生产原料还可能会与人类的食物供应竞争，影响粮食安全[23]。因此，未来生物质糖类原料的选择会转向价格低廉的非食用类生物质，例如秸秆、谷壳、蔗渣等农林废弃物。这些生物质资源不与食品直接竞争，对生态和环境的影响较小，且经济效益更有潜力[24-26]。

植物类生物质作为一种可再生能源，可以通过光合作用将太阳能转化为化学能，来源广泛且价格低廉，被认为是糖类化合物的重要来源。木质纤维素在酶或酸的水解作用下转化为低聚糖或单糖（如葡萄糖、果糖、木糖等），随后通过生物或化学方法转化为不同种类的糖类平台化合物，如图5-5所示。通过糖平台对木质纤维原料进行生物质精炼对糖工业的未来发展具有重要意义[22,27]。

通过糖平台技术转化的多种糖类平台化合物（例如，糠醛、羟甲基糠醛和乙酰丙酸等）不仅本身是重要的商品化学品，还可作为下游产品的原料。同时，糖类还可以通过发酵和重整过程转化为不同类型的燃料，包括醇类燃料（包括乙醇和丁醇）、烃类燃料以及氢气。此外，生物聚合物如聚羟基链烷酸酯（PHA）、聚乳酸（PLA）、聚对苯二甲酸丙二醇酯（PTT）和聚谷氨酸（PGA）也可通过糖的生物或化学合成方法制备[23,30]。本节重点介绍糖及其衍生物的化学性质、转化途径以及加氢脱氧的相关工艺。

5.2.1 糖类化合物的特性

糖是由碳、氢和氧三种元素构成的有机化合物，其通式符合 $C_n(H_2O)_n$。糖在结构上是由一个或多个糖苷单元组成的。糖苷单元，亦称糖基，是由碳原子组成的骨架结构，其中每个碳原子通过共价键连接[31]。根据糖基中的羟基数目不同，糖可以分为单糖、双糖和多糖。根据碳原子的数目，单糖又可以分为丙糖（三碳糖）、丁糖（四碳糖）、戊糖（五碳糖）和己糖（六碳糖）等[27,32-35]。

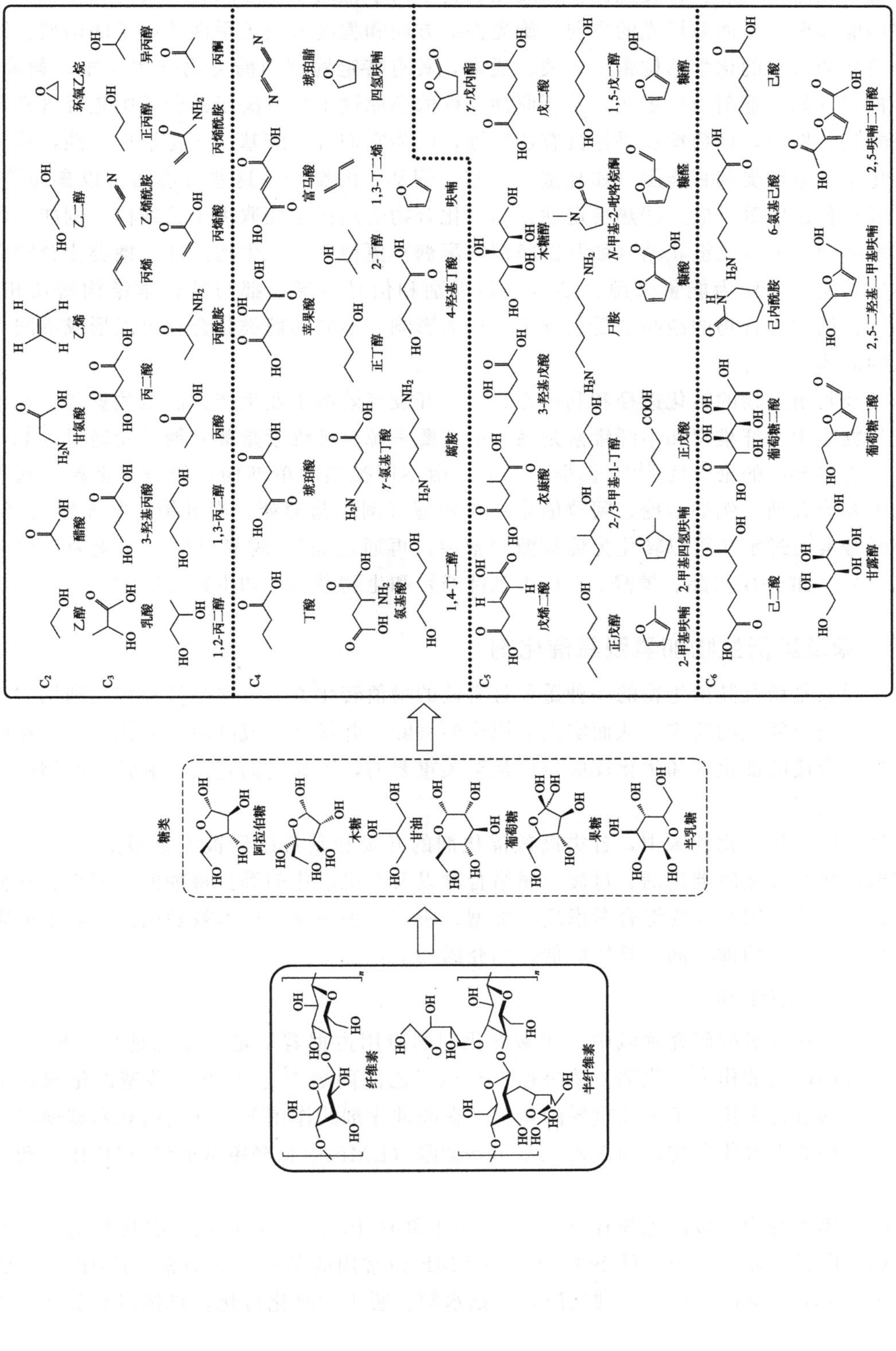

图 5-5　木质纤维素生物质糖类及其衍生平台化合物[28-29]

糖的化学结构对其物理和化学特性有着决定性的影响[36]，因此糖类化合物的碳原子数目、羟基分布、立体化学构型、环状或链状结构以及它们之间可能的连接方式共同决定了糖的以下特性[31,37-39]：①溶解性：糖类化合物的溶解性主要受其羟基数量的影响。羟基数量越多，溶解性通常越好。②旋光性：糖类化合物中的手性碳原子导致它们具有旋光性。这意味着它们能够旋转平面偏振光的方向。旋光性的方向和程度取决于手性碳原子的构型。③甜味：糖的甜味与它的化学结构密切相关。通常，具有特定构型的糖类化合物（如 α-葡萄糖）比其他构型（如 β-葡萄糖）更甜。④还原性：糖的还原性主要取决于其分子中是否含有自由醛基或酮基。例如，葡萄糖和果糖具有还原性，因为它们含有醛基。⑤化学反应性：糖类化合物的化学反应性受其官能团（如羟基、醛基、酮基）的影响。这些官能团可以参与酯化、醚化、氧化和还原等反应。⑥热稳定性：糖类化合物的热稳定性取决于其结构。例如，环状糖（如吡喃糖）通常比链状糖（如开链醛糖或酮糖）更稳定。⑦生物活性：糖类化合物在生物体内的功能，如作为能量来源、参与细胞识别和信号传导，都与其化学结构密切相关。⑧结晶性：糖类化合物的结晶性受其分子结构的影响。不同的糖类化合物可以形成不同大小和形状的晶体[40-41]。

糖类及其衍生物的转化途径和利用方式对于开发高效的工业生产方法至关重要。在木质纤维素生物质中，纤维素和半纤维素是糖类的主要来源。纤维素是葡萄糖单元通过 β-1,4-糖苷键线性连接形成的聚合物[22,27]。半纤维素是由不同类型的单糖构成的杂聚多糖，基本的糖单元主要为五糖（例如木糖、阿拉伯糖）和六糖（例如葡萄糖、半乳糖、甘露糖）。纤维素和半纤维素通过水解可以转化为葡萄糖和木糖，再通过加氢/脱氧反应可转化为各种高附加值化学品（如 γ-戊内酯、糠醛、5-羟甲基糠醛）和生物燃料（如生物乙醇）[27,33,42]。

5.2.2 糖及其衍生物加氢脱氧催化剂

加氢脱氧是糖及其衍生物的一种重要且有效的增值转化方式。这个过程涉及利用催化剂促进糖类物质与氢气的反应，从而实现氧原子的移除，并最终形成高附加值化学品。在此过程中，选择合适的催化剂和优化反应条件是至关重要的，因为它们直接影响目标产物产率的增加以及其选择性。

在生物质催化转化领域中，各类高效催化剂的开发和制备已经被大量报道[30,43-46]，例如，酸碱催化剂、金属催化剂、过渡金属络合物以及有机催化剂等。每种催化剂都有其独特的优势和局限性，因此需要综合考虑反应类型、所需产物纯度、成本效益以及对环境的影响等因素来选择合适的催化剂。具体的催化剂介绍如下：

5.2.2.1 酸碱催化剂

在糖类催化加氢的研究领域中，酸碱催化剂的应用占据着举足轻重的地位。早在 1840 年，研究者们以盐酸作为催化剂，从果糖中合成了乙酰丙酸[47]。自此，酸碱催化剂在生物质催化加氢的过程中扮演了至关重要的角色。在酸催化剂的作用下，五碳糖和六碳糖可以转化为多种重要的平台化合物，如 5-乙氧基甲基糠醛（EMF）、5-羟甲基糠醛（HMF）和山梨醇等[48]。

目前，典型的均质酸催化剂有 H_2SO_4、HCl 和 H_3PO_4。这些催化剂因其与反应底物的高效接触而广受欢迎。其中，H_2SO_4 是制备 EMF 最常用的催化剂。通常，EMF 的合成通过酸催化剂来促进果糖经历一系列反应，包括水解、脱水和醚化转化，具体过程如图 5-6 所示。Balakrishnan 等[49]研究者使用低浓度 H_2SO_4（摩尔分数 10%）作为催化剂，成功从果糖中获得 EMF，收率可达 70%。Liu 等[50]在乙醇介质中，采用硫酸为催化剂获得 79.8%的高产率。值得注意的是，在液体酸催化中，B 酸和 L 酸对 EMF 的制备有着不同的影响。研究显示，B 酸在催化果糖转化方面效果更佳，对葡萄糖的异构化效果较差[51]。此外，固体酸由于具有易于回收分离、高的比表面积、对设备腐蚀性小等优点，在 EMF 合成中的作用引起了研究人员们越来越多的关注。Che 等[52]利用固体酸在乙醇催化体系中催化 HMF 醚化制取 EMF，EMF 产率达到了 77.2%。姚远[53]以自制的磺化磁性碳基固体酸 PCM-SO_3H-1 为催化剂，采用一锅法成功制取了 EMF，并实现了 85.6%的高产率。这种催化剂的一个显著特点是，在反应结束后，它可以在外加磁场的作用下轻易地从反应混合物中分离并回收。更为重要的是，经过多次重复使用，此催化剂仍可保持较高活性。

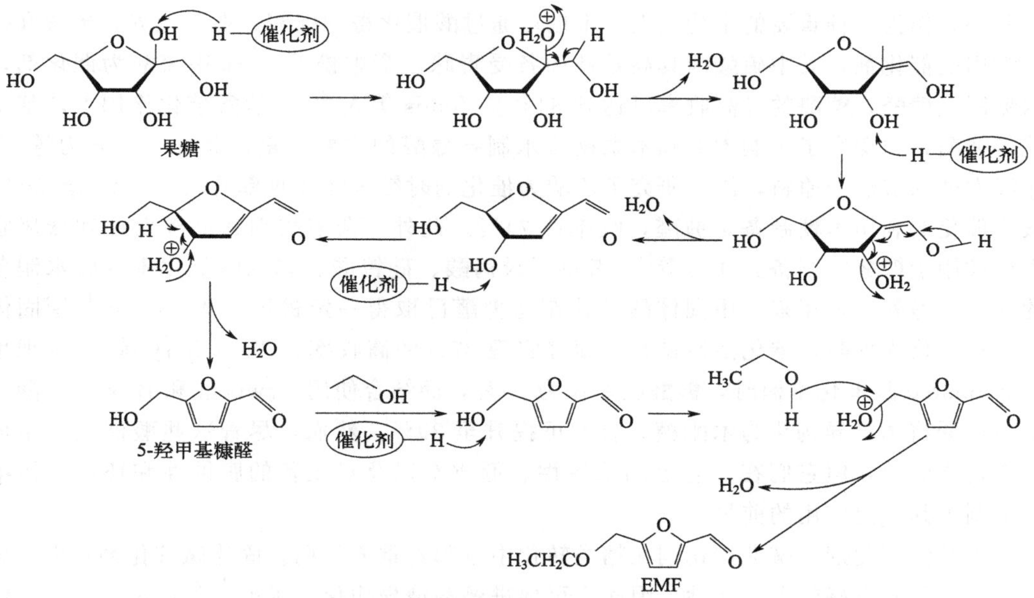

图 5-6　果糖转化为 EMF 的反应机制[30,54]

在酸性催化下，学界对 HMF 的合成已有广泛研究。1950 年，Haworth 等[55]以蔗糖为原料，在氢气氛围中加压加热反应液，通过溶剂萃取成功制备了 5-HMF。该方法虽然实现了从二糖到 5-HMF 的直接转化，但由于副反应较多导致产物收率不高，表明该工艺的转化效率有待提升。1956 年，Peniston 等[56]以硫酸作为催化剂催化果糖脱水，显著提高了 HMF 的产率。随后，Asghari 等[57]利用 H_3PO_4 催化果糖脱水，实现了 HMF 高达 65%的收率。然而，Stone 等[58]在相似的时间、温度和溶剂条件下，以葡萄糖为原料，利用 H_3PO_4 催化后得到的 HMF 收率却只有 15.5%。通过分析发现，这是因为在溶剂中醛糖的结构更为稳定，导致葡萄糖在反应过程中被烯醇化的程度较低，从而影响了 HMF 的收率。与 EMF 相同，固体酸也可催化葡萄糖生成 HMF，具体反应途径见图 5-7。在 L 酸或 B 酸的作用下，葡萄糖首先形成果糖中间体[59-60]；随后在 B 酸条件下，果糖通过脱去三分子水的过程转化为 HMF[61-62]。吴廷华等[63]以二甲基亚砜作为反应溶剂，利用固体酸催化剂对葡萄糖进行催化，成功制取 HMF。同时，Raveendra 等研究者[64]也利用固体酸催化剂催化果糖制取 HMF。

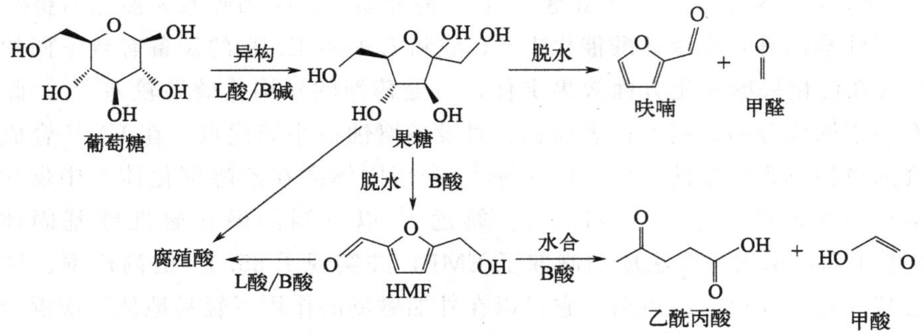

图 5-7 葡萄糖制备 HMF 的固体酸反应途径[65]

此外，作为一种重要的生物质糖，木糖可通过酸催化得到糠醛。在工业界，硫酸和盐酸是最常用的催化剂，其中硫酸因其高效性而备受青睐。李志松等[66]采用硫酸为催化剂，利用木糖制成糠醛，糠醛的最高收率可达到 84%。Yemis 等人[67]在盐酸催化作用下，基于木糖获得糠醛，并探究了影响木糖和木聚糖脱水制备糠醛的主要因素。此外，李凭力等[68]以工业级木糖水溶液为原料，深入研究了乙酸为催化剂时影响糠醛收率的因素。Yang 等[69]以甲酸为催化剂利用木糖制备了糠醛，收率达 74%。此外，杂多酸因其低挥发性和低风险的特性也被用于糠醛的制备。Dias 等[70]考察了磷钨酸、硅钨酸、磷钼酸催化木糖脱水制备糠醛的活性。另外，近年来，用固体酸催化制备糠醛已取得一定进展。Wang 等[71]用固体酸催化木糖转化为糠醛，催化活性良好，糠醛实现 87%的高收率。Choudhary 等[72]发现单独使用 Brønsted 酸催化木糖时，糠醛收率仅为 29%，而结合使用 Lewis 酸和 Brønsted 酸，通过 Lewis 酸将木糖异构化为木酮糖，收率可提升至 39%。然而，尽管这些酸催化体系可以较好地转化己糖，但它们在工艺上的简便性、低成本以及对设备的腐蚀性和环境的污染问题，限制了其广泛应用的前景。

除了酸性催化剂，碱性催化剂在糖类转化中也起着重要作用。固体碱催化剂在催化异构化学反应中具有良好的催化活性，因而它可促进葡萄糖异构化为果糖。然而由于葡萄糖制备 HMF 往往需要两步反应，所以通常将固体碱催化剂和酸性催化剂联用才能发挥优异性能。例如，Despax 等[73]使用碱性催化剂搭配盐酸实现了葡萄糖到 HMF 的转化，HMF 的产率为 82%。同样，Takagaki 等[74]利用固体碱和固体酸组合成功制备 HMF。葡萄糖首先在固体碱（水滑石）的作用下异构化为果糖，然后果糖在固体酸的作用下脱水得到 HMF，产率最高达 46%。特别地，在葡萄糖异构化制果糖的反应中，研究发现无机碱氢氧化钠和有机碱四甲基胍（TMG）是有效的催化剂。在 100℃下，当碱与葡萄糖的摩尔比在 0.06～0.25 范围时，葡萄糖异构化反应制果糖的收率为 33%～37%。实验还表明，提高反应温度可以有效加快反应速率，但过量的碱会导致果糖选择性和总收率下降[75]。综上所述，碱性催化剂在糖类转化中发挥着重要作用，特别是在葡萄糖异构化和 HMF 的制备过程中。这些研究不仅揭示了碱性催化剂的作用机制，还为提高反应效率和产物选择性提供了重要的科学依据。

5.2.2.2 金属催化剂

在糖及其衍生物的加氢脱氧转化过程中，金属催化剂发挥着关键作用[76-78]。这些催化剂主要分为两大类：贵金属和非贵金属[79-81]。它们通过促进氧原子的去除，使生物质中的不饱和化合物得以加氢，进而转化为更有价值的烃类物质。具体而言，生物质中的不饱和化合物首先被吸附到金属催化剂的表面；接着，吸附在催化剂表面的化合物与氢分子发生反应，不饱和键加氢形成饱和化合物，这一过程称为氢解。同时，在催化剂的作用下，化合物中的氧原子被去除，通常与氢原子结合形成水分子，这一过程称为脱氧。最终，生成的烃类产物从催化剂表面脱附，完成整个催化循环[26]。

贵金属催化剂，如铂（Pt）、钯（Pd）、铑（Rh）等，因其卓越的催化性能和稳定性，在生物质加氢脱氧过程中备受青睐[82]。目前，Pd、Pt、Rh 等各种负载型贵金属及其合金作为有效的 HDO 催化剂，在糖及其衍生物转化方面得到了广泛的应用[29,80,83]。近年来，木糖加氢制备木糖醇的催化剂在制备和优化领域取得了显著的研究进展。Yadav 等人[84]以雷尼镍作为对照，探讨了贵金属催化剂 Ru 在不同载体和活性炭作用下的木糖加氢活性。研究结果显示，Ru 系列催化剂在性能上全面超越了雷尼镍。特别是，当 Ru 催化剂负载于 $NiO-TiO_2$ 载体时，木糖的转化率及木糖醇的产率几乎达到 100%。这一发现凸显了贵金属催化剂在生物质转化领域的显著效率与巨大潜力，尤其是在提高特定反应的转化率和产率方面，这显示了载体材料和催化剂设计在催化性能优化中的关键作用。因此，通过精心挑选载体和调节催化剂配方，能显著提升催化剂的活性和选择性，进而促进更高效且可持续的生物质转化。例如，Zhang 等研究者[85]选用多层碳纳米管（MWCNTs）作为载体，并在其上负载 Ru。结果表明，当 Ru^0 与 Ru^{3+} 的比例达到 1.6 时，催化剂展现出最优活性，使得木糖醇的产率接近 100%。同时，HMF 作为一种关键的生物质基平台化合物，已吸引了众多研究者的关注。Zhao 等研究者使用金属 Cr 作为催化剂，并选择离子液体作为反应介质，成功实现了 70%的高 HMF 产率。进一步研究揭示，二价铬是唯一能有效催化葡萄糖向果糠转化的活性位点。Pang 等研究者[86]指出，通过调节自组装烷基硫醇层中的钯催化剂，能够有效控制糠醛加氢产物的选择性。这种控制主要源于催化剂表面的改性，它改变了糠醛分子在催化剂表面的吸附方式，从而影响反应途径和产物生成。此外，活性金属的特性，如形态、尺寸和晶面，也对催化加氢活性产生显著影响。Somorjai[87]课题组的研究表明，在糠醛的气相加氢反应中，产物的选择性在很大程度上取决于 Pt 纳米颗粒的尺寸和形态。具体来说，小尺寸颗粒倾向于进行脱羰反应，主要生成呋喃；而大尺寸颗粒则更倾向于羰基加氢，生成糠醇。从形态角度来看，八面体颗粒倾向于生成糠醇，而立方体颗粒则产生含有等量呋喃和糠醇的混合物。尽管贵金属显示出较高的活性，但其高昂的成本和稀缺性限制了其在工业应用中的普及。

在生物质催化转化过程中，非贵金属催化剂的应用是另一个重要的研究领域。与贵金属催化剂相比，非贵金属催化剂［镍（Ni）、钴（Co）、铁（Fe）等］通常比贵金属催化剂更经济、更可持续，但在某些情况下可能需要更严格的操作条件以实现与贵金属催化剂相当的效果[78,82,88]。Nagaraja 等研究者[89]对糠醛加氢反应中不同过渡金属（Cr、Pd、Fe、Ni、Co 和 Zn）修饰的 Cu-MgO 催化剂的催化活性进行了系统比较。研究结果表明，这些催化剂的活性呈现出特定的顺序，即 Cr＞Zn＞Fe＞Pd＞Ni＞Co。马隆龙课题组[90-93]分别将葡萄糖和木糖转化为糠醛和乙酰丙酸，然后在碱性条件下，经过羟醛缩合反应实现碳链增长，生成的长链含氧中间体，最后经过低温预加氢、高温加氢脱氧及精制，生成质量分数达到 50%以上的 C_8～C_{15} 正/异构烷烃，热值达到了 45.5MJ/kg，完成了百吨级生物基航空燃料的示范验证。Maireles-Torres 课题组[94]采用共沉淀技术成功制备了 Cu/ZnO 催化剂，并发现当铜负载量为 13.1%时，该催化剂在加氢反应中展现出优异的性能。其中，反应进行 5h 后，糠醛的转化率达到 93%，并且在连续反应 24h 后，糠醛的产率仍保持在 60%的高水平。研究分析表明，这种催化剂的高效催化性能主要归因于金属与载体之间的强相互作用。作为呋喃类化合物家族中的重要成员，HMF 是由六碳糖单元组成的碳水化合物的脱水产物[95]。Li 等研究者[96]探讨了 NaCl 在水相中对木糖转化为糠醛的催化作用。研究结果表明，随着 NaCl 浓度的增加，木糖的转化率和糠醛的收率均有所提高。在此条件下，糠醛的收率达到了 74.7%，选择性为 77.6%。这种现象是因为 NaCl 降低了溶液的 pH 值，增加了木糖脱水所需的 H^+，促进了反应，从而提高了糠醛收率。Hu 等研究者[97]成功采用一步法从纤维素中制备了 HMF，在 80～120℃下使用 $CuCl_2$ 和 $CrCl_2$ 在离子液体中催化纤维素，实现了 55.4%的 HMF 收率。Chareonlimkun 等研究者[98]使用甘蔗渣、米糠和玉米芯粉，在 TiO_2-ZrO_2 催化剂的作用下，成功合成了 HMF。目前，直接从多糖制备 HMF 的研究尚未取得重大突破，低产率和低选择性仍是研究人员面临的主要挑战。因此，直接催化多糖以制备 HMF 的研究仍需深入探讨和进一步发展。

与单金属催化剂相比，双金属体系具有独特的活性中心。由于电子效应和几何效应的协同作用，双金属催化剂通常展现出比单金属催化剂更为优异的催化加氢性能。Resasco 课题组[99]研究了 SiO_2 负载的 Ni-Fe 双金属颗粒在糠醛上加氢到 2-甲基呋喃（2-MF）中的活性。研究指出，单独的 Ni/SiO_2 催化剂倾向于通过脱羰反应生成呋喃，并可能进一步通过氢解反应形成开环产物。然而，当引入 Fe 形成 Ni-Fe 合金时，能有效抑制脱羰反应，并显著增强 C═O 键的加氢和 C—O 键的氢解活性，从而大幅提升 2-MF 的选择性。例如，Zhu 等研究者[100]使用 Cu-Zn 双金属催化剂进行糠醛的气相加氢，实现了 88.6%的 2-MF 产率。同样，Lessard 等[101]研究者使用 SiO_2 支持的 Cu-Fe 双金属催化剂催化糠醛加氢，获得了 98%的 2-MF 产率。但是，气相加氢是一个放热反应，这导致加氢产物的选择性难以控制，并且催化剂容易快速失活。这些研究结果表明，非均相铁基催化剂能够实现生物质的重要转化[77]。Wang 等[102]采用 Ru-MoO_{3-x}/C 双功能催化剂对山梨醇糖进行氢解，实现了 C_5～C_6 烷烃最高达 87.3%的产率。另外，生物质糖醇氢解法制备单元醇也引起了广泛关注。Huber 团队[103]使用 Co/TiO_2 催化剂对山梨醇的水相加氢脱氧反应进行了研究，虽然获得了 56%（碳摩尔分数）收率的单官能化合物，但 C_5～C_6 高级醇的总产率仅为 22.2%，具体结果见图 5-8。接着，他们在 Pt-ReO_x/Zr-P 催化剂上进行了水相氢解山梨醇的实验，通过调节酸中心与金属中心的协同作用，选择性氢解化学中间体的 C—O 键，以制备可再生 C_4～C_6 单元醇，总收率为 28.1%，但产物分布复杂[104]。Wang 团队[105]则利用 Ru 和 MoO_x 的协同效应以及 CMK-3 的介孔通道效应催化氢解山梨醇，尽管 C_{5+} 醇的收率为 29.9%，但 C_5～C_6 高级醇的选择性仍不高。

金属催化剂的活性、选择性和稳定性主要受到其内在特性的影响，这些特性包括金属种类、颗粒尺寸、表面积以及载体等因素。在糖类化合物的转化过程中，选择合适的金属催化剂是一个复杂的过程，需要综合考虑反应条件、目标产物的特性、成本效益以及催化剂的可持续性。目前，研究者们正致力于通过催化剂的设计、合成、表征以及反应机理的深入分析，来优化这两大类金属催化剂的性能，目标是实现更高效且经济的生物质转化。

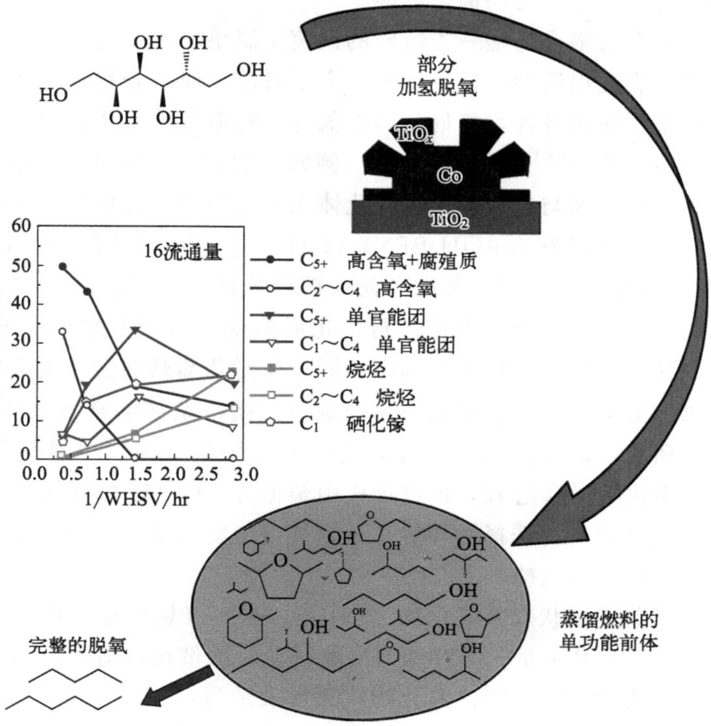

图 5-8 Co/TiO_2 氢解山梨醇制备的单官能化合物[103]

5.2.2.3 过渡金属络合物催化剂

与贵金属催化剂（如 Pt、Au、Pd 等）相比，过渡金属因其自然储量大、成本低廉而备受关注。过渡金属络合物催化剂，主要由过渡金属离子和有机配体构成，是在有机合成中广泛应用的一类催化剂。过渡金属络合物在催化糖脱氧加氢反应中显示出重要的应用潜力，特别是在生物质资源的转化和高附加值化学品的制备方面。目前，关于过渡金属络合物催化糖脱氧加氢的研究主要有过渡金属碳化物、半三明治型过渡金属络合物和过渡金属集成层状双氢氧化物（LDHs）[106-109]。

过渡金属碳化物，是一种由金属化合物经渗碳反应形成的催化剂，因其多变的结构组成和类似贵金属的电子性质而备受关注。在母体金属中插入碳原子会导致晶格膨胀，金属原子间间距增大，进而影响态密度。碳原子 s-p 轨道与过渡金属原子的 s-p-d 轨道的相互作用，在过渡金属碳化物中形成了由共价键、离子键和金属键混合的三种不同相互作用。这些相互作用引起的电子结构性质变化，赋予了碳化物独特的催化性质。因此，它们在催化加氢、加氢脱氧（HDO）和氢解等反应中表现出优异的性能。1973 年，Levy 等研究者[110]揭示了一个重要的发现：碳化钨展现出与铂相似的催化特性，这引起了研究者们的广泛关注。随后，Ma 团队[111]在糖衍生物——糠醛的液相加氢过程中，也发现碳化钼优先氢解 C—O 键，而非 C—C 键，从而高选择性地生成糠醇及其随后的氢解产物 2-甲基呋喃。另外，Xiong 等[112]通过相关表征研究了碳化钼催化糠醛脱氧的反应机理，发现其经加氢反应得到糠醛中间体，进而氢解得到 2-甲基呋喃。2018 年，Garcia 和 Mata 等人报道了利用铱络合物催化葡萄糖反应形成葡萄糖酸[113-115]。这些研究表明，过渡金属碳化物在催化糖类衍生物转化中拥有良好的应用潜力，具有独特的催化性能。

半三明治型过渡金属络合物是一类特殊的过渡金属络合物，它们在催化生物质糖类衍生物的水相氢化反应中表现出活性，这进一步证实了过渡金属络合物在催化糖类衍生物转化中的应用潜力。近年来，使用各种均相催化体系氢化生物质基碳水化合物有了诸多的报道，代表性的催化剂有钌络合物[116-117]和铱络合物。例如，龚宝翔及其研究团队[118]创新性地报道了利用半三明治型铱络合物与氢气构成的催化体系对葡萄糖进行催化加氢反应，最终得到山梨糖醇。在此研究中，[Cp* Ir-(di-OH-BPY)（OH_2）][SO_4]（di-OH-BPY 表示 4,4′-二羟基-2,2′-联吡啶）作为催化剂能够显著提高葡萄糖开环加氢反应的效率。同时，通过仔细比较不同氢源，并对氢气作为氢源的条件进行优化后实现了山梨糖醇产率高达 96%的卓越成果。此外，本研究还深入探讨了铱催化剂中不同配体对葡萄糖加氢效果的影响，并基于实验结果推测，电子供体效应和空间位阻效应是影响半三明治型铱络合物催化活性的主要因素。值得注意的是，该研究团队还提出了一种可能的氢化机理：$Cp^* Ir^{Ⅲ}$ 首先与氢气结合，随后与葡萄糖分子经历两次氢转移过程，最终形成山梨糖醇。Cp^* Ir 与氢气组成的催化体系因其温和的反应条件和高度的产物选择性等优点，为其他生物质基平台分子催化加氢制备高附加值化学品提供了一种高效的策略。

另外，过渡金属集成层状双氢氧化物（LDHs）在脱（氢）转化和催化氢化反应中也表现出重要的催化活性。LDHs 是一类特殊的层状材料，由带正电荷的层和中间平衡电荷的阴离子组成，层间作用力较弱[119-120]。其化学式通常表示为：

$$[M_{1-x}^{2+}M_x^{3+}(OH)_2]^{x+}A_{x/n}^{n-}\cdot mH_2O(0<x<1)$$

其中，M 代表二价过渡金属阳离子，如 Co^{2+} 和 Ni^{2+}，而层间阴离子 X 则包括 Cl^-、Br^-、NO_3^-、CO_3^{2-}、SO_4^{2-} 和 SeO_4^{2-} 等。因此，过渡金属阳离子的种类和比例决定了 LDHs 的性质和应用[119]。最初发现的 LDHs 是矿物水滑石 $Mg_6Al_2(OH)_{16}\cdot 4H_2O$，其名源自其含水和滑润的外观。LDHs 不仅在自然界中存在，而且可以通过简单且经济的方法合成。例如，Ramos 等[121]通过焙烧钴铝水滑石制备了无定形 Al_2O_3 负载 Co_3O_4 的 LDHs 催化剂 Co_3O_4/Al_2O_3，并利用它在异丙醇中催化糠醛，最终糠醇选择性高达 97%，糠醛的转化率为 76%。Co 的加入不仅增加了催化剂的强碱位点，而且促进了异丙醇中羟基的活化和糠醛中羰基的加氢。Bertolini 等[122]采用共沉淀法制备了水滑石前驱体，随后通过煅烧和还原处理，得到以 $Cu/ZnO/Al_2O_3$ 为活性组分的催化剂。该催化剂被用于糠醛的气相加氢反应。此外，Peng 等[123]研究者对基于水滑石的 Ni-Co-Al 催化剂在糠醇（FFA）转化为 1,5-戊二醇（1,5-PeD）过程中的性能进行了详尽评估。研究结果表明，在优化的 $NiCo_{11}Al$ 催化剂作用下，FFA 在 2h 内几乎完全转化，转化率高达 99.6%。进一步的研究发现，在 Ni 与 Co 比例为 1∶11 的催化剂中，Ni 和 Co 之间的相互作用显著增强，这为氢化和选择性氢化反应提供了优化的平衡，进而促进了开环产物的生成。另外，Ni 和 Co 的协同效应增强了催化剂对氢的吸附和活化能力，使吸附的氢能迅速从 Ni 表面转移到 Co 表面，通过 H 外溢现象增加了活性氢的表面浓度，从而促进了 1,5-PeD 的生成。

在考虑采用过渡金属络合物催化剂时，研究人员和工业界需综合评估其稳定性、催化活性、选择性，以及经济和环境影响等多个关键因素。这些因素共同决定了催化剂的适用性和在实际应用中的效能。面对社会可持续发展的挑战，持续开发高效且环保的过渡金属络合物催化剂成为了科研和工业领域的重要课题。总的来说，催化剂的研发不仅要关注其催化性能的提升，还要综合考虑环境保护、经济效益和社会责任，以实现科技与社会的和谐发展。

5.2.3 糖类平台化合物的应用

糖类化合物在生物质资源中扮演着关键角色，据统计，它们在年生物质总产量中的比例约为75%[124]。这些化合物不仅拥有庞大的储量，而且具备成本效益高、环境友好和可生物降解等显著优点。这些特性使糖类化合物成为生物质转化和利用研究领域的一个焦点。通过对糖类化合物进行化学转化可以制备一系列的平台化学品和燃料，极大地提升其应用价值[20,125]。

糠醛，作为糖平台化合物系列中的关键成员，其分子结构独特，包含醛基、二烯基和环醚官能团，这些官能团共同赋予了糠醛高度活泼的化学性质。这种化学活性使得糠醛能够参与包括氧化、缩合、加氢在内的多种化学反应，从而生成多种有机化学品[126]。因此，糠醛不仅是糖平台化合物中最为重要和具有代表性的成员，也是生物质转化和有机合成领域中不可或缺的重要原料。以糠醛为原料生产的呋喃树脂，凭借其卓越的耐热性和抗腐蚀性，广泛应用于工业黏结剂和防腐涂料领域。糠醛也可作为甲醛的替代品，用于生产酚醛树脂，这不仅提高了酚醛树脂的产量，还增强了其力学和物理性能。在农药工业中，糠醛是生产马拉硫磷、抗螟灵等常见杀虫剂的关键原料[127-129]。糠醛不仅在化工领域有着广泛的应用，还可作为一种生物质燃料。糠醛渣中较高的碳元素含量和一定的能量密度，使其能够通过热解、气化等技术被转化为生物柴油和生物汽油等生物质燃料[48]。糠醛的重要性不仅体现在其多方面的应用上，更在于它是一种可以从可再生资源中获得的化学品，有助于减少对化石燃料的依赖，并促进化学和材料工业向可持续方向发展。然而，糠醛的制备技术在实际应用中仍面临一些挑战，如催化反应体系的稳定性、重复使用性以及成本问题，这些问题限制了其工业化生产的可行性。因此，深入研究糠醛的制备机理，开发高活性、多功能、环境友好且成本较低的催化反应体系，以及有效的催化剂再生方法，成为未来糠醛制备技术的关键，也是推动绿色糠醛产业发展的必要途径。

糠醇是糠醛衍生的重要工业化学品之一，全球每年生产的近65%的糠醛被用于制备糠醇。作为一种多功能平台化合物，糠醇能够转化为多种化学品，包括乙基糠醚、乙酰丙酸、四氢糠醇、γ-戊内酯等。在工业应用中，糠醇是制造各类树脂、耐腐蚀纤维增强塑料、耐火材料黏合剂、药物化合物和香料的重要原料。此外，糠醇在染料、清漆、酚醛树脂、呋喃树脂等制备过程中作为优良的溶剂、分散剂和润湿剂使用。这些应用凸显了糠醇在化工和材料科学领域的广泛应用和作为工业化学品的重要性[130]。同时，木糖醇作为木糖的衍生物，在食品、医药以及其他工业领域中具有广泛的应用。作为低糖甜味剂的代表，木糖醇在无糖糖果、口香糖、巧克力及其他低糖食品的制造中发挥着重要作用。在医药领域，由于木糖醇不易被口腔细菌代谢，因此常用于防龋齿食品和口腔卫生产品。此外，木糖醇对血糖影响较小，使其成为糖尿病患者的理想甜味替代品。在化妆品和个人护理领域，木糖醇的保湿特性使其成为护肤品中的热门成分。

作为另一种糠醛衍生物，5-羟甲基糠醛（HMF）可以转化为一系列具有高利用价值的化学品、生物燃料和聚合物单体等，如2,5-呋喃二甲酸（FDC）、2,5-双（羟甲基）呋喃（BHMF）以及潜在的生物质燃料2,5-二甲基呋喃[131]。由于HMF分子结构中含有活泼的醛基，因此它具备了作为温和鞣制剂用于皮革鞣制过程的潜力，为皮革处理领域提供了一种创新的方法[132-133]。HMF及其衍生物展现出多种生物活性，可作为药物或保健品添加剂，并用于预防神经退行性疾病（如阿尔茨海默病、帕金森综合征等）、治疗抗心肌缺血的心血管疾病、抑制肿瘤生长、降低血中胆固醇水平以及减轻认知损害等疾病[130]。与此同时，HMF还可作为分子间镰状血红蛋白的抗镰刀形剂，而不受血浆和组织蛋白或其他不需要序列的抑制[134]。实验结果表明，HMF形成稳定的高亲和力Shiff碱与分子内血红蛋白的加合物，因此用5-羟甲基糠醛预处理转基因镰状小鼠可抑制镰状细胞的形成。值得一提的是，HMF可以作为生物燃料的前体，转化为生物柴油和生物汽油。

木糖酸源于木糖的选择性氧化或木聚糖类半纤维素的选择性转化，是一种重要的平台化合物。它不仅是维生素的重要中间体，而且因其卓越的生物相容性、可生物降解性和热稳定性而受到广泛关注。作为一种多功能糖衍生化合物，木糖酸在合成共聚酰胺、多酯、水凝胶和1,2,4-丁三醇等多种材料中扮演着重要角色。它凭借其卓越的黏合性能，被广泛用作高效能的水泥黏结剂。此外，它作为络合剂、螯合剂、生物杀菌剂和农药悬浮剂等在多种应用中也备受推崇[135]。由于木糖酸与水的结合是一个吸热过程，因此它能与粘胶纤维结合纺织出具有降温效果的纤维面料。目前，市场上已经出现了如日本生产的立夫莱路粘胶纤维等类似产品。同时，国内一些纺织企业也在生产含有木糖酸的纺织品。除以上应用外，木糖酸及其盐类在医药、化工和水产养殖等多个领域发挥着关键作用。例如，木糖酸钠不仅可用作植物生长调节剂，而且在水产养殖中对于维持酸性环境至关重要。此外，木糖酸盐在建筑行业中的应用带来了显著的经济效益。例如，当木糖酸（盐）作为减水剂使用时，它不仅减少了粮食作物的消耗，提升了整体的社会经济效益，同时也为环境保护做出了重要贡献[136]。

D-山梨糖醇作为美国能源部认可的关键增值化学品之一，是商业领域的重要基础材料，并在多个领域得到广泛应用。在制药领域，它是合成维生素的关键原料，用于生产复合维生素制剂和利尿药。在化妆品工业中，D-山梨糖醇被用作润滑剂和湿度调节剂。在餐饮业中，作为一种重要的糖类替代品，其全球年产量超过800000吨，广泛用作无糖或低糖食品的甜味剂，如口香糖、糖果、巧克力、果冻和冰淇淋[137-138]。此外，它还作为保湿剂，在面包、糕点和饼干的制作中发挥重要作用，提升了这些食品的口感和保质期。值得注意的是，D-山梨糖醇的应用不仅局限于生活领域，它还可以转化为多种石化行业的产品，如生物汽油和航油，从而大幅提升其附加值。这种多功能性和高附加值使得D-山梨糖醇成为当今市场上极具潜力的化学品之一[118]。

5.3 平台化合物偶联增碳与加氢脱氧炼制

木质纤维素生物质作为一种可持续的有机碳资源，在地球上拥有丰富的存储量。可靠数据显示，每年自然界生产的木质纤维素约为1.8×10^3亿吨。生物燃料具有碳中和属性，在燃烧过程中释放的二氧化碳（CO_2）与植物在生长阶段通过光合作用吸收的CO_2相抵。因此，相对于石油基燃料，生物燃料的使用在一定程度上减少了CO_2的净排放量。利用木质纤维素生物质作为原料生产可再生生物燃料，已成为当前研究领域的热点。

然而，生物质平台化合物碳数较低且含有大量的氧，这会导致下游产品的品质较低，无法直接作为航油使用。碳链延长和加氢脱氧是将生物质平台化合物升级为高品质燃料的关键。本节将系统描述通过不同C-C偶联反应延长碳链的方式，包括羟醛缩合反应、烷基化反应、烯烃低聚反应、酮化反应、Diels-Alder 反应和酰化反应等。后续通过加氢脱氧反应将偶联产物转化为液态烷烃，以作为航空燃料使用。

5.3.1　平台化合物的碳碳偶联反应

5.3.1.1　羟醛缩合反应

羟醛缩合，也叫作醇醛缩合，是指具有 α-H 的醛或酮，在酸或碱催化下与另一分子的醛或酮进行亲核加成，生成 β-羟基醛或酮。通过羟醛缩合，可以在分子中形成新的碳碳键，并增长碳链。羟醛缩合反应是一种含羰基平台化合物之间发生的 C—C 偶联反应，目前关于羟醛缩合的研究大多集中在两种醛和酮的交叉缩合上。

Huber 等[139]报道了通过级联反应在四相固定床反应器中生产 $C_9 \sim C_{15}$ 烷烃的方法（图 5-9）。在该过程中，首先用酸催化己糖脱水制得 5-羟甲基糠醛（HMF），然后使用碱性镁铝氧化物在室温下催化羟醛缩合生成偶联产物，这些含氧前驱体可进一步脱水转化为相应的烷烃。并且可以通过增减 HMF 与丙酮投料比的方式调节产物的碳链长短。实验表明在 50℃下，投料比 HMF：丙酮＝2：1，含有最佳酸碱位比 1：1.1 的金属氧化物催化剂更有利于 C_{15} 化合物的形成。

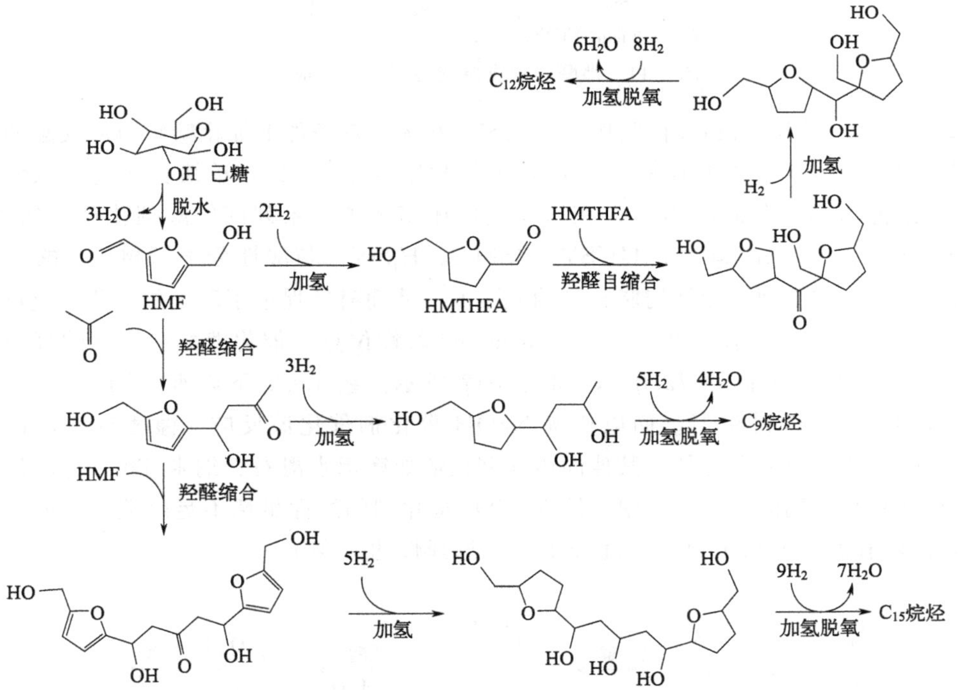

图 5-9　将生物基己糖转化为 $C_9 \sim C_{15}$ 烷烃的反应途径[139]

Xie 等[140]报道了一种以异佛尔酮和呋喃醛（糠醛和 HMF）为原料，通过无溶剂羟醛缩合，加氢脱氧制备多取代环烷烃的新方法，如图 5-10 所示。以 NaOH 催化糠醛和异佛尔酮的羟醛缩合反应，糠醛和异佛尔酮的转化率分别为 99.6％和 76.5％，单缩合产物 6-(2-呋喃亚甲基)-3,5,5-三甲基-3-环己烯-1-酮（IF）的选择性高达 84.2％。

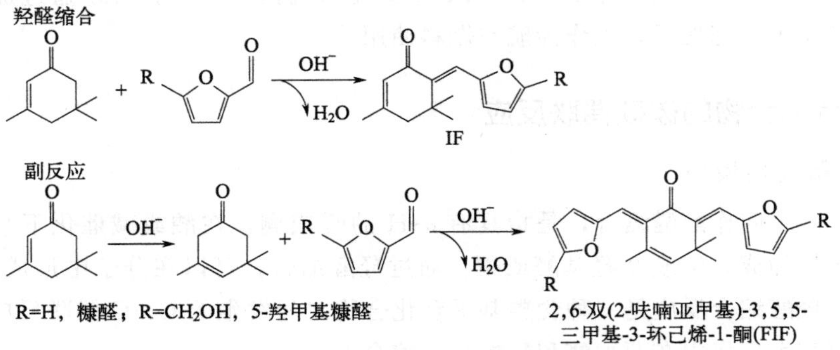

图 5-10　异佛尔酮和呋喃醛的醛缩反应[140]

Liu 等[141]使用胆碱氯化物-甲酸-$SnCl_4 \cdot 5H_2O$ 催化糠醛和环戊酮的羟醛缩合反应，反应路线如图 5-11 所示。当温度为 100℃，反应时间为 2h 时，糠醛的转化率为 99.81%，总收率为 92.03%，其中 C_{10} 与 C_{15} 的收率分别为 47.55%和 44.48%。该研究的创新之处在于采用了共晶溶剂作为反应介质，这种绿色溶剂不仅成本较低，而且具有良好的生物降解性。

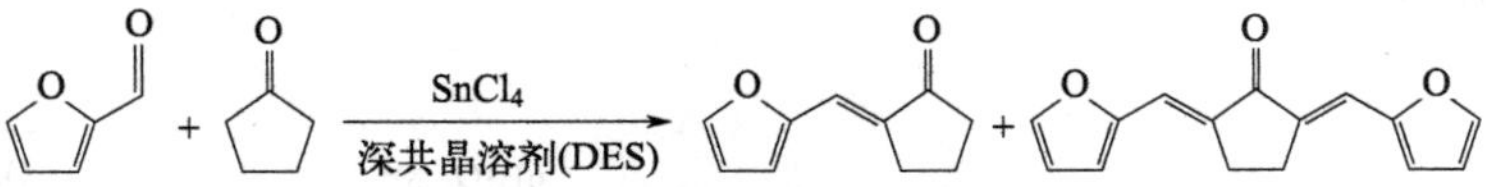

图 5-11　糠醛与环戊酮的羟醛缩合反应[141]

Wang 等[142]使用 Nafion 树脂作为催化剂，在无溶剂条件下催化糠醛与环戊酮的羟醛缩合得到燃料前驱体。在 60℃反应 6h，糠醛的转化率为 73.86%，单缩合产物和双缩合产物的产率分别为 23.77%和 37.48%。在该研究中还筛选了一系列固体酸催化剂，如 Nafion、Amberlysy 15、Amberlyst 18、HUSY、ZSM-5、Hβ 等。与酸性分子筛相比，酸性树脂的催化活性较高，这归因于酸性树脂较高的酸强度，从而有效促进了环戊酮的质子化反应。

O'Neill 等[143]使用活化白云石（带 Brønsted 碱性位点）催化糠醛和丙酮的羟醛缩合反应，产物 F_2Ac 的产率高达 72.8%，如图 5-12 所示。在 150℃下以水/甲醇作为溶剂反应 1h，糠醛的转化率达到 90%。而以传统 NaOH 催化剂催化该反应，糠醛最高转化率仅为 55.3%。除了活化白云石之外，其他固体碱催化剂如镁铝水滑石、纳米 TiO_2 也能催化此类反应。在糠醛与丙酮的缩合反应中，纳米 TiO_2 催化剂的酸性虽然不足以催化生成二聚产物 F_2AC，但可有助于 FAc-OH 脱水生成 FAc（选择性达 72%）。

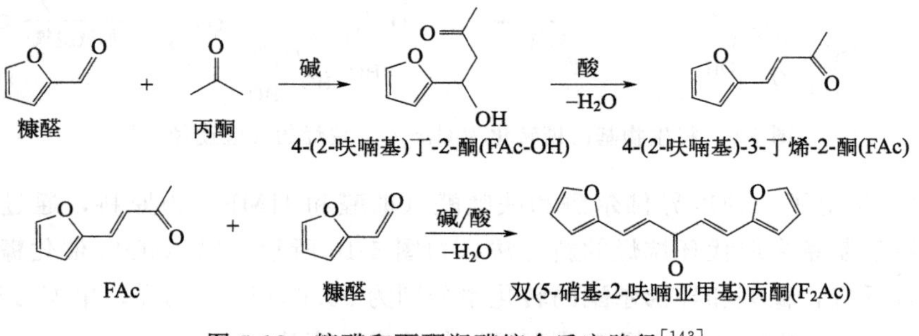

图 5-12　糠醛和丙酮羟醛缩合反应路径[143]

5.3.1.2 烷基化反应

烷基化反应指向有机物分子中的碳、氮、氧等原子中引入烷基的反应，常用的烷基化剂有烯烃、卤代烃、硫酸烷酯和醇类等。烷基化反应是在温和条件下增加生物基含氧化合物碳链长度的最佳方法之一。

2-甲基呋喃是最常用的反应物，其典型烷化剂为醛和酮。当醛或酮作为烷化剂时，一次产物为活化的呋喃醇，呋喃醇也可作为烷化剂与 2-甲基呋喃继续烷基化反应，如图 5-13 所示。

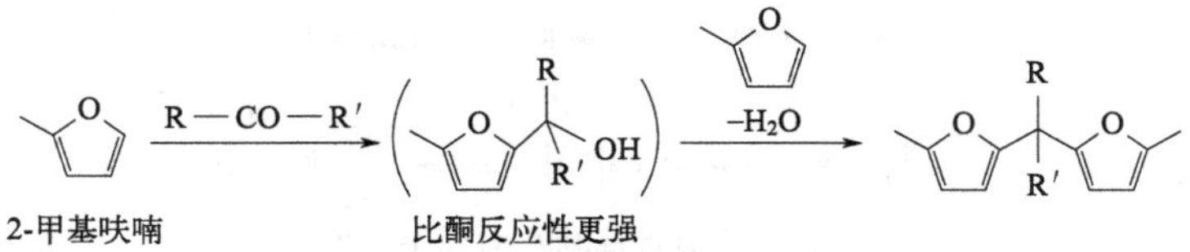

图 5-13　2-甲基呋喃与羰基化合物的烷基化

2-甲基呋喃和生物质平台分子中的糠醛、乙酰丙酸和丙酮等反应可生成 C_8 以上的长支链烷烃，如图 5-14 所示。Corma 等[144]使用甲苯磺酸作为催化剂，催化 2-甲基呋喃与 5-甲基糠醛等醛类进行烷基化反应，获得了 C_{16} 长链烷烃，总收率为 87%。Li 等[145]用 Nafion-212 催化 2-甲基呋喃与糠醛烷基化反应，并用 Pt/ZrP 进行加氢脱氧，最终以 75%的碳收率得到了以 6-丁癸烷为主要组分的 C_{15} 支链烷烃。

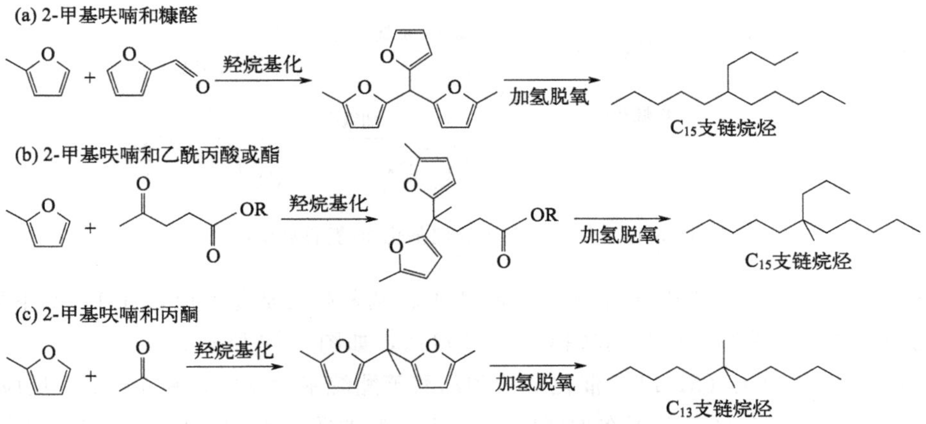

图 5-14　2-甲基呋喃与醛酮类化合物反应制备长支链烷烃

2-甲基呋喃和生物质平台分子中的环酮（环戊酮和环己酮）反应可生成带两条支链的环烷烃，如图 5-15 所示。Li 等用生物炭基疏水苯磺酸催化环戊酮和 2-甲基呋喃烷基化反应，2-甲基呋喃的转化率为 83.5%，目标产物的产率为 70.5%。Deng 等使用酸性 Nafion-212 催化环己酮和 2-甲基呋喃烷基化反应，目标产物的收率达到 89.1%。

苯酚也是常用的烷基化反应底物，烷基化试剂一般为醇类。苯酚的烷基化可以分为氧烷基化和碳烷基化，氧烷基化生成醚类，碳烷基化生成烷基酚类。碳烷基化中最经典的是傅克烷基化，反应原理如图 5-16 所示。

苯酚和生物质平台分子中的环醇（环戊醇和环己醇）反应可以生成多环烷烃，如

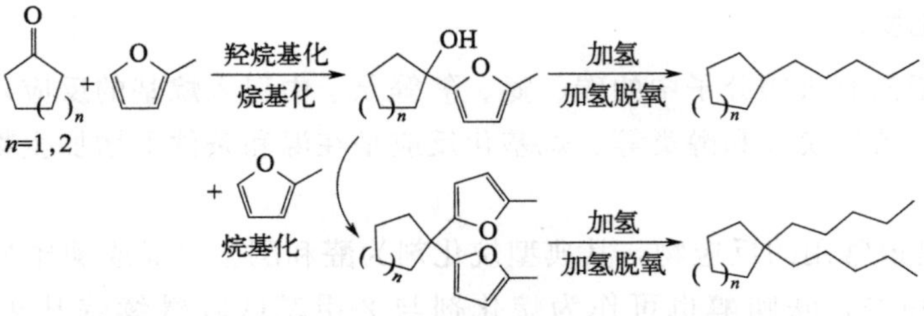

图 5-15　2-甲基呋喃与环酮的烷基化-加氢脱氧反应

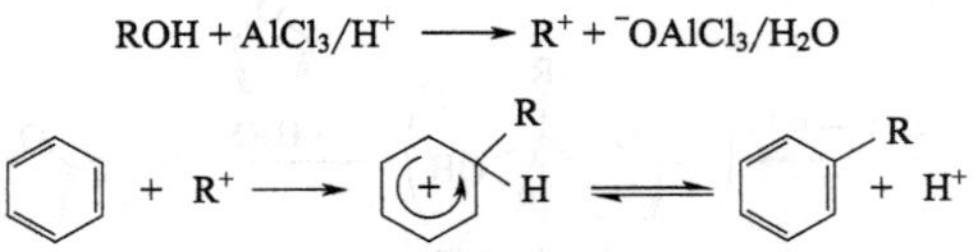

图 5-16　傅克烷基化原理示意图

图 5-17 所示。Shen 等[146]报道了一种以苯酚和环己醇为原料，通过双功能催化剂 Pt/Hβ 将烷基化与加氢脱氧相结合，一锅法制备高密度燃料的方案，加氢脱氧后最终产品中双环和三环的产率可达 83.4%。Nie 等[147]使用 Pd/C 和 Hβ 催化剂，通过烷基化-加氢脱氧一锅法将环戊醇和苯酚转化为多环烷烃燃料，产率达到 83.9%。

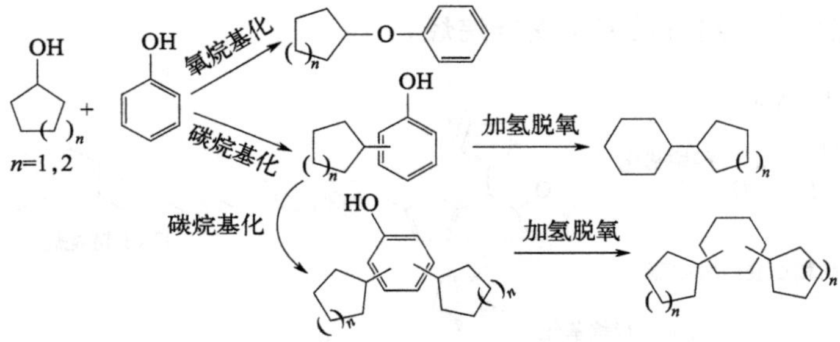

图 5-17　苯酚与环醇的烷基化-加氢脱氧反应

Li 等[148]用磷钨酸（HPW）催化苯甲醇和 4-乙基苯酚烷基化反应，在 110℃下反应 2h，苯甲醇完全转化，单烷基化产物的选择性达到 71%，如图 5-18 所示。

Bai 等[149]以蒙脱土（MMT）催化苯酚和乙酸苄酯烷基化反应，在 140℃下反应 2h，苄基酚的产率可以达到 70%，并可在加氢脱氧后以 85%的收率获得全氢芴和二环己基甲烷混合燃料，如图 5-19 所示。

5.3.1.3　烯烃低聚反应

烯烃低聚反应是一种重要的有机合成方法，可以将烯烃分子转化为较高分子量的低聚物。在石油精炼过程中，通常采用烯烃低聚反应将裂解气体甚至尾气中的轻烯烃转化为液体燃料。生物质原料通过裂解或催化热解等多种途径可以生产 C_2～C_6 烯烃（如乙烯、丁烯和己烯）。烯烃低聚反应产物的分子量可控，可以通过调节反应条件和催化剂种类来控制聚合度。

乙酰丙酸是获得可再生液态烃类燃料的关键平台化合物之一。乙酰丙酸在水溶液中一般于低温下（70～120℃）通过加氢还原环化可以高产率生成 γ-戊内酯（GVL），然后 GVL 在

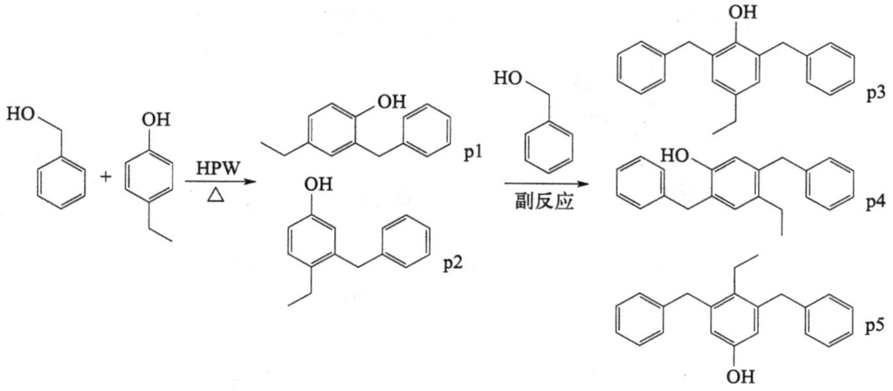

图 5-18　苯甲醇和 4-乙基苯酚的烷基化反应[148]

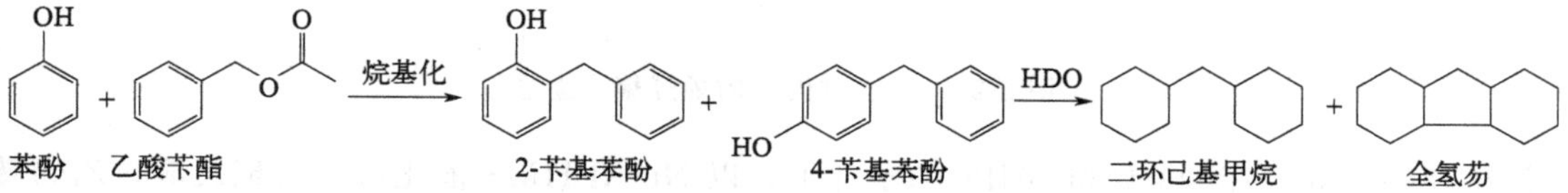

图 5-19　苯酚与乙酸苄酯的烷基化-加氢脱氧反应[149]

一系列具有不同功能的催化剂上转化生成各种烯烃。最后进一步发生烯烃聚合反应，生成的低聚烯烃加氢后生成 C_{8+} 烷烃，用作航空燃料。

目前由乙酰丙酸烯烃聚合制备烷烃的途径一般有三种，如图 5-20 所示。第一种是 GVL 在酸催化下发生开环-脱羧，经 2-戊烯酸中间体生成丁烯混合物，丁烯混合物在固体酸催化下发生烯烃聚合反应生成 $C_8 \sim C_{16}$ 低聚烯烃最后经过加氢得到 C_{8+} 的烃类化合物。第二种是 GVL 首先在金属-酸双功能催化剂的作用下加氢还原，高选择性地生成戊酸，然后戊酸通过固体碱催化酮基化反应脱羧生成 5-壬酮，选择性加氢得到 5-壬醇，再利用酸催化 5-壬醇脱水得到 5-壬烯，最后壬烯通过低聚和加氢反应转化为 $C_9 \sim C_{18}$ 长链烷烃。第三种是乙酸丙酸首先在固体酸催化下脱水生成当归内酯（α-、β-当归内酯混合物），然后在碱催化的条件下，发生二聚或三聚反应得到 $C_{10} \sim C_{15}$ 含氧化合物，最后经加氢脱氧得到 $C_{10} \sim C_{15}$ 支链烷烃。

Bond 等[150]将 GVL 转化为丁烯，然后通过烯烃低聚反应制备长链烷烃。他们先以 SiO_2/Al_2O_3 为催化剂，在 375℃和 3.6MPa 的条件下，将 GVL 转化为丁烯。接着，他们使用大孔树脂 Amberlyst 70 作为催化剂，在 170℃和 1.7MPa 的条件下，对丁烯进行烯烃低聚反应，最终获得了 95%的 C_{8+} 烷烃产物。

Luo 等[151]以木质纤维素（甘蔗渣）为原料合成生物航油。首先将甘蔗渣酶解发酵制备丙酮/丁醇/乙醇（ABE）中间体，然后 ABE 在 HSAPO-34 催化剂上脱水生成轻质烯烃，最后烯烃在 Ni/HBET 催化剂上聚合生成生物喷气燃料。在同一反应器中，通过集成工艺实现了糖源 ABE 选择性催化转化为航空燃料（选择性为 83.0%，转化率为 95.3%）。

Liu[152]设计了一种连续两步工艺（结合乙醇脱水和乙烯低聚），以实现从生物乙醇直接生产高碳烯烃。在第一反应器中以 HZSM-5 为催化剂促进乙醇脱水，在第二反应器中以 Ni/Al-HMS 为催化剂实现乙烯低聚，通过添加质量分数为 90%的乙醇和 10%水的混合物，连

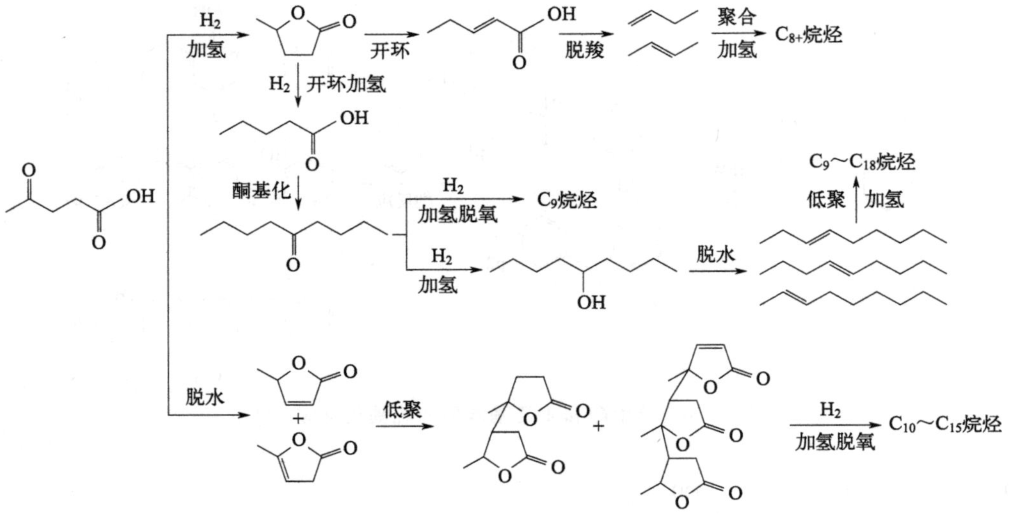

图 5-20　经乙酰丙酸的烯烃聚合途径

续制得高碳烯烃。在 200℃和 1MPa 的条件下，以 Ni/Al-HMS 催化乙烯低聚反应，乙烯转化率高达 96.3%，产物 C_4H_8、C_6H_{12}、C_8H_{16} 和 C_{8+} 的选择性分别为 37.7%、24.5%、24.0%和 9.1%。

烯烃在磺酸树脂上的低聚化是通过碳正离子机制进行的（图 5-21），其中—SO_3H 基团同时充当质子供体和受体，该反应主要分为三个步骤：①烯烃质子化形成烷基碳正离子；②碳正离子与烯烃反应的链式传播；③碳正离子的去质子化，链生长结束。

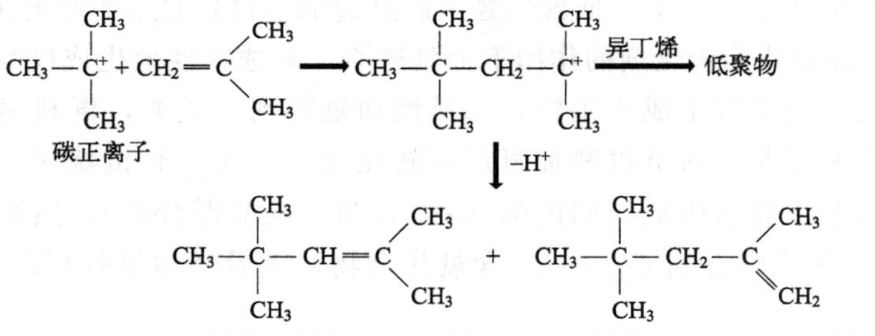

图 5-21　磺酸树脂催化丁烯低聚反应示意图

低聚产物的分布还受到温度和压力等反应操作条件的影响。低温的反应条件有利于烯烃低聚反应的进行，而在高于 373～383K 的温度下，低聚物裂解等反应容易发生。高压有利于烯烃低聚反应得到更高分子量的产物。产物的异构化程度是随着温度的升高而升高的，但可以通过特定的催化剂进行控制，通过调节催化剂粒径大小和孔径分布可以控制异构化的程度。

目前，乙烯、丁烯、异丁烯、异戊烯等生物质平台化合物所包含的烯烃均可以通过低聚反应延长碳链，再经加氢脱氧反应制成高性能的液态燃料。

5.3.1.4　其他碳碳偶联反应

除了羟醛缩合、烷基化反应、烯烃低聚反应之外，还有酮基化反应、Diels-Alder 缩合、

Guerbet 缩合等延长碳链的方式。通过这些碳碳偶联方式，能够将小分子的平台化合物延长至燃料碳数要求范围内的化合物。这些含氧前驱体经加氢脱氧反应后可转化为符合标准的液态烷烃燃料。

5.3.2　偶联产物的加氢脱氧转化

偶联产物的加氢脱氧（HDO）是生物质催化转化中的一个关键步骤。偶联产物分子中具有较高的含氧量，无法直接作为液体燃料使用。通过 HDO，能够降低含氧量，提高能量密度，从而得到高品质的生物燃料。生物基偶联产物的 HDO 过程包含羰基双键加氢、碳碳双键加氢、呋喃环开环和碳氧键选择性断裂等。HDO 反应涉及加氢和脱氧两个步骤，因此一般采用金属/酸双功能催化剂，反应条件通常为高温高压氢气氛围。一般而言，酸性位点催化脱氧，金属位点催化加氢，两者协同促进 HDO 反应的进行。

为了深入理解 HDO 反应的机制和优化反应条件，研究者们对不同类型的 HDO 催化剂进行了广泛研究。金属催化剂可分为贵金属（如 Pt、Pd、Ru、Rh）催化剂和过渡金属（如 Fe、Ni、Co、Cu）催化剂。研究者们发现将碳基贵金属催化剂（如 Pd/C、Pt/C）和分子筛催化剂（如 HZSM-5、HY）简单进行物理混合就可以起到很好的 HDO 效果。

Liu 等[153]将环戊酮和糠醛羟醛缩合得到含氧前驱体，之后在 Pd/C 与 HZSM-5 催化剂催化下完成 HDO，如图 5-22 所示。HDO 反应在 200℃、6MPa H_2 条件下进行 24h，得到主要成分为 C_{10}～C_{15} 烷基单环烷烃（收率为 81.8%）。

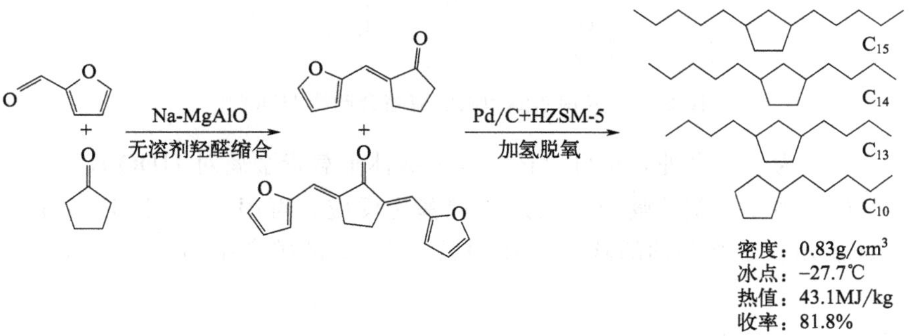

图 5-22　环戊酮和糠醛缩合产物 HDO[153]

Wang 等[154]通过环戊酮自缩合得到航油前驱体，之后在 Pd/C 与 HZSM-5 催化剂催化下进行 HDO。HDO 反应在 200℃、6MPa H_2 条件下进行 24h，最终产物由双环戊烷（65.5%）、三环戊烷（24.9%）和螺环烷烃（9.6%）组成。

Li 等[148]用 HPW 催化苯甲醇和 4-乙基苯酚烷基化反应，在 Pd/C 和 HZSM-5 的混合催化剂催化下完成 HDO，如图 5-23 所示。在 180℃、6MPa H_2 条件下进行 20h，烷基化产物转化为乙基取代双环己基甲烷。

Bai 等[149]报道了苯酚和乙酸苄酯烷基化生成苄基酚，再以 Pd/C 和 HZSM-5 为催化剂催化 HDO。HDO 在 200℃、6MPa H_2 条件下进行 20h，之后以 85%的收率获得全氢芴和二环己基甲烷混合燃料。

Xie 等[155]提出了木质纤维素衍生的 2-甲基呋喃和石油衍生的双环戊二烯经 Diels-Alder 反应和 HDO 合成一种高密度液体燃料的工艺。通过酸性沸石 HY 和 Pd/C 的混合物，在

150℃，H_2 压力 6MPa 的条件下进行 HDO 5h，将前驱体转化为碳氢燃料。

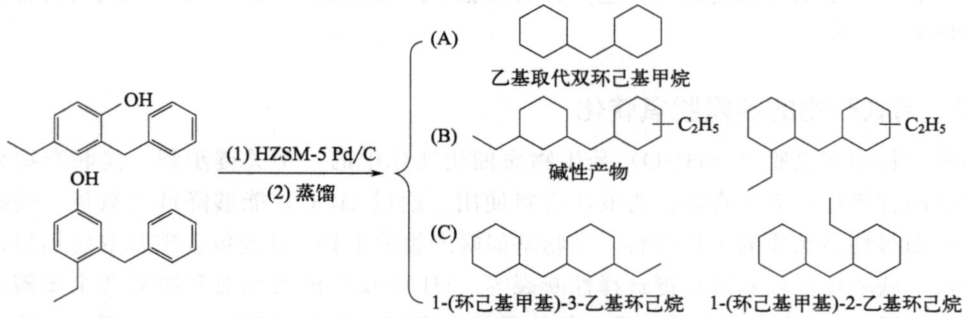

图 5-23　苯甲醇和 4-乙基苯酚烷基化产物 HDO[148]

也有研究者选择将贵金属负载在分子筛上，以便更好地调控催化剂的性能。Xie 等[140]将异佛尔酮和呋喃醛（糠醛和 HMF）羟醛缩合得到含氧前驱体，使用质量分数为 2% 的 Pt/HZSM-5 催化偶联产物 HDO，以水为溶剂在 200℃、6MPa H_2 中反应 12h，C_{14} 和 C_{15} 烷烃总产率为 85.4%（图 5-24）。

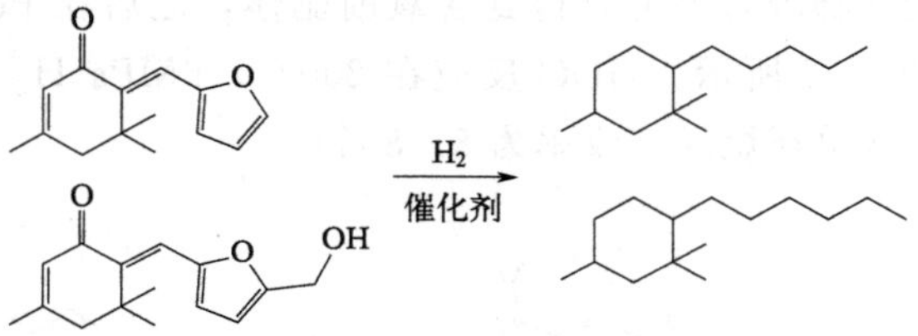

图 5-24　异佛尔酮和呋喃醛缩合产物 HDO[140]

除了分子筛作为载体之外，也可以选择其他载体负载贵金属对 HDO 反应进行催化。

Li 等[145]首先将 2-甲基呋喃与糠醛进行烷基化反应，再用 Pt/C 和 Pt/ZrP 催化加氢脱氧，如图 5-25 所示。最终柴油的碳产率为 94%，C_{15} 烃的碳产率为 75%（主要成分为 6-丁癸烷）。

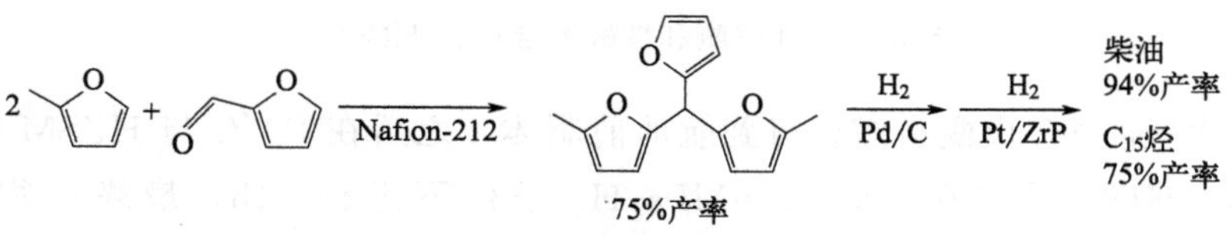

图 5-25　2-甲基呋喃与糠醛烷基化产物 HDO[145]

Zhang 等[156]通过生物基环戊酮和香兰素无溶剂羟醛缩合，然后进行水相 HDO 生产环烷烃喷气燃料，如图 5-26 所示。以 5% Pd/Nb_2O_5 为 HDO 催化剂，在 260℃、6MPa H_2 条件下反应 24h，最终得到环己基环戊烷的产率为 75.2%，1，3-双环己基环戊烷的产率为 8.4%。

贵金属催化剂虽然加氢性能优异，但价格昂贵，不利于工业化生产使用。因此研究者们对过渡金属的 HDO 性能展开了研究。

Li 等[157]将环戊酮和 2-甲基呋喃进行烷基化反应，并在一系列负载过渡金属的 SiO_2-

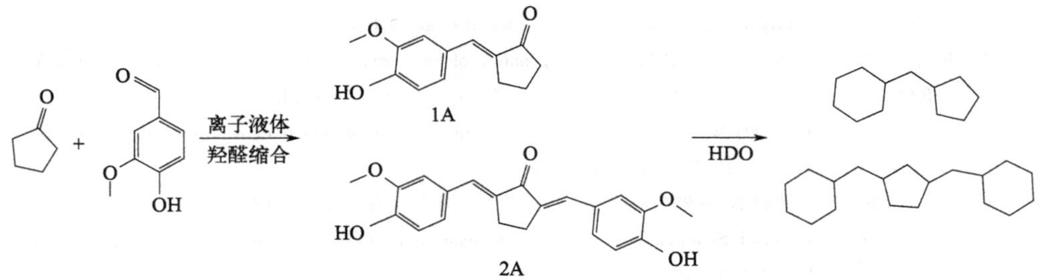

图 5-26　环戊酮和香兰素羟醛缩合产物 HDO[156]

Al_2O_3 催化剂上对烷基化产物进行了 HDO 反应，实验结果表明 Ni/SiO_2-Al_2O_3 在 M/SiO_2-Al_2O_3（M＝Fe，Co，Ni，Cu）催化剂中性能最佳，这可以解释为 Ni 具有较高的加氢活性。

Wang 等[158]通过 2-甲基呋喃和糠醛烷基化合成 C_{15} 中间体，再以质量分数为 10％的 Ni/SiO_2-ZrO_2 为催化剂，在固定床上对烷基化产物进行 HDO。HDO 反应条件为 250℃、H_2 压力 5MPa，主要产物为 C_{14} 和 C_{15} 烷烃（选择性达到 92％）。

综上所述，HDO 反应在生物质平台化合物制备燃料的转化过程中具有重要意义。贵金属催化剂虽然性能优越，但成本较高，限制了其大规模应用。过渡金属催化剂由于成本较低，显示出良好的应用前景，但需优化反应条件以降低能耗。未来的研究应致力于开发高效、低成本的催化剂，以推动 HDO 技术的工业化应用，为生物燃料的广泛应用提供可行方案。

参考文献

[1] Cheng F，Brewer C E. Producing jet fuel from biomass lignin：Potential pathways to alkyl-benzenes and cycloalkanes [J]. Renewable and Sustainable Energy Reviews，2017，72：673-722.

[2] Kallury R，Restivo W M，TIDWELL T T，et al. Hydrodeoxygenation of hydroxy，methoxy and methyl phenols with molybdenum oxide/nickel oxide/alumina catalyst [J]. Journal of Catalysis，1985，96（2）：535-543.

[3] Laurent E，Delmon B. Study of the hydrodeoxygenation of carbonyl，carylic and guaiacyl groups over sulfided CoMo/ γ-Al_2O_3 and NiMo/γ-Al_2O_3 catalysts：Ⅰ. Catalytic reaction schemes [J]. Applied Catalysis A：General，1994，109（1）：77-96.

[4] Zhang Z，Yue C，Hu J. Fabrication of porous MoS_2 with controllable morphology and specific surface area for hydrodeoxygenation [J]. Nano，2017，12（09）：1750116.

[5] Bui V N，Laurenti D，Delichere P，et al. Hydrodeoxygenation of guaiacol. Part Ⅱ：Support effect for CoMoS catalysts on HDO activity and selectivity [J]. Applied Catalysis B：Environmental，2011，101（3-4）：246-255.

[6] Laurenti D，Afanasiev P，Geantet C. Hydrodeoxygenation of guaiacol with CoMo catalysts. Part Ⅰ：Promoting effect of cobalt on HDO selectivity and activity [J]. Applied Catalysis B：Environmental，2011，101（3-4）：239-245.

[7] Gutierrez A，Kaila R K，Honkela M L，et al. Hydrodeoxygenation of guaiacol on noble metal catalysts [J]. Catalysis today，2009，147（3-4）：239-246.

[8] Lin Y C，Li C L，Wan H P，et al. Catalytic hydrodeoxygenation of guaiacol on Rh-based and sulfided CoMo and NiMo catalysts [J]. Energy & Fuels，2011，25（3）：890-896.

[9] Choudhary V，Pinar A B，Lobo R F，et al. Comparison of homogeneous and heterogeneous catalysts for glucose-to-fructose isomerization in aqueous media [J]. ChemSusChem，2013，6（12）：2369-2376.

[10] Chen J，Huang J，Chen L，et al. Hydrodeoxygenation of phenol and derivatives over an ionic liquid-like copolymer stabilized nanocatalyst in aqueous media [J]. ChemCatChem，2013，5（6）：1598-1605.

[11] Hong D-Y, Miller S J, Agrawal P K, et al. Hydrodeoxygenation and coupling of aqueous phenolics over bifunctional zeolite-supported metal catalysts [J]. Chemical Communications, 2010, 46 (7): 1038-1040.

[12] Zhao C, Kou Y, Lemonidou A A, et al. Hydrodeoxygenation of bio-derived phenols to hydrocarbons using RANEY® Ni and Nafion/SiO_2 catalysts [J]. Chemical Communications, 2010, 46 (3): 412-414.

[13] Deutsch K L, Shanks B H. Hydrodeoxygenation of lignin model compounds over a copper chromite catalyst [J]. Applied Catalysis A: General, 2012, 447: 144-150.

[14] 张玉桥 . 苯酚加氢制环己醇的 Ni 基催化剂研究 [D]. 杭州：浙江工业大学，2018.

[15] Yang F, Liu D, Zhao Y, et al. Size dependence of vapor phase hydrodeoxygenation of m-cresol on Ni/SiO_2 catalysts [J]. ACS catalysis, 2018, 8 (3): 1672-1682.

[16] Zhao Y, Xue M, Cao M, et al. A highly loaded and dispersed Ni_2P/SiO_2 catalyst for the hydrotreating reactions [J]. Applied Catalysis B: Environmental, 2011, 104 (3-4): 229-233.

[17] Wu S K, Lai P C, Lin Y C, et al. Atmospheric hydrodeoxygenation of guaiacol over alumina-, zirconia-, and silica-supported nickel phosphide catalysts [J]. ACS Sustainable Chemistry & Engineering, 2013, 1 (3): 349-358.

[18] Lee W-S, Wang Z, Wu R J, et al. Selective vapor-phase hydrodeoxygenation of anisole to benzene on molybdenum carbide catalysts [J]. Journal of catalysis, 2014, 319: 44-53.

[19] Boullosa-Eiras S, Lødeng R, Bergem H, et al. Catalytic hydrodeoxygenation (HDO) of phenol over supported molybdenum carbide, nitride, phosphide and oxide catalysts [J]. Catalysis today, 2014, 223: 44-53.

[20] Lin Y, Huber G W. The critical role of heterogeneous catalysis in lignocellulosic biomass conversion [J]. Energy & Environmental Science, 2009, 2 (1): 68-80.

[21] Guo T, Li X, Liu X, et al. Catalytic transformation of lignocellulosic biomass into arenes, 5-hydroxymethylfurfural, and furfural [J]. ChemSusChem, 2018, 11 (16): 2758-2765.

[22] 晏昶皓 . 木质纤维素生物质高效催化转化制备呋喃类能源化学品的研究 [D]. 镇江：江苏大学，2022.

[23] Sanchez J, Curt M D, Robert N, et al. Chapter two-biomass resources [M] //Lago C. Caldes N, Lechon Y. The Role of Bioenergy in the Bioeconomy. Academic Press, 2019: 25-111.

[24] 尹浩杰，杨发举，宋应利，等 . 生物柴油及其非均相催化剂制备方法的研究现状 [J]. 化学推进剂与高分子材料，2024, 22 (03): 1-7+20.

[25] 陈伟青 . 两种非均相催化剂的合成及其催化合成生物柴油的研究 [D]. 秦皇岛：河北科技师范学院，2023.

[26] 徐海升，何丽娟，黄国强 . 碳化物类生物油加氢脱氧催化剂的研究进展 [J]. 精细石油化工，2020, 37 (01): 71-76.

[27] 杨淑蕙 . 植物纤维化学 [M]. 3 版，北京：中国轻工业出版社，2001.

[28] Jing Y, Guo Y, Xia Q, et al. Catalytic production of value-added chemicals and liquid fuels from lignocellulosic biomass [J]. Chem, 2019, 5 (10): 2520-2546.

[29] 张凯利 . 生物质衍生物催化加氢脱氧反应研究 [D]. 上海：华东师范大学，2023.

[30] KeiichiI T, Mizuho Y, Ji C, et al. Hydrodeoxygenation of potential platform chemicals derived from biomass to fuels and chemicals [J]. Green Chemistry, 2022, 24 (15): 5652-5690.

[31] 郭忠武，王来曦 . 糖化学研究进展 [J]. 化学进展，1995, 7 (1): 20.

[32] 杨惠 . 生物质糖及其衍生物定向催化转化制备呋喃类化学品 [D]. 杭州：浙江大学，2022.

[33] Zhu J Y, Pan X. Efficient sugar production from plant biomass: Current status, challenges, and future directions [J]. Renewable and Sustainable Energy Reviews, 2022, 164: 112583.

[34] Das S, Chandukishore T, Ulaganathan N, et al. Sustainable biorefinery approach by utilizing xylose fraction of lignocellulosic biomass [J]. International Journal of Biological Macromolecules, 2024, 266: 131290.

[35] Jesus E, Pedro Y, Miguel L. Catalytic processes from biomass-derived hexoses and pentoses: A recent literature overview [J]. Catalysts, 2018, 8 (12): 637.

[36] Ahmad M M. Recent trends in chemical modification and antioxidant activities of plants-based polysaccharides: A review [J]. Carbohydrate Polymer Technologies and Applications, 2021, 2: 100045.

[37] Meng S, Xu Y, Wang Z. Research progress on chemical modification of polysaccharide and their biological activities [J]. Natural Product Research and Development, 2014, 26 (11): 1901.

[38] Xu Y, Wu Y J, Sun P L, et al. Chemically modified polysaccharides: Synthesis, characterization, structure activity relationships of action [J]. International Journal of Biological Macromolecules, 2019, 132: 970-977.

[39] Li S, Xiong Q, Lai X, et al. Molecular modification of polysaccharides and resulting bioactivities [J]. Comprehensive Reviews in Food Science and Food Safety, 2016, 15 (2): 237-250.

[40] Liu T, Ren Q, Wang S, et al. Chemical modification of polysaccharides: A review of synthetic approaches, biological activity and the structure-activity relationship [J]. Molecules, 2023, 28 (16): 6073.

[41] Theophile G, Huiling L, Guillaume F, et al. Impact of the chemical structure on amphiphilic properties of sugar-based surfactants: A literature overview [J]. Advances in Colloid and Interface Science, 2019, 270: 87-100.

[42] 张颖，韩铮，徐禄江，等．生物质基含氧化合物加氢脱氧反应的研究进展 [J]. 林产化学与工业，2016，36 (06): 107-118.

[43] Wang H, Yang B, Zhang Q, et al. Catalytic routes for the conversion of lignocellulosic biomass to aviation fuel range hydrocarbons [J]. Renewable and Sustainable Energy Reviews, 2020, 120: 109612.

[44] 程立媛．生物质催化转化研究 [D]. 南京：南京大学，2013.

[45] 郑云武，王继大，李冬华，等．生物质催化转化制备生物基航空燃料的研究进展 [J]. 林产化学与工业，2023，43 (01): 140-154.

[46] 李麟．生物质催化转化技术最新进展 [J]. 广东化工，2023，50 (11): 76-78+54.

[47] Mulder G J. Untersuchungen über die Humussubstanzen [J]. Journal für praktische Chemie, 1840, 21 (1): 321-370.

[48] 刘非，郑明远，王爱琴，等．酸催化制备糠醛研究进展 [J]. 化工进展，2017，36 (01): 156-165.

[49] Balakrishnan M, Sacia E R, Bell A T. Etherification and reductive etherification of 5- (hydroxymethyl) furfural: 5- (alkoxymethyl) furfurals and 2, 5-bis (alkoxymethyl) furans as potential bio-diesel candidates [J]. Green Chemistry, 2012, 14 (6): 1626-1634.

[50] Liu B, Zehui Z, Kejian D. efficient one-pot synthesis of 5- (ethoxymethyl) furfural from fructose catalyzed by a novel solid catalyst [J]. Industrial & Engineering Chemistry Research, 2012, 51 (47): 15331-15336.

[51] Chen B, Yan G, Chen G, et al. Recent progress in the development of advanced biofuel 5-ethoxymethylfurfural [J]. BMC Energy, 2020, 2 (1): 2.

[52] Che P, Lu F, Zhang J, et al. Catalytic selective etherification of hydroxyl groups in 5-hydroxymethylfurfural over $H_4SiW_{12}O_{40}$/MCM-41 nanospheres for liquid fuel production [J]. Bioresource Technology, 2012, 119: 433-436.

[53] 姚远．磁性碳质材料催化糖类制备 5-羟甲基糠醛及其衍生物的研究 [D]. 无锡：江南大学，2016.

[54] 徐桂转，郑张斌，王世杰，等．生物质催化制备 5-乙氧基甲基糠醛研究进展 [J]. 华中农业大学学报，2020，39 (05): 176-184.

[55] Haworth W N, Wiggins L F, Birmingham E. Manufacture of 5-hydroxymethyl 2-furfural [P]. US 2498918, 1950.

[56] Peniston Q P. Manufacture of 5-hydroxymethyl 2-furfural [P]. US 2750394, 1956.

[57] Asghari F S, Yoshida H. Acid-catalyzed production of 5-hydroxymethyl furfural from d-fructose in subcritical water [J]. Industrial & Engineering Chemistry Research, 2006, 45 (7), 2163-2173.

[58] Stone J, Blundell M. A micromethod for the determination of sugars [J]. Canadian Journal of Research, 2011, 28 (11): 676-682.

[59] Chen S S, Tsang D C W, Tessonnier J-P. Comparative investigation of homogeneous and heterogeneous Brønsted base catalysts for the isomerization of glucose to fructose in aqueous media [J]. Applied Catalysis B: Environmental, 2020, 261: 118126.

[60] Romaric G, Damien D, Julien E, et al. Continuous flow upgrading of selected C_2-C_6 platform chemicals derived from biomass [J]. Chemical Reviews, 2020, 120 (15), 7219-7347.

[61] 冯云超，左淼，曾宪海，等．葡萄糖制备 5-羟甲基糠醛 [J]. 化学进展，2018，30 (Z1): 314-324.

[62] Putten R-J V, Waal J C V D, Jong E D, et al. Hydroxymethylfurfural, a versatile platform chemical made from renewable resources [J]. Chem Rev, 2013, 113 (3): 1499-1597.

[63] 吴廷华，韩彬，何容，等．负载型 B_2O_3 固体酸催化转化葡萄糖为 5-羟甲基糠醛的研究 [J]. 浙江师范大学学报：自然科学版，2017，40 (4): 7.

[64] Raveendra G, Surendar M, Prasad P S S. Selective conversion of fructose to 5-hydroxymethylfurfural over WO_3/

SnO_2 catalysts [J]. The Royal Society of Chemistry，2017 (16)，8520-8529.
[65] 张雄飞，于梦姣，邱健豪，等．葡萄糖催化制备 5-羟甲基糠醛研究新进展 [J]. 林业工程学报，2022，7 (02)：14-25.
[66] 李志松，朱斌．汽爆法生产糠醛新工艺 [J]. 化工进展，2012，31 (05)：1109-1112+1129.
[67] Yemis O，Mazza G. Acid-catalyzed conversion of xylose，xylan and straw into furfural by microwave-assisted reaction [J]. Bioresource Technology，2011，102 (15)：7371-7378.
[68] 李凭力，李加波，解利昕，等．木糖制备糠醛的工艺 [J]. 化学工业与工程，2007，24 (6)：3.
[69] Yang W，Li P，Bo D，et al. The optimization of formic acid hydrolysis of xylose in furfural production [J]. Carbohydrate Research，2012，357：53-61.
[70] Dias A S，Lima S，Pillinger M，et al. Acidic cesium salts of 12-tungstophosphoric acid as catalysts for the dehydration of xylose into furfural [J]. Carbohydrate Research，2006，341 (18)：2946-2953.
[71] Wang R，Liang X，Shen F，et al. Mechanochemical synthesis of sulfonated palygorskite solid acid catalysts for selective catalytic conversion of xylose to furfural [J]. ACS Sustainable Chemistry & Engineering，2019，8 (2)：1163-1170.
[72] Choudhary V，Sandler S I，Vlachos D G. Conversion of xylose to furfural using Lewis and Brønsted acid catalysts in aqueous media [J]. Acs Catalysis，2012，2 (9)：2022-2028.
[73] Despax S，Estrine B，Hoffmann N，et al. Isomerization of d-glucose into d-fructose with a heterogeneous catalyst in organic solvents [J]. Catalysis Communications，2013，39：35-38.
[74] Takagaki A，Ohara M，Nishimura S，et al. A one-pot reaction for biorefinery：combination of solid acid and base catalysts for direct production of 5-hydroxymethylfurfural from saccharides [J]. Chemical Communications，2009 (41)：6276-6278.
[75] 贾松岩，刘民，公艳艳，等．水溶液中催化剂量无机碱和有机碱催化葡萄糖异构制果糖 [J]. 石油学报（石油加工），2012，28 (6)：940-949.
[76] 辛浩升．催化转化葡萄糖制备高附加值化学品 5-羟甲基糠醛和 5-乙氧基甲基糠醛的研究 [D]. 合肥：安徽建筑大学，2018.
[77] 李江，周红军，傅尧．铁催化生物质基呋喃化合物加氢脱氧过程的研究 [J]. 中国化学会第 30 届学术年会摘要集-第三十三分会：绿色化学，2016.
[78] 巩明月，姜伟，辛颖，等．镍基生物质油加氢脱氧催化剂的研究进展 [J]. 精细石油化工，2022 (003)：039.
[79] 龚万兵．碳基非贵金属 (Cu，Ni，Co) 催化剂构筑及催化加氢性能研究 [D]. 合肥：中国科学技术大学，2018.
[80] 杨涛．金属盐催化糖类化合物及其衍生物转化制备平台分子的研究 [D]. 南京：南京林业大学，2019.
[81] 石雅雯．贵金属催化剂活性位调控及其催化生物质平台分子加氢脱氧反应的计算研究 [D]. 北京：北京化工大学，2023.
[82] Shi N，Liu Q，Zhang Q，et al. High yield production of 5-hydroxymethylfurfural from cellulose by high concentration of sulfates in biphasic system [J]. Green chemistry，2013，15 (7)：1967-1974.
[83] 陈新．Ru-MoO_x/Mo_2C 选择性氢解糖醇 C—O 键性能的研究 [D]. 广州：广东工业大学，2021.
[84] Yadav M，Mishra D K，Hwang J-S. Catalytic hydrogenation of xylose to xylitol using ruthenium catalyst on NiO modified TiO_2 support [J]. Applied Catalysis A General，2012，425：110-116.
[85] Zhang X J，Li H W，Bin W，et al. Efficient synthesis of sugar alcohols under mild conditions using a novel sugar-selective hydrogenation catalyst based on ruthenium valence regulation [J]. Journal of agricultural and food chemistry，2020，68 (44)：12393-12399.
[86] Pang S H，Schoenbaum C A，Schwartz D K，et al. Directing reaction pathways by catalyst active-site selection using self-assembled monolayers [J]. Nat Commun，2013，4 (1)：2448.
[87] Pushkarev V V，Musselwhite N，Somorjai G A，et al. High structure sensitivity of vapor-phase furfural decarbonylation/hydrogenation reaction network as a function of size and shape of Pt nanoparticles [J]. Nano Letters，2012，12 (10)：5196.
[88] Zhang J，Li D，Yuan H，et al. Advances on the catalytic hydrogenation of biomass-derived furfural and 5-hydroxymethylfurfural [J]. Journal of Fuel Chemistry and Technology，2021，49 (12)：1752-1766.

[89] Nagaraja B M , Padmasri A H, Raju B D et al. Production of hydrogen through the coupling of dehydrogenation and hydrogenation for the synthesis of cyclohexanone and furfuryl alcohol over different promoters supported on Cu MgO catalysts [J]. International Journal of Hydrogen Energy, 2011, 36 (5): 3417-3425.

[90] 蔡炽柳，王海永，李丹，等．双相体系果糖催化转化为5-羟甲基糠醛研究 [J]. 太阳能学报，2022，43 (02)：49-54.

[91] 马隆龙，唐志华，汪丛伟，等．生物质能研究现状及未来发展策略 [J]. 中国科学院院刊，2019，34 (04)：434-442.

[92] 陈伦刚，张兴华，张琦，等．木质纤维素解聚平台分子催化合成航油技术的进展 [J]. 化工进展，2019，38 (03)：1269-1282.

[93] 马隆龙，刘琪英．糖类衍生物催化制液体烷烃燃料的基础研究 [J]. 科技创新导报，2016，13 (10)：163-164.

[94] Jimenez-Gomez C P, Maireles Torres P, Moreno-Tost R, et al. Gas-phase hydrogenation of furfural to furfuryl alcohol over Cu/ZnO catalysts [J]. Journal of Catalysis, 2016, 336: 107-115.

[95] Caes B R, Teixeira R E, Knapp K G, et al. Biomass to furanics: Renewable routes to chemicals and fuels [J]. Acs Sustainable Chemistry, 2015, 3 (11): 150920111231004.

[96] Li Z, Luo Y, Jiang Z, et al. The promotion effect of NaCl on the conversion of xylose to furfural [J]. 中国化学：英文版，2020，38 (2)：7.

[97] Hu S, Zhang Z, Song J, et al. Efficient conversion of glucose into 5-hydroxymethylfurfural catalyzed by a common Lewis acid $SnCl_4$ in an ionic liquid [J]. Green Chemistry, 2009, 11 (11): 1746-1749.

[98] Chareonlimkun A, Champreda V, Shotipruk A, et al. Catalytic conversion of sugarcane bagasse, rice husk and corncob in the presence of TiO_2, ZrO_2 and mixed-oxide TiO_2-ZrO_2 under hot compressed water (HCW) condition [J]. Bioresource Technology, 2010, 101 (11): 4179-4186.

[99] Sitthisa S, An W, Resasco D E. Selective conversion of furfural to methylfuran over silica-supported NiFe bimetallic catalysts [J]. Journal of catalysis, 2011, 284 (1): 90-101.

[100] Zhu Y, Xiang H, Li Y, et al. A new strategy for the efficient synthesis of 2-methylfuran and γ-butyrolactone [J]. New Journal of Chemistry, 2002, 27 (2): 208-210.

[101] Lessard J, Morin J F, Wehrung J F, et al. High yield conversion of residual pentoses into furfural via zeolite catalysis and catalytic hydrogenation of furfural to 2-methylfuran [J]. Topics in Catalysis, 2010, 53 (15): 1231-1234.

[102] Qiu S, Wang T, Fang Y. High-efficient preparation of gasoline-ranged C_5-C_6 alkanes from biomass-derived sugar polyols of sorbitol over Ru-MoO_{3-x}/C catalyst [J]. Fuel Processing Technology, 2019, 183: 19-26.

[103] Eagan N M, Chada J P, Huber G W, et al. Hydrodeoxygenation of sorbitol to monofunctional fuel precursors over Co/TiO_2 [J]. Joule, 2017, 1 (1): 178-199.

[104] Lee J, Ro I, Kim H J, et al. Production of renewable C_4-C_6 monoalcohols from waste biomass-derived carbohydrate via aqueous-phase hydrodeoxygenation over Pt-ReO_x/Zr-P [J]. Process Safety and Environmental Protection, 2018, 115: 2-7.

[105] Yu Y, Zhang Q, Wang T J, et al. Aqueous phase hydrogenolysis of sugar alcohol to higher alcohols over Ru-Mo/CMK-3 catalyst [J]. Fuel Processing Technology, 2020, 197: 106195.

[106] 方辉煌，吴历洁，陈伟坤，等．生物质基含氧化合物在过渡金属碳化物上加氢脱氧研究进展 [J]. 化工学报，2021，72 (7)：14.

[107] 张振亚．过渡金属纳米材料催化生物质基呋喃醛高效转化的研究 [D]. 天津：天津理工大学，2019.

[108] 杨永权．过渡金属复合材料催化转化生物质基平台化合物制备有机小分子的研究 [D]. 长春：吉林大学，2017.

[109] Pang J, Sun J, Zheng M, et al. Transition metal carbide catalysts for biomass conversion: A review [J]. Applied catalysis B: environmental, 2019, 254: 510-522.

[110] Levy R B, Boudart M. Platinum-like behavior of tungsten carbide in surface catalysis [J]. Science, 1973, 181 (4099): 547-549.

[111] Deng Y, Gao R, Ma D, et al. Solvent tunes the selectivity of hydrogenation reaction over α-MoC catalyst [J]. J Am Chem Soc, 2018, 140 (43): 14481-14489.

[112] Xiong K, Lee W, Bhan A, et al. Molybdenum carbide as a highly selective deoxygenation catalyst for converting

furfural to 2-methylfuran [J]. ChemSusChem, 2014, 7 (8): 2146-2149.

[113] Borja P, Vicent C, Baya M, et al. Iridium complexes catalysed the selective dehydrogenation of glucose to gluconic acid in water [J]. Green Chemistry, 2018, 20 (17): 4094-4101.

[114] Taccardi N, Assenbaum D, Berger M E M, et al. Catalytic production of hydrogen from glucose and other carbohydrates under exceptionally mild reaction conditions [J]. Green Chemistry, 2010, 12 (7): 1150-1156.

[115] Zhan Y, Shen Y, Li S, et al. Hydrogen generation from glucose catalyzed by organoruthenium catalysts under mild conditions [J]. Chemical Communications, 2017, 53 (30): 4230-4233.

[116] Tukacs J M, Kiraly D, Mika L T, et al. Efficient catalytic hydrogenation of levulinic acid: a key step in biomass conversion [J]. Green Chemistry, 2012, 14 (7): 2057-2065.

[117] Qi L, Horvath I T. Catalytic conversion of fructose to γ-valerolactone in γ-valerolactone [J]. Acs Catalysis, 2012, 2 (11): 2247-2249.

[118] 龚宝祥，严龙，陈蒙远，等．半三明治型铱催化剂催化氢化葡萄糖制备山梨糖醇 [J]. 有机化学，2017，37 (12)：3170-3176.

[119] Sardar B, Srimani D. Concept and progress on the de (hydrogenation) and hydrogenation reactions using transition metal integrated layered double hydroxides (LDHs) [J]. Tetrahedron, 2023, 138: 133414.

[120] Li M, Li L, Lin S. Efficient antimicrobial properties of layered double hydroxide assembled with transition metals via a facile preparation method [J]. Chinese chemical letters, 2020, 31 (6): 1511-1515.

[121] Ramos R, Peixoto A F, Arias-Serrano B I, et al. Catalytic transfer hydrogenation of furfural over Co_3O_4-Al_2O_3 hydrotalcite-derived catalyst [J]. ChemCatChem, 2020, 12 (5): 1467-1475.

[122] Bertolini G R, JIimenez-Gomez C P, Cecilia J A, et al. Gas-phase hydrogenation of furfural to furfuryl alcohol over Cu-ZnO-Al_2O_3 catalysts prepared from layered double hydroxides [J]. Catalysts, 2020, 10 (5): 486.

[123] Peng J, Zhang D, Wu Y, et al. Selectivity control of furfuryl alcohol upgrading to 1, 5-pentanediol over hydrotalcite-derived Ni- Co-Al catalyst [J]. Fuel, 2023, 332: 126261.

[124] Wang T, Glasper J A, Shanks B H. Kinetics of glucose dehydration catalyzed by homogeneous Lewis acidic metal salts in water [J]. Applied Catalysis A: General, 2015, 498: 214-221.

[125] Peterson A A, Vogel F, Lachance R P, et al. Thermochemical biofuel production in hydrothermal media: A review of sub-and supercritical water technologies [J]. Energy & Environmental Science, 2008, 1 (1): 32-65.

[126] Kalong M, Hongmanorom P, Ratchahat S, et al. Hydrogen-free hydrogenation of furfural to furfuryl alcohol and 2-methylfuran over Ni and Co-promoted Cu/γ-Al_2O_3 catalysts [J]. Fuel Processing Technology, 2021, 214: 106721.

[127] Yang Y, Liu Q, Li D, et al. Selective hydrodeoxygenation of 5-hydroxymethylfurfural to 2, 5-dimethylfuran on Ru-MoO_x/C catalysts [J]. RSC Advances, 2017, 7 (27): 16311-16318.

[128] Der S, Medlin W, Nikolla E, et al. Reaction paths for hydrodeoxygenation of furfuryl alcohol at TiO_2/Pd interfaces [J]. Journal of Catalysis, 2019, 377: 28-40.

[129] KuterasiNski Ł, Rojek W, Gackowski M, et al. Sonically modified hierarchical FAU-type zeolites as active catalysts for the production of furan from furfural [J]. Ultrasonics Sonochemistry, 2020, 60: 104785.

[130] 潘感恩．生物质基糠醛催化转化制备糠醇和糠叉丙酮的研究 [D]. 泰安：山东农业大学，2022.

[131] Tang X, Wer J, Ding N, et al. Chemoselective hydrogenation of biomass derived 5-hydroxymethylfurfural to diols: Key intermediates for sustainable chemicals, materials and fuels [J]. Renewable and Sustainable Energy Reviews, 2017, 77: 287-296.

[132] 李洁，张正源，戴红，等．糠醛类化合物的制备及其在鞣制中的应用 [J]. 皮革与化工，2009，26 (006)：9-15.

[133] 游川锐，马頔，单志华．微水合成改性蛋白复鞣剂应用研究 [J]. 皮革科学与工程，2019，29 (5)：4.

[134] Abdulmalik O, Safo M K, Chen Q, et al. 5-hydroxymethyl-2-furfural modifies intracellular sickle haemoglobin and inhibits sickling of red blood cells [J]. British Journal of Haematology, 2005, 128 (4): 552-561.

[135] Niu W, Molefe M N, Frost J W. Microbial synthesis of the energetic material precursor 1, 2, 4-butanetriol [J]. Journal of the American Chemical Society, 2003, 125 (43): 12998-12999.

[136] 马纪亮．木糖酸的化学法合成及其应用 [D]. 广州：华南理工大学，2019.

[137]　姜楠．木质纤维素制备生物质能源与生物基化学品的研究［D］．天津：天津大学，2014.

[138]　Hoffer B W，Crezee E，Mooijman P R M，et al. Carbon supported Ru catalysts as promising alternative for Raney-type Ni in the selective hydrogenation of d-glucose［J］. Catalysis Today，2003，79：35-41.

[139]　Huber G W，Chheda J N，Barrett C J，et al. Production of liquid alkanes by aqueous-phase processing of biomass-derived carbohydrates［J］. Science，2005，308（5727）：1446-1450.

[140]　Xie J，Zhang L，Zhang X，et al. Synthesis of high-density and low-freezing-point jet fuel using lignocellulose-derived isophorone and furanic aldehydes［J］. Sustainable Energy & Fuels，2018，2（8）：1863-1869.

[141]　Liu Y，Wang Y，Cao Y，et al. One-pot synthesis of cyclic biofuel intermediates from biomass in choline chloride/formic acid-based deep eutectic solvents［J］. ACS Sustainable Chemistry & Engineering，2020，8（18）：6949-6955.

[142]　Wang W，Ji X，Ge H，et al. Synthesis of C_{15} and C_{10} fuel precursors with cyclopentanone and furfural derived from hemicellulose［J］. RSC Advances，2017，7（27）：16901-16907.

[143]　O'Neill R E，Vanoye L，de Bellefon C，et al. Aldol-condensation of furfural by activated dolomite catalyst［J］. Applied Catalysis B：Environmental，2014，144：46-56.

[144]　Corma A，de La Torre O，Renz M，et al. Production of high-quality diesel from biomass waste products［J］. Angew Chem Int Ed Engl，2011，50（10）：2375-2378.

[145]　Li G，Li N，Wang Z，et al. Synthesis of high-quality diesel with furfural and 2-methylfuran from hemicellulose［J］. ChemSusChem，2012，5（10）：1958-1966.

[146]　Shen Z，Zhang G，SHi C，et al. Bifunctional Pt/Hβ catalyzed alkylation and hydrodeoxygenation of phenol and cyclohexanol in one-pot to synthesize high-density fuels［J］. Fuel，2023，334：126634.

[147]　Nie G，Dai Y，Liu Y，et al. High yield one-pot synthesis of high density and low freezing point jet-fuel-ranged blending from bio-derived phenol and cyclopentanol［J］. Chemical Engineering Science，2019，207：441-447.

[148]　Li Z，Pan L，Nie G，et al. Synthesis of high-performance jet fuel blends from biomass-derived 4-ethylphenol and phenylmethanol［J］. Chemical Engineering Science，2018，191：343-349.

[149]　Bai J，Zhang Y，Zhang X，et al. Synthesis of high-density components of jet fuel from lignin-derived aromatics via alkylation and subsequent hydrodeoxygenation［J］. ACS Sustainable Chemistry & Engineering，2021，9（20）：7112-7119.

[150]　Bond J Q，Alonso D M，Wang D，et al. Integrated catalytic conversion of γ-valerolactone to liquid alkenes for transportation fuels［J］. Science，2010，327（5969）：1110-1114.

[151]　Luo Y，Zhang R，He Y，et al. Preparation of bio-jet fuels by a controllable integration process：coupling of biomass fermentation and olefin polymerization［J］. Bioresource Technology，2023，382：129175.

[152]　Liu Y. Catalytic ethylene oligomerization over Ni/Al-HMS：A key step in conversion of bio-ethanol to higher olefins［J］. Catalysts，2018，8（11）：537.

[153]　Liu Q，Zhang X，Zhang Q，et al. Synthesis of jet fuel range cycloalkanes with cyclopentanone and furfural［J］. Energy & Fuels，2020，34（6）：7149-7159.

[154]　Wang W，Zhang X，Jiang Z，et al. Controllablly produce renewable jet fuel with high-density and low-freezing points from lignocellulose-derived cyclopentanone［J］. Fuel，2022，321：124114.

[155]　Xie J，Zhang X，Liu Y，et al. Synthesis of high-density liquid fuel via Diels-Alder reaction of dicyclopentadiene and lignocellulose-derived 2-methylfuran［J］. Catalysis Today，2019，319：139-144.

[156]　Zhang X，Song M，Liu J，et al. Synthesis of high density and low freezing point jet fuels range cycloalkanes with cyclopentanone and lignin-derived vanillins［J］. Journal of Energy Chemistry，2023，79：22-30.

[157]　Li G，Li N，Wang X，et al. Synthesis of diesel or jet fuel range cycloalkanes with 2-methylfuran and cyclopentanone from lignocellulose［J］. Energy & Fuels，2014，28（8）：5112-5118.

[158]　Wang T，Li K，Liu Q，et al. Aviation fuel synthesis by catalytic conversion of biomass hydrolysate in aqueous phase［J］. Applied Energy，2014，136：775-780.

第6章 生物质气化-合成转化

通过热解和气化，生物质资源可被催化转化为高品质的清洁燃料，这一过程与化石燃料的使用方式高度兼容。这不仅有助于缓解石油资源短缺的问题，而且是一种实际且可行的替代化石能源的策略。在此过程中，生物质重整调变技术对于生物质燃料的合成至关重要。然而，生物燃气中的复杂成分，如焦油、二氧化碳和甲烷，限制了生物质气化合成技术的发展[1-3]。因此，必须对生物燃气进行更深入的焦油裂解和重整调变，以实现理想的 $H_2/CO/CO_2$ 比例，满足燃料合成系统对气体品质的需求[4]。

6.1 生物质气化气催化净化与组分调变

6.1.1 生物质气化气催化净化

在热解气化过程中，纤维素、半纤维素和木质素等生物质原料的主要转化目标为生产可燃气体。然而，这一过程不可避免地伴随着其他杂质的生成，其中焦油是最突出的副产物。焦油主要由多种复杂的芳香烃、苯及其衍生物构成，解决其导致的问题成为当前生物质气化技术研究的关键挑战。

焦油的存在显著影响了热解和气化过程及其相关设备。首先，在气化过程中，焦油通常占总能量的5%～15%，在低温下这部分能量难以与可燃气体一起有效利用，因此焦油降低了气化效率，导致能源的大量浪费。其次，焦油会随着产品气一起流动，在管道输送过程中逐渐冷凝成黏稠液体，附着在管道内壁和设备表面，对热解气利用设备（如内燃机、燃气轮机、压缩机、燃料电池等）的安全运行构成威胁。再次，焦油还能与气流中的灰尘结合，导致管道堵塞。此外，凝结为细小液滴的焦油比气体难以燃尽，在燃烧时容易产生炭黑，造成污染并损害燃气利用设备，焦油成分中有毒物质也会对人类健康构成威胁。为此，气化的产品气中焦油的含量是一个非常重要的参数，各国对燃气中焦油的含量都有较严格的规定[5]。为了确保内燃机（IC）的正常运行和保护环境，焦油含量需要严格控制。内燃机使用的燃气中，焦油含量通常要求低于 $100mg/m^3$[6]。在中国，城市管道煤气中的焦油含量标准更为严格，一般不得超过 $15mg/m^3$。这是因为焦油中含有大量可溶于水的有机物，如醛、醇、酚等，直接排放可能对土壤和水源造成严重污染。根据国家农田灌溉水质标准，挥发性酚的含量应在1.0～3.0mg/L范围内，而焦油中可挥发性酚的含量高达156～312mg/L，远超标准[7]。因此，将气化过程中产生的焦油转化为可燃气至关重要，这不仅能提高气化效率，还能降低燃气中焦油的含量，提升可燃气体的利用价值，对气化系统的设计、运行及整体评价都极为重要。

在生物质热转换过程中，焦油的量主要取决于转换温度和气相停留时间，同时也与加热速率密切相关。对于一般的生物质，在约 500℃时产生的焦油量最多，高于或低于这一温度，焦油产量都会相应减少[8]。因此，在制取液体产物的工艺中，反应温度通常设定在 500～600℃之间，并采用骤冷措施来抑制焦油的二次热解[9]。而在热解制气过程中，温度通常高于 700℃，此时焦油会发生二次分解，生成二次焦油。随着温度升高，焦油的分解更充分，产量随之降低。这些二次焦油的黏度远大于一次焦油，成分也非常复杂，已分析出的成分超过了 100 种[10]。但其主要成分不少于 20 种，大部分是苯的衍生物及多环芳烃，包括苯、甲苯、二甲苯、萘、苯乙烯、茚、苯酚等。在高温下，许多成分会被进一步分解。因此，随着温度升高，焦油的量逐渐减少。在不同条件（如温度、停留时间、加热速率）下，焦油的量及其成分含量都会发生变化，任何分析结果都仅适用于特定条件[11]。

基于上述的焦油性质及形成特性，研究人员已经采取并试验了多种方法用于脱除或者减少气化产品气中的焦油含量。这些方法主要分为两大类：物理净化法和热化学裂解法。物理净化法包括湿式净化方法和干式净化方法，属于二级净化；热化学裂解法包括高温裂解和催化裂解，属于一级净化。整体净化工艺流程的区别如图 6-1 所示[12]。

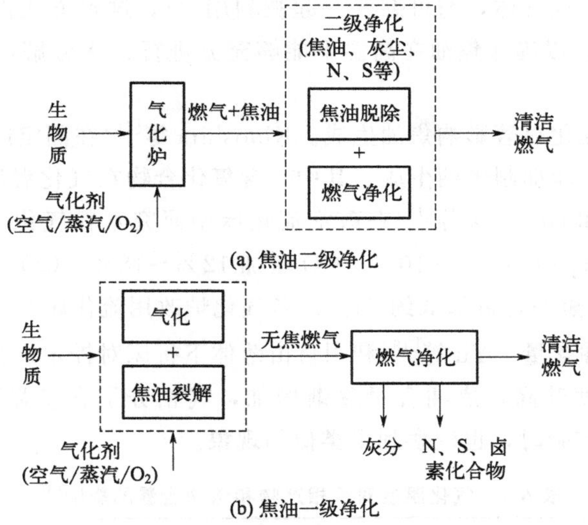

图 6-1　焦油净化工艺流程

(1) 物理净化法

湿式净化方法又称为水洗法，主要分为喷淋法和吹泡法（见图 6-2），该方法通过水将可燃气中的部分焦油带走，加入少量的碱可以进一步提升净化效果[13]。然而，湿式净化方法存在一些主要缺点，包括燃气中易夹带雾气，以及只能在较低温度下使用。此外，设备体积较大，液体回收及循环装置也相对庞大。尽管湿式净化系统结构简单、操作方便、成本低廉，但由于直接使用水洗涤净化燃气，洗过焦油后的污水排入农田或河流可能引起二次污染。此外，气化中焦油产物含有的能量通常占总能量的 5%～15%，大量焦油随水流失会导致能源浪费。因此，湿式净化系统可能逐渐会被淘汰。

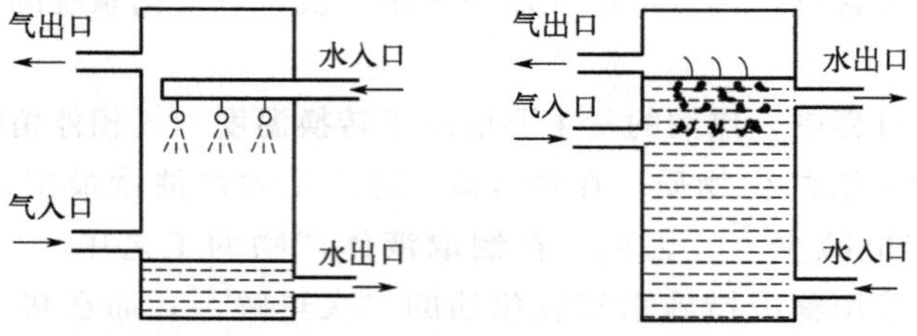

(a) 喷淋法除焦油　　(b) 吹泡法除焦油

图 6-2　焦油湿式净化法

干式净化方法又称过滤法，通过将具有强吸附性的材料（如活性炭等）装入容器中，使燃气穿过这些吸附材料，从而将燃气中的焦油过滤出来[14]。这种过滤分离方法能有效捕集0.1～1μm的微粒，是一种分离效率高且稳定的方法。然而，由于燃气流速不能过高，因此干式净化方法通常被用于末级分离，特别是对燃气质量要求较高的场合。尽管干式净化系统解决了水污染问题，但它也存在一些缺点，如系统设备复杂、操作不便、费用较高、运行寿命较短。此外，这种方法仍未有效解决焦油能量的利用问题。

(2) 热化学裂解法

焦油的热裂解是在较高温度水平下将一次气化的产物引出后通过二次高温裂解，转变为具有较小分子量的永久性气体，与可燃气一起被利用[15]。这种方式需要的温度较高，通常在1000～1200℃之间，以确保焦油在高温下能够充分进行二次分解，从而使燃气中的焦油含量降至很低。

气化过程中温度变化显著影响焦油生成。Kinoshita等[16]在固定床中用木粉进行气化实验，发现提高气化温度能抑制焦油生成。其中，含氧化合物在气化温度达到800℃以上时可完全分解。Gil等[17]和Narváez等[18]在鼓泡流化床中研究木粉气化，发现温度从700℃升至850℃时，燃气中H_2增加5%～10%，CO增加12%～18%，CO_2略微减少，而CH_4和C_2H_2含量基本不变，焦油含量降低约74%。若气化炉改用流化床并提高扩大段温度，可显著降低出口燃气中焦油含量。Yu等[19]利用自由落体下行床对桦木进行热解实验（结果见表6-1），观察到随着温度升高，焦油含量逐渐增加，气相分子含量显著增加。同时，Brage等[5]在进行桦木气化实验时，也观察到了类似的现象。

表 6-1　气化温度对气相产物和焦油含量的影响[19]

产物		不同温度下的质量分数/%		
		700℃	800℃	900℃
气体	CO_2	17.8	16.3	15.1
	$C_2H_2+C_2H_4+C_2H_6$	5.3	5.3	3.8
	H_2+CO	42.8	48.2	52.2
	CH_4	10.4	10.6	11.0
	总量	76.3	80.4	82.1
苯酚		9.3	4.8	2.0
甲酚		5.7	2.1	1.2
二甲苯酚		1.2	1.0	1.2

续表

产物	不同温度下的质量分数/%		
	700℃	800℃	900℃
苯	29.2	55.0	62.5
甲苯	15.0	9.3	5.2
二甲苯	2.1	1.0	0.5
茚	4.4	3.6	2.5
萘	8.0	12.0	13.7
甲基萘	2.4	1.0	0.8
联苯	0.4	0.3	0.5
苊	1.5	1.1	1.7
氟	0.6	0.3	0.4
未知物	16.8	6.0	5.4
焦油总量	96.6	97.5	97.6

部分研究者探讨了生物质加压气化的效应[20]，发现增加气化压力会减少焦油总量，但同时多环芳烃组分增加。Moilanen 等[21]研究了压力对木焦炭气化的作用，发现 CO_2 的压力增加会降低焦炭气化速率，而 H_2O 压力增加则加快了焦炭气化速率。

气化剂对生物质气化产物的显著影响不容忽视，常用气化剂有空气、水蒸气、氧气及水蒸气-空气混合物。表 6-2[22]展示了这四种气化剂对生物质气化产物含量的影响，不同气化剂有不同的气化体系，影响燃气组成和热值。空气气化由于 N_2 的稀释，产生的气体热值较低（5～7MJ/m^3）。水蒸气气化可获得 N_2 含量很低的富氢燃气（氢气体积分数大于 50%）。Herguido 等[22]观察到，水蒸气/生物质质量比增大时，CH_4 含量略有降低，C_2 含量变化不明显，燃气中焦油含量明显减少，同时燃气的热值也明显降低。此外，当氧气和水蒸气与生物质的质量比从 0.7 增加到 1.2 时，产物中焦油含量可显著减少约 85%[23]。Minkova 等[24]的实验结果表明，以水蒸气与 CO_2 为气化剂气化和热解时，会产生大量活性炭组分，使得燃气中颗粒物的含量大大增加。

表 6-2 四种气化剂对生物质气化产物含量的影响[22]

气化剂	H_2 含量/%	O_2 含量/%	N_2 含量/%	CO 含量/%	CO_2 含量/%	CH_4 含量/%	C_2H_2+C_2H_4 含量/%	C_2H_6 含量/%	H_2/CO
空气	12	2	40	23	18	3	0.6	0.1	0.522
氧气	25	0.5	2	30	26	13	1.3	0.4	0.833
水蒸气	20	0.3	1	27	24	20	0.8	0.2	0.741
水蒸气-空气	30	0.5	30	10	20	2	1.4	0.2	3

相比之下，通过催化剂使焦油催化裂解成气体，转化为有益能源产品，操作简便、能耗低、安全性高，是目前公认的优质清洁技术。催化剂的应用不仅显著降低焦油含量，使焦油在短时间内裂解率超过 99%，同时降低裂解温度（约 750～900℃），提升效率，调整产品气组成和品质，解决氮气稀释问题[25]。值得注意的是，在无氧条件下无须进行部分燃烧，减

少对催化剂抗烧结性能和高温失活因素的考虑。因此，焦油的催化裂解作为有效的先进除焦技术已成为研究热点。

焦油催化裂解的主要反应可分为两类[26]：蒸汽重整[$C_nH_m + nH_2O \longrightarrow nCO + (n+m/2)H_2$]和干式重整[$C_nH_m + nCO_2 \longrightarrow 2nCO + (m/2)H_2$]。在蒸汽重整中，水蒸气可源自粗燃气或重整过程中加入的过热蒸汽。这些反应在常规气化温度下进行较慢，但催化剂可显著提升反应速率。因此，焦油催化裂解的关键在于选择合适的催化剂。不同反应器或反应条件下，对催化剂的基本要求相似：①能有效去除焦油；②若以合成气为目标产物，催化剂需能进行甲烷重整；③具有强抗腐蚀性；④能抵抗积炭或烧结导致的失活；⑤易于再生；⑥具有足够强度；⑦成本低廉。

(3) 生物质焦油转化催化剂

传统生物质焦油转化催化剂可分为三大类：天然矿石类、碱金属类和镍基催化剂[27]，下面将分别作详细介绍。

① 天然矿石类催化剂。在矿石系列中，白云石是研究最多、应用最广的。白云石[$CaMg(CO_3)_2$] 是一种钙镁矿石，对焦油裂解的效果非常明显。然而，其催化性能仅在煅烧后显现。白云石的煅烧过程包括碳酸盐矿物的分解、CO_2 的去除以及 MgO-CaO 的形成。完全煅烧白云石需要的温度较高，通常在 800～900℃。这意味着它必须在高温下才能展现催化活性。然而，若系统中二氧化碳的分压大于白云石的分解平衡压力时，催化剂就会失去催化裂解焦油的能力。因此，当系统压力升高时，操作温度也应相应提高，以保持催化剂的活性。另外，煅烧过程也降低了白云石催化剂的硬度，使它更加易碎。由于催化剂磨损严重和细碎微粒粉末的问题，在流化床反应器中使用煅烧白云石作为催化剂变得非常困难。为了克服煅烧白云石易碎的缺点，橄榄石作为一种替代矿石引起了研究者的极大兴趣。橄榄石是一种镁铝酸盐，其化学组成可表示为 $(Mg, Fe)_2SiO_4$，其中包含 48%～50%的 MgO，39%～42%的 SiO_2，8%～10%的 Fe_2O_3。Rapagnà 等[27]的研究表明，橄榄石的焦油重整活性与煅烧白云石相当。另外，橄榄石是一种更坚硬的材料，能在流化床反应器中抵抗磨损，因此橄榄石用作流化床床层中的焦油重整催化剂时是极具吸引力的材料。

石灰石，作为最早的生物质气化炉床料天然矿物催化剂，可防止气化炉结块堵塞。白云石的添加能显著降低燃气中焦油含量，其净化作用类似于气化炉下游白云石床的催化裂解[28]。然而，白云石易随气化燃气排出，增加燃气中粉尘含量。相比之下，橄榄石展现出与白云石相似的焦油裂解性能，能在气化炉内将焦油含量减少超过 90%[27]。

② 碱金属催化剂。通常，碱金属催化剂通过湿法浸渍或干法混合直接加入生物质中。尽管碱金属可以显著加快气化反应并有效减少焦油和甲烷含量，但其难以回收且价格昂贵[29]。此外，在热化学过程中，碱金属会提高焦渣产量。因此，碱金属催化剂由于碳转化率较低、产气中固体粉尘含量过高以及难以再生等缺点，限制了其在商用气化催化剂方面的应用。Tanaka 等[30]将不同金属氧化物（V_2O_5、Cr_2O_3、Mn_2O_3、Fe_2O_3、CoO、NiO、CuO、MoO_3）负载在 Al_2O_3 上，进行生物质催化气化研究。实验结果见表 6-3，表中数据显示，NiO/Al_2O_3 催化效果最佳，其制备的合成气产率较高，CO_2 含量较低，H_2/CO 摩尔比达到 1.8。

表 6-3　不同金属氧化物对生物质气化产物的影响[30]

催化剂	产率/%	体积/mL				H_2/CO	CH_4/CO	残留 C/g
		H_2	CO	CH_4	CO_2			
V_2O_5/Al_2O_3	81	542	66	21	544	8.2	0.32	0.32
Cr_2O_3/Al_2O_3	77	477	318	127	156	1.5	0.40	0.40
Mn_2O_2/Al_2O_3	77	829	259	150	192	3.2	0.58	0.39
Fe_2O_3/Al_2O_3	79	757	445	98	73	1.7	0.22	0.36
CoO/Al_2O_3	83	515	147	12	488	3.5	0.08	0.26
NiO/Al_2O_3	87	855	475	43	161	1.8	0.09	0.23
CuO/Al_2O_3	89	995	321	125	248	3.1	0.39	0.19
MnO/Al_2O_3	81	421	77	9	545	5.5	0.12	0.38

③ 镍基催化剂。镍基催化剂在生物质气化产品气的重整方面表现出显著效果，对焦油裂解具有极高的活性，并能够有效重整产品气中的甲烷。在 740℃的操作条件下，产品气中 H_2 和 CO 的含量增加，烃类和甲烷的含量则明显减少。另外，它们具有一定的水-气转化活性，可以调整产品气中的 H_2/CO 比值。

BASF、Haldo、Topsope、UCI 和 ICI-Katalco 等公司开发了多种商业镍基催化剂，包括 G1-25/1、G1-50、ICI46-1、57-3 等。这些催化剂在常压和 750℃条件下可将 99%以上的焦油进行转化。Elliott 等[31]对这些商业用镍基催化剂在生物质粗燃气水蒸气重整过程中的失活因素进行了深入研究，发现两个主要因素可能导致催化剂失活。第一个因素是催化剂表面积炭，但可通过烧炭实现催化剂再生。第二个因素是高温下镍活性金属的烧结，这会促使催化剂永久性失活。Yamaguchi 等[32]研究了 Ni/Al_2O_3 商业镍基催化剂的失活，发现积炭催化剂经氧气烧炭后，其裂解活性可明显恢复，并观察到镍活性金属在 γ-Al_2O_3 载体表面的烧结。

针对商业镍基催化剂在活性和稳定性方面的缺陷，研究人员采取了多种策略进行改良。例如，Courson 等[33]将镍基催化剂负载在橄榄石载体上，这一改性显著增强了催化剂的热稳定性和耐磨性。Richardson 等[34]利用 KOH、NaOH、LiOH 和 KNO_3 等碱性金属溶液对 Ni 基催化剂进行修饰和改性，研究发现低浓度的碱性金属溶液对催化剂表面酸性的影响不大，但高浓度的碱性金属溶液可能导致催化剂失活。此外，Bangala 等[35]研究了在 MgO、La_2O_3 和 TiO_2 等载体上改性商业 Ni 基催化剂的效果，并对 Ni 金属的负载量进行了详细研究。他们的研究发现，复合载体的使用显著改善了催化剂的抗积炭性能，而增加活性金属 Ni 的量则有助于促进焦油的转化和生物质燃气产率的提高。通过这些改良措施，研究者们成功提升了催化剂的性能，为生物质燃气重整过程提供了更加有效的解决方案。

通过高温煅烧制备的 Ni-Mg-O 固溶体催化剂，在 CH_4-CO_2 重整反应中表现出色，其活性、选择性和抗积炭性能均达到较高水平，被视为具有工业化应用前景的干重整镍基催化剂。固溶体镍基催化剂的制备技术主要包括共沉淀法、湿混法和浸渍法，其中共沉淀法所制备的低 Ni 高分散固溶体催化剂表现尤为突出，其结构与抗积炭性能之间存在直接关联。Chen 等[36]认为低 Ni 含量的 $Ni_xMg_{1-x}O$ 催化剂表面还原的 Ni 具有较好的分散性、较小的粒子粒度，并且其载体具有类似 MgO 的碱性。这些特性使得镍与载体之间有较强的相互作用，有效防止了镍粒子在高温下聚集和生长，从而获得了优异的抗积炭性能。Bradford 等[37]研究人员认为，固溶体的形成增加了 Ni-O 键的键能，降低了催化剂的还原能力，部分还原的 NiO-MgO 固溶体增加了 Ni-Ni 的稳定性，阻止了 Ni 粒子的聚集，防止碳扩散进 Ni 本体中形成须状炭。Chen 等[38]通过向 Ni-Mg-O 固溶体催化剂中添加三价金属氧化物 Cr_2O_3 和 La_2O_3，制备了 Ni-Mg-Cr-La-O 固溶体催化剂，进一步提高了催化剂的活性和抗积炭性能。他们认为，助剂的添加提升了催化剂中晶格氧的迁移能力，加快了活性氧与催化剂表面积炭之间的反应速率，但同时也提高了催化剂的还原温度。

然而，镍基催化剂在生物质气化的热气氛环境下会迅速失活，这严重影响了催化剂的寿命[39]。这一失活主要由几个因素引起：首先，产品气中的硫、氯等成分可能导致催化剂中毒；其次，当产品气中焦油含量过高时，催化剂表面的积炭问题会变得严重；最后，反复的高温处理会导致镍基催化剂的烧结、相变及镍的挥发。此外，持续处理有毒的镍基催化剂不仅不经济，还可能对环境造成污染。因此，一些研究者正在通过添加其他助剂来改性镍基催化剂，相关研究仍在进行中。

6.1.2 生物质气化气组分调变

生物质气化净化后，产生的气体主要由 H_2、CO 和 CO_2 组成。在这些成分中，H_2 含量不足，而 CO_2 含量过高，同时还含有其他碳氢化合物。为了解决这些问题，需要优化生物质气化的条件和气化后的重整或组分调整。气体组分调整的主要目的是调节 H_2、CO 和 CO_2 的比例，确保 CO_2 的含量适当，以适应于化工合成反应[40]。目前，生物质气组分的调整主要通过脱除 CO_2 和重整制氢来实现。

6.1.2.1 气化气脱碳

生物燃气中高含量的 CO_2 对其商业应用构成了限制，因此在规模化应用前必须进行提纯。脱除 CO_2 是生物燃气提纯的关键步骤，旨在提升生物天然气的热值。一种常见做法是采用脱碳技术直接从气体混合物中分离 CO_2。另外，研究还探索了向生物燃气中注入 H_2，以促使 CO_2 转化为 CH_4，从而增加生物天然气中 CH_4 的浓度[41]。脱碳技术主要涵盖物理化学吸收（使用液体）、变压吸附（附着在固体表面）和膜分离等方法[42]。尽管现有多种成熟的脱碳技术，但选择最适合的工艺需考虑项目特定需求，包括产品纯度、系统阻力、环境影响以及成本效益分析[43]。

(1) 物理化学法

在生物燃气提纯过程中，物理化学吸收法是通过利用不同气体组分在吸收剂中的溶解度差异来分离气体的，主要分为物理吸收和化学吸收两大类。其中，物理吸收工艺主要有高压水洗法和有机溶剂吸收法，而化学吸收工艺主要有胺洗法[44]。

高压水洗法是生物燃气提纯工艺中最常用的工艺技术。其原理基于在常温下 CO_2 在水中溶解度远高于 CH_4，约为 CH_4 的 26 倍[45]。这一物理吸收过程遵循亨利定律，可以通过降压来较容易地进行 CO_2 解吸。如图 6-3 所示，生物燃气在经过压缩机和换热器后，以 1～2MPa 的压力和约 40℃的温度进入水洗塔塔底。水则从塔顶通入，与气体在吸收塔内进行逆流接触。经过塔顶处理后的提纯气体需进一步进入干燥单元，以获得生物天然气产品。吸收剂在饱和后不仅含有 CO_2 和 H_2S，还会溶解一定量的 CH_4。因此，由塔底出来的水首先经过闪蒸罐回收部分气体，然后水相进入解吸塔塔顶，在解吸塔内通过空气吹洗进行再生。解吸塔内操作压力为 0.25～0.35MPa，气体从顶部排放，底部再生后的水则循环回水洗塔中再次利用。虽然水洗法工艺成熟，不需要投入化学试剂，且甲烷回收率较高（>95%），但投资成本和运营成本仍然较高，水再生过程中耗能较大。因此，如何实现水的高效再生和处理大量废水，仍是水洗法面临的主要挑战。

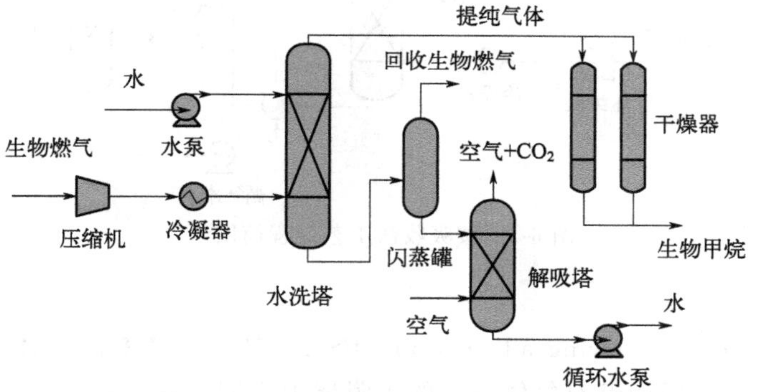

图 6-3　水洗法工艺流程简图[46]

有机溶剂吸收法与高压水洗法在基本原理上相似，都属于物理吸收法的范畴。不同之处在于，有机溶剂吸收法使用有机溶剂而非水作为吸收介质。常见的有机溶剂包括甲醇（CH_3OH）、*N*-甲基吡咯烷酮（NMP）和聚乙二醇醚（PEG）[47]。商业化的吸收剂产品如 Selexol® 和 Genosorb® 均采用聚乙二醇醚（PEG）作为主要成分。与水洗法相比，有机溶剂吸收法具有更快的吸收速率和更大的 CO_2 溶解度。特别是 Selexol®，其对 CO_2 的溶解度达到了水的三倍，这不仅减少了吸收剂的使用量，也降低了吸收塔的规模需求[48]。一般而言，在处理生物燃气的过程中，首先采用压缩机将其压缩至 0.6～0.8MPa 的压力，并降低至适宜的温度。接下来，原料气从吸收塔的底部进入，同时，冷却后的吸收剂从塔顶注入，与原料气逆向接触，从而促进气体的吸收。当吸收剂达到饱和状态后，吸收剂在进入解吸塔之前，需要将其加热至大约 80℃，并将压力降至 0.1MPa。随后，吸收剂从解吸塔顶部进入，完成吸收剂的再生和循环使用。尽管有机溶剂吸收法在 CO_2 分离效率上优于水洗法，但其溶剂再生过程需要更多的能量，且有机溶剂的成本显著高于水。另外，由于 H_2S 在 Selexol® 中的溶解度远高于 CO_2，因此在进入吸收单元之前，需要尽可能地去除 H_2S。

胺吸收工艺归类于化学吸收技术，其核心为可逆化学反应。该工艺普遍采用乙醇胺、二乙醇胺和三乙醇胺等作为吸收剂[49]。与 CO_2 在水中溶解不同，CO_2 在胺溶剂中的溶解是一个兼具化学和物理吸收的过程，其溶解度随温度升高先增后减，整体表现为一个放热过程[50]。胺吸收工艺（流程简图见图 6-4）在结构上与物理吸收法相似，主要由吸收塔和解吸塔组成。脱硫后的生物燃气首先通过压缩机和换热器处理，达到 0.2～0.8MPa 的压力和 50℃的温度后，从吸收塔底部进入。在吸收塔内，气体与胺溶液逆向接触，CO_2 和 H_2S 与胺溶液反应并被吸收，净化后的生物天然气从塔顶排出，进入下一处理阶段。吸收塔底部的溶剂经过换热器加热后，在解吸塔中进行再生，维持 120～170℃的温度以破坏吸收过程中形成的化学键，实现 CO_2 的解吸。再生后的胺溶液返回吸收塔循环使用。胺吸收法具有卓越的吸收性能，处理后的生物天然气中 CH_4 浓度可达到 99%，同时能彻底吸收 H_2S。然而，该方法存在能耗高、溶剂腐蚀性和挥发性大等问题，不仅可能导致环境污染，还伴随溶剂的较大损耗[51]。

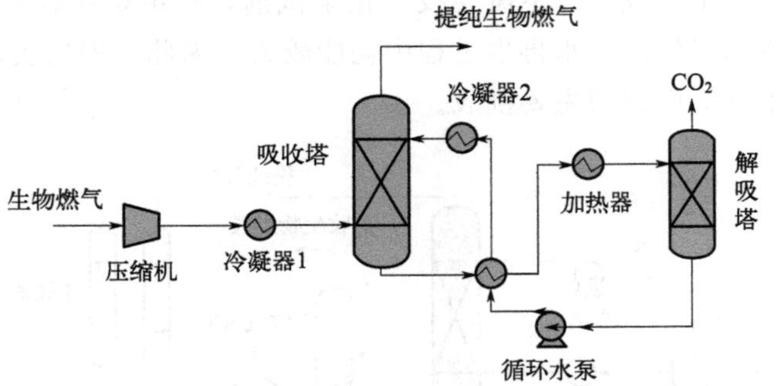

图 6-4 胺吸收法工艺流程简图[52]

(2) 变压吸附法

变压吸附法（pressure swing adsorption，PSA）是一种高效的气体分离技术，其核心原理是在不同压力下，吸附剂对气体组分的吸附能力不同。这一技术在生物燃气净化领域，特别是分离 CH_4 和 CO_2 方面表现出色。PSA 工艺（流程简图见图 6-5）通常可分为加压、吸附、减压、解吸四个阶段。原料气首先经过压缩，压力达到 0.4～1MPa，然后注入吸附柱，吸附剂材料将选择性地吸附 CO_2、N_2、O_2、H_2O 和 H_2S 等组分[53]。在实际应用中，为了确保工艺的连续性，通常采用多个吸附塔并联运行。当一个吸附塔吸附饱和后，需通过减压脱附使吸附剂再生，吸附剂再生过程中往往需要进行空气吹洗。在变压吸附工艺中，甲烷的最终回收率可达 95%～99%[54]。

在变压吸附技术的应用中，选择合适的吸附剂对于气体分离效率具有直接影响，因此这一步骤至关重要。在选择理想的吸附剂以提升变压吸附技术的效率时，关键目标是实现对 CO_2 的高选择性去除，同时确保对 H_2S 和 H_2O 的有效脱除[55]。因此，优选吸附剂需要展示对 CO_2 的强亲和力，这对于提高气体分离的效率和纯度至关重要。基于此，一种优质的吸附剂应具备以下特性[56-57]：①吸附剂表面呈碱性，利于酸性气体 CO_2 的吸附；②对吸附剂孔道进行修饰，使 CO_2（分子直径 0.34nm）易吸附，而相对较大的 CH_4 分子（分子直径 0.38nm）可通过；③易再生和脱附，能量需求低；④具备良好的耐湿性能。目前，常见的吸附剂有活性炭、沸石（4A、5A、13X）和其他具有高比表面积的材料[59]。

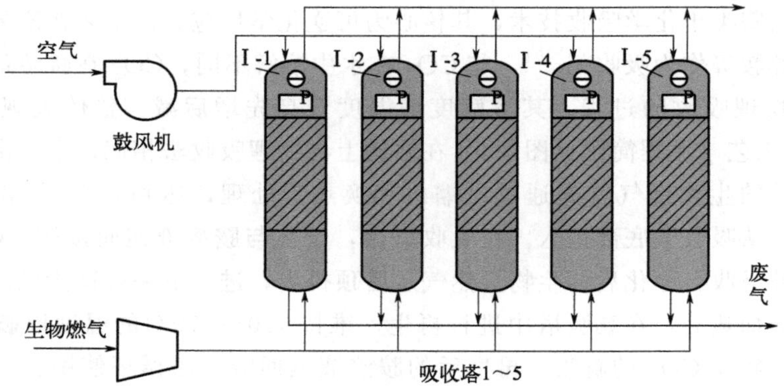

图 6-5 变压吸附工艺流程简图[58]

作为一种 CO_2 脱除手段，膜分离技术依赖于膜对气体成分的选择性渗透，通过压力、浓度或温度差异来实现气体分离[60]。依据相对渗透率，气体分子越小，越易透过膜。在生物燃气中，各组分按渗透率由低至高排序为 $CH_4 < N_2 < H_2S < CO_2 < H_2O$[61]。膜分离的核心问题是选择高性能的膜，因此理想的膜材料应具有较大的 CH_4 和 CO_2 渗透率差异，以及最小的 CH_4 损失。常用于生物燃气提纯的分离膜有聚合膜、无机膜和混合基质膜，其中商业化应用最多的是聚合膜。常见的聚合膜材料有聚砜（PSF）、聚酰亚胺（PI）、聚碳酸酯（PC）、聚二甲基硅氧烷（PDMS）和醋酸纤维素（CA）等[62]。另外根据分离介质的不同，膜分离可分为干法（气/气分离）或湿法（气/液分离）技术。

在膜分离技术领域，干法和湿法的主要区别在于操作原理和所采用的膜材料。干法膜分离技术通常在 0.5～3.6MPa 压力下进行，依靠膜的高渗透选择性和高压造成的浓度梯度来实现气体分离，从而实现 95%～98%的甲烷回收率[63]。相对而言，湿法膜分离则采用疏水性膜，在气体和液体之间进行逆流操作，使 CO_2 从进料气中选择性地通过膜并扩散到吸收液中，随后对吸收液进行再生处理[64]。湿法膜分离的优势在于提高了 CO_2 分离速度，同时保持了较低的甲烷损失率，但其不足之处在于膜的成本较高且使用寿命较短。Fan 等[65]研究人员开发了一种新型的共价有机骨架膜 ACOF-1，专门用于分离 CO_2 和 CH_4。这种膜具有高达 86.3% 的 CO_2/CH_4 的选择性，孔径约为 0.94nm，CO_2 渗透率达 9.9×10^9 mol/($m^2 \cdot s \cdot Pa$)，且在长期运行中表现出稳定性。Chen 等[66]的研究则发现，采用多级膜工艺分离生物燃气中的 CO_2 能够实现高达 99.5%的甲烷回收率。然而，为了确保膜分离性能不受影响，在实际应用中必须先对气体进行净化，去除 H_2S、H_2O 和气溶胶等组分，以避免分离膜被腐蚀和污染。

6.1.2.2 气化气重整制氢

气化气制氢的实质仍是利用气体中的 CO_2 和 CH_4 来生产 H_2。因此，大部分甲烷重整制氢技术同样适用于气化气重整制氢，这包括干重整（DR）、蒸汽重整（SR）和部分氧化重整（POR）等[67]。然而，由于粗燃气组成的变化较大，这些重整反应的适应性并不理想，通常需要对气体组成进行再调整以满足特定重整反应的进料需求。此外，积炭或催化剂的烧结常常会导致重整效率下降，同时，大量 CO_2 也会降低所得 H_2 的纯度。

目前，提高粗燃气重整制氢性能的主要策略包括优化反应条件和选择适宜的催化剂。在反应条件的优化方面，甲烷重整制氢技术可分为三大类：干法重整、湿法重整和部分氧化重整。每种方法都有其独特的特点和适用条件，通过选择和调整这些条件，可以有效提高制氢效率和产氢量。

(1) 粗燃气干重整制氢

粗燃气主要由 CH_4 和 CO_2 构成，其中 CO_2 的占比可高达 50%，这使其成为干重整反应的理想选择。直接利用粗燃气中的 CH_4 和 CO_2 进行重整反应以生产 H_2 或合成气，此技术被称为粗燃气干重整技术。该技术免去了 CO_2 预分离步骤，显著降低了 CO_2 分离过程中的能耗[68]。此外，通过调整反应条件，例如提升温度、降低压力或调整 CH_4/CO_2 摩尔比，可以进一步提高 H_2 的产率和纯度。粗燃气的干重整制氢过程主要包括 CH_4 和 CO_2 的干重整反应［式(6-1)］，以及甲烷裂解［式(6-2)］、水气变换［WGS 反应，式(6-3)］和 CO 歧化［式(6-4)］等副反应[69]。具体的反应方程式如下：

干重整反应：　$CO_2+CH_4 \longrightarrow 2H_2+2CO \quad \Delta H_{r,25℃}=+247.0kJ/mol$　(6-1)

甲烷裂解：　$CH_4 \longrightarrow C+2H_2 \quad \Delta H_{r,25℃}=+74.9kJ/mol$　(6-2)

水气变换反应：　$CO+H_2O \longrightarrow H_2+CO_2 \quad \Delta H_{r,25℃}=-41.2kJ/mol$　(6-3)

CO 歧化反应（积炭）：　$2CO \longrightarrow C+CO_2 \quad \Delta H_{r,25℃}=+172.4kJ/mol$　(6-4)

Wang 等[70]基于最小吉布斯自由能对不同操作温度条件下的粗燃气干重整过程进行了详细的热力学研究。结果表明，当温度高于 640℃时，CO_2 与 CH_4 之间的干重整反应可自发进行，并伴有甲烷裂解反应，继续将温度提高到 820℃以上，逆水气变换和 CO 歧化反应均被抑制。Vita 等[71]利用热力学计算进一步考察了 CH_4/CO_2 摩尔比和反应温度对粗燃气干重整反应性能的影响。结果显示：当反应温度不变时，增大 CH_4/CO_2 摩尔比，CH_4 转化率降低；保持 CH_4/CO_2 摩尔比不变时，升高反应温度，CH_4 转化率增大；在反应温度为 900℃和 $CH_4/CO_2=1$ 时，CH_4 转化率最高接近 98%，H_2 纯度接近 55%。并且，作者发现粗燃气干重整反应产生的积炭可以通过升高温度来消除。

干重整反应是一种强吸热反应，且在低温下容易导致积炭的形成。因此，粗燃气的干重整通常在较高温度下进行，但这会极大地增加能源消耗。为了解决这个问题，研究人员采用催化剂，这不仅能降低反应所需的能量，还能减少不利于产氢的副反应，从而提高重整效率。Reina 等[72]对 $Ni\text{-}Sn/CeO_2\text{-}Al_2O_3$ 催化剂在粗燃气干重整中的性能进行了研究。研究结果表明，催化剂的干重整活性与温度密切相关，随着温度的升高，活性增强。在 850℃且 CH_4/CO_2 摩尔比为 1 时，催化剂展现出最佳的重整活性，CH_4 转化率高达 93%，CO_2 转化率达到 98%，H_2 产率超过 90%。Noronha 等[73]进一步研究了不同 Ni 负载量的 Ni/CeO_2 催化剂在粗燃气干重整中的性能。研究结果显示，在所有 Ni/CeO_2 催化剂上进行 24h 的干重整反应，所得到的 H_2/CO 摩尔比均小于 1。此外，在重整反应的初始阶段，CH_4 的转化率普遍低于 CO_2 的转化率。研究还发现，CO_2 转化率的提高主要是由逆水气变换反应驱动的。同时，研究还发现，积炭的形成难易程度与 Ni 的晶粒尺寸密切相关。通过使用较高的焙烧温度或增加 Ni 负载量制备的 Ni 基催化剂中，Ni 晶粒尺寸较大，这会导致更容易形成积炭。

高温条件有助于消除干重整反应中产生的积炭，但同时可能引发催化剂的烧结和失活。近期研究指出，具有核壳结构或分层结构的 Ni 基催化剂在粗燃气干重整反应中显示出优异的抗烧结性能。Alavi 等[74]通过氨蒸发合成法成功制备了不同 Ni 含量的 $Ni\text{-}SiO_2@SiO_2$ 核壳催化剂，并在 700℃和 CH_4/CO_2 摩尔比为 1 的条件下进行粗燃气干重整反应。结果表明，所有的核壳催化剂均表现出稳定的粗燃气干重整性能，在 6h 的反应中，产物的 H_2/CO 摩尔比保持在 0.9 以上。特别是 $10Ni\text{-}SiO_2@SiO_2$ 催化剂，表现出了最佳的催化活性，CH_4 和 CO_2 转化率分别稳定在 72.5%和 93%。此外，该研究者进一步探究了该催化剂在更低温度（600℃）下的干重整性能。实验结果表明，在 12h 干重整反应后，CH_4 和 CO_2 的转化率分别稳定在 52%和 72%，且几乎没有积炭生成。据此，研究者认为 $Ni\text{-}SiO_2@SiO_2$ 核壳催化剂的高稳定性原因是 Ni 与 SiO_2 间的强相互作用。Miao 等[75]利用自制的分子筛 ZSM-5 作为模板，成功制备了具有花状微球结构的 Ni-Ru-Ce-Zr 催化剂。该催化剂在粗燃气干重整反应中展现出了卓越的活性，CH_4 和 CO_2 的最大转化率分别达到了 95%和 100%，从而产生了高品质的合成气（$H_2/CO>1$）。此外，在800℃和高空速的条件下进行了长达100h的干重整反应，该催化剂并未出现明显的失活现象。

以上实例展示了干重整技术在处理粗燃气方面的适用性，它能够同时转化粗燃气中的CH_4和CO_2，从而实现从粗燃气制取H_2。然而，催化剂的烧结和副反应带来的严重积炭会使得催化剂失活，进而引起干重整性能的快速衰减。另外，干重整过程得到的H_2纯度通常较低，产物气体中的H_2需要经过分离和纯化才能使用，这无疑增加了操作成本。

(2) 粗燃气湿重整制氢

在粗燃气干重整过程中，积炭问题可通过引入水蒸气有效解决，此方法称为粗燃气蒸气重整制氢（BSR）[76]。在BSR过程中，水蒸气不仅作为氢源，还通过化学反应增加氢气的纯度。具体而言，BSR反应能将氢气纯度由干重整反应的55%提高至超过80%。BSR过程主要涉及两个反应，即干重整［式(6-1)］和水气变换［式(6-3)］，此外还包括其他相关反应[77]：

甲烷蒸汽重整（SR）：
$$CH_4+H_2O═══CO+3H_2 \quad \Delta H_{r,25℃}=+206kJ/mol \tag{6-5}$$

甲烷蒸汽重整（SR）：
$$CH_4+2H_2O═══CO+4H_2 \quad \Delta H_{r,25℃}=+165kJ/mol \tag{6-6}$$

积炭气化：
$$C+H_2O═══CO+H_2 \quad \Delta H_{r,25℃}=+131kJ/mol \tag{6-7}$$

Ashrafi等[78]通过Gibbs自由能最小化原理对粗燃气蒸汽重整反应进行了热力学分析。研究发现，较高的S/C比（即蒸汽与碳的摩尔比）能显著提升CH_4的转化率和H_2的产率，同时抑制CO_2生成。在700℃且S/C比为4的条件下，CH_4转化率可达99%。此外，高温条件有利于提高CH_4转化率，但若反应温度低于700℃时，CH_4转化率则会显著降低，并伴随严重的炭沉积现象。值得注意的是，作者通过BSR过程将氢气产率提高到了85%。Effendi等[79]对BSR反应中的积炭问题进行了深入研究。他们使用CH_4/CO_2摩尔比为1.5的混合气体模拟粗燃气，在Ni/Al_2O_3催化剂的作用下进行BSR反应。研究显示，过量的水蒸气能显著抑制炭沉积。具体而言，当S/C比小于0.3时，炭沉积量高达15%，而当S/C比超过0.67时，炭沉积量几乎可以忽略不计（小于0.1%）。此外，他们还观察到，在高S/C比条件下，SR（蒸汽重整）与干重整反应之间存在竞争关系。Guilhaume等[80]则系统性地探讨了BSR反应中CO_2与H_2O的竞争吸附现象。实验结果指出，在水蒸气存在的条件下，CH_4优先与H_2O发生重整反应，从而抑制干重整反应发生。他们还进一步解释了SR与干重整反应间的竞争机制：在催化剂表面，存在两种分别与CO_2和H_2O相关的强吸附物种，随着温度的升高，与H_2O相关的强吸附物种在重整反应中越来越占据主导地位。

尽管粗燃气蒸汽重整技术有效地解决了积炭问题，但引入水蒸气增加了操作的复杂性，并导致能耗上升。此外，为了制取高纯度的氢气，通常需要在高温和较高的S/C比下进行，这会导致催化剂的烧结，这成为BSR反应面临的主要挑战，仍需要进一步研究探讨。

(3) 粗燃气部分氧化重整制氢

除了添加H_2O以抑制粗燃气干重整反应中的积炭外，引入氧化剂同样能有效地减少积炭生成，进而提升重整效率。将 O_2 引入粗燃气干重整反应的过程称粗燃气部分氧化重整制氢 [partial oxidation reforming，POR，式(6-8)]。在粗燃气干重整反应体系中通入 O_2，CH_4 部分 [式(6-8)]或者完全氧化 [式(6-9)]释放的热量可以得以利用，同时 O_2 的存在有助于清除积炭 [式(6-10)][81]。由于粗燃气中的高 CO_2 含量，粗燃气的 POR 反应非常复杂，除发生甲烷部分氧化、甲烷完全氧化和积炭消除反应外，还可能涉及干重整反应[82]。

甲烷部分氧化反应： $CH_4+1/2O_2 \longrightarrow CO+2H_2 \quad \Delta H_{r,25℃}=-35.6kJ/mol$ (6-8)

甲烷完全氧化反应： $CH_4+2O_2 \longrightarrow CO_2+2H_2O \quad \Delta H_{r,25℃}=-803kJ/mol$ (6-9)

积炭消除反应： $C+1/2O_2 \longrightarrow CO \quad \Delta H_{r,25℃}=-110kJ/mol$ (6-10)

Jiang 等[83]通过吉布斯自由能最小化原理对粗燃气的部分氧化重整过程进行了详尽的热力学分析。研究结果表明，在所考察的温度范围内，增加氧气含量始终有利于提升 CH_4 转化，同时抑制 CO_2 的生成。此外，他们还发现，在低温条件下，增加氧气含量可以显著提高 H_2/CO 比值。Tsolakis 等[84]则研究了反应温度（400～900℃）和 O_2/CH_4 摩尔比（0～0.57）对粗燃气部分氧化重整性能的影响。他们的实验结果显示，当反应温度低于 500℃时，H_2 浓度与 O_2 的添加量呈正相关。具体来说，在 400℃反应温度下，H_2 浓度接近于 0%。当 O_2/CH_4 摩尔比值增加至 0.16 时，H_2 浓度提升至 10%，继续提高 O_2/CH_4 摩尔比至 0.57，H_2 浓度可达到 30%。值得注意的是，在整个温度范围内，他们所得到的 H_2 浓度最高不超过 40%。Chen 等[85]以空气为氧源，研究了不同来源粗燃气的部分氧化重整反应。结果显示，无论粗燃气的来源如何，只要有充足的 O_2 存在，粗燃气的部分氧化重整总是以氧化反应为主。他们解释称，粗燃气中含有大量的 CO_2，当进料组分中 O_2 含量较低（$O_2/CH_4=0.6$）时，CH_4 氧化后产生的水蒸气较少，不利于 SR 反应；而随着 O_2 含量增加，促进了 CH_4 氧化反应，产生更多的水蒸气，从而促进了 SR 反应。此外，他们还指出不同反应对甲烷消耗速率的贡献度顺序为：干重整＞甲烷氧化＞蒸汽重整。

尽管干重整、蒸汽重整和部分氧化重整技术均可实现粗燃气制氢，但这些技术各自存在一些挑战。对于粗燃气的干重整反应，由于粗燃气组成的不稳定性，且 CH_4/CO_2 摩尔比通常都大于 1∶1，为了保证操作过程的稳定性，通常需要通过补充 CO_2 来调节反应气体中 CH_4 与 CO_2 的浓度。此外，积炭和催化剂烧结常引起干重整性能快速衰减，使得粗燃气干重整得到的 H_2 纯度一般低于 55%[86]。对于 BSR 过程，为了获得高纯度的 H_2，通常需要在 700℃以上的高温条件下进行重整反应。然而，粗燃气中的高 CO_2 含量加剧了干重整和 BSR 反应之间的竞争以及高温下催化剂的失活问题，这些因素影响了 BSR 反应的制氢性能，导致得到的 H_2 纯度不超过 70%[87]。至于粗燃气的 POR 反应，虽然引入 O_2 解决了积炭问题，但相较于 SR 反应，它对甲烷氧化反应的促进作用更强，这反而降低了粗燃气重整制氢的效果，得到的 H_2 纯度不高于 40%。这些技术的共性问题包括对 CO_2 的适应性不够，得到的 H_2 纯度较低，因此仍然需要经过多步分离和纯化才能实际应用，这无疑增加了粗燃气制氢的成本。当然，除了前面提到的重整制氢技术，如自热重整、等离子体重整和光重整等，它们同样能从粗燃气中提取氢气[88-89]。然而这些技术尚不成熟，无法投入到工业生产中。

6.1.2.3　气化气重整制氢催化剂

粗燃气重整制氢过程中，常用的催化剂是负载型金属催化剂，其组成结构主要包括三个部分：活性组分、载体和助剂。这些组成部分相互配合，共同决定了催化剂的性能和稳定性。

（1）活性组分

通常，活性组分主要包括贵金属和非贵金属。贵金属包括钯、铂、铑、铱等，因其具有高活性和较低的反应温度，所以早期催化剂多以这些贵金属为主。然而，考虑到成本因素，目前贵金属催化剂的应用范围较窄，主要应用于高精度仪器或特定反应中。例如，Pino 等[90]研究指出，以 Pt/CeO_2 为催化剂时，CH_4 的转化率可达 96%，并且表现出良好的 H_2 选择性和稳定性。Green 和 Ashcroft 等[91]使用 Ru 与镧系氧化物复合催化剂进行 CH_4 部分氧化反应，当 CH_4/O_2 为 2/1 时，可达到较高的 CH_4 和 CO_2 转化率。Schmidt 等[92]报道了使用 Pt、Rh 作为活性组分的 CH_4 部分氧化制合成气的研究，结果显示 H_2 和 CO 的选择性很好，且 H_2/CO 的比例接近 2。Wang 等[93]以 Pt/ZrO_2-CeO_2 为催化剂，结果显示，这种以贵金属为活性组分的催化剂具有很好的活性和稳定性，且对原料气转化率的影响较小。然而，由于其成本较高，难以实现大规模生产，因此研究焦点逐渐转向非贵金属活性组分。与此同时，金属 Ni 作为替代贵金属的催化剂活性组分，因其相对较高的活性和低成本而被广泛研究。唐松柏等[94]对比了 Ni/Al_2O_3、Co/Al_2O_3、Fe/Al_2O_3 的催化活性，结果显示 Ni/Al_2O_3 的活性高于其他两种。李树本等[95]研究了以 Al_2O_3 为载体负载第四周期金属（如 K、Ca、V、Cr、Mn、Fe、Co、Ni、Cu、Zn）及 Zr、La、Pb、Bi 作为催化剂的活性，发现只有 Ni/Al_2O_3 具有良好的催化活性。Lemonidou 等[96]探讨了 Ni/Al_2O_3-CaO 催化剂在 CH_4-CO_2 反应中的影响。在 CH_4 的部分氧化反应中，以 Ni、Co 和 Fe 作为主要活性组分。研究资料表明，这三种活性组分在催化反应中展现出不同的效果，其中 Ni 表现最佳，而 Co 和 Fe 的效果次之。综合来看，从催化剂性能的角度考虑，Ni 基催化剂可以替代贵金属催化剂，并具有低成本、高强度和易于制备等优点，因此是最具应用潜力的催化剂。

（2）载体

在催化剂的结构和催化性能方面，载体的作用至关重要。载体不仅提供催化剂结构的支撑，还与活性组分相互作用，共同影响催化剂的物理形态和化学特性。优质的载体材料通常是惰性材料，其选择标准包括耐氧化性、热稳定性、导热性和机械强度等。对于重整反应而言，理想的催化剂载体应具备以下特点：首先，拥有适宜的比表面积和孔结构，这是评价催化剂性能的关键因素之一；其次，载体与活性金属组分之间应形成有利于反应进行的空间结构；最后，具有较强的耐高温性能[97]。目前，催化剂常用的载体主要是金属氧化物，如氧化铝、氧化镁、氧化钛等；此外，还有一些特殊催化剂载体，如活性炭、石英、分子筛等。

邓存[98]研究了在 CH_4-CO_2 重整反应中，以 Al_2O_3、SiO_2、TiO_2 为载体，负载 Ru、Rh、Ni 活性组分的催化剂性能。实验结果显示，Ni/SiO_2 催化剂具有最佳性能。杨雅仙等[99]在 $Ni/\gamma\text{-}Al_2O_3$ 催化剂中加入少量 MgO 进行改性，用于 $CH_4\text{-}H_2O$ 重整反应。当 C/H 为 1∶1 时，生成的合成气中 H_2/CO 的摩尔比达到 2。郑好转等[100]利用 Ru/Al_2O_3 催化剂进行 CH_4 部分氧化反应，以考察反应过程中床层温度的变化情况及催化剂的相对活性。根据上述研究结果可知，重整催化剂通常采用金属氧化物和特殊载体（如活性炭、分子筛）制备。在这些载体中，Al_2O_3 因其具有较大的比表面积、优良的吸附性能和热稳定性，无论是作为单一载体还是复合载体，都成为常用的选择。然而，Al_2O_3 的形态复杂多样，包含多种结晶态，许多实验结果都在讨论到底是哪种结构的 Al_2O_3（$\alpha\text{-}Al_2O_3$、$\gamma\text{-}Al_2O_3$）对 CH_4 重整有影响。因此，载体的选择对催化剂的性能影响十分重要，其热稳定性和导热性将直接影响催化剂的催化效率。

(3) 助剂

一种具有良好催化性能的催化剂不仅需要在活性组分和载体之间形成有利于反应的结构，还需要对产物的选择性和稳定性进行评估。甲烷重整反应主要是 C、H 两种元素进行反应，其中一部分可能会在催化剂表面沉积形成炭，从而造成催化剂的活性位点被覆盖，导致催化剂的活性和效率降低，甚至失活。因此，为了解决积炭问题，研究者们发现可以添加一种被称为“促进剂”或“助催化剂”的物质，它们并不直接参与主反应，但可以提高活性组分的分散度，增加催化剂的比表面积，从而提高催化剂的活性和抗积炭能力。此外，这种物质还可以通过改变催化剂的表面性质，如酸碱性，来抑制积炭的形成。

在重整反应中，常用的助剂包括碱金属氧化物（如 Na、K 的氧化物）、碱土金属氧化物（如 Ca、Mg 的氧化物）以及稀土金属氧化物（如 La、Ce 的氧化物）。尚丽霞等[101]在 Ni 催化剂中分别加入 BaO、SrO、MgO、CaO 等碱土金属氧化物，旨在探究这些添加剂对催化反应的作用。研究结果表明，在原有催化剂中添加碱土金属氧化物能够提升催化剂的选择性，尤其是 BaO 的添加效果最为突出。Bachiller-Baeza 等[102]研究者通过在基于 Ni 的催化剂中引入 CaO 作为助剂，显著提高了其催化性能。与未添加 CaO 的 Ni 催化剂相比，引入 CaO 的催化剂在活性和稳定性方面均有所提高。研究分析显示，催化剂性能的提升归功于其双功能机制：一方面，CH_4 在 Ni 颗粒表面被活化；另一方面，CO_2 与 CaO 发生作用，形成碳酸盐。这些碳酸盐有助于清除 Ni-O-Ca 界面上的积炭，从而使 Ni 颗粒恢复到其初始状态。易洛川等[103]在镍基催化剂中加入 MgO，由于 NiO 与 MgO 形成固溶体，添加后比表面积明显增大，但加入 MgO 的量对催化剂的比表面有很大影响。Juan-Juan 等[104]研究探讨了 K 助剂对 Ni/Al_2O_3 催化剂结构和性能的影响。研究发现，加入 K 助剂能有效抑制在 CO_2 重整 CH_4 反应中 Ni/Al_2O_3 催化剂表面的积炭生成。尽管这种抑制作用导致催化剂的催化活性有所下降，但通过优化 K 的含量，催化剂仍能展现出较高的活性和抑制积炭性能。同时，在 24h 内催化剂的活性均保持稳定。这一结果表明，添加 K 后，在反应过程中形成的丝状炭不会导致催化剂因积炭而失效。

6.2 合成气合成液体燃料

生物质转化为液体燃料（biomass to liquids，BTL）技术迅速发展。目前，生物燃料已经经历了三个发展阶段：第一代生物燃料主要是以糖、淀粉、植物油或动物脂肪等为原料生产的生物柴油和生物乙醇；第二代生物燃料主要是利用生物质废弃物（如茎、皮、木屑、水果皮和脱皮等非粮食作物）制备的生物合成燃料和生物甲烷；第三代生物燃料则是从海藻中提取油脂后生产的燃料。相比于第一代生物燃料，第二代生物燃料具有低碳排放且“不与人类争粮”的特点，而第三代生物燃料仍然处于实验室阶段[105]。因此，利用生物质废弃物通过气化合成液体燃料的方法具有巨大应用潜力。

生物质气化合成液体燃料的工艺主要包括合成气制备、气质调整、催化转化合成气为液体燃料及产品精制等步骤[106]。其中，合成气制备和气质调变在此不再赘述。本节主要介绍合成气催化转化制备液体燃料的工艺和机制，涵盖合成气制醇醚燃料、合成气制液体烃类燃料、合成气制芳烃燃料及 CO_2 加氢制液体燃料等方面。

6.2.1　合成气制甲醇

甲醇（methanol，CH_3OH）是一种分子量为 32.04 的化合物，沸点为 64.7℃。在常温常压下，它呈现为一种无色透明、略带醇香味的挥发性液体。CH_3OH 蒸气与空气混合可形成易爆的混合物，一旦遇明火，就可能引发燃烧或爆炸。其爆炸极限范围是 6%～36%[107]。

作为一种强极性有机化合物，CH_3OH 表现出卓越的溶解能力，能与水、乙醇、乙醚、苯、酶类、卤代烃等多种有机溶剂混溶，并能与众多化合物形成共沸混合物[108]。特别地，CH_3OH 与水能无限互溶，其混合物的密度随温度升高而降低；在相同温度下，随着 CH_3OH 浓度增加，密度也降低。此外，在 CH_3OH 含量较低时，甲醇水溶液的闪点也较低。作为最简单的饱和脂肪醇，CH_3OH 具备醇类物质的典型化学性质。根据分子结构，CH_3OH 的反应分为两类，一类涉及 O—H 键的断裂，另一类涉及 C—O 键的断裂，即 CH_3OH 可进行氧化、酯化、羰基化、胺化、脱水等反应。

(1) 合成气合成甲醇的基本原理

合成 CH_3OH 过程实质上是在加压条件下，由 CO、CO_2 与 H_2 反应生成甲醇。生物质合成气不仅包含 H_2、CO 和 CO_2，还可能含有 N_2 和 CH_4 等惰性气体。因此，CH_3OH 的合成反应体系较为复杂，除了主要生成 CH_3OH 外，还伴随一些副反应的发生，如生成少量的烃、醇、醛、醚、酸、酯等化合物[109]。主要反应为：

$$CO+2H_2 \longrightarrow CH_3OH \qquad \Delta H^0=-94.1\text{kJ/mol} \tag{6-11}$$

$$CO_2+3H_2 \longrightarrow CH_3OH+H_2O \qquad \Delta H^0=-41.5\text{kJ/mol} \tag{6-12}$$

根据上述反应式可知，合成气转化为 CH_3OH 是一个强放热、体积缩小的气相可逆反应。从热力学角度看，增加压力、降低温度有助于 CH_3OH 的生成。根据合成气制甲醇的化学平衡常数随反应温度和压力的变化（表 6-4）可知[110]，压力升高会导致化学平衡常数降低；增加压力虽然提高 CO 的平衡转化率，但会增加能耗并促进副反应。此外，适宜的空速对提高 CH_3OH 产率至关重要，提高空速有助于移除反应热，推动反应向生成 CH_3OH 的方向发展。然而，空速过高会降低 CO 转化率，并增加分离设备和换热负荷，导致 CH_3OH 分离效率降低和能耗显著增加。因此，合成气制 CH_3OH 体系中，开发高活性、适用于低温低压条件的催化剂以提高产物选择性和抑制副反应是目前的研究重点。

表 6-4 合成甲醇在不同反应温度及不同压力（1atm=101325Pa）下的平衡常数值

温度/℃	不同压力下的化学平衡常数					
	50atm	100atm	150atm	200atm	250atm	300atm
200	3.780×10^{-2}	6.043×10^{-2}	9.293×10^{-2}	12.297×10^{-2}	16.169×10^{-2}	20.234×10^{-2}
250	3.075×10^{-2}	4.516×10^{-2}	6.416×10^{-2}	8.578×10^{-2}	1.072×10^{-2}	1.297×10^{-2}
300	3.938×10^{-4}	5.235×10^{-4}	6.907×10^{-4}	8.778×10^{-4}	1.026×10^{-4}	1.211×10^{-4}
350	6.759×10^{-5}	8.342×10^{-5}	1.013×10^{-5}	1.202×10^{-5}	1.387×10^{-5}	1.586×10^{-5}
400	1.482×10^{-5}	1.758×10^{-5}	2.019×10^{-5}	2.324×10^{-5}	2.539×10^{-5}	2.905×10^{-5}
450	4.003×10^{-6}	4.657×10^{-6}	5.205×10^{-6}	5.655×10^{-6}	6.630×10^{-6}	7.026×10^{-6}
500	1.282×10^{-6}	1.470×10^{-6}	1.593×10^{-6}	1.742×10^{-6}	1.952×10^{-6}	2.072×10^{-6}

（2）合成甲醇催化剂

合成 CH_3OH 催化剂的研发主要集中在提升催化剂的活性、耐热性以及稳定性方面[111]。研究重点包括：①开发高比表面积且性能稳定的 CH_3OH 催化剂载体；②研究 CH_3OH 催化剂的活性组分及其载体负载方法；③探究 CH_3OH 催化剂的制备工艺；④分析 CH_3OH 催化剂的中毒失活机理；⑤研究引入第四组分对 CH_3OH 催化剂性能的影响；⑥探讨 CH_3OH 催化剂的应用技术。目前，合成 CH_3OH 的催化剂主要分为三类：铜基催化剂、非铜系催化剂和液相合成 CH_3OH 催化剂[112]。

① 铜基催化剂。铜基催化剂，以 $CuO/ZnO/Al_2O_3$ 催化剂为代表，由英国 ICT 公司和德国 Lurgi 公司先后研制成功，其操作温度和压力仅为 200～300℃和 5～10MPa，远较传统工艺温和，有利于 CH_3OH 反应的平衡。$CuO/ZnO/Al_2O_3$ 催化剂主要通过共沉淀法、沉淀法、浸渍法制备，其中 Cu 为主要活性组分，ZnO 和 Al_2O_3 既是助剂也是载体。近些年，新型半导体、绝缘体氧化物和碳材料的发展引起了广泛关注，它们可作为铜基催化剂的助剂/载体，替代 ZnO 和 Al_2O_3，以改善催化剂反应性能。研究发现，这些新材料能有效调节载体表面的酸碱度，增加比表面积和活性组分的分散度，从而提升催化剂的耐烧结性、活性和耐酸碱性[113]。典型的半导体氧化物如 CeO_2、ZrO_2、TiO_2 和 MnO_2 常作为结构助剂或电子助剂加入铜基催化剂，可缩小 Cu 晶粒尺寸，增加 Cu 表面积，提升催化剂活性，有时还促进 Cu 还原和稳定活性中心[114]。还有 MgO、Ga_2O_3、Sc_2O_3 和 Cr_2O_3 等氧化物也常被用做助剂。另外，碳纳米管主要被作为铜基催化剂载体引入，由于其具有大表面、规整孔道和纳米尺寸结构，不仅能起到分散剂作用，还具有储存、活化和溢流 H_2 的作用，大大提高了 CH_3OH 的生产效率[115]。

② 非铜系催化剂。金属 Cu 因其较小的凝聚能和较高的热敏感性，在强放热合成 CH_3OH 的反应中容易发生烧结失活，因此非铜系催化剂受到了研究人员的重视。非铜系催化剂通常以过渡金属或贵金属（如 Pd、Pt）作为关键催化活性组分，并以 Ca_2O_3、ZnO、Al_2O_3、TiO_2、SiO_2 和 ZrO_2 等氧化物为载体[116]。在这些催化剂中，采用浸渍法制备的 Pd/Ga_2O_3 催化剂展现出最高的 CH_3OH 产率，其 CO 转化率可达 19%。Pt 系催化剂展现出卓越的抗硫中毒性能。与 Cu-Zn-Al 催化剂相比，尽管 Pt/SiO_2 催化剂的活性较低，但添加极少量其他组分，如 Li、Mg、Ba 和 Mo，尤其是 Ca，可以显著提升其活性。日本国立化学研究室研究了添加 Fe、Ag 等过渡金属对 Pt/SiO_2 催化剂的影响；ICI 公司发现，经碱金

属改性的 Pt/SiO_2 和 Pt/LaO 催化剂对 CH_3OH 具有高选择性[117]。此外，也有关于镧系催化剂的研究报道。

③ 液相合成甲醇催化剂。在工业生产中，CH_3OH 主要通过传统的 ICI 技术用含有 5% 体积分数 CO_2 的合成气（$CO/CO_2/H_2$）合成，反应条件为 250～300℃的温度和 8～10MPa 的反应压力[118]。然而，合成 CH_3OH 的反应受热力学控制。在使用 ICI 工艺生产 CH_3OH 时，反应温度较高，CO 的单程转化率仅达到 20%[119]，这无疑会导致生产成本增加和经济效益降低。因此，降低合成 CH_3OH 反应的温度和压力是提升 CO 转化率和降低生产成本的关键。液相合成 CH_3OH 技术通过使用具有大热容量的液相溶剂，有效解决反应热的吸收和移出问题，从而显著提升 CO 在低温下的单程转化率。通常，液相合成 CH_3OH 包括两个步骤：第一步是在催化剂金属醇盐的催化下，CH_3OH 与 CO 进行羰基化反应；第二步是甲酸甲酯在催化剂金属盐的作用下发生氢化分解，生成两分子的 CH_3OH。此过程所用催化剂体系一般由过渡金属的阳离子和碱金属（碱土金属）的醇盐及溶剂（或稀释剂）组成。根据催化剂中金属盐的不同，主要分为 Ni 系、Pd 系、Co 系和 Ru-Re 系催化剂[120]。

(3) 合成甲醇反应机理

目前，研究者们根据碳源的不同，将 CH_3OH 的合成机理分为三种：$CO+H_2$ 合成 CH_3OH 机理、CO_2+H_2 合成 CH_3OH 机理以及 $CO+CO_2+H_2$ 合成 CH_3OH 机理[121]。

① $CO+H_2$ 合成 CH_3OH 机理。当以 CO 作为直接碳源时，研究显示，活化态的 CO 在加氢过程中会与羟基、表面氧等物种反应生成中间物种。这些中间物种随后通过脱氧和水解等反应，转化为 CH_3OH[122-123]。具体而言，该反应步骤如下：首先，CO 在催化剂表面吸附并活化，形成表面碳酸盐或甲酸盐等中间体。接着，这些中间体与氢气反应，生成甲氧基（$CH_3O—$）或其他含氧中间体。最后，这些中间体通过脱水或脱氧反应，转化为 CH_3OH。在整个过程中，催化剂扮演着至关重要的角色，它不仅吸附和活化 CO 和 H_2，以促进它们之间的反应，还稳定反应中间体，从而推动整个反应过程的顺利进行。

② CO_2+H_2 合成 CH_3OH 机理。研究显示，在使用 CO_2 作为直接碳源的情况下，$Cu/ZnO/SiO_2$ 催化剂上，CO_2 首先与 Cu 表面吸附的氧负离子发生反应，形成碳酸根离子。这一步骤是 CO_2 活化的关键，Cu 氧负离子在此过程中发挥催化作用。随后，碳酸根离子通过加氢脱氧作用转变为甲酸，这是将 CO_2 转化为 CH_3OH 的关键步骤。甲酸进一步加氢，最终生成 CH_3OH。在整个反应中，甲酸加氢反应的速率决定了整个反应的速率，因此甲酸加氢生成甲氧基的步骤是决定反应速率的关键。此外，CO_2 和 H_2 在催化剂的作用下生成 CO 和 H_2O 的反应使 CH_3OH 合成机理更为复杂，这一过程与 CO_2 直接转化为 CH_3OH 的反应相互竞争，影响 CH_3OH 的产率和选择性[124]。

③ $CO+CO_2+H_2$ 合成 CH_3OH 机理。共同作为碳源的情况下，甲酰基和甲酸基是反应中的关键中间体。在 Cu-Al-Zn 三元催化剂的作用下，CO 通过加氢反应直接转化为甲酰基，再经过连续的氢化步骤，依次形成甲酸基和甲氧基，最终生成 CH_3OH（机理见图 6-6）。同时，部分 CO 会与催化剂表面的氧结合形成 CO_2，或与表面羟基反应生成甲酸盐。另外，CO_2 的加氢反应则直接产生碳酸盐中间体，该中间体经过甲酸盐和甲氧基阶段，最终转化为 CH_3OH。另外，CO 和 CO_2 之间还能通过水气变换反应实现相互转化[125]。

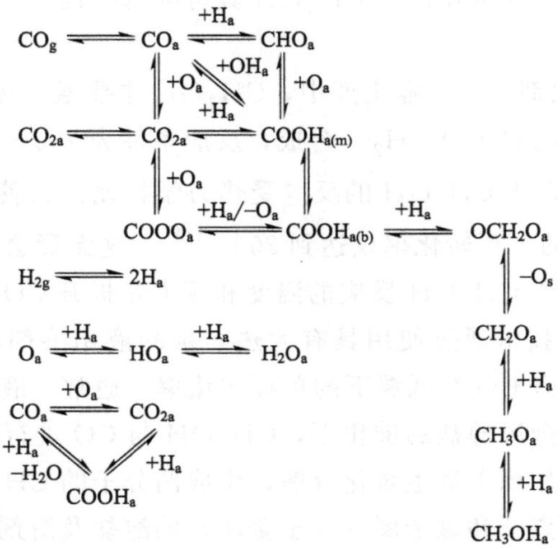

图 6-6　Cu-Al-Zn 三元催化剂上 CO/CO_2 加氢合成 CH_3OH 反应机理图[125]

总之，在过去的几十年中，国内外学者利用程序升温脱附、原位红外光谱和同位素化学示踪等技术，对 CH_3OH 合成的反应机理进行了深入研究。然而，水气变换反应及其逆反应的存在增加了 CH_3OH 合成机理的复杂性，导致目前仍有争议[126]。此争议的核心在于：①CH_3OH 合成反应的直接碳源是 CO 还是 CO_2；②反应过程中的中间物种；③控制反应速率的步骤；④CO_2（或 CO）在反应体系中的作用。鉴于此，有必要开发具有高时空分辨率的原位检测技术，以监测催化剂活性位的变化、配位环境以及表面/界面上的吸附和生成物种，从而更准确地揭示合成气转化为 CH_3OH 的反应机理。

（4）生物质气化制甲醇的工艺流程

生物质气化制 CH_3OH 的过程结合了热化学和化学合成技术。此过程首先采用日益完善的生物质气化技术制备生物质合成气。随后，通过气体净化、调整 H_2/（$CO+CO_2$）比例，再经过催化合成和分离精制步骤，最终得到 CH_3OH 产品[127]。该工艺流程通常包括五个主要部分：生物质气化、气体净化、组分调节、CH_3OH 合成以及产品分离/精馏（见图 6-7）。

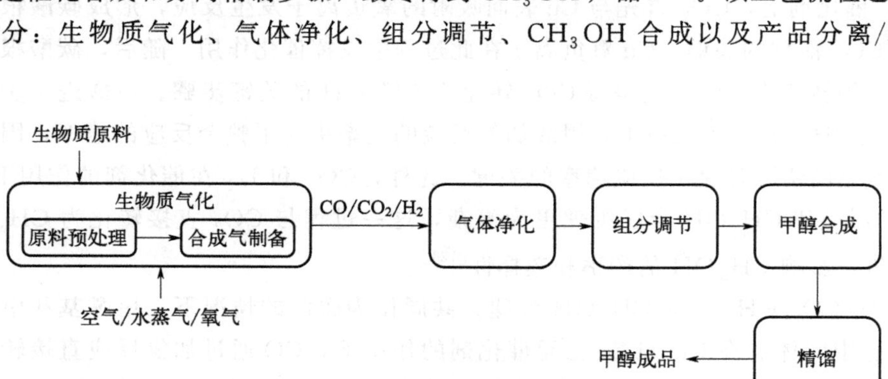

图 6-7　生物质气化制 CH_3OH 工艺流程示意图[127]

生物质气化制 CH_3OH 的过程中，合成气组分的调整非常关键。在传统的 CH_3OH 合成过程中，合成气的成分需要满足特定的要求，这些要求在表 6-5 中有详细说明。CH_3OH

分子中 C/H_2 比例为 0.5。若合成气中 $C/H_2<0.5$，表示 H_2 过剩，需添加 CO_2；若 $C/H_2>0.5$，则需要从原料气中移除 CO_2，以调整至适宜的 C/H_2 比例。生物质合成气中 CO 和 CO_2 的含量较高，而 H_2 含量较低，导致原料气中的 C/H_2 比例约为 1，远高于 0.5。因此，经过净化后的生物质合成气成分无法满足合成 CH_3OH 所需的当量比要求[128]。尽管适量的 CO_2 能促进反应，提高催化剂反应活性，然而，如果 CO_2 含量过高，会导致粗 CH_3OH 中的水分增加，从而增加气体压缩和精馏粗醇的能耗。因此，原料气中 CO_2 的最佳含量应根据所使用的催化剂和操作条件来确定[129]。在合成气的调整过程中，可以采用变换反应将 CO 转换为 CO_2 和 H_2，然后通过移除 CO_2 来调整气体比例。此外，也可以利用外部氢源来补充 H_2，以提高 H/C 比例。需要注意的是，CO 含量较高不利于温度控制，可能导致催化剂烧结或积炭失活。因此，在工艺中通常采用 H_2 过量的策略，这不仅能够抑制高级醇、高级烃和还原性物质的生成，还能提高 CH_3OH 的浓度和纯度。由于 H_2 具有良好的导热性，H_2 过量有助于防止局部过热和催化剂床层的温度控制[130]。

表 6-5　传统 CH_3OH 合成对合成气的要求

成分	含量/%
$(H_2-CO_2)/(CO+CO_2)$	2.0～2.15
$CO+H_2$	>70
CO_2	2～10
CH_4+N_2	<3
H_2S	$<10^{-5}$

生物质气化制 CH_3OH 技术已相对成熟，诸多国际项目如美国的 Hynol-Process、NREL 的生物质甲醇项目，瑞典的 BAL-Fuels 和 Bio-Meet 项目，以及日本的甲醇合成项目等，均已成功建立生物质甲醇示范装置[131]。同时，国内机构如华东理工大学和中国科学院广州能源研究所也在积极研究生物质甲醇合成技术。尽管目前生产成本较高，经济效益尚待提升，难以与石油产品直接竞争，但随着近年来国际社会对减碳政策的共识以及我国“双碳”战略的实施，生物质甲醇的市场潜力正在不断扩大。

6.2.2　合成气制二甲醚

二甲醚（dimethyl ether，DME，分子式 CH_3OCH_3）是一种最简单的脂肪醚，其分子量为 46.07。在常温常压下，二甲醚是一种无色的易燃气体，除了具备一般醚类的特性外，它的物理性质与液化石油气相似。在室温下，二甲醚蒸气压力约为 0.5MPa，并且可以在常压下冷却到−25℃时液化。在相同温度条件下，二甲醚的饱和蒸气压和在空气中的爆炸下限均低于液化石油气，因此在存储、运输和使用方面，二甲醚比液化石油气更为安全。

液化后的 DME 可作为汽车燃料，其燃烧效率高于 CH_3OH。它不但具有 CH_3OH 燃料的所有优点，还改善了低温启动和加速性能。目前，像液化石油气、天然气、CH_3OH 这样的发动机代用燃料，其十六烷值普遍低于 10，主要适用于点燃式发动机。相比之下，二甲醚的十六烷值高达 55～60，展现出卓越的压缩性，使其成为压燃式发动机的理想选择，因此被视为柴油机的优秀替代燃料[132]。对于现有的柴油发动机，仅需进行小幅改装即可使用二甲醚作为燃料，同时确保运行性能不受影响。由于二甲醚的高含氧量、单一组分和短碳链特性，促成了无烟且高效的燃烧过程，同时降低了发动机的噪声。此外，二甲醚燃烧产生的汽车尾气无须额外催化处理即可满足某些国家设定的超低排放标准。因此，二甲醚在国际上被誉为“21 世纪的燃料”，而在国内则被称为“中国第二代民用液体燃料（醇醚燃料）”[133]。

(1) 合成气合成二甲醚的基本原理

由于 CH_3OH 可在酸性催化剂上进一步脱水生成二甲醚，因此合成气合成二甲醚可通过两步法进行。首先，合成气通过 Cu-Zn-Al 等催化剂制备 CH_3OH，然后通过固体酸催化剂将 CH_3OH 脱水得到二甲醚产品。这个过程涉及的主要反应是：

$$2CH_3OH \longrightarrow CH_3OCH_3 + H_2O \qquad \Delta H^0 = -23.4kJ/mol \tag{6-13}$$

此外，合成气也可以直接合成二甲醚。这可以通过使用合成 CH_3OH 的金属催化剂与固体酸构成的双功能催化剂来实现，一步法直接从合成气获得二甲醚产品。这个过程涉及的主要反应包括：

$$3CO + 3H_2 \longrightarrow CH_3OCH_3 + CO_2 \qquad \Delta H^0 = -246kJ/mol \tag{6-14}$$

$$2CO + 4H_2 \longrightarrow CH_3OCH_3 + H_2O \qquad \Delta H^0 = -211.6kJ/mol \tag{6-15}$$

$$2CO_2 + 6H_2 \longrightarrow CH_3OCH_3 + 3H_2O \qquad \Delta H^0 = -122.4kJ/mol \tag{6-16}$$

合成气一步法制备二甲醚实质上是 CO 或者 CO_2 加氢合成 CH_3OH 过程与 CH_3OH 脱水生成二甲醚过程的耦合[134]。相比之下，尽管合成气两步法制备二甲醚早已经成熟并工业化，但其工艺流程较长，且 CH_3OH 的合成受到热力学平衡的限制。从目前国内外的发展趋势来看，两步法工艺技术已经不再是最先进的技术。而合成气直接制二甲醚的主要优点在于打破了合成气制 CH_3OH 的化学平衡限制，使反应向有利于生成二甲醚的方向进行。因此，近年来合成气一步法制备二甲醚已成为研究的重点[135]。

合成气直接制备二甲醚的方法主要分为气固相法（又称两相固定床法）和液相法（即三相床法）[136]。在气固相法中，催化剂以固体颗粒形式填充于反应器内，合成气在催化剂表面进行反应。这种方法的优势在于反应器设计和制造简单；然而，其缺点包括反应热难以移除和二甲醚产率较低。液相法采用高热容的惰性溶剂作为液相，催化剂以固体形式悬浮于溶剂中，原料气首先溶解于溶剂中，然后与催化剂接触进行反应。这种方法的优势在于，反应产生的热量可通过返混流动的惰性溶剂迅速有效地移除，实现恒温反应过程，从而抑制副反应的发生并延长催化剂的使用寿命；但其缺点包括操作复杂、设备投资成本高以及规模扩大困难。早期，美国 Air Products 公司开发了一种以铜基合成甲醇催化剂结合硅铝沸石固体酸的双功能催化剂，并采用三相浆态床反应器，建立了年产 10t 的中试装置，实现了 65%的 CO 转化率和 76%的二甲醚选择性[137]。尽管日本 NKK 公司也开发了一种使用浆相反应器的一步法二甲醚合成工艺，并已在新建年产 1 万吨的示范工厂，但截至目前，尚未有关于其工业化应用的相关报道[138]。

(2) 合成二甲醚催化剂

在两步法合成二甲醚的过程中，常用的酸催化剂包括 γ-Al_2O_3、沸石、杂多酸等。γ-Al_2O_3 催化剂因其具有较高的酸性位点含量和以 Lewis 酸为主的特性，对二甲醚的形成具有很高的催化活性。在 250℃下，其可获得 85%以上的转化率。然而，反应产生的水会与 CH_3OH 竞争吸附在催化剂表面，这会阻碍 CH_3OH 的转化，进而导致催化剂失活[139]。为了解决这个问题，可以通过对催化剂进行改性来提高其耐水性，从而增强 CH_3OH 脱水的催化活性和稳定性。例如，向催化剂中添加 1% 的 SiO_2 可以有效地改善其耐水性能。这种改性方法能够减少水对催化剂活性的负面影响，使得催化剂在反应过程中保持较高的活性和稳定性，从而提高 CH_3OH 脱水制二甲醚的效率和产率。沸石型固体酸，包括β沸石、Y 沸石、ZSM-5 和 SAPO 系列，被广泛用作高效的脱水催化剂。特别是 HZSM-5，在催化 CH_3OH 脱水制备二甲醚方面表现出色，其操作条件相对温和。在常压和约 200℃ 的温度下，可实现约 80% 的 CH_3OH 转化率和超过 98% 的二甲醚选择性[139]。然而，沸石固体酸催化剂的脱水活性随着 Si/Al 比值增大而下降，这主要归因于酸性的增强和碱性中心的减少。此外，Lewis 酸中心向 Brønsted 酸中心的转变也是导致活性下降的一个因素[140]。杂多酸，因其独特的酸性和氧化还原性能，作为一种新型催化剂，近年来受到广泛关注。某些杂多酸（盐）催化剂已成功实现工业化应用[141]。已有使用杂多酸催化 CH_3OH 脱水制二甲醚反应过程的报道，其中以 $H_3PW_{12}O_{40}$ 和 $H_3PW_{12}O_{40}/C$ 为催化剂时，二甲醚的选择性接近 100%[142]。此外，其他类型的催化剂，如 Pd/Cab-O-Sil 催化剂、Zr 改性柱状黏土等，也被用于 CH_3OH 脱水制二甲醚，并显示出良好的催化性能[143]。

在一步法合成二甲醚的过程中，通常使用由合成 CH_3OH 的金属催化剂与固体酸组成的双功能催化剂。由于双功能催化剂的导热性较差，因此一步法合成二甲醚的工况温度基本控制在 250～400℃。合成 CH_3OH 的金属催化剂主要由 CuO、ZnO、Al_2O_3、Cr_2O_3 等金属氧化物组成。而固体酸催化剂包括：γ-Al_2O_3、SiO_2-Al_2O_3、TiO_2-ZrO_2、γ-AlOOH、黏土、离子交换树脂与沸石（ZSM-5、β 沸石、Y 沸石、丝光沸石、SAPO、MCM、镁碱沸石、菱沸石）等。通过优化双功能催化剂的组分，可以有效提升二甲醚的合成效率。例如，在 CuO-ZnO-Al_2O_3 催化剂中，适当提高 Zn/Cu 比例能够促进 Cu 物种的高度分散和比表面积的增大，进而提供更多的反应活性位点，从而增强 CH_3OH 合成活性。此外，固体酸催化剂可通过添加 Zr、Fe、SiO_2、P、B_2O_3、硫酸盐和稀有金属进行改性，以调节至适当的酸度，从而实现更高的 CO 转化率并减少副产物（如轻质烯烃和重质烃）的生成。例如，通过离子交换法制备的 La、Ce、Pr、Nd 改性 Y 沸石，其酸性得到显著提高。与此相比，经过稀土金属改性的 Y 沸石在 CH_3OH 脱水生成二甲醚方面表现出更高的活性和稳定性。此外，催化剂的制备方法对于双功能催化剂的反应性能有着重要影响。采用共沉淀法、混浆法、浸渍法、共沉淀浸渍法、共沉淀沉积法、湿混法和干混法等多种方法制备的 Cu-Zn-Al/γ-Al_2O_3 双功能催化剂，在一步法合成二甲醚的实验中显示出不同的反应活性，其中以共沉淀沉积法制备的催化剂活性最高[144]。金属催化剂与固体酸的组成比例同样会影响双功能催化剂的反应性能。例如，在 CuO-ZnO-Al_2O_3/γ-Al_2O_3 双功能催化剂中，最适宜的质量比为 1∶1；然而，对于 CuO-ZnO-Al2O3/HZSM-5 双功能催化剂，最佳比例则为 3∶1。因此，选择合适的活性组分及其比例，以及采用恰当的合成方法，对于制备高效二甲醚合成双功能催化剂至关重要。

(3) 合成二甲醚反应机理

在双功能催化剂上，一步法合成二甲醚的过程涉及合成气首先转化为 CH_3OH 中间体，随后在催化剂的脱水作用下 CH_3OH 快速转化为二甲醚。合成气中 CO 或 O_2 以及催化剂表面氧对催化剂的反应机理有显著影响。因此，一步法合成二甲醚的机理研究主要集中在

CH_3OH 的合成和脱水机理上。CH_3OH 的合成机理已在上一节中详细讨论，本节将重点探讨 CH_3OH 的脱水机理。

目前，关于 CH_3OH 脱水生成二甲醚机理有两种观点：酸-碱协同催化机理和酸催化机理。在酸-碱协同催化机理中，二甲醚的生成是通过酸活性位上吸附的 CH_3OH 与碱活性位附近吸附的 CH_3OH 发生耦合脱水反应而实现的[145]。具体来说，在催化剂酸活性位上，CH_3OH 质子化生成 $[CH_3 \cdot OH_2]^+$ 中间体并迅速脱水生成 $[CH_3]^+$ 物种。与此同时，在碱活性位上产生 $[CH_3O]^-$ 和 $[OH]^-$ 物种，邻近的 $[CH_3]^+$ 则与 $[CH_3O]^-$ 结合生成二甲醚。而在酸催化机理中，CH_3OH 首先吸附在酸活性位上生成 $[CH_3O]^-$ 物种，然后气相中的 CH_3OH 进一步与其反应，直接生成二甲醚[146]。

目前，这两种催化机理仍存在一些争议，主要集中在以下几个方面：①CH_3OH 在催化剂表面是解离吸附，还是非解离吸附；②关于甲醇分子反应机理，是吸附态的 CH_3OH 分子同气相 CH_3OH 分子反应的 R-E 机理，还是两个吸附态的 CH_3OH 分子反应的 L-H 机理；③关于催化作用的机理，是表面 Lewis 酸-碱中心起作用，还是 Brønsted 酸-碱中心起作用[147]。

(4) 生物质气化制二甲醚的工艺流程

如图 6-8 所示，生物质气化制备二甲醚的工艺流程主要分为三个阶段：首先，生物质原料经过气化处理生成粗合成气；接着，通过组分调变和重整过程，将粗合成气调整为满足生产标准的合成气；最后，这些合成气在浆态床-固定床复合反应器中合成二甲醚，随后通过分离器分离出粗二甲醚，再经过精馏塔提纯以获得高纯度的二甲醚产品。

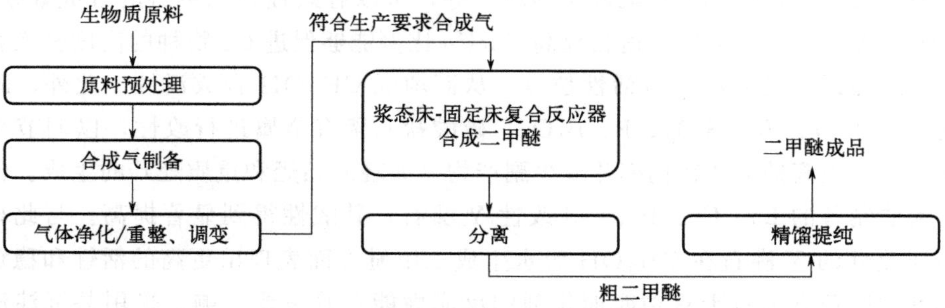

图 6-8 生物质气化制二甲醚的工艺流程

目前，较大规模的生物质气化制二甲醚项目主要是中国科学院广州能源研究所成功建立的千吨级中试项目，该项目的生物质复合气化效率达到了 80%以上，二甲醚的单程转化率超过 70%，选择性也高达 90%，这意味着每生产 1t 二甲醚需要消耗 6～7t 生物质原料。在欧洲，Bio-DME 项目利用造纸工业产生的“黑色液体”废物作为气化原料，并通过 Haldor Topsøe 公司的 DME 合成技术来制造二甲醚。

6.2.3 合成气制乙醇

乙醇（ethanol，分子式 CH_3CH_2OH），亦称为酒精或火酒，其分子量为 46.07。在常温常压下，乙醇为透明、易燃的液体，并带有独特的酒香及刺激性气味。作为一种饱和一元醇，CH_3CH_2OH 含有一个羟基，其碳和氧原子通过 sp^3 杂化形成化学键，因而为极性分子。这一极性特征使得乙醇能够与水、甘油等物质以任意比例混合溶解，并且能与多种有机溶剂相溶。另外，由于 CH_3CH_2OH 中羟基的极性其还能溶解很多离子化合物，如氢氧化钠、氢氧化钾、氯化镁、氯化钙、氯化铵、溴化铵和溴化钠等。

乙醇是一种理想的燃料或燃料添加剂，可以单独使用，也可以与汽油掺混使用。在汽油中加入一定量的乙醇，能相对提高油品的辛烷值，能在一定程度上降低汽车废气中有害气体的排放，如E10、E20乙醇汽油等[148]。根据国际能源机构（IEA）的统计分析，2020年全球生产了超过259亿加仑（1加仑=3.79L）的乙醇，预计到2030年，乙醇的需求将达到每年1000亿加仑[149]。生物发酵法是乙醇生产的主要方法，占全球乙醇总产能的90%以上，但发酵法生产乙醇受到原料供应地的限制，以及需要高成本的水解酶或酸，难以满足市场的发展需求[150]。在这种情况下，采用合成气生产乙醇具有较好的发展前景。

(1) 合成气合成乙醇的基本原理

合成气合成乙醇的主反应可表示为[151]：

$$2CO+4H_2 \longrightarrow CH_3CH_2OH+H_2O \quad \Delta H^0=-255.6kJ/mol \tag{6-17}$$

$$2CO_2+6H_2 \longrightarrow CH_3CH_2OH+3H_2O \quad \Delta H^0=-173.7kJ/mol \tag{6-18}$$

由此可见，所需 H_2/CO 为2∶1，H_2/CO_2 为3∶1，当CO和 CO_2 同时存在时，$H_2/(CO+CO_2)$ 摩尔比要求为2.05～2.15。合成乙醇与合成 CH_3OH 相似，均为强放热、体积缩小的反应，因此合成乙醇反应应尽可能在较低的反应温度、较高的反应压力和 H_2/C 条件下进行。但是，过高的 H_2/C 会造成氢气浪费，不仅不能明显提高转化率，同时还会增大设备的磨损。合成气合成乙醇的工况条件一般为：3～10MPa、250～300℃，6000～12000h^{-1}，H_2/C 为3～5。

(2) 合成乙醇催化剂

如图6-9所示，合成气可直接通过催化剂（如改性 CH_3OH 催化剂、改性费托催化剂、钼基催化剂、贵金属催化剂等）实现乙醇的合成。也可在联级催化剂上，将合成气转化为 CH_3OH 后，进一步与CO羰基化生成乙酸，再通过加氢反应获得乙醇（合成 CH_3OH 催化剂-羰基化催化剂-加氢催化剂）；当然合成气也可转化为二甲醚，再进一步与CO羰基化生成乙酸乙酯，再通过加氢反应获得乙醇（合成二甲醚催化剂-羰基化催化剂-加氢催化剂）[152]。

① 改性甲醇催化剂。在合成 CH_3OH 催化剂过程中，通过引入特定的助剂或载体，以及精细调控合成手段，可以有效地调整催化剂表面的酸碱性和电子特性，进而形成有利于碳链延伸的活性中心。这样做旨在增强催化剂对CO的活化作用及促进碳链的增长。例如，在Cu-Al-Zn催化剂中掺杂碱金属助剂，能够降低表面酸性，有效抑制包括甲烷化、异构化和焦炭生成在内的副反应，同时促进C—C和C—O键的形成。然而，碱氧化物的过量添加可能会堵塞活性铜位点并减小表面积，导致催化活性降低。特别是铯（Cs）和钾（K）助剂，对于促进催化剂生成乙醇的效果显著[153]。此外，Fe、Co、Ni、Cr、Mo和Mn等过渡金属也常用于改良铜基催化剂，以增强其碳链生长的能力。助剂的效能还受到其制备和添加方式的影响（如煅烧温度、母体离子、浸渍顺序和沉淀过程中的pH值等）。Slaa等研究者将锰助剂加入Cu-ZnO催化剂中，通过共沉淀法制备的催化剂表现出更高的乙醇选择性。相比之下，使用浸渍法或物理研磨法所制备的催化剂，在添加锰助剂后并未显示出明显的改进[154]。

② 改性费托催化剂。费托反应基本上是一种CO加氢过程，其原料相对简单，而产生

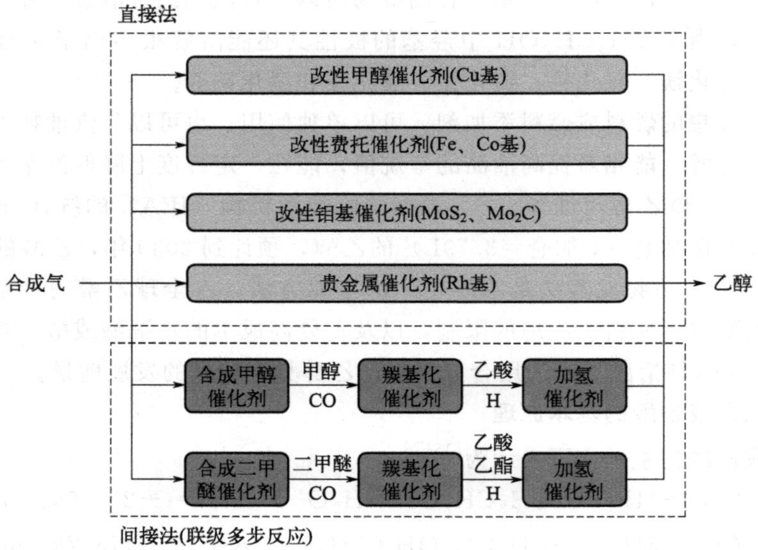

图 6-9 合成气制乙醇路线[152]

的化合物却极为多样，涵盖了烃类、醇、醛和酸等多种物质（下一节将对此进行详细阐述）。传统费托催化剂，如 Fe、Co 等，主要催化产生长链烃，而醇类产物相对较少。然而，通过引入助剂，例如碱金属（Li、Na、K、Cs 等）或过渡金属（Cu、Mo、Mn、Re 和 Ru 等），可以显著提升醇类的选择性和产量[155]。助剂的主要功能是创建新的醇活性中心并调节 CO 的非解离吸附。例如，将合成 CH_3OH 的活性组分 Cu 引入 Co 基催化剂中，后者具有强大的 CO 解离和碳链增长能力，可以减少烃类的选择性并增加乙醇的选择性。在 Cu-Co 基催化剂中，Co 负责 CO 解离和随后的氢化，Cu 助剂则负责 CO 非解离吸附和插入以形成醇。但由于 CO 解离能力较弱，Cu 的加入也会降低催化剂活性。用 La 助剂改性 Co 基催化剂能促进 Co_2C 的生成，Co_2C 相可以吸附 CO 并将 CO 插入到 Co 活性位点上形成的相邻 CH_x 物种中形成 CH_xCO 中间体，随后可转化为乙醇，从而提高乙醇的选择性[156]。此外，在 Co 基催化剂中引入 Mn 助剂有利于弱酸位点的形成，增强 CO 的非解离吸附，促进醇的形成和碳链增长。研究表明，CoMn 催化剂对 C_{2+} 醇的选择性$>90\%$，对 C_{6+} 醇的选择性达到近 50%。再通过 Ru 和 Rh 等贵金属修饰 CoMn 催化剂，可以提高 CO 嵌入率，不仅促进 Co_2C 生成，还会形成 Co 与 Rh 或 Ru 的协同效应，提高乙醇选择性[157]。将 Cu 引入 Fe 基催化剂进行改性亦可提高 Fe 基催化剂制醇的催化性能。研究认为，Cu-FeC_x 活性中心形成与增强 Cu 和 Fe 之间的相互作用有利于醇的形成[157]。同样，Cu-Fe 催化剂也可经碱金属助剂与过渡金属助剂改性来提高其制醇性能。如 K 助剂的引入能增强 Fe 与 Cu 之间的协同作用，削弱 H_2 的化学吸附，从而促进醇的生成。Zn-Mn 改性的 Cu-Fe 基催化剂也表现出高活性和高醇选择性，其中 Zn 是电子助剂，可以与 Fe 形成 $ZnFe_2O_4$ 尖晶石，提高 CO 转化率。Mn 则作为促进 Fe 和 Cu 物种分散的结构促进剂，可以增强 Fe 和 Cu 之间的相互作用[158]。

③ 改性钼基催化剂。钼基催化剂主要由 MoS_2、Mo_2C、MoSe、MoO_x 或 MoP 作为活性相组成。其中，以 MoS_2 为主要成分的 Mo 基催化剂具有较优异的合成气制醇性能，主要产物为直链醇，且符合 Amderson-Schulz-Flory（ASF）分布。MoS_2 催化剂的优势包括：

出色的抗硫性能；较强的耐积炭能力，适用于低 H_2/CO 比的合成气；对 CO_2 不敏感，无须精确控制原料气中的 CO_2 浓度；有利于直链醇的形成，对乙醇的选择性较高[159]。

为了进一步提升 Mo 基催化剂的性能，常引入碱金属助剂。这些助剂通过抑制吸附烷基物种的加氢，增加醇形成的活性位点，并保护 Mo^{4+} 物种，防止其还原为 Mo 金属。在促进合成乙醇方面，碱金属助剂的性能排序为 K＞Rb＞Cs＞Na＞Li[160]。尽管碱金属助剂能提高 MoS_2 基催化剂对乙醇的选择性，但其催化活性相对较低。为增强催化活性，还可引入 Co、Ni、Mn、La、Rh 等助剂。例如，将 Ni 助剂加入 K/MoS_2 催化剂中可提高 C_2～C_3 醇的催化活性和收率[161]；而将 Rh 助剂引入 K-MoS_2/Al_2O_3 催化剂可强化 K-Mo-O 物种之间相互作用，促进 Mo 物种还原和减小其尺寸，从而提高 C_{2+} 醇的选择性[162]。

④ 贵金属催化剂。Rh 基催化剂是商用的合成醇催化剂，如 Rh/SiO_2 催化剂早已被广泛用于 CO 加氢制乙醇，它与铁、钴、铜、钌、钯、铱、铂等金属相比，在 CO 解离性能方面表现出中等活性[163]。调控 CO 解离和非解离吸附之间的平衡是设计高效 Rh 基催化剂的关键问题。为了合成优质的 Rh 基催化剂，常采用碱金属、过渡金属或稀土金属等助剂以及合适的载体来促进乙醇的形成并抑制碳氢化合物的选择性。碱金属助剂可以抑制碳氢化合物（例如 CH_4）的形成，并提高乙醇选择性，但碱金属的加入会降低催化活性。其促进机制可总结为：碱金属作为结构促进剂覆盖在 Rh 表面，抑制其吸附性能；碱金属作为电子促进剂，与 Rh 密切接触产生强相互作用；碱金属能中和酸位点，降低 Rh 基催化剂的酸度[164]。

在过渡金属中，Fe、Mn 是 Rh 基催化剂常见的助剂。适量的 Fe 可以提高 Rh 基催化剂的活性和 C_2 含氧化合物（如乙醇）的选择性，抑制甲烷的形成[165]。这归因于 Fe 会与 Rh 相互作用，在 Fe-Rh 界面处形成 CO 吸附活化新活性位点，强化 Rh^0 或 Rh^+ 上的 CO 吸附，有利于 CO 分子插入，提高 C_2 含氧化合物的选择性。同时，Fe 和 Rh 会形成合金，通过团簇效应抑制 Rh 单质形成，降低甲烷选择性，从而提高乙醇选择性。此外，Mn 助剂的添加也可提高 Rh 基催化剂的反应活性和 C_2 含氧化合物的选择性。研究表明，Mn 与 Rh 的相互作用能增强 Rh 催化剂对 CO 的吸附，削弱 C—O 键，促进 CO 的解离，提高了催化活性且使 Rh 表面 C_2 含氧中间体得以稳定[166]。Mn 作为电子助剂能促进 Rh-MnO 界面处的 Rh 原子部分氧化为 Rh^+，形成 CO 插入的新活性位点；Mn 亦能与 Rh 形成合金，提高对乙醇和其他 C_{2+} 含氧化合物的选择性。La、V、Ce 等稀土金属也可被用作 Rh 基催化剂的助剂[167]。La/V-Rh/SiO_2 显示出较好的乙醇选择性，研究认为 LaO_x-Rh 界面新形成的强 CO 吸附活性位是提高催化活性的原因。La 增加了 CO 吸附和插入，V 降低了 CO 吸附但增强了 CO 解离和链生长，Fe 减少了 CO 吸附但增强了氢化，最终使催化剂表现出中等的 CO 吸附活性。

选择适当的载体与调控催化剂结构也是改善 Rh 基催化剂反应性能的重要手段之一。其中，沸石作为 Rh 基催化剂载体表现出良好的乙醇选择性，如将 Rh 负载在 NaY 沸石上，可降低 CH_4 选择性与提高 C_2 含氧化合物选择性；以 MCM-41 沸石为载体时，反应活性最高。以 RhMn 为核、S-1 沸石为壳制备了 RhMn@S-1 催化剂，对合成气合成 C_2 含氧化合物具有较高的选择性和优异的耐久性，这归因于核壳结构促进了 C—C 偶联并有效地稳定了 Mn-O-Rh 活性位点[168]。此外，多孔碳材料（如活性炭、碳纳米管和介孔碳）也常用于 Rh 基催化剂的载体。相比于典型的 Rh 基催化剂，在碳纳米管上负载的 Rh，具有反应活性和乙醇选择性[169]。

⑤ 合成甲醇/二甲醚-羰基化-加氢催化集成催化剂。合成甲醇/二甲醚催化剂已在上一节详细描述，不在此重复。目前商业化的甲醇/二甲醚羰基化催化剂主要是以 Rh、Ir 或者 Co 为催化组分，卤化物为助剂制备。由于价格昂贵且腐蚀设备，因此开发高效稳定的非均相催化剂成为目前研究的热点。研究表明，如 Cu 改性 MOR 沸石、HY 沸石、HEU 沸石、HZSM-5 沸石、ZrO_2/SO_4^{2-}、SiO_2 以及杂多酸等均有良好的甲醇/二甲醚羰基化性能[170]。其中，二甲醚在 HMOR 分子筛上的羰基化反应具有较高的转化率和良好的选择性，但因其稳定性差导致发展受阻。这是由于二甲醚容易在丝光沸石的 12 元环 T4 位点上形成积炭，致其反应活性迅速下降，并在短时间内完全失活[171]。为此，通过构建多级孔结构与减小沸石的粒径来增强沸石上的反应物和产物的扩散可抑制积炭的形成。另外，Zn、Ni、Co 等过渡金属也常被用来提高催化活性和稳定性，但其工作机理尚不清楚。

甲醇/二甲醚通过羰基化反应获得乙酸或乙酸甲酯后需进一步加氢获得乙醇。羧酸和酯的催化加氢的催化剂主要由贵金属或过渡金属制备。典型的贵金属催化剂 Pt-Sn 催化剂近年来被广泛应用于乙酸加氢的研究中，其表现出优异的乙醇选择性[172-173]。但目前这些贵金属催化剂的工业应用由于缺乏经济可行性而受到限制。除贵金属催化剂外，非贵金属催化剂也经常被使用，如采用 $MoNi/\gamma\text{-}Al_2O_3$ 催化剂开展乙酸加氢反应，最高转化率可达 33.2%[174]。Cu/Al_2O_3 和 $MoC_2\text{-}Cu/SiO_2$ 也已应用于乙酸加氢反应中，对乙氧基化物表现出较高的选择性[175]。在酯类的加氢过程中，由于酯中存在 C—O 键 C—C 键，通常会生成醇以及副产物（如 CH_4、CO 和 CO_2）。Ru、Rh 或其他贵金属基催化剂虽具有良好的酯加氢性能，但它们会导致 C—C 键的断裂，从而产生大量副产物。相比之下，非贵金属的铜基催化剂对 C—O 键的加氢表现出优异的选择性，且在加氢过程中 C—C 键的解离较弱。因此，Cu 基催化剂也常用于酯类加氢制醇反应。Cu 基催化剂中铜物种（Cu^0/Cu^+）是其活性位点，其中 Cu^0 物种负责 H_2 吸附解离，Cu^+ 物种负责稳定甲氧基和酰基。如 $Cu@CeO_2$、Cu/SBA-15、Cu/SiO_2、Cu/CNT 等均有优异的乙酸甲酯加氢制乙醇的性能[176]。

将合成甲醇/二甲醚催化剂、羰基化催化剂与加氢催化剂联级耦合形成集成催化剂，实现了合成气到乙醇的高效定向转化。如 $CuZnO_x$、Cu-HMOR 和 $CuZnO_x$ 联级组成的三段床催化剂，第一层是 $CuZnO_x$ 组分，负责 CO 的活化和合成 CH_3OH；第二层是 Cu-HMOR 组分，主要负责 C-C 耦合；第三层 $CuZnO_x$ 用于将乙酸甲酯氢化成乙醇，在 473K 反应条件下，乙醇选择性为 20.2%[177]。研究表明，Cu^+ 在反应中主要有两个作用：一是 Cu^+ 离子吸附和活化 CO 分子促进羰基化过程，提高乙醇的选择性；二是 Cu^+ 和乙酰基之间的静电相互作用可导致乙酰基转化为碳氢化合物。在 $K\text{-}ZnO\text{-}ZrO_2$、MOR 沸石和 Pt-Sn/SiC 组成的三功能催化体系中，将 CH_3OH 合成、CH_3OH 羰基化和乙酸加氢耦合在一个反应器中，乙醇选择性提高至 90%[178]。由此可见，恰当的催化组分联级耦合能有效地打破反应壁垒，提高合成气到乙醇定向转化的选择性和收率，是目前合成气制乙醇高效催化剂研制的新趋势。

(3) 合成乙醇反应机理

合成气合成乙醇所涉及的反应机理尚不清楚，但普遍认为合成乙醇的关键在于：CH_x 中间体的形成与 C-C 偶联。其中，CH_x 中间体的形成有两种可能的途径[179]：①通过 CO

直接离解和氢化（卡宾机理）；②通过氢辅助CO解离（氢辅助解离机理），而生成的CH_x中间体可能会发生CH_x继续氢化形成CH_4、将CO或CHO插入CH_x中形成C_2含氧化合物中间体、CH_x自偶联这三种情况。其中，生成的C_2含氧化合物中间体会进一步经历一系列的加氢反应，最终生成乙醇。目前，关于反应机理争论的焦点在于：C_2含氧化合物中间体的形成途径。

(4) 生物质气化制乙醇工艺研究进展

生物质气化制乙醇工艺尚在研发阶段，国内外还未有工业化报道。但在煤基合成气制乙醇的技术上，我国已有重大突破。2022年9月，延长石油榆神50万吨/年煤基乙醇项目试车成功，标志着我国合成乙醇生产迈入大规模工业化时代[180]。这也意味着合成气到乙醇定向合成工艺的成熟化，为生物质气化制乙醇工艺的研发提供了参考。

6.2.4 合成气合成液态烃类燃料

1923年费托合成（Fischer-Tropsch synthesis，简称F-T合成）的发现，使得合成气能有效地转化为各种燃料和化学品（如CH_3OH、轻烯烃以及液态烃类），在代替能源及化学品领域有无可比拟的优势。其中，部分技术已经实现了工业化，如南非Sasol Ⅰ、Ⅱ、Ⅲ厂的成功运行，开启了煤基合成油时代。20世纪70年代以来，美孚公司开发出了一系列新型催化剂，为窄分子量范围的特定类型烃类产品的F-T合成开辟了新途径。20世纪80年代中期，Shell公司研制出新型钴基催化剂和重质烃转化催化剂，油品以柴油、煤油为主，副产硬蜡[181]。2016年，我国神华宁夏煤业集团的400万吨/年液化煤制油装置成功投产并稳定运行。由煤、天然气或生物质制备液体燃料烃类如汽油、柴油的实质是合成气经F-T合成催化转化为烃类[182]。

6.2.4.1 合成的基本原理

F-T合成从根本上说是CO加氢反应，尽管原料较为简单，但涉及一系列复杂的平行和顺序反应。生成直链烷烃和1-烯烃为主反应，生成醇、醛等含氧有机化合物为副反应。F-T合成一般伴随有水煤气变换反应，它对F-T反应具有调控作用。此外，可能会发生的Boudouard歧化反应（析炭反应），易引起催化剂积炭。

一般主反应：

$$(2n+1)H_2+nCO \longrightarrow C_nH_{2n+2}+nH_2O \tag{6-19}$$

$$2nH_2+nCO \longrightarrow C_nH_{2n}+nH_2O \tag{6-20}$$

一般副反应：

$$2nH_2+nCO \longrightarrow C_nH_{2n+2}O+(n-1)H_2O \tag{6-21}$$

水煤气变换反应：

$$CO+H_2O \rightleftharpoons CO_2+H_2 \tag{6-22}$$

Boudouard歧化反应：

$$2CO \longrightarrow C+CO_2 \tag{6-23}$$

6.2.4.2 合成的反应机理

由此可见，F-T合成是一复杂反应过程，其产物分布宽、种类繁多，因此其机理具有高度的复杂性。多年来，学者们对F-T反应机理进行了大量研究，但迄今仍未达成共识。主要的反应机理有表面碳化物机理、CO插入机理和表面烯醇机理。多数研究者认为该反应是一个表面的聚合反应过程，即催化剂表面的活性中间体通过一次加合一个碳原子的方式实现碳链增长。争论的焦点主要集中在CO吸附-活化途径以及参与链增长过程的活性中间体和含碳单体形式等。

(1) 表面碳化物机理

表面碳化物机理(图6-10)是目前被研究者广泛接受的F-T合成反应机理。该机理认为CO和H_2同时都分别在催化剂活性位表面发生解离吸附(CO与活性位的结合方式有三种,如图6-11所示),解离的CO*与解离的H*形成亚甲基卡宾中间体(CH_2*),氧原子则以水的形式被除去[183]。这种CO*在表面的解离的方式也称作H辅助CO解离(H-assisted CO dissociation)。随后亚甲基卡宾中间体参与C-C偶联与加氢反应,获得烯烃与烷烃产物,烯烃也可脱附后再吸附到催化剂表面继续参与反应。表面碳化物机理能够很好地揭示直链烃类的生成,但是很难揭示产物中含氧化合物的生成。

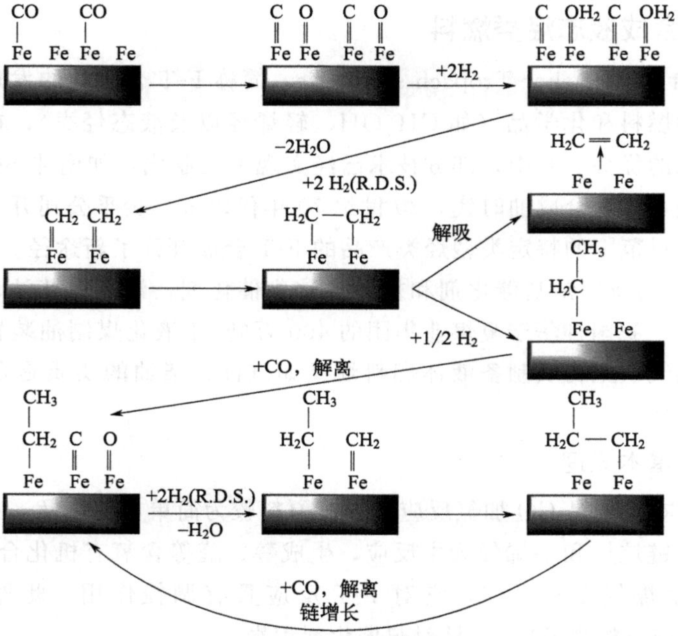

图6-10 表面碳化物机理[183]

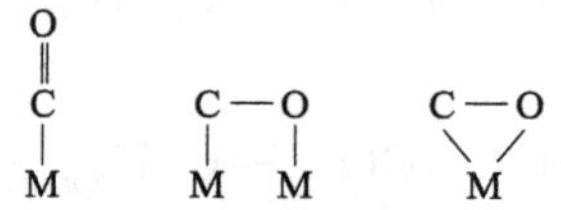

图6-11 CO在活性位表面的化学吸附形式

(2) CO插入机理

CO插入机理(图6-12)认为H_2解离吸附在催化剂表面,而CO在初期是以分子形式缔合吸附在催化剂活性位表面。CO分子插入到金属-氢键之间形成的表面醛基物种,经加氢脱水后生成CH_3*物种。随后CO再次以分子形式插入到金属-CH_3键之间,以此形式达到链增长,加氢后形成含氧化合物,脱水则生成烃类产物。该机理能够很好地解释含氧化合物(如醇、醛产物)的生成历程,但难以完美解释烯烃的生成。

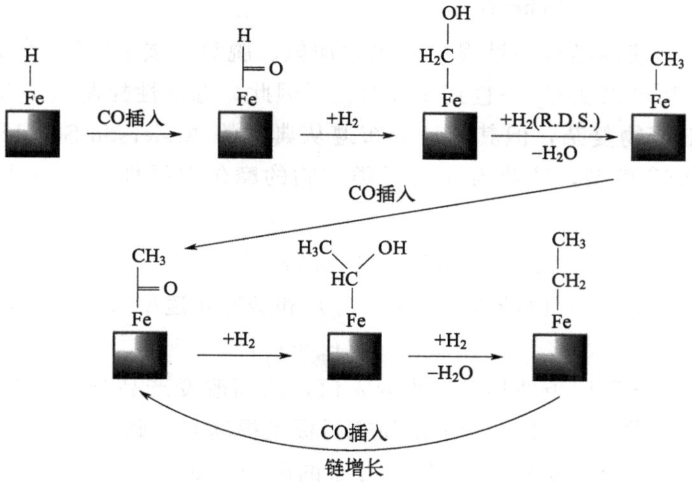

图 6-12　CO 插入机理[184]

(3) 表面烯醇机理

表面烯醇机理（图 6-13）与 CO 插入机理类似，均认为 CO＊是以分子形式缔合吸附在催化剂表面的活性位，H＊与吸附的 CO 反应生成烯醇中间体（HCOH），相邻的烯醇中间体聚合并脱水实现链增长或发生一步加氢和脱水生成 CH_2＊基团，然后 CH_2＊基团相互发生 C—C 键的耦合增长碳链，这一步也可以用上述其他机理解释[185]。Emmett 等在合成气中加入带有同位素标记的醇和烯烃，研究发现烯烃和醇的添加有助于引发链增长，这一定程度上证明了表面烯醇机理的可靠性，但是仍缺乏直接实验数据的支撑。

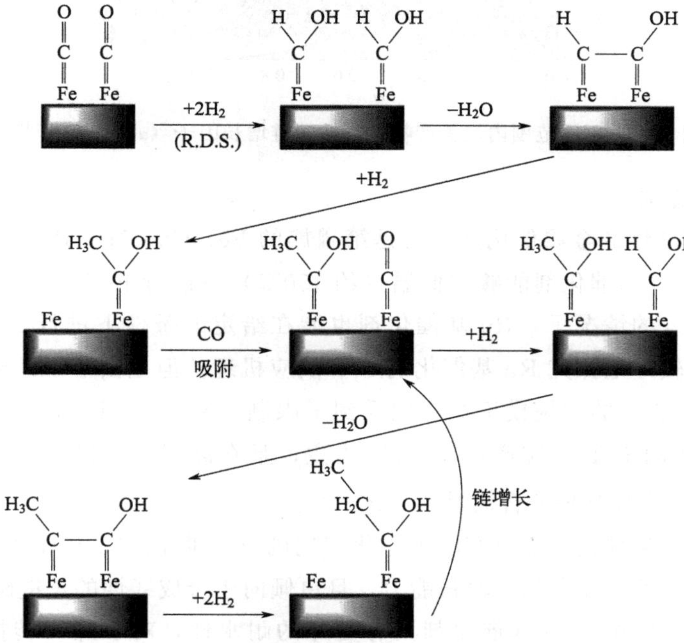

图 6-13　表面烯醇机理

6.2.4.3 F-T 合成液体燃料催化剂

合成气定向制备液体燃料的过程主要包含加氢、脱氧、碳-碳偶联等反应过程。一般情况下，F-T 合成产物可以从 C_1 一直到超过 C_{200}。因此，选择性控制是 F-T 合成中最大的挑战之一。尽管 F-T 产物复杂，但其统计分布遵从典型的 Anderson-Schulz-Flory（ASF）分布。根据理想的 ASF 模型，碳数为 n 的烃类产物的摩尔选择性（M_n）取决于链增长因子（α），由如下式计算[186]：

$$M_n=(1-\alpha)\alpha^{n-1} \tag{6-24}$$

其中，链增长因子（α）由链增长速率（r_p）和链终止速率（r_t）决定：

$$\alpha=r_p/(r_p+r_t) \tag{6-25}$$

F-T 催化剂组成和反应条件都可以改变 α 值，从而改变产品分布（图 6-14）。为了尽可能获得更多的液体烃类产物，F-T 合成的研究目标是提高 C_{5+} 碳氢化合物选择性，但 C_{5+} 产物中特定范围碳氢化合物的选择性受 ASF 分布的限制。如 $C_5\sim C_{11}$（汽油）、$C_8\sim C_{16}$（航空燃料）和 $C_{10}\sim C_{20}$（柴油）碳氢化合物的最大碳摩尔选择性分别为 48%、41%和 40%。目前的 F-T 工艺产物还需进一步通过复杂的催化加氢处理（如催化或热裂解和异构化）来精制，才能获得所需油品燃料或化学品[187]。因此，如何高效实现合成气一步法定向制备目标液体烃类燃料一直是研究的方向。

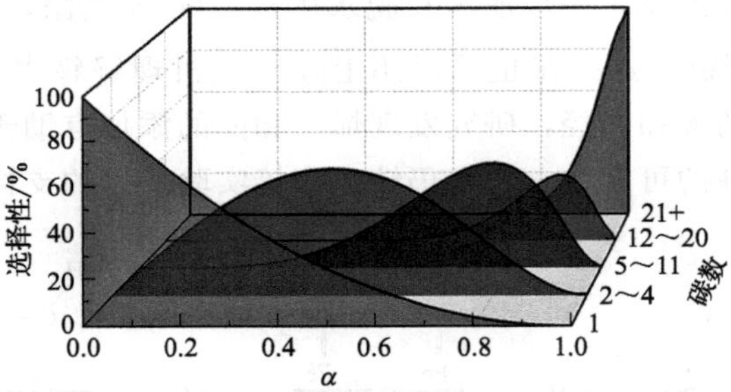

图 6-14　不同范围内烃类产物选择性随链增长因子（α）的变化[188]

（1）F-T 活性金属

具有 F-T 反应活性的金属催化剂主要是第Ⅷ族的 Fe、Co、Ni、Ru 等。Ru 是最具 F-T 反应活性的金属，Ru 基催化剂能够在低温（约 150℃）下进行 F-T 反应制取长链碳氢化合物；在没有助剂引入的情况下，Ru 基催化剂也能在给定的条件下进行 F-T 合成反应[189]。因此，研究者能够较好地探究 Ru 基催化剂 F-T 反应机理。但是由于 Ru 金属的储量有限且价格昂贵，Ru 基催化剂的大规模工业应用受到了限制。Ni 金属具有较高的加氢反应活性，但 Ni 基催化剂催化的 F-T 反应产物以 CH_4 为主，且在高压下还倾向于生成羰基镍失活，因此 Ni 基催化剂不适用于 F-T 合成燃料工艺[190]。

Fe 基和 Co 基催化剂是目前仅有的工业化应用的 F-T 催化剂。相比之下，Co 基催化剂通常表现出强 CO 加氢活性和强链增长能力，且更倾向于合成线性的长链碳氢化合物，如石蜡和柴油燃料[191]。此外，Co 基催化剂具有更好的耐水性，对水煤气转换反应较不敏感，反应过程中稳定，不易发生炭沉积中毒现象。由于金属 Co 价格的制约，在实际的工业应用中使用的 Co 基催化剂大多是负载型的催化剂或 Co 与其它金属氧化物形成的复合材料。因此 Co 基催化剂在 F-T 反应中的性质会受到载体、钴源、助剂、第二活性金属的影响。实际生产中，几大石油公司（如 Shell、Gulf 和美孚等）均投入了大量的人力和财力对 Co 基催化剂进行研究和开发，并涌现了大量的专利文献。国内在上世纪 90 年代也开始了系统的研究与开发工作，并取得了阶段性结果，开发出 3 种型号的合成柴油 Co 基催化剂。

金属 Fe 价格便宜、资源丰富、F-T 反应可操作温度范围宽、对合成气中 H_2/CO 比要求较低。Fe 基催化剂可通过 F-T 反应过程把合成气转化为低碳烯烃、液体燃料和含氧化合物等多种产品，并且 H_2/CO 比不会对 CH_4 选择性产生很大的影响[192]。另外，Fe 基催化剂具有比 Co 或 Ru 基催化剂高的水煤气转变活性，因此有利于转化来源于生物质和煤具有低 H_2/CO 比的合成气。采用沉淀铁技术制备的催化剂具有价格低廉、助剂效果明显、催化活性高、比表面积大等优点，使得 Fe 基催化剂在煤制油、生物质制液体燃料及合成气制烯烃上更具有优势[193-194]。上世纪 80 年代，中国科学院山西煤炭化学研究所就已经系统地进行了 Fe 基催化剂 F-T 合成生产汽油的技术开发，并完成了 2000 吨/年规模的煤基合成汽油工业实验。然而，Fe 基费托催化剂的运行周期短、易失活等问题是亟待解决的难题。

(2) 助剂

F-T 合成制备液体燃料催化剂开发的核心问题是研发高重质烃选择性、高活性、寿命长的催化剂。助剂能通过结构效应改变活性相的结构或通过电子效应（通过电子传输或电子间的相互作用）改变活性相的电子特征，进而提高 F-T 合成中催化剂的活性或调变产物的选择[195]。没有经过助剂修饰的 Ru 基催化剂在费托合成中能够催化合成重质碳氢化合物。但是，为了优化 Co 基和 Fe 基催化剂的 F-T 反应性能，通常引入碱金属离子、贵金属、过渡金属氧化物、稀土金属氧化物等作为助剂。

在 Co 基催化剂中加入 Ru、Re 等贵金属助剂可以加速 Co 前驱体还原为 Co^0，还可以增强 Co^0 的分散性[196]。有研究指出，增加催化剂表面 Co^0 位点密度不仅可以提高 F-T 活性，还可以提高对 C_{5+} 烃的选择性。此外，贵金属助剂可以通过抑制 Co 氧化或积炭来提高 Co 基催化剂的稳定性[197-199]。除了贵金属助剂外，ZrO_2、MnO_x 等氧化物也可以提高 Cu 基催化剂的 F-T 活性和 C_{5+} 烃的选择性[200]。研究认为，ZrO_2 可能与 Co 基催化剂形成活性中心，有利于 CO 的解离。另外，也有研究认为 ZrO_2 可以促进 Co 还原，还能提高 Co 颗粒分散度，改善稳定性[201]。引入 Mn 助剂也能提高 Co 基催化剂的 C_{5+} 烃的选择性，同时抑制 CH_4 的生成。研究表明，Mn 会与 Co 形成 Mn-Co 相互作用，降低 Co 周围的电子密度，从而导致加氢能力下降。因此，随着 Mn 助剂引入量的提高，Co 基催化剂 $C_2 \sim C_8$ 烯烃与石蜡选择性也明显提高[202]。La_2O_3 等稀土氧化物助剂引入 Co 基催化剂，可以提高 Co 基催化剂的 C_{5+} 烃时空产率并降低 CH_4 和 $C_2 \sim C_4$ 的选择性[203]。稳态同位素瞬态动力学分析（SSITKA）研究表明，La_2O_3 助剂不会改变 Co 基催化剂固有活性，但可能增加活性位点或活性中间体的浓度。进一步研究表明，在制备 Co 基催化剂时引入 La^{3+} 会减弱 Co 与载体之间的强相互作用，促进 Co 基催化剂还原以及暴露更多的 Co^0 原子[204]。虽然 CeO_2 助剂的引入对 Co 基催化剂的 CO 转化率和 TOF 没有明显的改变，但能调控 C_{5+} 产物中烃类分布，提高 $C_5 \sim C_{13}$ 的选择性。这是因为 CeO_2 的引入加速了 Co 基催化剂表面 CO 的解离，并增加了链增长活性与中间体的浓度[205]。此外，MgO、Al_2O_3 等氧化物的引入也能促进 Co 催化剂 F-T 反应性能的提高。

在 Fe 基催化剂上，碱金属助剂发挥了重要作用。研究表明，使用 K 和 Na 可以提高 F-T 活性和水煤气变换反应活性，但添加 Li、Rb 或 Cs 会降低 CO 转化率。碱金属助剂能提高 C_{5+} 烃的选择性和改变产物分布。添加 Na^+ 助剂有利于提高 $C_5 \sim C_{11}$（汽油段组分）烃类的选择性，添加 K 和 Cs 助剂分别有利于提高 C_{19+} 和 $C_{12} \sim C_{18}$ 烃类的选择性[206]。此外，碱金属助剂还会通过抑制 H_2 化学吸附来降低 Fe 基催化剂的加氢能力，从而促进链增长和提高烯烃选择性[207]。总之，碱金属助剂可通过有效调控 Fe 周围电子特性来增强 CO 化学吸附和抑制 H_2 化学吸附，从而改变其 F-T 活性和产物选择性。而碱土金属（如 Mg、Ca 等）助剂适当量的引入也可提高 Fe 基催化剂的 F-T 活性。碱土金属助剂还能抑制水煤气变换反应，降低 CO_2 的生成。在产物分布上，Mg 助剂能提高汽油范围的烃类（$C_5 \sim C_{11}$）选择性，并可以抑制轻质烯烃的加氢，从而提高对 $C_2 \sim C_4$ 烯烃的选择性。除此之外，过渡金属的引入也能够优化 Fe 基催化剂的 F-T 反应性能。Cu 是工业化 Fe 基催化剂中常用的助剂之一，它能促进 Fe 物种的还原，提高渗碳速率，缩短 Fe 基催化剂的诱导，但最终的渗碳程度不会改变，因此对催化剂的活性影响较小。引入适当的 Cu 助剂，能略微降低 CH_4 选择性，但总体 C_{5+} 烃类选择性相近。Cr、Mn、Mo、Ta、V、Zr 等过渡金属的氧化物助剂也能提高 CO 的加氢活性。其中，Cr、Zr、Mn 的氧化物增强效果非常明显，研究者深入考察了 Cr、Mn、Zr 改性的 Fe 基催化剂的性能，结果显示，这些助剂能够提高 Fe 的分散度，但不会对还原度或比表面产生很大的影响。进一步通过 SSITKA 研究发现改性前后的 Fe 基催化剂活性不变，这意味着 CO 转化率的提高可能归因于助剂的引入增加了碳氢化合物的活性表面中间体的量。Mn 助剂常用于改进 Fe 基催化剂的 F-T 产物的烯/烷比，以提高烯烃的选择性。X 射线吸收近边结构研究结果显示，Mn 会取代 Fe_3O_4 八面体中的 Fe 原子形成 $(Fe_{1-x}Mn_x)_3O_4$。此种混合氧化物的形成对 Fe 起到隔离作用，不利于长链碳氢化合物的生成。同时，$(Fe_{1-x}Mn_x)_3O_4$ 相会转变为较小的 Fe_xC 团簇，这种团簇具有较高的碳化能力，不利于加氢反应，因此能够提高烯/烷比[208]。

(3) 载体

在 F-T 催化剂中载体起到的主要作用：分散活性相，使催化活性相具有高比表面积；稳定活性相，防止反应过程中表面积损失；提高催化剂机械强度并促进扩散和放热反应中的质量或热传递等。因此，载体的选择对提高 F-T 催化剂机械强度、反应活性、稳定性至关重要[209]。研究普遍认为，载体和活性相（或活性相前体）之间的相互作用是催化剂催化 F-T 反应的重要影响因素之一。相互作用太弱会导致活性相分散不良，但相互作用太强则会导致活性相前驱体还原困难[210]。另外，载体还能改变活性金属组分的电子状态，从而影响其对 CO 吸附解离的能力。载体（如 TiO_2、SiO_2、Al_2O_3 等氧化物，碳载体，沸石）的孔结构可通过改变活性相的还原性和尺寸、反应物/产物的扩散等来影响催化性能。

SiO_2 具有较好的耐热性、耐磨性、耐酸性、多孔结构、大的吸附容量以及良好的稳定性和再生功能等，因此常用作 F-T 催化剂的载体[211]。将 F-T 金属活性组分负载在 SiO_2 载体上不仅能够增强活性金属的分散度，还可以阻碍催化剂活性组分烧结、增强催化剂机械强度。如 F-T 活性金属负载在大孔 SiO_2 载体上比负载在小孔 SiO_2 载体上表现出更高的 C_{5+} 烃类选择性，这归因于孔结构改变了金属的分散度和还原度[212]。此外，作为新型载体的 TiO_2 凭借其良好的高温还原性能在 F-T 合成反应中备受关注。采用 TiO_2 为载体的 F-T 催化剂具有低温活性高、热稳定性好、抗中毒性强等特点。这是因为载体 TiO_2 与活性金属通常会在载体的界面处形成新的活性位，在金属与载体形成的缺陷位协同作用下对 C—O 键进行活化，使得金属表现出超常的高活性，进而增加了反应活性[211]。

具有较高比表面和化学稳定性的多孔碳载体也被广泛应用于 F-T 合成中。研究发现，以碳材料为载体的催化剂在 F-T 反应中呈现出较好的催化性能，主要归因于具有高比表面的多孔碳材料能够分散并稳定金属纳米颗粒[213]。另外，通过简易化学法即可对碳材料表面进行修饰或处理，进而调变碳材料的石墨化程度并引入数目可控的新的表面位。前者能够影响负载的活性金属颗粒的抗烧结性，后者与活性金属颗粒的分散度有关。活性炭和碳纳米管（CNTs）是常用的碳材料载体，借助活性炭独特的孔结构（孔道的空间限制）能够可控地制备汽油、柴油段碳氢化合物。但是由于其规格难确定、孔隙率低、强度较差，所以往往采取加入助剂的方法来改善其性能。六边形网状结构的 CNTs 因具有机械强度高，热稳定性强，高温和高压下其结构、性质均无明显变化的特点，可作为 F-T 合成催化剂的高效载体[214]。

具有有序孔结构、酸性位点的沸石也是 F-T 催化剂常用的载体之一，利用自身孔道的限域作用，有效调控负载金属的粒径与反应物/产物的扩散，从而影响 F-T 反应性能。其作用形式与 SiO_2、活性炭等多孔载体相似，但沸石更多是以第二催化中心的形式，与 F-T 活性组分耦合形成双功能催化剂，起到对 F-T 产物的调控作用。F-T 催化剂/沸石双功能催化剂实现了 F-T 合成和加氢裂化/异构化或氢解（C—C 键断裂）耦合，使得合成气可直接很好地转化为特定范围的液体燃料，突破 ASF 分布的限制，提高目的液体燃料的选择性[215]。如 Co/HZSM-5 催化剂表现出比 Co/HY 和 Co/HMOR 催化剂更高的 C_5～C_{11} 烃选择性，这是由于 HZSM-5 具有更强的 Brønsted 酸性[216]。将 Co/HZSM-12 和 Co/HZSM-34 进行比较，尽管 Co/HZSM-34 具有更强的 Brønsted 酸性，但前者表现出更高的汽油段烃类选择性，这归因于 HZSM-12 具有比 HZSM-34 更大的孔道[192]。由此可见，除了晶相、尺寸和优先暴露晶面等金属纳米颗粒的性质是 F-T 合成中至关重要的因素外，沸石的拓扑结构、酸性和孔道结构也会影响串联加氢裂化和异构化反应，从而决定 F-T 催化剂的性能。

6.2.4.4　生物质气化制液体燃料工艺流程

生物质气化制液体燃料的工艺流程，如图 6-15 所示。先将含水量为 30%～50%的生物质原料从加料斗 1 进入流化床烘干器 2，烘干后的原料由螺杆式喂料器送入气化炉 3。在流化床气化炉中，以空气为气化剂、白云石为催化剂，在温度为 900～950℃下气化。获得的气体再通入气化炉中经热蒸气优化制得生物质基合成气。通过旋风除尘器 4 和过滤器 5 除去气体中的飞灰和颗粒物。再通过换热器 6 和 7 将温度降至 100℃后通往沙滤器 8 除去焦油、细小灰尘颗粒和催化剂颗粒。合成气与回流气混合后进入 F-T 合成反应器 9。由储罐 10 回流而来的液体烷烃和新鲜催化剂在混合器 11 进行混合，成为悬浮液进入 F-T 合成反应器。合成产物中，沸点低于反应温度的烃产物与未反应完全的气体一起通过冷凝器 12，从而得到沸点在 200～300℃的产物，即柴油馏分，存于集料罐 13。经过冷凝器后的气体，其中含有 H_2、CO、CO_2 及轻质烃，继续通过分馏柱 14，从而分离成为两部分。一部分进行回流，另一部分则在管式锅炉里燃烧，用以补偿回流气体中碳氢化物重整所需的热量。空气由鼓风机 17 输送并在换热器 7 中预热后进入锅炉。锅炉出口烟气温度约 500～600℃，可用于烘干器 2 中木粉的干燥。在回流比较高的情况下，尾气燃烧所释放的热量可能不足以满足锅炉 16 的需要。所以当所需要的产物是柴油馏分时，可将沸点低于 200℃ 的液态烃用于锅炉燃烧[217]。

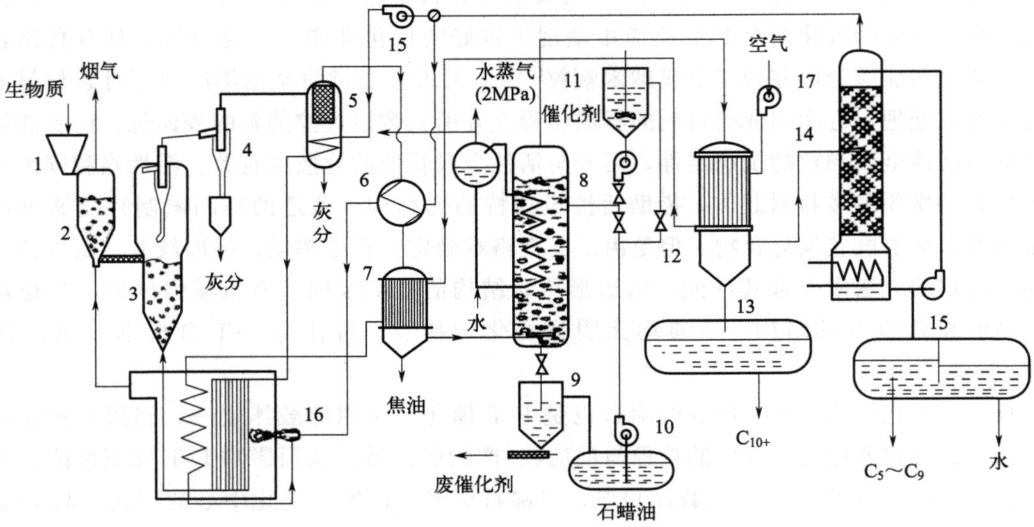

图 6-15　生物质合成液体燃料的工艺流程

1—加料斗；2—烘干器；3—气化炉；4—旋风除尘器；5—过滤器；6，7—换热器；8—沙滤器；9—F-T 合成反应器；10—储罐；11—混合器；12—冷凝器；13，15—集料罐；14—分馏柱；16—锅炉；17—鼓风机

位于德国萨克森州弗赖贝格的 Choren 公司为生物质开发了一种两级气化法，能提供无芳香基和硫的纯净合成柴油。用这些完全不同的材料按这种 Carbo-V 法气化的试验已进行了多年实验。除了这种气化装置之外，Choren 公司建立了一套 F-T 合成装置，并与戴姆勒-克莱斯勒公司和大众公司签订了合同，由 Choren 公司生产的 CH_3OH 和合成柴油供这两家公司试验，现在这些燃料被称为“阳光柴油”。同时，2003 年 Choren 公司在同一地方建立了第一家年产 1.5 万吨合成柴油的生产工厂，其生产的柴油作为德国铁路股份公司柴油机车储备的燃料。2003 年 10 月 2 日举行庆典，庆祝试验成功和气化生产工厂投产，附设的菲舍尔-特罗普施合成工厂也已于 2004 年投产。

6.2.5　合成气合成芳烃燃料

芳烃（aromatic）是一种含有苯环的碳氢化合物，依据其苯环的数量，可分为单环、多环以及稠环芳烃。在工业生产中，芳烃不仅是大宗化学品和平台有机化工原料的代表，而且其用途广泛，包括作为提升燃料辛烷值的添加剂，以及在塑料、农药、溶剂、染料和合成树脂等化学品的生产中发挥着关键作用。此外，芳烃在医药和航天等科技领域也展现出了其广阔的应用前景[218]。目前，芳烃的大规模生产主要依赖于石脑油重整和裂解汽油加氢技术[219]。尽管如此，随着甲烷、轻烃、CH_3OH 等替代原料的芳构化技术的发展，以及这些原料均可通过合成气制备，直接从合成气制备芳烃的技术逐渐成为研究的焦点。

6.2.5.1　合成气制芳烃的基本原理

在 1979 年，Chang 等人[220]首次提出了一种通过合成气生产芳烃的方法，该方法采用了金属/固体酸双功能催化剂，将合成气转化活性中心与芳构化酸性中心有效结合，实现了从合成气到芳烃的直接转化。此后，通过改性F-T催化剂或引入中间体（如烯烃或醇）的多步反应途径得到了显著发展。这些途径可以根据产生的中间体分为两种类型：一种是“合成气-烯烃中间体-芳烃”的合成途径，另一种是“合成气-CH_3OH/二甲醚等含氧中间体-芳烃”的合成途径（如图6-16所示）[221-222]。

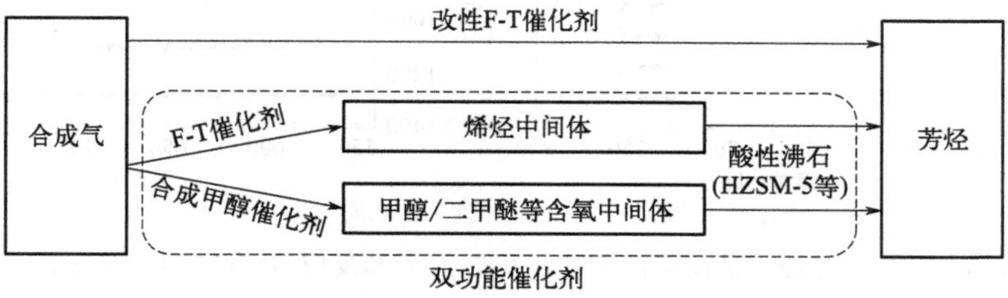

图6-16 合成气制芳烃途径

合成气制备芳烃是一个包含多个步骤的复杂反应过程，涵盖了CH_3OH合成、CH_3OH脱水、烯烃合成、烷烃合成、脱氢环化、芳构化、烷基化以及水煤气变换等多种反应类型[223]。在这一过程中，除了生成目标产物苯及其烷基衍生物外，还伴随着甲烷、低碳烯烃、链状烷烃、醇类，以及二氧化碳和水的生成[224]。为了更有效地分析这一反应体系的热力学特性，研究者们通常将合成气转化为醇、烷烃、烯烃和芳烃的相关反应进行简化处理，并选择特定的化合物作为反应产物的代表，例如丙烯、丙烷、对二甲苯和三甲苯。主要反应如下：

合成甲醇： $$CO+2H_2 \longrightarrow CH_3OH \tag{6-26}$$

合成丙烷： $$3CO+7H_2 \longrightarrow C_3H_8+3H_2O \tag{6-27}$$

合成丙烯： $$3CO+6H_2 \longrightarrow C_3H_6+3H_2O \tag{6-28}$$

合成二甲苯： $$8CO+13H_2 \longrightarrow C_8H_{10}+8H_2O \tag{6-29}$$

合成三甲苯： $$9CO+15H_2 \longrightarrow C_9H_{12}+9H_2O \tag{6-30}$$

根据热力学分析（如图6-17所示），在563～773K的反应温度区间内，除了合成CH_3OH的吉布斯自由能（$\Delta_r G_m^{\ominus}$）表现为正值外，其他所有反应的吉布斯自由能值均为负值。这表明，在这种温度条件下，CH_3OH的合成在热力学上是不利的，而其他反应则在热力学上是自发进行的。同时，随着产物碳原子数量的增加，相对的自由能也随之增加，这反映出在较高的温度下，高碳烃的生成在热力学上更具优势。此外，在所考察的整个反应温度范围内，所有反应的焓变（$\Delta_r H_m^{\ominus}$）均为负值，这表明芳烃形成过程中的放热效应显著大于其他产物形成过程中的放热效应[225]。

6.2.5.2 合成气制芳烃催化剂

合成气转化为芳烃的化学反应过程可以通过不同的催化剂体系来实现，主要分为以下几类：改性F-T(Fischer-Tropsch)催化剂、F-T催化剂/沸石双功能催化剂及合成CH_3OH催化剂/沸石双功能催化剂。下面将分别介绍。

(1) 改性F-T催化剂

合成气在F-T催化剂上可以进行芳烃的直接合成，但传统F-T反应的产物遵循安德森-施密特-弗拉里（ASF）分布规律，导致产物分布非常广泛。在纯Fe或Co金属催化剂上，

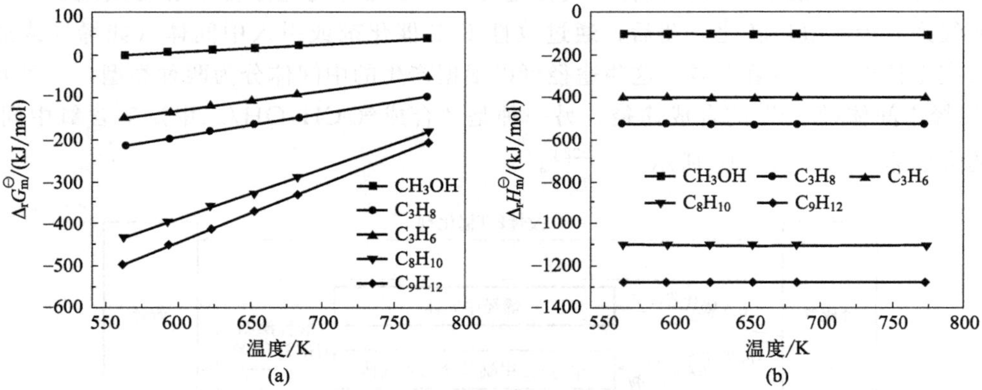

图 6-17 在合成气转化为芳烃的过程中吉布斯自由能（a）和反应焓（b）随不同反应温度的变化[225]

芳烃的选择性通常难以超过 15%[226]。为了提升芳烃的选择性，研究者们尝试在 F-T 催化剂中引入 Pd 作为助剂。例如，在含铁量为 10%（质量分数）的 Fe/SiO_2 负载型催化剂中添加 2%的 Pd 助剂，可以使芳烃的选择性提高至 30.5%。这种提升被认为归功于铁基催化剂上除了 α-Fe 和 Fe^{2+} 物种外，还形成了 PdFe 合金。在这个过程中，烷烃和烯烃首先在 Fe（Fe_xC）组分上生成，随后转移到 PdFe 合金成分上，在那里发生脱氢环化反应，生成芳烃，从而提高了芳烃的产量[227]。然而，即便如此，单一的 F-T 催化剂在芳烃生产性能上仍然存在局限，例如产物选择性低、产物分布广泛、催化剂活性有限、催化剂稳定性问题、热力学限制、副反应和经济性考量等。

在合成气转化为芳烃的过程中，沸石因其独特的孔隙结构和酸性特性，常与 F-T 催化剂结合使用或作为催化剂载体，以增强择形催化作用和芳构化能力，从而提高反应的活性和芳烃的产率。特别是 ZSM-5 沸石，由于其孔道的几何尺寸与芳烃分子的动力学尺寸非常接近，它在烯烃、轻质烷烃、甲烷或 CH_3OH 转化为芳烃的反应中得到了广泛应用[62]。通过简单的浸渍方法，可以制备出用于合成气制芳烃的 Fe/HZSM-5 催化剂。在 320℃、2.0MPa 和 $4000h^{-1}$ 的条件下，油相产物中芳烃的选择性可以达到 50%[63]。此外，通过向 Fe/HZSM-5 催化剂中引入 Pd 助剂，可以进一步改性催化剂，使其在生物质合成气 F-T 反应中能够获得富含芳烃的汽油段烃类产物。Co/HZSM-5 催化剂同样展现出良好的合成气制芳烃性能。然而，通过浸渍法制备的负载型催化剂芳烃选择性通常低于 50%，这一限制因素在一定程度上影响了这类催化剂的工业应用潜力。

（2）F-T 催化剂/沸石双功能催化剂

在众多研究中，普遍认同合成气通过双功能催化剂转化为芳烃的过程主要分为两个阶段：首先，CO 在 F-T 金属组分的作用下转化为烯烃；其次，这些烯烃在沸石组分的催化下进一步转化为芳烃。例如，结合 Co 基 F-T 催化剂与 Pentasil 型分子筛，能够实现合成气的直接转化，生成烯烃及含氧化合物。此外，在 Co 氧化物催化剂体系中引入如 Mn 等助剂，能有效抑制甲烷的生成，同时促进烯烃的合成，这对于提高芳香烃的产率是有益的[228]。

在 F-T 合成中，Fe 基催化剂相比于 Co 基催化剂展现出更高的烯烃选择性，因此，合成气制芳烃的研究主要聚焦于基于 Fe 基/沸石的双功能催化剂。通过引入 Na、K、Zn、Mg、Mn、Co、Cu 等碱（土）金属和过渡金属助剂，可以对 Fe 基催化剂进行改性，改变其表面电子状态、碱性和碳化程度，从而提高催化剂的活性和对烯烃的选择性，进一步促进芳烃的生成。例如，将 K 助剂引入 FeMnO 催化剂，并与 MoNi-ZSM-5 沸石结合使用，在特定的反应条件下，可以获得高达 56.4%的 BTX（苯、甲苯、乙苯）选择性。这种改性被认为有助于促进 CO 的吸附，形成碳化铁（FeC_x）活性相，增强 C-C 偶联，抑制甲烷和二氧化碳的形成，提高合成气到芳烃的转化效率[229]。同时，将 Na 和 Mg 助剂同时引入 Fe 基催化剂，在 FeNaMg/Ni-HZSM-5 双功能催化剂上获得了 51.4%的芳烃选择性。Na 助剂有助于 CO 的吸附和抑制甲烷的形成，而 Mg 助剂通过形成 $MgFe_2O_4$ 尖晶石增加了活性位点的数量，提高了反应活性[230]。进一步的研究还探讨了 Zn/Mg 助剂对 Fe 基/沸石催化剂的影响，发现 Zn 助剂通过电子调节作用促进了氧化铁的还原，而 Mg 助剂增强了铁基催化剂对 CO 的化学吸附和渗碳能力，同时抑制了 CO_2 和轻质烷烃的产生[231]。过渡金属 Cu/Co 助剂的引入，通过共掺杂改性 Fe 基组分，形成丰富的氧空位，增强了 CO 的吸附，促进了 Fe_5C_2 的生成，并抑制了过度加氢和水煤气变换反应[232]。将 Co 与 Mn 掺杂到 Na-Fe 催化剂中，不仅调节了电子密度和氧空位密度，而且生成的 FeCo 合金对 CO 具有强吸附作用，调控了表面 Fe_5C_2 活性相的浓度，提高了烯烃中间体的选择性，抑制了 CO_2 的产生，在 Na-FeMnCo/ZSM-5 催化剂上实现了高达 55%的芳烃选择性[233]。

优化沸石的物理化学特性是提升催化剂反应性能的有效策略之一。例如，通过调整 ZSM-5 沸石的硅铝比（这一比例与沸石的总酸量呈反比关系），可以提高芳烃的产率。实验结果表明，硅铝比较低（即酸密度较高）的沸石有助于重质芳烃的生成，而硅铝比较高（酸密度较低）的沸石则更有利于异构烃的生成。使用无酸性的 Na-ZSM-5 沸石时，产物分布与纯 Fe 基催化剂的结果相似[234]。进一步的研究发现，通过 SiO_2 包覆处理来毒化 ZSM-5 沸石表面的 Brønsted 酸位点，可以提高对二甲苯的选择性。Zhou 等人[235]通过控制碱处理条件和 Na^+ 交换度，精确调整了 ZSM-5 沸石的多级孔特性和 Brønsted 酸的密度。研究表明，提高 ZSM-5 沸石的介孔率有利于芳烃的形成，且芳烃选择性与 Brønsted 酸的密度呈现“火山型”趋势，即适量的 Brønsted 酸密度有利于芳烃的生产［图 6-18(a)］。然而，Yang 等人[236]的研究则指出芳烃时空收率与沸石的 Lewis 酸密度呈正相关［图 6-18(b)］。此外，通过减小纳米 ZSM-5 沸石的粒径，可以缩短中间体在沸石内的扩散路径，抑制积炭的形成，从而提高 Fe 基/沸石催化剂的寿命[237]。总结来说，通过调控沸石的酸性、增加多级孔结构以及减小沸石粒径，可以有效提升 Fe 基/沸石双功能催化剂在芳烃生产方面的性能。

调控催化剂的结构是提高芳烃选择性的另一种策略。例如，通过调整活性组分的空间距离，即它们的邻近度或紧密度，可以显著影响催化剂的性能。定明月团队[238]的研究表明，将 $FeMnK/SiO_2$ 催化剂与 ZSM-5 沸石以粉末研磨填装的方式载入固定床装置进行费托反应时，可以获得最高的芳烃选择性。这种高选择性归因于活性组分间的空间距离缩小，使得烯烃中间体能够更快地转移到 ZSM-5 沸石上，从而促进芳烃的形成。然而，Weber 等人[239]在 Na 改性铁基催化剂与 ZSM-5 沸石构成的催化体系中发现，CO 加氢反应过程中 Na^+ 会从铁基组分迁移至沸石组分，导致催化剂活性下降。降低两组分的紧密度，可以削弱 Na^+ 的迁移现象，从而提高催化剂的寿命。刘殿华团队[240]在 Na-FeMn 混合 ZSM-5 沸石的 Fe 基/沸石催化体系中也观察到了类似的元素迁移现象。反应后催化剂中沸石组分的元素分析显示，Na 元素含量随两组分的邻近度增加而提高，同时伴随着 Fe 和 Mn 元素的迁移。这种

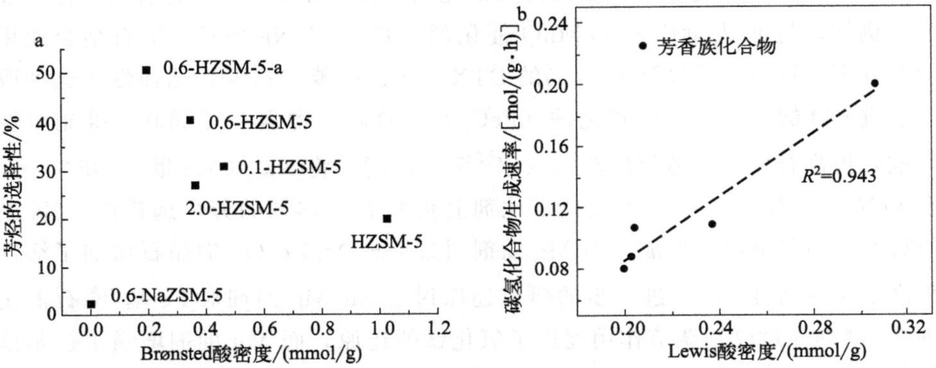

图 6-18 (a) Na-Fe_5C_2/HZSM-5 催化剂中芳烃选择性随 HZSM-5 沸石 Brønsted 酸密度的变化[235]；(b) Na-Fe-ZrO_2/ZSM-5 催化剂中芳烃时空收率随 ZSM-5 沸石 Lewis 酸密度的变化[236]

元素迁移导致沸石组分的酸性位点中毒，从而降低了芳烃选择性。只有当两组分位于适当的空间距离时，才有利于提高芳烃选择性并抑制副产物 CO_2 的产生。此外，通过设计特殊的催化剂结构，如核壳型催化剂，可以限制费托中间体的自由扩散，增强联级反应过程。定明月团队[241]采用二次水热结晶的方式将 FeMn 纳米颗粒封装进中空纳米 ZSM-5 沸石中，形成了“蛋黄”型核壳 Fe 基/沸石催化剂，在特定的反应条件下显示出了超高的芳烃时空收率和选择性。马隆龙团队[242]利用金属纳米粒子“分散-重组”机制，将 Fe_3O_4 粒子封装进多级孔 ZSM-5 沸石内，形成“火龙果”结构 Fe 基/ZSM-5 催化剂，在特定的反应条件下获得了高芳烃选择性。然而，特殊结构催化剂的生产过程较为复杂，相比于主流的物理混合型与负载型催化剂，在成本和生产工艺上可能存在劣势，因此还需要进一步优化催化剂的反应性能和生产工艺。

(3) 合成甲醇催化剂/沸石双功能催化剂

在合成气一步法制备芳烃的过程中，采用合成 CH_3OH 催化剂与 ZSM-5 沸石耦合是一种有效的方法。这些合成 CH_3OH 催化剂包括 Zn-Zr/Cr 氧化物、Cu 氧化物和 Pd 基氧化物。CO 首先在催化剂上被激活并转化为 CH_3OH，随后 CH_3OH 在沸石的酸性位点上经历脱水和碳偶联反应生成轻烯烃。这些烯烃通过一系列聚合、环化、脱氢、烷基化和氢转移反应最终转化为芳烃和长链烃[243]。例如，王野团队[235]开发的 Zn-ZrO_2/HZSM-5 双功能催化剂，在 20%的 CO 转化率下，实现了 80%的芳烃选择性，并在 1000h 内展现出良好的稳定性，同时将甲烷副产物的选择性控制在 3%以下。尖晶石结构的 $ZnAlO_x$ 也被证实能有效转化 CO 或 CO_2 为 CH_3OH，CH_3OH 进一步转化为芳烃[244]。在氧化物催化剂/沸石双功能催化体系中，氧化物组分的加氢能力对芳烃的选择性和产率至关重要。通过调整 Ce-Zr 氧化物的 Ce/Zr 比例，优化了 C-O 活化与 C-C 偶联的动力学匹配，在 $Ce_{0.2}Zr_{0.8}O_2$/ZSM-5 催化剂上实现了 83.1%的芳烃选择性[245]。Mo 掺杂 ZrO_2 也展现出提高芳烃选择性的效果[84]。然而，Cu 基催化剂在合成 CH_3OH 时的工作温度远低于 CH_3OH 芳构化反应的温度，这在热力学上限制了 CH_3OH 的形成。通过共沉淀法引入 Co 助剂到 CuO-Cr_2O_3 氧化物中，Co 助剂与 Cu 基催化剂的协同效应显著提高了 CO 转化率，并促进了 C_{5+} 组分的形成，从而提高了芳烃产率[246]。在合成 CH_3OH 金属氧化物中引入金属助剂改性，其目的在于：调控氧化物表面氧空穴，促进 CO 吸附与氢化；从动力学角度克服热力学限制，从而提高芳烃的生产效率。

与 F-T 基/沸石双功能催化剂相似，对沸石的孔隙大小和酸度进行调控也是提升催化剂催化性能的重要手段。例如，片状纳米 ZSM-5 沸石能够使芳烃产物迅速扩散出沸石晶体，从而抑制芳烃的进一步加氢或裂化反应，这有助于提高芳烃的选择性和收率[247]。韩怡卓团队通过使用 $MnCl_2$ 对 HZSM-5 沸石进行改性，成功提升了对二甲苯的选择性。Tsubaki 等人[248]开发的 Zn/Z5@S1 核壳沸石，同样有效地促进了合成气向对二甲苯的定向合成，并减少了副产物的生成。在合成 CH_3OH 催化剂/沸石双功能催化剂系统中，氧化物与沸石之间的相互作用对产物选择性有显著影响[249-251]。张涛院士团队[252]深入研究了两组分的邻近度对反应性能的影响，并提出了“迭代反应”机理。该机理指出，中间体在氧化物上经历加氢反应，如图 6-19 所示。中间体在催化剂颗粒上的反应气氛和停留时间触发了不同程度的迭代反应，这种变化是由催化剂内部和外部扩散的变化引起的，最终导致烃类产物选择性的显著差异。

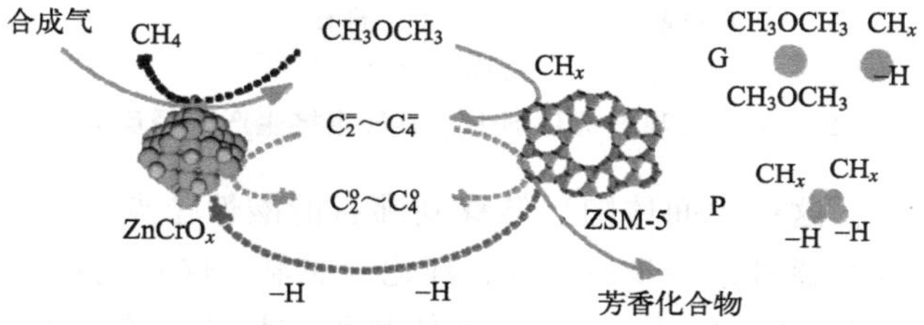

图 6-19　$ZnCrO_x$/ZSM-5 催化剂反应途径和副反应[252]

（虚线表示相互作用反应，G 表示颗粒混合，P 表示粉末混合。用黑虚线标记的反应更可能发生在颗粒状混合催化剂的氧化物上；深灰色虚线表示—H 物种从沸石到氧化物的转移，这很容易发生在粉末混合催化剂上）

6.2.5.3　合成气制芳烃反应机理

合成气制芳烃的合成途径主要分为两种反应机理：“费托-烯烃芳构化”和“合成 CH_3OH-CH_3OH 芳构化”。在“费托-烯烃芳构化”机理的研究中，烯烃中间体在沸石上的芳构化机理存在不同观点。Zhou 等人[235]的研究表明，在铁基 F-T 催化剂上，合成气首先转化为烯烃，这些烯烃随后转移到沸石上，通过一系列的齐聚、裂化和环化反应形成 C_6～C_{10} 的环烷烃。最终，在强 B 酸位点上发生氢转移（H transfer）反应，生成 C_6～C_{10} 的芳烃，如图 6-20(a) 所示。另外，Weber 等人[253]在研究 Na-S-Fe-Al_2O_3/ZSM-5 复合催化剂催化合成气一步制备芳烃的过程中发现，烯烃与芳烃产物的总选择性达到了 73%（烯烃 55%，芳烃 18%），这一结果远高于仅通过氢转移机理制芳烃的理论值。基于此，他们提出烯烃中间体在沸石上的芳构化可能并非遵循氢转移机理，而是通过脱氢（dehydrogenation）机理进行，如图 6-20(b) 所示。因此，烯烃在沸石上的芳构化是遵循氢转移机理还是脱氢机理，或者两者同时存在，目前尚存在争议。总体而言，“费托-烯烃芳构化”反应机理可以概括为：CO 在 F-T 催化剂上吸附、活化并加氢，生成以烯烃为主的中间体，这些中间体随后转移到沸石的酸性位点上，进一步经历芳构化反应合成芳烃。

在“合成 CH_3OH-CH_3OH 芳构化”反应机理中，研究普遍认为 CO 首先在 ZnO-ZrO_2、$ZnCrO_x$、$CeZrO_x$ 或 MoO_x-ZrO_2 等氧化物催化剂上被吸附和活化，生成 CH_3OH

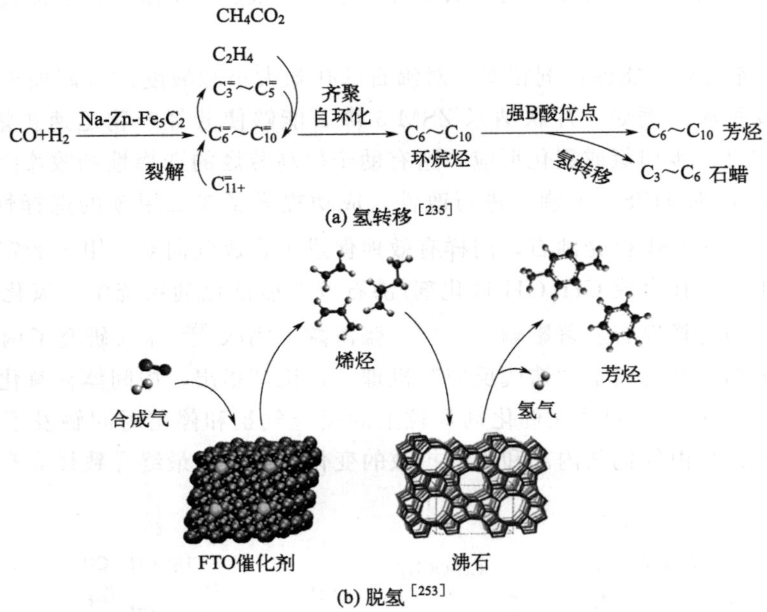

图 6-20 Fe 基/沸石催化剂上合成气直接生产芳烃反应路径

或二甲醚等含氧中间体。这些中间体随后转移到沸石的酸性位点上，通过脱水和碳-碳偶联反应形成轻烯烃。轻烯烃通过进一步的聚合、环化、脱氢、烷基化和氢转移反应，最终转化为芳烃[243]，如图 6-21 所示。然而，关于中间体物种的形成存在一些争议。例如，包信和团队[254]在使用 $ZnCrO_x$-ZSM-5 催化剂进行合成气制芳烃反应时，获得了 73.9%的芳烃选择性。然而，当单独使用催化剂中的 ZSM-5 组分进行 CH_3OH 制芳烃（MTA）反应时，却发现其活性几乎为零。基于这一发现，他们推测在 $ZnCrO_x$ 组分上合成气生成的中间物种可能并非 CH_3OH。

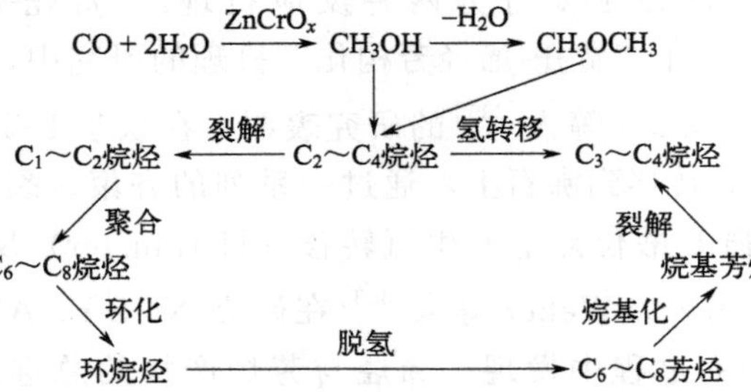

图 6-21 $ZnCrO_x$/ZSM-5 催化剂上合成气制备芳烃的反应机理[243]

6.2.5.4 合成气制芳烃未来研究方向

总体而言，改性 F-T 催化剂在生成芳香烃方面存在一定的局限性，因为它们更倾向于生成链烃而非环烃。此外，由于容易生成焦炭，这些催化剂的稳定性较差，限制了它们的广泛应用。使用 F-T 催化剂/沸石双功能催化剂虽然可以提供较高的 CO 转化率，但由于两个活性组分的最佳工作温度不匹配，因此芳烃选择性并不理想。F-T 催化剂在较低温度（200～400℃）下活性较高，而在高温下则会产生大量甲烷和积炭。相比之下，分子筛在约

500℃的高温下才能实现高芳构化活性。在合成 CH_3OH 催化剂/沸石双功能催化剂系统中，醇类（主要是 CH_3OH）作为中间体，在分子筛上通过 C-C 偶联反应进一步转化为芳烃。这种串联反应不仅提高了 CO 转化率，还提高了芳烃选择性并带来了更好的稳定性。然而，由于 CO 加氢反应受到热力学平衡的限制，这类催化剂的转化率通常较低。此外，这些催化剂的寿命和再生周期存在较大差异，特别是与沸石相比，氧化物和 F-T 催化剂更容易失活且难以再生。为了提高这些催化剂的性能，首要任务是探索两个活性组分的最佳匹配条件。目前，两个活性组分之间的相互作用尚不完全清楚，这使得找到良好的匹配条件具有一定难度。合成气制芳烃技术目前还处于实验室开发阶段，尚未实现规模化生产。因此，理解活性组分之间的相互作用在未来的研究中至关重要。解决这些问题将有助于显著提高合成气直接转化为芳烃的效率，具有重要的经济和工业意义。

6.2.6 CO_2 加氢合成液体燃料

二氧化碳（CO_2），由两个氧原子和一个碳原子通过共价键结合而成的分子，分子量为 44.01。在常温条件下，它是一种无色无味的气体，其密度高于空气，且能够溶解于水，与水反应生成碳酸，是一种典型的酸性氧化物。在生物质合成气中，CO_2 占据了超过 30% 的体积分数，因此，有效地将其转化为液态燃料对于提升生物质合成气的能源利用效率具有重要意义。尽管如此，由于 CO_2 分子固有的化学稳定性以及在形成 C—C 键时所面临的动力学难题，将 CO_2 转化为含两个或更多碳原子的高碳化合物一直是一个巨大的技术挑战。尽管早期研究多聚焦于通过 CO_2 加氢反应制备 CH_3OH、甲酸、甲烷等 C_1 化合物，但转化效率和产物选择性仍需进一步提高。

如表 6-6 所示，CO_2 加氢转化为烃类的反应是放热且体积减小的，因此在热力学上，低温和高压条件对这些反应是有利的。特别是甲烷化反应，CO_2 转化时释放的热量高达 165kJ/mol。所有这些反应的吉布斯自由能变化（ΔG）都是负值，这表明在典型的反应温度和压力条件（例如大于 1MPa、低于 400℃）下，CO_2 加氢反应可以自发进行，不受热力学平衡的限制。然而，CO_2 加氢制烃的反应通常会伴随着逆水煤气变换（RWGS）反应，这会产生大量的 CO，从而降低目标产物的收率。因此，选择适当的催化剂和设计有效的反应过程，以控制 CO_2 加氢反应的活性和目标产物的选择性，是提高 CO_2 转化效率和利用率的关键。此外，CO_2 相对较低的吸附能导致在催化剂表面的碳氢原子比较低，这有助于中间物种的快速加氢，从而导致甲烷的形成和链增长的减少。这也是目前 CO_2 催化加氢研究多集中于短碳链产品（如甲烷、甲醇、甲酸、低碳烯烃等）的一个重要原因。因此，如何精确而高效地实现 C—C 键偶联，是 CO_2 加氢制取液体燃料中一个至关重要的科学问题。

表 6-6 CO_2 加氢制烃类热力学数据

条目	反应	$\Delta_r H^0_{298K}$ (kJ/mol)	$\Delta_r G^0_{298K}$ (kJ/mol)	$n(H_2)/n(CO_2)$	$\Delta_r H^0_{298K}/n(CO_2)$ (kJ/mol)
1	$CO_2+4H_2 = CH_4+2H_2O$	−164.94	−113.51	4	−164.94
2	$2CO_2+6H_2 = C_2H_4+4H_2O$	−127.99	−57.42	3	−64.00
3	$3CO_2+9H_2 = C_3H_6+6H_2O$	−249.96	−125.57	3	−83.32
4	$4CO_2+12H_2 = C_4H_8+8H_2O$	−360.64	−179.74	3	−90.16

续表

条目	反应	$\Delta_r H^0_{298K}$ (kJ/mol)	$\Delta_r G^0_{298K}$ (kJ/mol)	$n(H_2)/n(CO_2)$	$\Delta_r H^0_{298K}/n(CO_2)$ (kJ/mol)
5	$6CO_2+15H_2 = C_6H_6+12H_2O$	−457.83	−246.98	2.5	−76.31
6	$7CO_2+18H_2 = C_7H_8+14H_2O$	−580.89	−317.39	2.6	−82.98
7	$8CO_2+21H_2 = p-C_8H_{10}+16H_2O$	−703.07	−381.02	2.6	−87.88

6.2.6.1 CO_2 加氢制液态烃类燃料反应技术路线

如图 6-22 所示，CO_2 加氢合成 C_{2+} 烃类化合物的反应技术主要分为两种路线：“CO_2 费托合成（CO_2-FTS）”和“CH_3OH 中间体（CO_2-MeOH）”技术路线。在 CO_2-FTS 技术路线中，CO_2 首先在催化剂的作用下通过逆水煤气变换反应（RWGS）转化为 CO，然后 CO 通过 Fischer-Tropsch（F-T）反应进行碳链增长，最终合成了长链烃类液体燃料。这一过程涉及 CO_2 转化为 CO 的气相反应，随后是 CO 在 F-T 催化剂上转化为烃类化合物。而在 CO_2-MeOH 技术路线中，主要采用金属氧化物/沸石双功能催化剂，将 CO_2 活化与碳链增长两个步骤进行偶联。金属氧化物组分负责将 CO_2 活化，生成 C_1 小分子（例如甲醇、甲酸等），而沸石组分则负责将这些小分子中间体通过 C—C 键偶联，实现碳链的增长。通过精心设计的双功能催化剂，将 CO_2 活化和 C—C 偶联反应串联起来，实现 CO_2 加氢直接合成 C_{2+} 烃类产物。

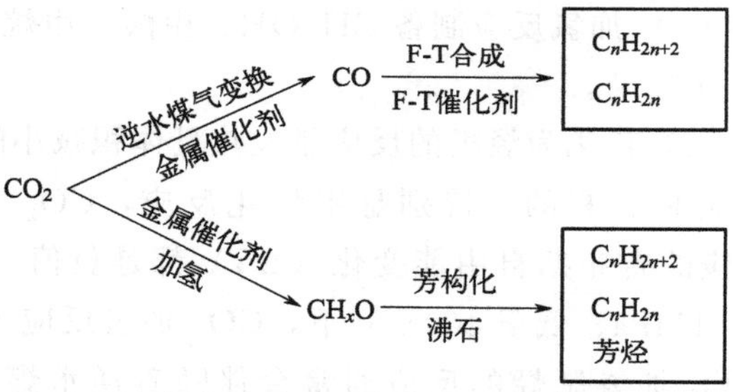

图 6-22　CO_2 加氢合成 C_{2+} 烃类化合物的反应技术路线

6.2.6.2 CO_2 加氢制液态烃类燃料催化剂及反应机理

Fe 基催化剂、Fe 基/沸石双功能催化剂、金属氧化物/沸石双功能催化剂常用于 CO_2 加氢制备液态烃类燃料。下面将分别详细介绍。

（1）Fe 基催化剂及反应机理

Fe 基催化剂由于具备高逆水煤气变换（RWGS）活性且同时也具备 F-T 反应活性，因此在 CO_2 加氢制烃类（如烯烃）中被广泛应用。在 CO_2 加氢反应过程中，首先 CO_2 会吸附在铁基催化剂的活性 FeO_x 上发生活化解离并生成 CO 中间体，随后 CO 中间体再进一步在 FeC_x 相上发生 F-T 反应合成烃类。因此，为了提高 CO_2 转化率，研究者从动力学角度提出了增强 CO_2 在 Fe 基催化剂上的化学吸附和促进 CO 中间体消耗速率的思路。引入 Mn、Zn、Cu 等过渡金属助剂对 Fe 基催化剂改性都能很好提高其 CO_2 加氢反应性能。如 Mn 能有效地增强 CO_2 在铁基催化剂表面的化学吸附并削弱 C═O 键，促进 CO_2 解离活化，从而提高 CO_2 转换率[255-256]。ZnO 助剂不仅能增强 Fe 基催化剂对 CO_2 和 CO 的化学吸附，还

能促进 HCO_3* 物种在 FeO_x 相表面形成，从而提高 CO_2 的转化率[257]。同时还会弱化铁基催化剂的加氢性能，促进烯烃产物生成。Cu 助剂能促进 Fe 基催化剂的还原，其还原后的 Cu^0 物种还能与 FeO_x 物种结合促进 RWGS 反应性能，提高 CO_2 表观活化速率[258-259]。此外，形成的 FeC_x-Cu 双位点被认为是高级醇形成的活性中心，有利于非解离 CO 吸附和插入，促进醇的生成和 C—C 键偶联[260-262]。

CO_2 作为一种酸性气体，其在催化剂表面的吸附和活化过程可以通过引入碱金属助剂如 Na、K 等得到增强。这些助剂能够提高 Fe 基催化剂表面的碱度，有效降低 CO_2 解离的能量势垒，促进 CO_2 的吸附和转化。例如，东南大学马隆龙团队[263]制备的不同含量 Na 改性的 Fe_3O_4 催化剂，通过 CO_2-TPD（程序升温解吸）分析显示，Na 助剂的引入显著提高了 CO_2 在 Fe 基催化剂表面的物理吸附和化学吸附能力。反应后的 Na-Fe 催化剂通过 ^{57}Fe 穆斯堡尔谱（Mössbauer spectroscopy）分析显示，Na 助剂的加入不仅促进了 Fe_5C_2 相的形成，而且改善了 Fe 基催化剂上的 F-T 反应，加速了 CO 中间体的消耗[264]。Fe_5C_2 相的形成还有利于 C—C 键的偶联，促进了 C_{5+} 烃类的生成。K 助剂除了提高 Fe 基催化剂表面的碱度外，碳质 K 盐（如 K_2CO_3、CH_3COOK 等）在 CO_2 加氢反应中可以直接通过 RWGS 反应生成 CO，并且选择性接近 100%。此外，K 助剂还能诱导 Fe 基催化剂形成更具反应活性的 Fe_5C_2-K_2CO_3 界面[258]。

选择适宜的载体对改善 Fe 基催化剂的反应性能至关重要。载体不仅影响活性金属纳米粒子的分散性，还能通过调控孔隙率来改变反应物和产物的扩散特性，进而提高 CO_2 的转化率和目标产物的选择性。例如，在 FeCo/K-Al_2O_3 催化剂中，使用具有较大孔径的 Al_2O_3 作为载体可以增大 Fe_2O_3 的粒径，从而增强催化剂的还原性。由于扩散限制的减少，这种大孔径 Al_2O_3 载体的 CO_2 加氢制备烯烃的收率比小孔径 Al_2O_3 载体的要高[265]。当 TiO_2 作为载体时，TiO_2 中的氧空位提供了额外的 CO_2 吸附位点，有助于形成桥联碳酸盐物种，这些物种进一步分解可以得到用于 C—C 偶联反应的 C^* 中间体[266-267]。碳材料作为载体同样表现出许多优点，包括高稳定性、适度的金属-载体相互作用、耐水性和良好的渗碳能力。碳载体不仅可以促进金属分散和增强 CO_2 的吸附，还有利于碳化铁活性相的生成，并向其捐赠电子，促进 CO 中间体的解离，提高 Fe 基催化剂表面的 C/H 比，从而促进 C-C 键偶联和重质烃的生成[268-269]。然而，使用 SiO_2 作为载体时，却能降低 CO_2 的转化率并促进甲烷（CH_4）的生成。这主要是因为 Fe 负载在 SiO_2 上会形成 Fe-O-Si 键，这种键合不仅抑制了铁的还原，还抑制了碳化铁活性相的生成[270-271]。

（2）Fe 基/沸石双功能催化剂及反应机理

通过 F-T 反应制备烃类产物时，其产物分布通常遵循 ASF 分布，这可能导致目标产物的选择性不高。为了提高目标产物的选择性，研究者们常将 Fe 基催化剂与酸性沸石耦合，形成 Fe 基/沸石催化剂。利用沸石的择形性和酸性，可以引入裂化、齐聚、环化等二次反应，以克服 ASF 分布的限制，从而提高目标产物的选择性。例如，中国科学院大连化学物理研究所的葛庆杰等人[272]使用 Na-Fe_3O_4/HZSM-5（Si/Al=160）催化剂，在 CO_2 加氢反应中实现了高达 73%的汽油段产物选择性。当将 HZSM-5 沸石替换为 HMCM-22 和 H-β 沸石时，Na-Fe_3O_4/HMCM-22 催化剂上 C_{4+} 异构烃的选择性可达 70%，而 Na-Fe_3O_4/H-β 催化剂也展现出了较高的异链烷烃比例。相比之下，在 Na-Fe_3O_4/HZSM-5 催化剂上，C_{4+} 异构烃的选择性仅为44%。这种差异归因于HZSM-5的强B酸位点更有利于芳构化反应，而酸度相对较弱的HMCM-22和H-β沸石则更能有效地促进异构化反应，生成异构烃[273]。

Fe基/HZSM-5双功能催化剂在CO_2加氢制备芳烃的过程中发挥着重要作用。普遍认为催化过程如下：首先CO_2在Fe_3O_4活性位点上发生RWGS，生成CO，随后CO在FeC_x上经历F-T合成反应生成烯烃，而烯烃在沸石的酸性位点上通过低聚、环化、脱氢等步骤转化为芳烃。为了提高催化剂的芳烃选择性和收率，研究者主要从提高Fe基成分的CO_2转化率、烯烃选择性和沸石成分的芳构化能力等方面出发，如通过添加助剂、引入载体以及利用有机金属框架材料（MOFs）等手段提高Fe基催化剂的催化活性；通过调节沸石孔隙特征、形貌和酸性等手段改性沸石物化特性，以提高其特定芳烃的选择性。例如，江南大学刘小浩团队[274]在Fe基催化剂中引入Na助剂，并与HZSM-5沸石耦合，用于CO_2加氢制芳烃反应，实现了54.3%的芳烃选择性。通过在沸石表面包覆SiO_2进行改性，对二甲苯产物中的对二甲苯选择性从约25%提高到了70%。马隆龙团队[256]引入Cu助剂改性Fe_3O_4，使得FeCu(100∶7) /HZSM-5催化剂的芳烃选择性从25.8%提高到了37.5%，并通过延长链状HZSM-5沸石的b轴，将甲苯的时空收率提升至14.8g·kg/h。Wang等人[275]使用Fe基金属有机骨架（Fe-MOFs）作为前驱体，制备了Na改性的Na-Fe@C催化剂，并与经碱处理的HZSM-5组成双功能催化剂，在高空间速度条件下，实现了50.2%的芳烃选择性和203.8g·kg/h的时空收率。

（3）金属氧化物/沸石双功能催化剂及反应机理

除了CO_2-FTS技术路线，液体燃料的生产还可以通过CO_2-MeOH技术路线实现。这一技术路线涉及构建能够将CO_2转化为CH_3OH或DME，并将这些中间体进一步转化为烃类的双功能催化剂，实现CO_2加氢一步法制备C_{2+}烃类。目前常用于CO_2加氢制CH_3OH的催化剂主要分为三类：Cu基催化剂、贵金属（如Pd和Pt等）催化剂以及由金属氧化物构成主要活性组分的催化剂。然而，Cu基和贵金属基催化剂生成CH_3OH的适宜温度一般在180～270℃，压力在2.0～8.0MPa；而分子筛上CH_3OH转化的温度则在300～530℃，压力在0.1～3.0MPa。这种温度和压力的不匹配对于将Cu基或贵金属基催化剂与ZSM-5沸石耦合用于CO_2加氢制备C_{2+}烃类造成了影响。为了克服这一难题，研究人员开发了能在较高温度下高选择性生成CH_3OH的金属氧化物催化剂。例如，孙予罕研究团队[118]开发的In_2O_3与HZSM-5耦合的双功能催化剂，在CO_2加氢反应中实现了13.6%的CO_2转化率，汽油段选择性高达78.6%，副产物甲烷的选择性仅为1%，且在烃类组分中，异链烷烃与正链烷烃的比例达到了16.8%。DFT（密度泛函理论）计算表明，CO_2首先在In_2O_3上的氧空位点被活化并氢化成CH_3OH，随后扩散至HZSM-5并转化为C_{5+}烃类产物。

在CO_2加氢制芳烃反应的研究中，Wang等研究者[276]开发的Cr_2O_3催化剂，在350℃和3.0MPa的条件下，单独用于CO_2加氢制CH_3OH时，实现了14%的CO_2转化率和97%的甲醇/二甲醚选择性。当与ZSM-5沸石结合后，CO_2转化率提升至34%，芳烃选择性为41%。Gao等[277]通过结合Zn和Cr形成$ZnCr_2O_4$，并与ZSM-5沸石组成双功能催化剂，在23.1%的CO_2转化率下实现了85.3%的芳烃选择性。尽管CO_2-MeOH技术路线能生成高选择性的芳烃，但其较低的CO_2转化率限制了芳烃产量的提升。因此，提高CO_2在氧化物上的加氢转化效率是该技术路线面临的一个重要挑战。与Fe基/沸石双功能催化剂类似，通过调控沸石的形貌、酸性和孔隙特征，可以优化 CH_3OH/二甲醚的芳构化活性以及反应物和产物的扩散速率，从而提升 CO_2 加氢制芳烃的反应性能。例如，Wang 等人[278]在 $ZnZrO_x$/HZSM-5 双功能催化剂上通过调整 HZSM-5 沸石 b 轴的长度，促进了芳烃产物在沸石内的扩散，实现了高达 74.1%的均四甲苯选择性。

6.2.6.3 CO_2 加氢制液体燃料工艺进展

早在 2007 年 11 月，美国洛斯阿拉莫斯国家实验室就提出了“绿色自由”概念，旨在生产碳中和的合成燃料和化学品。该理念包含三个主要步骤：第一步，使用浓碳酸钾溶液吸收大气中的二氧化碳；第二步，通过电解法从溶液中提取二氧化碳，并分解水生成氢气和氧气；第三步，将氢气和二氧化碳转化为合成燃料或有机化学品。

尽管我国对 CO_2 加氢制取液体燃料的研究起步较晚，但近年来已取得显著成就。2017 年，中国科学院大连化学物理研究所的孙剑和葛庆杰研究团队成功实现了 CO_2 直接加氢制取高辛烷值汽油的技术突破。2020 年，在山东邹城工业园区，全球首个 CO_2 加氢制异构烃液体燃料的千吨级中试装置成功建成。2021 年 10 月，该装置通过了由中国石油和化学工业联合会组织的连续 72h 现场考核，实现了 95%的 CO_2 和氢转化率，以及 85%以上的汽油选择性。该技术大幅降低了原料消耗和整体能耗，生产的汽油不仅环保，辛烷值也超过了 90，符合“国Ⅵ”标准。北京大学的魏飞-张晨曦团队在 CO_2 加氢制航煤技术方面也取得了重大突破，开发了一种以 C_8～C_{15} 含芳环航煤馏分为目标产物的工艺。2021 年 3 月，清华大学与中国成达、久泰集团达成协议，合作开展万吨级二氧化碳制芳烃的工业试验项目。该项目使用内蒙古久泰新材料科技股份有限公司提供的二氧化碳/合成气原料，主要生产 1,2,4,5-四甲苯（均四甲苯）和粗氢气。一旦成功，它将成为世界上首个二氧化碳制芳烃的装置。这些成就不仅彰显了中国在 CO_2 加氢制液体燃料技术上的实力，而且为实现碳减排和清洁能源转型提供了坚实的技术支持。

参考文献

[1] Lin W, Song W. Power production from biomass in Denmark [J]. Journal of Fuel Chemistry and Technology, 2005, 33 (6): 650-655.

[2] Wang J F, Chang J, Yin X L, et al. Catalytic synthesis of methanol from biomass -Derived syngas [J]. Journal of Fuel Chemistry and Technology, 2005, 33 (1): 58-61.

[3] Zhao X G, Chang J, Lu P M, et al. Biomass gasification under O_2-rich gas in a fluidized bed reactor [J]. Journal of Fuel Chemistry and Technology, 2005, 33 (2): 199-204.

[4] Corella J, Sanz A. Modeling circulating fluidized bed biomass gasifiers. A pseudo-rigorous model for stationary state [J]. Fuel Processing Technology, 2005, 86 (9): 1021-1053.

[5] Brage C, Yu Q, Chen G, et al. Tar evolution profiles obtained from gasification of biomass and coal [J]. Biomass and Bioenergy, 2000, 18 (1): 87-91.

[6] Hasler P, Nussbaumer T. Gas cleaning for IC engine applications from fixed bed biomass gasification [J]. Biomass and Bioenergy, 1999, 16 (6): 385-395.

[7] Wu C Z, Liu H C, Yin X L. Status and prospects for biomass gasification [J]. Ranliao Huaxue Xuebao/Journal of Fuel Chemistry and Technology, 2013, 41 (7): 798-804.

[8] 陈文轩，李学琴，刘鹏，等. 催化生物质焦油模型化合物热解规律的研究 [J]. 综合智慧能源，2023，45 (5)：63-69.

[9] Xu G, Yang P, Yang S, et al. Non-natural catalysts for catalytic tar conversion in biomass gasification technology [J].

International Journal of Hydrogen Energy，2022，47（12）：7638-7665.
[10] 李永玲，吴占松．生物质焦油催化裂解过程中二次焦油成分［J］．工程科学学报，2015，37（9）：1206-1211.
[11] Tang F，Jin Y，Chi Y，et al. Experimental and theoretical studies on the conversion of biomass pyrolysis tar under the effect of steam［J］. Biomass Conversion and Biorefinery，2024，14（3）：3917-3925.
[12] Devi L，Ptasinski K J，Janssen F J J G. A review of the primary measures for tar elimination in biomass gasification processes［J］. Biomass and Bioenergy，2003，24（2）：125-140.
[13] 鲍振博，刘玉乐．生物质气化气中焦油的处理方法［J］．畜牧与饲料科学，2010，31（3）：196-196.
[14] 王相乙，杜魏杰，孟凡凡，等．复合过滤法处理生物质焦油废水技术的研究［J］．环境保护科学，2012，38（1）：30-32.
[15] 李贤斌，姚宗路，赵立欣，等．生物质炭化生成焦油催化裂解的研究进展［J］．现代化工，2017，37（2）：46-50.
[16] Kinoshita C M，Wang Y，Zhou J. Tar formation under different biomass gasification conditions［J］. Journal of Analytical and Applied Pyrolysis，1994，29（2）：169-181.
[17] Gil J，Caballero M A，Martín J A，et al. Biomass gasification with air in a fluidized bed：Effect of the in-bed use of dolomite under different operation conditions［J］. Industrial & Engineering Chemistry Research，1999，38（11）：4226-4235.
[18] Narváez I，Orío A，Aznar M P，et al. Biomass gasification with air in an atmospheric bubbling fluidized bed. Effect of six operational variables on the quality of the produced raw gas［J］. Industrial & Engineering Chemistry Research，1996，35（7）：2110-2120.
[19] Yu Q，Brage C，Chen G，et al. Temperature impact on the formation of tar from biomass pyrolysis in a free-fall reactor［J］. Journal of Analytical and Applied Pyrolysis，1997，40-41：481-489.
[20] Knight R A. Experience with raw gas analysis from pressurized gasification of biomass［J］. Biomass and Bioenergy，2000，18（1）：67-77.
[21] Moilanen A，Saviharju K. Gasification reactivities of biomass fuels in pressurised conditions and product gas mixtures［M］//Bridgwater A V，Boocock D G B. Developments in thermochemical biomass conversion：Volume 1/Volume 2. Dordrecht：Springer Netherlands，1997：828-837.
[22] Herguido J，Corella J，Gonzalez-Saiz J. Steam gasification of lignocellulosic residues in a fluidized bed at a small pilot scale. Effect of the type of feedstock［J］. Industrial & Engineering Chemistry Research，1992，31（5）：1274-1282.
[23] Aznar M P，Corella J，Gil J，et al. Biomass gasification with steam and oxygen mixtures at pilot scale and with catalytic gas upgrading. Part I：Performance of the gasifier［M］//Bridgwater A V，Boocock D G B. Developments in Thermochemical Biomass Conversion：Volume 1/Volume 2. Dordrecht：Springer Netherlands，1997：1194-1208.
[24] Minkova V，Marinov S P，Zanzi R，et al. Thermochemical treatment of biomass in a flow of steam or in a mixture of steam and carbon dioxide［J］. Fuel Processing Technology，2000，62（1）：45-52.
[25] 韩璞，李大中，刘晓伟．生物质气化发电燃气焦油脱除方法的探讨［J］．可再生能源，2008（1）：40-45.
[26] Du Y，Chen H，Chen R，et al. Synthesis of *p*-aminophenol from *p*-nitrophenol over nano-sized nickel catalysts［J］. Applied Catalysis A：General，2004，277（1）：259-264.
[27] Rapagná S，Jand N，Kiennemann A，et al. Steam-gasification of biomass in a fluidised-bed of olivine particles［J］. Biomass and Bioenergy，2000，19（3）：187-197.
[28] Corella J，Aznar M P，Gil J，et al. Biomass gasification in fluidized bed：Where to locate the dolomite to improve gasification?［J］. Energy & Fuels，1999，13（6）：1122-1127.
[29] Sutton D，Kelleher B，Ross J R H. Review of literature on catalysts for biomass gasification［J］. Fuel Processing Technology，2001，73（3）：155-173.
[30] Tanaka Y，Yamaguchi T，Yamasaki K，et al. Catalyst for steam gasification of wood to methanol synthesis gas［J］. Industrial & Engineering Chemistry Product Research and Development，1984，23（2）：225-229.
[31] Elliott D C，Neuenschwander G G，Baker E G，et al. Bench-scale reactor tests of low-temperature，catalytic gasification of wet industrial wastes［C］//Proceedings of the Intersociety Energy Conversion Engineering

Conference. 1990：102-106.
[32] Yamaguchi T，Yamasaki K，Yoshida O，et al. Deactivation and regeneration of catalyst for steam gasification of wood to methanol synthesis gas [J]. Industrial & Engineering Chemistry Product Research and Development，1986，25 (2)：239-243.
[33] Courson C，Udron L，Świerczyński D，et al. Hydrogen production from biomass gasification on nickel catalysts：Tests for dry reforming of methane [J]. Catalysis Today，2002，76 (1)：75-86.
[34] Richardson S M，Gray M R. Enhancement of residue hydroprocessing catalysts by doping with alkali metals [J]. Energy & Fuels，1997，11 (6)：1119-1126.
[35] Bangala D N，Abatzoglou N，Chornet E. Steam reforming of naphthalene on Ni-Cr/Al_2O_3 catalysts doped with MgO，TiO_2，and La_2O_3 [J]. AIChE Journal，1998，44 (4)：927-936.
[36] Chen Y G，Tomishige K，Yokoyama K，et al. Catalytic performance and catalyst structure of nickel-magnesia catalysts for CO_2 reforming of methane [J]. Journal of Catalysis，1999，184 (2)：479-490.
[37] Bradford M C J，Vannice M A. Catalytic reforming of methane with carbon dioxide over nickel catalysts I. Catalyst characterization and activity [J]. Applied Catalysis A：General，1996，142 (1)：73-96.
[38] Chen P，Zhang H B，Lin G D，et al. Development of coking-resistant Ni-based catalyst for partial oxidation and CO_2-reforming of methane to syngas [J]. Applied Catalysis A：General，1998，166 (2)：343-350.
[39] 陈文轩，刘鹏，李学琴，等．生物质焦油催化裂解催化剂的研究进展 [J]. 林产工业，2022，59 (3)：41-48.
[40] 定明月，熊伟，涂军令，等．生物质粗燃气重整净化技术及其研究进展 [J]. 林产化学与工业，2015，35 (1)：145-150.
[41] 姜冠伦，张新妙，栾金义．二氧化碳生物转化制甲烷技术研究进展 [J]. 微生物学报，2023，63 (6)：2245-2260.
[42] Luberti M，Ahn H. Review of polybed pressure swing adsorption for hydrogen purification [J]. International Journal of Hydrogen Energy，2022，47 (20)：10911-10933.
[43] Cormos C C，Cormos A M，Petrescu L，et al. Techno-economic assessment of decarbonized biogas catalytic reforming for flexible hydrogen and power production [J]. Applied Thermal Engineering，2022，207：1-10.
[44] 黄斌，刘练波，许世森，等．燃煤电站 CO_2 捕集与处理技术的现状与发展 [J]. 电力设备，2008 (5)：3-6.
[45] Wu H，Liao J W，Chen X，et al. Decarbonization of simulated biogas with microchannel mixer by pressurized water scrubbing [J]. Journal of Cleaner Production，2024，457：1-11.
[46] Bauer F，Persson T，Hulteberg C，et al. Biogas upgrading -technology overview，comparison and perspectives for the future [J]. Biofuels，Bioproducts and Biorefining，2013，7 (5)：499-511.
[47] Ochedi F O，Yu J，Yu H，et al. Carbon dioxide capture using liquid absorption methods：a review [J]. Environmental Chemistry Letters，2021，19 (1)：77-109.
[48] Kapetaki Z，Brandani P，Brandani S，et al. Process simulation of a dual-stage Selexol process for 95% carbon capture efficiency at an integrated gasification combined cycle power plant [J]. International Journal of Greenhouse Gas Control，2015，39：17-26.
[49] Ryckebosch E，Drouillon M，Vervaeren H. Techniques for transformation of biogas to biomethane [J]. Biomass and Bioenergy，2011，35 (5)：1633-1645.
[50] Krótki A，Więcław Solny L，Stec M，et al. Experimental results of advanced technological modifications for a CO_2 capture process using amine scrubbing [J]. International Journal of Greenhouse Gas Control，2020，96：1-11.
[51] Cifre P G，Brechtel K，Hoch S，et al. Integration of a chemical process model in a power plant modelling tool for the simulation of an amine based CO_2 scrubber [J]. Fuel，2009，88 (12)：2481-2488.
[52] Atelge M R，Senol H，Djaafri M，et al. A critical overview of the state-of-the-art methods for biogas purification and utilization processes [J]. Sustainability，2021，13 (20)：1-39.
[53] 兰林，徐飞，夏林，等．变压吸附技术在工业化碳捕集中的应用现状 [J]. 天然气与石油，2024，42 (2)：21-28.
[54] Canevesi R L S，Andreassen K A，Silva E A，et al. Evaluation of simplified pressure swing adsorption cycles for bio-methane production [J]. Adsorption，2019，25 (4)：783-793.
[55] Grande C A. Advances in pressure swing adsorption for gas separation [J]. International Scholarly Research Notices，

2012，2012（1）：1-13.
[56] Serafin J，Sreńscek-Nazzal J，Kamińska A，et al. Management of surgical mask waste to activated carbons for CO_2 capture [J]. Journal of CO2 Utilization，2022，59：1-17.
[57] Zhang Z，Luo D，Lui G，et al. In-situ ion-activated carbon nanospheres with tunable ultramicroporosity for superior CO_2 capture [J]. Carbon，2019，143：531-541.
[58] Awe O W，Zhao Y，Nzihou A，et al. A review of biogas utilisation，purification and upgrading technologies [J]. Waste and Biomass Valorization，2017，8（2）：267-283.
[59] 陈久弘，王毅，王恺华，等．二氧化碳捕集用吸附分离技术及其吸附材料研究进展 [J]. 低碳化学与化工，2023，48（5）：62-70.
[60] 银登国，周志斌，魏静，等．基于膜分离的沼气及烟气 CO_2 捕集技术应用进展 [J]. 能源环境保护，2024，38（3）：43-51.
[61] Zhang Y，Ma L，Lv Y，et al. Facile manufacture of COF-based mixed matrix membranes for efficient CO_2 separation [J]. Chemical Engineering Journal，2022，430：1-9.
[62] Zhou P，Wu T，Sun Z，et al. Influence of sodium ion on high-silica SSZ-13 membranes for efficient CO_2/CH_4 and N_2/CH_4 separations [J]. Journal of Membrane Science，2022，661：1-10.
[63] Atadashi I M. Purification of crude biodiesel using dry washing and membrane technologies [J]. Alexandria Engineering Journal，2015，54（4）：1265-1272.
[64] Mulder M. Basic principles of membrane technology [M]. Dordrecht：Springer Netherlands，1991.
[65] Fan H，Mundstock A，Gu J，et al. An azine-linked covalent organic framework ACOF-1 membrane for highly selective CO_2/CH_4 separation [J]. Journal of Materials Chemistry A，2018，6（35）：16849-16853.
[66] Chen X Y，Vinh-Thang H，Ramirez A A，et al. Membrane gas separation technologies for biogas upgrading [J]. RSC Advances，2015，5（31）：24399-24448.
[67] 李子烨，劳力云，王谦．制氢技术发展现状及新技术的应用进展 [J]. 现代化工，2021，41（7）：86-89，94.
[68] Gao Y，Jiang J，Meng Y，et al. A review of recent developments in hydrogen production via biogas dry reforming [J]. Energy Conversion and Management，2018，171：133-155.
[69] Wang S，Lu G Q（Max），Millar G J. Carbon dioxide reforming of methane to produce synthesis gas over metal-supported catalysts：State of the art [J]. Energy & Fuels，1996，10（4）：896-904.
[70] Wang X，Li M，Wang M，et al. Thermodynamic analysis of glycerol dry reforming for hydrogen and synthesis gas production [J]. Fuel，2009，88（11）：2148-2153.
[71] Vita A，Italiano C，Previtali D，et al. Methanol synthesis from biogas：A thermodynamic analysis [J]. Renewable Energy，2018，118：673-684.
[72] Stroud T，Smith T J，Le Saché E，et al. Chemical CO_2 recycling via dry and bi reforming of methane using Ni-Sn/Al_2O_3 and Ni-Sn/CeO_2-Al_2O_3 catalysts [J]. Applied Catalysis B：Environmental，2018，224：125-135.
[73] da Fonseca R O，Ponseggi A R，Rabelo-Neto R C，et al. Controlling carbon formation over Ni/CeO_2 catalyst for dry reforming of CH_4 by tuning Ni crystallite size and oxygen vacancies of the support [J]. Journal of CO_2 Utilization，2022，57：1-13.
[74] Khosravi K，Alavi S M，Rezaei M，et al. Influence of nickel contents on synthesis gas production over nickel-based catalysts supported by treated activated carbon in dry reforming of methane [J]. International Journal of Hydrogen Energy，2024，69：358-371.
[75] Miao C，Chen S，Shang K，et al. Highly active Ni-Ru bimetallic catalyst integrated with MFI Zeolite-loaded cerium zirconium oxide for dry reforming of methane [J]. ACS Applied Materials & Interfaces，2022，14（42）：47616-47632.
[76] Chuang K H，Chen B N，Wey M Y. Enrichment of hydrogen production from biomass-gasification-derived syngas over spinel-type aluminate-supported nickel catalysts [J]. Energy Technology，2018，6（2）：318-325.
[77] 贾爽，应浩，孙云娟，等．生物质水蒸气气化制取富氢合成气及其应用的研究进展 [J]. 化工进展，2018，37（2）：497-504.

[78] Ashrafi M，Pröll T，Pfeifer C，et al. Experimental study of model biogas catalytic steam reforming：1. Thermodynamic optimization [J]. Energy & Fuels，2008，22 (6)：4182-4189.

[79] Effendi A，Zhang Z G，Hellgardt K，et al. Steam reforming of a clean model biogas over Ni/Al_2O_3 in fluidized-and fixed-bed reactors [J]. Catalysis Today，2002，77 (3)：181-189.

[80] Guilhaume N，Bianchi D，Wandawa R A，et al. Study of CO_2 and H_2O adsorption competition in the combined dry/steam reforming of biogas [J]. Catalysis Today，2021，375：282-289.

[81] Simpson A P，Lutz A E. Exergy analysis of hydrogen production via steam methane reforming [J]. International Journal of Hydrogen Energy，2007，32 (18)：4811-4820.

[82] Zhu J，Zhang D，King K D. Reforming of CH_4 by partial oxidation：thermodynamic and kinetic analyses [J]. Fuel，2001，80 (7)：899-905.

[83] Qin D，Lapszewicz J，Jiang X. Comparison of partial oxidation and steam-CO_2 mixed reforming of CH_4 to dyngas on MgO-supported metals [J]. Journal of Catalysis，1996，159 (1)：140-149.

[84] Lau C S，Tsolakis A，Wyszynski M L. Biogas upgrade to syn-gas (H_2-CO) via dry and oxidative reforming [J]. International Journal of Hydrogen Energy，2011，36 (1)：397-404.

[85] Chen L，Hong Q，Lin J，et al. Hydrogen production by coupled catalytic partial oxidation and steam methane reforming at elevated pressure and temperature [J]. Journal of Power Sources，2007，164 (2)：803-808.

[86] Laosiripojana N，Assabumrungrat S. Catalytic dry reforming of methane over high surface area ceria [J]. Applied Catalysis B：Environmental，2005，60 (1)：107-116.

[87] 王斯晗，张瑀健．天然气蒸汽重整制氢技术研究现状 [J]. 工业催化，2016，24 (4)：26-30.

[88] Chen W H，Biswas P P，Ong H C，et al. A critical and systematic review of sustainable hydrogen production from ethanol/bioethanol：Steam reforming，partial oxidation，and autothermal reforming [J]. Fuel，2023，333：1-20.

[89] 冯是全，胡以怀，金浩．燃料重整制氢技术研究进展 [J]. 华侨大学学报（自然科学版），2016，37 (4)：395-400.

[90] Pino L，Vita A，Cipitì F，et al. Performance of Pt/CeO_2 catalyst for propane oxidative steam reforming [J]. Applied Catalysis A：General，2006，306：68-77.

[91] Ashcroft A T，Cheetham A K，Foord J S，et al. Selective oxidation of methane to synthesis gas using transition metal catalysts [J]. Nature，1990，344 (6264)：319-321.

[92] Bharadwaj S S，Schmidt L D. Catalytic partial oxidation of natural gas to syngas [J]. Fuel Processing Technology，1995，42 (2)：109-127.

[93] Wang W，Wang S，Ma X，et al. Recent advances in catalytic hydrogenation of carbon dioxide [J]. Chemical Society Reviews，2011，40 (7)：3703-3727.

[94] 唐松柏，邱发礼，吕绍洁，等．CH_4-CO_2 转化反应载体对负载型 Ni 催化剂抗积炭性能的影响 [J]. 天然气化工，1994 (6)：10-14.

[95] 褚衍来，李树本，林景治，等．甲烷部分氧化制合成气Ⅲ．镍系催化剂物性及与催化性能间的关联 [J]. 分子催化，1996 (5)：10-14.

[96] Goula M A，Lemonidou A A，Efstathiou A M. Characterization of carbonaceous species formed during reforming of CH_4 with CO_2 over Ni/CaO-Al_2O_3 catalysts studied by various transient techniques [J]. Journal of Catalysis，1996，161 (2)：626-640.

[97] 李亮荣，彭建，欧阳红霞，等．重整制氢催化剂载体的研究现状 [J]. 应用化工，2022，51 (6)：1817-1824.

[98] 邓存．制备方法对镍催化剂重整活性的影响 [J]. 宁德师专学报（自然科学版），2002 (4)：297-301，320.

[99] 杨雅仙，秦大伟，谢辉．MgO 改性 Ni/γ-Al_2O_3 催化剂用于甲烷重整制取合成气研究 [J]. 天然气化工（C1 化学与化工），2012，37 (6)：40-43，62.

[100] 郑好转，王梅柳，华卫琦，等．焙烧气氛对 Ru/Al_2O_3 催化剂上甲烷部分氧化制合成气反应性能的影响 [J]. 催化学报，2011，32 (1)：93-99.

[101] 尚丽霞，谢卫国，吕绍洁，等．碱土金属对甲烷与空气制合成气 Ni/CaO-Al_2O_3 催化剂性能的影响 [J]. 燃料化学学报，2001 (5)：422-425.

[102] Bachiller-Baeza B, Mateos-Pedrero C, Soria M A, et al. Transient studies of low-temperature dry reforming of methane over Ni-CaO/ZrO_2-La_2O_3 [J]. Applied Catalysis B: Environmental, 2013, 129: 450-459.
[103] 易洛川，刘期崇，夏代宽，等．添加剂 La_2O_3、MgO 对烃类蒸汽转化催化剂镍分散度影响的研究 [J]. 硫磷设计与粉体工程，2003 (2)：32-36，0.
[104] Juan-Juan J, Román-Martínez M C, Illán-Gómez M J. Effect of potassium content in the activity of K-promoted Ni/Al_2O_3 catalysts for the dry reforming of methane [J]. Applied Catalysis A: General, 2006, 301 (1): 9-15.
[105] 李鑫铁，雷蕾．生物能源和化石能源的博弈 [J]. 中国石化，2012 (3)：29-30.
[106] 蓝平，蓝丽红，谢涛，等．生物质合成气制备及合成液体燃料研究进展 [J]. 化学世界，2011，52 (7)：437-441，436.
[107] 白秀娟，刘春梅，兰维娟，等．甲醇能源的发展与应用现状 [J]. 能源与节能，2020 (1)：54-55，67.
[108] 庄会栋，白绍芬，刘欣梅，等．Cu/ZrO_2 催化剂的结构及其 CO_2 加氢合成甲醇催化反应性能 [J]. 燃料化学学报，2010，38 (4)：462-467.
[109] 魏明．甲醇合成工艺条件优化 [J]. 化工设计通讯，2012，38 (1)：72-78，93.
[110] Angelo L, Girleanu M, Ersen O, et al. Catalyst synthesis by continuous coprecipitation under micro-fluidic conditions: Application to the preparation of catalysts for methanol synthesis from CO_2/H_2 [J]. Catalysis Today, 2016, 270: 59-67.
[111] 蔡洪城，周菊发，孙晨，等．工艺条件对甲醇合成催化剂性能的影响 [J]. 工业催化，2022，30 (7)：49-55.
[112] Mbatha S, Everson R C, Musyoka N M, et al. Power-to-methanol process: A review of electrolysis, methanol catalysts, kinetics, reactor designs and modelling, process integration, optimisation, and techno-economics [J]. Sustainable Energy & Fuels, 2021, 5 (14): 3490-3569.
[113] 程金燮，胡志彪，王科，等．合成甲醇铜基催化剂及制备工艺研究进展 [J]. 工业催化，2015，23 (8)：585-594.
[114] Nakamura J, Choi Y, Fujitani T. On the issue of the active site and the role of ZnO in Cu/ZnO methanol synthesis catalysts [J]. Topics in Catalysis, 2003, 22 (3): 277-285.
[115] 田瑶瑶，徐锋，殷秀珍．合成气制甲醇催化剂的探究新进展 [J]. 山西冶金，2019，42 (4)：79-80，137.
[116] Kim D S, Tatibouet J M, Wachs I E. Surface structure and reactivity of CrO_3/SiO_2 catalysts [J]. Journal of Catalysis, 1992, 136 (1): 209-221.
[117] 高俊文，张勇，霍尚义．国内外合成甲醇催化剂研究进展 [J]. 工业催化，1999 (5)：9-17.
[118] Graaf G H, Sijtsema P J J M, Stamhuis E J, et al. Chemical equilibria in methanol synthesis [J]. Chemical Engineering Science, 1986, 41 (11): 2883-2890.
[119] Palekar V M, Tierney J W, Wender I. Alkali compounds and copper chromite as low-temperature slurry phase methanol catalysts [J]. Applied Catalysis A: General, 1993, 103 (1): 105-122.
[120] Robbins J L, Iglesia E, Kelkar C P, et al. Methanol synthesis over Cu/SiO_2 catalysts [J]. Catalysis Letters, 1991, 10 (1): 1-10.
[121] 肖文德，滕丽华，鲁文质．合成气制备甲醇、二甲醚的反应机理及其动力学研究进展 [J]. 石油化工，2004 (6)：497-507.
[122] Rhodes M D, Bell A T. The effects of zirconia morphology on methanol synthesis from CO and H_2 over Cu/ZrO_2 catalysts: Part I. Steady-state studies [J]. Journal of Catalysis, 2005, 233 (1): 198-209.
[123] Rhodes M D, Pokrovski K A, Bell A T. The effects of zirconia morphology on methanol synthesis from CO and H_2 over Cu/ZrO_2 catalysts: Part II. Transient-response infrared studies [J]. Journal of Catalysis, 2005, 233 (1): 210-220.
[124] Millar G J, Rochester C H, Waugh K C. An in situ high pressure FT-IR study of CO_2/H_2 interactions with model ZnO/SiO_2, Cu/SiO_2 and Cu/ZnO/SiO_2 methanol synthesis catalysts [J]. Catalysis Letters, 1992, 14 (3): 289-295.
[125] 殷永泉，肖天存，苏继新，等．CO 和 CO_2 在 Cu/ZnO/Al_2O_3 催化剂上加氢反应机理的原位红外研究 [J]. 燃料化学学报，1999 (6)：88-91.
[126] 白绍芬，刘欣梅，阎子峰．甲醇合成催化反应机理及活性中心研究进展 [J]. 化工进展，2011，30 (7)：

1466-1472.

[127]　郭秀兰，赵月春，黄鹤．生物质催化气化合成甲醇 [J]. 能源工程，2004 (1)：28-31.

[128]　张喜通，常杰，王铁军，等．Cu-Zn-Al-Li 催化生物质合成气合成甲醇 [J]. 过程工程学报，2006 (1)：104-107.

[129]　吴昌祥．甲醇合成反应对原料气的质量要求 [J]. 科技咨询导报，2006 (9)：105.

[130]　Poluzzi A，Guandalini G，Romano M C. Flexible methanol and hydrogen production from biomass gasification with negative emissions [J]. Sustainable Energy & Fuels，2022，6 (16)：3830-3851.

[131]　Kumabe K，Fujimoto S，Yanagida T，et al. Environmental and economic analysis of methanol production process via biomass gasification [J]. Fuel，2008，87 (7)：1422-1427.

[132]　Park S H，Lee C S. Applicability of dimethyl ether (DME) in a compression ignition engine as an alternative fuel [J]. Energy Conversion and Management，2014，86：848-863.

[133]　李晓光，肖松．清洁燃料二甲醚的燃烧特性研究 [J]. 应用能源技术，2021 (1)：14-16.

[134]　Chang J，Fu Y，Luo Z. Experimental study for dimethyl ether production from biomass gasification and simulation on dimethyl ether production [J]. Biomass and Bioenergy，2012，39：67-72.

[135]　何丹凤，刘洪胜，邓进军，等．微孔金属有机框架担载多酸型催化剂的合成及应用 [J]. 化工时刊，2016，30 (2)：5-8.

[136]　李晨佳，常俊石．二甲醚生产工艺及其催化剂研究进展 [J]. 工业催化，2009，17 (10)：12-17.

[137]　Brown D M，Bhatt B L，Hsiung T H，et al. Novel technology for the synthesis of dimethyl ether from syngas [J]. Catalysis Today，1991，8 (3)：279-304.

[138]　Kumar K D P L，Naidu B N，Saini H，et al. Insights of precursor phase transition of (Cu-Zn-Al) /γ-Al_2O_3 hybrid catalyst for one step dimethyl ether synthesis from syngas [J]. Catalysis Today，2022，404：169-181.

[139]　Lassoued H，Mota N，Millán Ordóñez E，et al. Improved dimethyl ether production from syngas over aerogel sulfated zirconia and Cu-ZnO (Al) bifunctional composite catalysts [J]. Materials，2023，16 (23)：1-25.

[140]　董宝．一步法合成二甲醚双功能催化剂的研究进展 [J]. 安徽化工，2012，38 (5)：11-13，16.

[141]　Nojiri N，Misono M. Recent progress in catalytic technology in Japan— a supplement [J]. Applied Catalysis A：General，1993，93 (2)：103-122.

[142]　周勤伟，邓景发．在十二钨磷酸上甲醇转化为甲醚的研究 [J]. 天然气化工 (C1 化学与化工)，1989 (6)：12-17，1-2.

[143]　Yaripour F，Baghaei F，Schmidt I，et al. Catalytic dehydration of methanol to dimethyl ether (DME) over solid-acid catalysts [J]. Catalysis Communications，2005，6 (2)：147-152.

[144]　庞庆港，莫民坤，夏梦，等．合成气制二甲醚工艺研究进展 [J]. 当代化工，2022，51 (11)：2698-2703.

[145]　Bandiera J，Naccache C. Kinetics of methanol dehydration on dealuminated H-mordenite：Model with acid and basic active centres [J]. Applied Catalysis，1991，69 (1)：139-148.

[146]　Yarulina I，Chowdhury A D，Meirer F，et al. Recent trends and fundamental insights in the methanol-to-hydrocarbons process [J]. Nature Catalysis，2018，1 (6)：398-411.

[147]　梁煜武，张震．甲醇制备二甲醚催化剂的研究进展 [J]. 天然气化工 (C1 化学与化工)，2008 (1)：64-69，74.

[148]　Al-Hasan M. Effect of ethanol-unleaded gasoline blends on engine performance and exhaust emission [J]. Energy Conversion and Management，2003，44 (9)：1547-1561.

[149]　Klymchuk O，Khodakivska O，Kovalov B，et al. World trends in bioethanol and biodiesel production in the context of sustainable energy development [J]. International Journal of Global Environmental Issues，2020，19 (1-3)：90-108.

[150]　Baeyens J，Kang Q，Appels L，et al. Challenges and opportunities in improving the production of bio-ethanol [J]. Progress in Energy and Combustion Science，2015，47：60-88.

[151]　Choi Y，Liu P. Mechanism of ethanol synthesis from syngas on Rh (111) [J]. Journal of the American Chemical Society，2009，131 (36)：13054-13061.

[152]　Liu G，Yang G，Peng X，et al. Recent advances in the routes and catalysts for ethanol synthesis from syngas [J]. Chemical Society Reviews，2022，51 (13)：5606-5659.

[153] Nunan J G, Bogdan C E, Klier K, et al. Higher alcohol and oxygenate synthesis over cesium-doped Cu/ZnO catalysts [J]. Journal of Catalysis, 1989, 116 (1): 195-221.

[154] Slaa J C, van Ommen J G, Ross J R H. The synthesis of alcohols using $Cu/ZnO/Al_2O_3$ + (Ce or Mn) catalysts [J]. Topics in Catalysis, 1995, 2 (1): 79-89.

[155] Herman R G. Advances in catalytic synthesis and utilization of higher alcohols [J]. Catalysis Today, 2000, 55 (3): 233-245.

[156] Yang Q, Cao A, Kang N, et al. A new catalyst of Co/La_2O_3-doped $La_4Ga_2O_9$ for direct ethanol synthesis from syngas [J]. Fuel Processing Technology, 2018, 179: 42-52.

[157] Qin T, Lin T, Qi X, et al. Tuning chemical environment and synergistic relay reaction to promote higher alcohols synthesis via syngas conversion [J]. Applied Catalysis B: Environmental, 2021, 285: 1-14.

[158] Lv Y, Yu F, Hu J, et al. Catalytic conversion of syngas to mixed alcohols over Zn-Mn promoted Cu-Fe based catalyst [J]. Applied Catalysis A: General, 2012, 429-430: 48-58.

[159] Le D, Rawal T B, Rahman T S. Single-layer MoS_2 with sulfur vacancies: structure and catalytic application [J]. The Journal of Physical Chemistry C, 2014, 118 (10): 5346-5351.

[160] Xiao H, Li D, Li W, et al. Study of induction period over K_2CO_3/MoS_2 catalyst for higher alcohols synthesis [J]. Fuel Processing Technology, 2010, 91 (4): 383-387.

[161] Qi H, Li D, Yang C, et al. Nickel and manganese co-modified K/MoS_2 catalyst: high performance for higher alcohols synthesis from CO hydrogenation [J]. Catalysis Communications, 2003, 4 (7): 339-342.

[162] Li Z R, Fu Y L, Jiang M. Structures and performance of $Rh\text{-}Mo\text{-}K/Al_2O_3$ catalysts used for mixed alcohol synthesis from synthesis gas [J]. Applied Catalysis A: General, 1999, 187 (2): 187-198.

[163] Mo X, Gao J, Umnajkaseam N, et al. La, V, and Fe promotion of Rh/SiO_2 for CO hydrogenation: Effect on adsorption and reaction [J]. Journal of Catalysis, 2009, 267 (2): 167-176.

[164] Li Y, Zhang Z, Jia P, et al. Ethanol steam reforming over cobalt catalysts: Effect of a range of additives on the catalytic behaviors [J]. Journal of the Energy Institute, 2020, 93 (1): 165-184.

[165] Liu Y, Göeltl F, Ro I, et al. Synthesis gas conversion over Rh-based catalysts promoted by Fe and Mn [J]. ACS Catalysis, 2017, 7 (7): 4550-4563.

[166] Huang X, Teschner D, Dimitrakopoulou M, et al. Atomic-scale observation of the metal-promoter interaction in Rh-based syngas-upgrading catalysts [J]. Angewandte Chemie International Edition, 2019, 58 (26): 8709-8713.

[167] Charisiou N D, Italiano C, Pino L, et al. Hydrogen production via steam reforming of glycerol over $Rh/\gamma\text{-}Al_2O_3$ catalysts modified with CeO_2, MgO or La_2O_3 [J]. Renewable Energy, 2020, 162: 908-925.

[168] Wang C, Zhang J, Qin G, et al. Direct conversion of syngas to ethanol within zeolite crystals [J]. Chem, 2020, 6 (3): 646-657.

[169] Pan X, Fan Z, Chen W, et al. Enhanced ethanol production inside carbon-nanotube reactors containing catalytic particles [J]. Nature Materials, 2007, 6 (7): 507-511.

[170] Ren Z, Lyu Y, Song X, et al. Review of heterogeneous methanol carbonylation to acetyl species [J]. Applied Catalysis A: General, 2020, 595: 1-12.

[171] Liu J, Xue H, Huang X, et al. Stability enhancement of H-mordenite in dimethyl ether carbonylation to methyl acetate by pre-adsorption of pyridine [J]. Chinese Journal of Catalysis, 2010, 31 (7): 729-738.

[172] Zhou J, Zhao Y, Zhang J, et al. A nitrogen-doped PtSn nanocatalyst supported on hollow silica spheres for acetic acid hydrogenation [J]. Chemical Communications, 2018, 54 (64): 8818-8821.

[173] Zhang K, Zhang H, Ma H, et al. Effect of Sn addition in gas phase hydrogenation of acetic acid on alumina supported PtSn catalysts [J]. Catalysis Letters, 2014, 144 (4): 691-701.

[174] Xu Y, Wang T, Ma L, et al. Upgrading of the liquid fuel from fast pyrolysis of biomass over $MoNi/\gamma\text{-}Al_2O_3$ catalysts [J]. Applied Energy, 2010, 87 (9): 2886-2891.

[175] Gao D, Feng Y, Yin H, et al. Coupling reaction between ethanol dehydrogenation and maleic anhydride hydrogenation catalyzed by Cu/Al_2O_3, Cu/ZrO_2, and Cu/ZnO catalysts [J]. Chemical Engineering Journal, 2013, 233: 349-359.

[176] Ye R P, Lin L, Li Q, et al. Recent progress in improving the stability of copper-based catalysts for hydrogenation of carbon-oxygen bonds [J]. Catalysis Science & Technology, 2018, 8 (14): 3428-3449.
[177] Zhang Y, Ding C, Wang J, et al. Intermediate product regulation over tandem catalysts for one-pass conversion of syngas to ethanol [J]. Catalysis Science & Technology, 2019, 9 (7): 1581-1594.
[178] Kang J, He S, Zhou W, et al. Single-pass transformation of syngas into ethanol with high selectivity by triple tandem catalysis [J]. Nature Communications, 2020, 11 (1): 1-11.
[179] Yue H, Ma X, Gong J. An alternative synthetic approach for efficient catalytic conversion of syngas to ethanol [J]. Accounts of Chemical Research, 2014, 47 (5): 1483-1492.
[180] 榆神 50 万吨煤基乙醇项目乙醇装置建设进展 [J]. 水泵技术, 2021 (3): 53-54.
[181] 徐广宇, 周宇鹏. 改性碱木质素产品在三次采油中的应用研究 [J]. 精细与专用化学品, 2001 (17): 11-12, 14.
[182] 谌凡更, 马宝岐. 麦草碱木素与丙烯酰胺接枝共聚的研究 [J]. 西安石油大学学报 (自然科学版), 1992 (1): 52-57.
[183] Chai J, Jiang J, Gong Y, et al. Recent mechanistic understanding of Fischer-Tropsch synthesis on Fe-carbide [J]. Catalysts, 2023, 13 (7): 1052.
[184] Qian W, Zhang H, Ying W, et al. The comprehensive kinetics of Fischer-Tropsch synthesis over a Co/AC catalyst on the basis of CO insertion mechanism [J]. Chemical Engineering Journal, 2013, 228: 526-534.
[185] Zhou L, Gao J, Hao X, et al. Chain propagation mechanism of Fischer-Tropsch synthesis: experimental evidence by aldehyde, alcohol and alkene addition [J]. Reactions, 2021, 2 (2): 161-174.
[186] Tavakoli A, Sohrabi M, Kargari A. Application of Anderson-Schulz-Flory (ASF) equation in the product distribution of slurry phase FT synthesis with nanosized iron catalysts [J]. Chemical Engineering Journal, 2008, 136 (2): 358-363.
[187] de Klerk A. Fischer-Tropsch refining: technology selection to match molecules [J]. Green Chemistry, 2008, 10 (12): 1249-1279.
[188] Zhou W, Cheng K, Kang J, et al. New horizon in C1 chemistry: breaking the selectivity limitation in transformation of syngas and hydrogenation of CO_2 into hydrocarbon chemicals and fuels [J]. Chemical Society Reviews, 2019, 48 (12): 3193-3228.
[189] Shiba N C, Liu X, Mao H, et al. Effect of Ru-promotion on the catalytic performance of a cobalt-based Fischer-Tropsch catalyst activated in syngas or H_2 [J]. Fuel, 2022, 320: 1-8.
[190] Hadjigeorghiou G A, Richardson J T. Promotion of nickel catalysts for Fischer-Tropsch reactions [J]. Applied Catalysis, 1986, 21 (1): 37-45.
[191] Fu T, Li Z. Review of recent development in Co-based catalysts supported on carbon materials for Fischer-Tropsch synthesis [J]. Chemical Engineering Science, 2015, 135: 3-20.
[192] Abelló S, Montané D. Exploring iron-based multifunctional catalysts for Fischer-Tropsch synthesis: A review [J]. ChemSusChem, 2011, 4 (11): 1538-1556.
[193] Sarkari M, Fazlollahi F, Ajamein H, et al. Catalytic performance of an iron-based catalyst in Fischer-Tropsch synthesis [J]. Fuel Processing Technology, 2014, 127: 163-170.
[194] 范洋波, 卢春山, 祝一锋, 等. 费托合成沉淀铁催化剂性能的研究进展 [J]. 浙江化工, 2009, 40 (10): 18-22.
[195] 孟闪茹, 娄舒洁, 闫敬如, 等. 铂、钌、锆助剂对钴基费托合成催化剂反应性能的影响 [J]. 现代化工, 2023, 43 (S1): 108-113.
[196] Ma W, Jacobs G, Keogh R A, et al. Fischer-Tropsch synthesis: Effect of Pd, Pt, Re, and Ru noble metal promoters on the activity and selectivity of a 25% Co/Al_2O_3 catalyst [J]. Applied Catalysis A: General, 2012, 437-438: 1-9.
[197] Iglesia E. Design, synthesis, and use of cobalt-based Fischer-Tropsch synthesis catalysts [J]. Applied Catalysis A: General, 1997, 161 (1): 59-78.
[198] Schulz H. Short history and present trends of Fischer-Tropsch synthesis [J]. Applied Catalysis A: General, 1999, 186 (1): 3-12.
[199] Davis B H. Fischer-Tropsch synthesis: Overview of reactor development and future potentialities [J]. Topics in

Catalysis，2005，32（3）：143-168.

［200］ Withers H P，Eliezer K F，Mitchell J W. Slurry-phase Fischer-Tropsch synthesis and kinetic studies over supported cobalt carbonyl derived catalysts ［J］. Industrial & Engineering Chemistry Research，1990，29（9）：1807-1814.

［201］ Feller A，Claeys M，van Steen E. Cobalt cluster effects in zirconium promoted Co/SiO_2 Fischer-Tropsch catalysts ［J］. Journal of Catalysis，1999，185（1）：120-130.

［202］ Morales F，de Smit E，de Groot F M F，et al. Effects of manganese oxide promoter on the CO and H_2 adsorption properties of titania-supported cobalt Fischer-Tropsch catalysts ［J］. Journal of Catalysis，2007，246（1）：91-99.

［203］ Haddad G J，Chen B H，Goodwin J. Effect of La^{3+}-promotion of Co/SiO_2 on CO hydrogenation ［J］. Journal of Catalysis，1996，161（1）：274-281.

［204］ Haddad G J，Chen B H，Goodwin J. Characterization of La^{3+}-promoted Co/SiO_2 Catalysts ［J］. Journal of Catalysis，1996，160（1）：43-51.

［205］ Dai X，Yu C，Li R，et al. Role of CeO_2 promoter in Co/SiO_2 catalyst for Fischer-Tropsch synthesis ［J］. Chinese Journal of Catalysis，2006，27（10）：904-910.

［206］ Ngantsoue-Hoc W，Zhang Y，O' Brien R J，et al. Fischer-Tropsch synthesis：activity and selectivity for Group I alkali promoted iron-based catalysts ［J］. Applied Catalysis A：General，2002，236（1）：77-89.

［207］ Yang Y，Xiang H W，Xu Y Y，et al. Effect of potassium promoter on precipitated iron-manganese catalyst for Fischer-Tropsch synthesis ［J］. Applied Catalysis A：General，2004，266（2）：181-194.

［208］ Campos A，Lohitharn N，Roy A，et al. An activity and XANES study of Mn-promoted，Fe-based Fischer-Tropsch catalysts ［J］. Applied Catalysis A：General，2010，375（1）：12-16.

［209］ Pham H N，Nowicki L，Xu J，et al. Attrition resistance of supports for iron Fischer-Tropsch catalysts ［J］. Industrial & Engineering Chemistry Research，2003，42（17）：4001-4008.

［210］ Soled S L，Iglesia E，Fiato R A，et al. Control of metal dispersion and structure by changes in the solid-state chemistry of supported cobalt Fischer-Tropsch catalysts ［J］. Topics in Catalysis，2003，26（1）：101-109.

［211］ Zhang Y，Qing M，Wang H，et al. Comprehensive understanding of SiO_2-promoted Fe Fischer-Tropsch synthesis catalysts：Fe-SiO_2 interaction and beyond ［J］. Catalysis Today，2021，368：96-105.

［212］ Keyvanloo K，Hecker W C，Woodfield B F，et al. Highly active and stable supported iron Fischer-Tropsch catalysts：Effects of support properties and SiO_2 stabilizer on catalyst performance ［J］. Journal of Catalysis，2014，319：220-231.

［213］ Bartolini M，Molina J，Alvarez J，et al. Effect of the porous structure of the support on hydrocarbon distribution in the Fischer-Tropsch reaction ［J］. Journal of Power Sources，2015，285：1-11.

［214］ Zhang Z，Zhang J，Wang X，et al. Promotional effects of multiwalled carbon nanotubes on iron catalysts for Fischer-Tropsch to olefins ［J］. Journal of Catalysis，2018，365：71-85.

［215］ Corma A. Inorganic solid acids and their use in acid-catalyzed hydrocarbon reactions ［J］. Chemical Reviews，1995，95（3）：559-614.

［216］ Bessell S. Support effects in cobalt-based fischer-tropsch catalysis ［J］. Applied Catalysis A：General，1993，96（2）：253-268.

［217］ 邓玥．纤维素类生物质气化催化合成制备航空燃油系统的综合评价 ［D］. 南京：东南大学，2023.

［218］ Fischer M C P，Jiang X. The chemical effects of CO_2 addition to methane on aromatic chemistry ［J］. Fuel，2016，183：386-395.

［219］ Zhang Y，Qu Y，Wang D，et al. Cadmium modified HZSM-5：A highly efficient catalyst for selective transformation of methanol to aromatics ［J］. Industrial & Engineering Chemistry Research，2017，56（44）：12508-12519.

［220］ Chang C D，Lang W H，Silvestri A J. Synthesis gas conversion to aromatic hydrocarbons ［J］. Journal of Catalysis，1979，56（2）：268-273.

［221］ Sartipi S，Makkee M，Kapteijn F，et al. Catalysis engineering of bifunctional solids for the one-step synthesis of liquid fuels from syngas：a review ［J］. Catalysis Science & Technology，2014，4（4）：893-907.

［222］ Valero-Romero M J，Sartipi S，Sun X，et al. Carbon/H-ZSM-5 composites as supports for bi-functional Fischer-Tropsch synthesis catalysts ［J］. Catalysis Science & Technology，2016，6（8）：2633-2646.

[223] Fujimoto K, Kudo Y, Tominaga H o. Synthesis gas conversion utilizing mixed catalyst composed of CO reducing catalyst and solid acid: II. Direct synthesis of aromatic hydrocarbons from synthesis gas [J]. Journal of Catalysis, 1984, 87 (1): 136-143.

[224] Guan N, Liu Y, Zhang M. Development of catalysts for the production of aromatics from syngas [J]. Catalysis Today, 1996, 30 (1): 207-213.

[225] Yang X, Su X, Chen D, et al. Direct conversion of syngas to aromatics: A review of recent studies [J]. Chinese Journal of Catalysis, 2020, 41 (4): 561-573.

[226] Dry M E. High quality diesel via the Fischer-Tropsch process -a review [J]. Journal of Chemical Technology & Biotechnology, 2002, 77 (1): 43-50.

[227] Nimz M, Lietz G, Völter J, et al. Direct conversion of syngas to aromatics on FePd/SiO_2 catalyst [J]. Catalysis Letters, 1988, 1 (4): 93-98.

[228] Bäurle G, Guse K, Lohrengel M, et al. Conversion of Syngas to aromatic hydrocarbons on cobalt-manganese-zeolite catalysts [M] //Guczi L, Solymosi F, Tétényi P. Studies in Surface Science and Catalysis: Vol. 75. Elsevier, 1993: 2789-2792.

[229] Cheng L, Meng C, Yang T, et al. One-step synthesis of aromatics from syngas over K-modified FeMnO/MoNi-ZSM-5 [J]. Energy & Fuels, 2018, 32 (9): 9756-9762.

[230] Yang S, Li M, Nawaz M A, et al. High selectivity to aromatics by a Mg and Na Co-modified catalyst in direct conversion of syngas [J]. ACS Omega, 2020, 5 (20): 11701-11709.

[231] Saif M, Nawaz M A, Li M, et al. Effective inclusion of ZnMg in a Fe-based/HZSM-5-integrated catalyst for the direct synthesis of aromatics from syngas [J]. Energy & Fuels, 2022, 36 (8): 4510-4523.

[232] Nawaz M A, Saif M, Li M, et al. Tailoring the synergistic dual-decoration of (Cu-Co) transition metal auxiliaries in Fe-oxide/zeolite composite catalyst for the direct conversion of syngas to aromatics [J]. Catalysis Science & Technology, 2021, 11 (24): 7992-8006.

[233] Nawaz M A, Li M, Saif M, et al. Harnessing the synergistic interplay of Fischer-Tropsch synthesis (Fe-Co) bimetallic oxides in Na-FeMnCo/HZSM-5 composite catalyst for syngas conversion to aromatic hydrocarbons [J]. ChemCatChem, 2021, 13 (8): 1966-1980.

[234] Plana-Pallejá J, Abelló S, Berrueco C, et al. Effect of zeolite acidity and mesoporosity on the activity of Fischer-Tropsch Fe/ZSM-5 bifunctional catalysts [J]. Applied Catalysis A: General, 2016, 515: 126-135.

[235] Cheng K, Zhou W, Kang J C, et al. Bifunctional catalysts for one-step conversion of syngas into aromatics with excellent selectivity and stability [J]. Chem, 2017, 3 (2): 334-347.

[236] Yang X, Wang R, Yang J, et al. Exploring the reaction paths in the consecutive Fe-based FT catalyst-zeolite process for syngas conversion [J]. ACS Catalysis, 2020, 10 (6): 3797-3806.

[237] Xu Y, Liu J, Wang J, et al. Selective conversion of syngas to aromatics over Fe_3O_4@MnO_2 and hollow HZSM-5 bifunctional catalysts [J]. ACS Catalysis, 2019, 9 (6): 5147-5156.

[238] Xu Y F, Liu J G, Ma G Y, et al. Synthesis of aromatics from syngas over FeMnK/SiO_2 and HZSM-5 tandem catalysts [J]. Molecular Catalysis, 2018, 454: 104-113.

[239] Weber J L, Krans N A, Hofmann J P, et al. Effect of proximity and support material on deactivation of bifunctional catalysts for the conversion of synthesis gas to olefins and aromatics [J]. Catalysis Today, 2020, 342: 161-166.

[240] Li M, Nawaz M A, Song G, et al. Influential role of elemental migration in a composite iron-zeolite catalyst for the synthesis of aromatics from syngas [J]. Industrial & Engineering Chemistry Research, 2020, 59 (19): 9043-9054.

[241] Xu Y, Ma G, Bai J, et al. Yolk@Shell FeMn@Hollow HZSM-5 nanoreactor for directly converting syngas to aromatics [J]. ACS Catalysis, 2021, 11 (8): 4476-4485.

[242] Wang C G, Wen C Y, Liang Z, et al. Fabrication of a sinter-resistant Fe-MFI zeolite dragonfruit-like catalyst for syngas to aromatics conversion [J]. Journal of Energy Chemistry, 2023, 77: 70-79.

[243] Yang X, Su X, Liang B, et al. The influence of alkali-treated zeolite on the oxide-zeolite syngas conversion process [J]. Catalysis Science & Technology, 2018, 8 (17): 4338-4348.

[244] Ni Y, Liu Y, Chen Z, et al. Realizing and recognizing syngas-to-olefins reaction via a dual-bed catalyst [J]. ACS Catalysis, 2019, 9 (2): 1026-1032.

[245] Huang Z, Wang S, Qin F, et al. Ceria-zirconia/zeolite bifunctional catalyst for highly selective conversion of syngas into aromatics [J]. ChemCatChem, 2018, 10 (20): 4519-4524.

[246] Mohanty P, Pant K K, Parikh J, et al. Liquid fuel production from syngas using bifunctional CuO-CoO-Cr_2O_3 catalyst mixed with MFI zeolite [J]. Fuel Processing Technology, 2011, 92 (3): 600-608.

[247] Yang J, Gong K, Miao D, et al. Enhanced aromatic selectivity by the sheet-like ZSM-5 in syngas conversion [J]. Journal of Energy Chemistry, 2019, 35: 44-48.

[248] Zhang P, Tan L, Yang G, et al. One-pass selective conversion of syngas to para-xylene [J]. Chemical Science, 2017, 8 (12): 7941-7946.

[249] Li Z, Wang J, Qu Y, et al. Highly selective conversion of carbon dioxide to lower olefins [J]. ACS Catalysis, 2017, 7 (12): 8544-8548.

[250] Liu X, Zhou W, Yang Y, et al. Design of efficient bifunctional catalysts for direct conversion of syngas into lower olefins via methanol/dimethyl ether intermediates [J]. Chemical Science, 2018, 9 (20): 4708-4718.

[251] Nieskens D L S, Ciftci A, Groenendijk P E, et al. Production of light hydrocarbons from syngas using a hybrid catalyst [J]. Industrial & Engineering Chemistry Research, 2017, 56 (10): 2722-2732.

[252] Ma Z, Cao F, Yang Y, et al. Role of the nonstoichiometric Zn-Cr spinel in $ZnCrO_x$/ZSM-5 catalysts for syngas aromatization [J]. Fuel, 2022, 325: 1-9.

[253] Weber J L, Dugulan I, de Jongh P E, et al. Bifunctional catalysis for the conversion of synthesis gas to olefins and aromatics [J]. ChemCatChem, 2018, 10 (5): 1107-1112.

[254] Yang J, Pan X, Jiao F, et al. Direct conversion of syngas to aromatics [J]. Chemical Communications, 2017, 53 (81): 11146-11149.

[255] Jiang J, Wen C, Tian Z, et al. Manganese-promoted Fe_3O_4 microsphere for efficient conversion of CO_2 to light olefins [J]. Industrial & Engineering Chemistry Research, 2020, 59 (5): 2155-2162.

[256] Wen C, Xu X, Song X, et al. Selective CO_2 hydrogenation to light aromatics over the Cu-modified Fe-based/ZSM-5 catalyst system [J]. Energy & Fuels, 2023, 37 (1): 518-528.

[257] Zhang C, Cao C, Zhang Y, et al. Unraveling the role of zinc on bimetallic Fe_5C_2-ZnO catalysts for highly selective carbon dioxide hydrogenation to high carbon α-olefins [J]. ACS Catalysis, 2021, 11 (4): 2121-2133.

[258] Zhou C, Shi J, Zhou W, et al. Highly active ZnO-ZrO_2 aerogels integrated with H-ZSM-5 for aromatics synthesis from carbon dioxide [J]. ACS Catalysis, 2020, 10 (1): 302-310.

[259] Xu D, Ding M, Hong X, et al. Selective C_{2+} alcohol synthesis from direct CO_2 hydrogenation over a Cs-promoted Cu-Fe-Zn catalyst [J]. ACS Catalysis, 2020, 10 (9): 5250-5260.

[260] Choi Y H, Jang Y J, Park H, et al. Carbon dioxide Fischer-Tropsch synthesis: A new path to carbon-neutral fuels [J]. Applied Catalysis B: Environmental, 2017, 202: 605-610.

[261] Ao M, Pham G H, Sunarso J, et al. Active centers of catalysts for higher alcohol synthesis from syngas: A Review [J]. ACS Catalysis, 2018, 8 (8): 7025-7050.

[262] Li Z, Wu W, Wang M, et al. Ambient-pressure hydrogenation of CO_2 into long-chain olefins [J]. Nature Communications, 2022, 13 (1): 1-10.

[263] Wen C Y, Jiang J D, Cai C L, et al. Single-step selective conversion of carbon dioxide to aromatics over Na-Fe_3O_4/hierarchical HZSM-5 zeolite catalyst [J]. Energy & Fuels, 2020, 34 (9): 11282-11289.

[264] Liang B, Duan H, Sun T, et al. Effect of Na promoter on Fe-based catalyst for CO_2 hydrogenation to alkenes [J]. ACS Sustainable Chemistry & Engineering, 2019, 7 (1): 925-932.

[265] Numpilai T, Chanlek N, Poo-Arporn Y, et al. Pore size effects on physicochemical properties of Fe-Co/K-Al_2O_3 catalysts and their catalytic activity in CO_2 hydrogenation to light olefins [J]. Applied Surface Science, 2019, 483:

581-592.

[266] Tumuluri U, Howe J D, Mounfield W P I, et al. Effect of surface structure of TiO_2 nanoparticles on CO_2 adsorption and SO_2 resistance [J]. ACS Sustainable Chemistry & Engineering, 2017, 5 (10): 9295-9306.

[267] Boreriboon N, Jiang X, Song C, et al. Fe-based bimetallic catalysts supported on TiO_2 for selective CO_2 hydrogenation to hydrocarbons [J]. Journal of CO_2 Utilization, 2018, 25: 330-337.

[268] Wu T, Lin J, Cheng Y, et al. Porous graphene-confined Fe-K as highly efficient catalyst for CO_2 direct hydrogenation to light olefins [J]. ACS Applied Materials & Interfaces, 2018, 10 (28): 23439-23443.

[269] Wang S, Wu T, Lin J, et al. Iron-potassium on single-walled carbon nanotubes as efficient catalyst for CO_2 hydrogenation to heavy olefins [J]. ACS Catalysis, 2020, 10 (11): 6389-6401.

[270] Lopez Luna M, Timoshenko J, Kordus D, et al. Role of the oxide support on the structural and chemical evolution of Fe catalysts during the hydrogenation of CO_2 [J]. ACS Catalysis, 2021, 11 (10): 6175-6185.

[271] Suo H, Wang S, Zhang C, et al. Chemical and structural effects of silica in iron-based Fischer-Tropsch synthesis catalysts [J]. Journal of Catalysis, 2012, 286: 111-123.

[272] Wei J, Ge Q J, Yao R W, et al. Directly converting CO_2 into a gasoline fuel [J]. Nature Communications, 2017, 8 (1): 1-9.

[273] Wei J, Yao R, Ge Q, et al. Catalytic hydrogenation of CO_2 to isoparaffins over Fe-based multifunctional catalysts [J]. ACS Catalysis, 2018, 8 (11): 9958-9967.

[274] Xu Y B, Shi C M, Liu B, et al. Selective production of aromatics from CO_2 [J]. Catalysis Science & Technology, 2019, 9 (3): 593-610.

[275] Wang Y, Kazumi S, Gao W, et al. Direct conversion of CO_2 to aromatics with high yield via a modified Fischer-Tropsch synthesis pathway [J]. Applied Catalysis B: Environmental, 2020, 269: 118792.

[276] Gao P, Li S G, Bu X N, et al. Direct conversion of CO_2 into liquid fuels with high selectivity over a bifunctional catalyst [J]. Nature Chemistry, 2017, 9 (10): 1019-1024.

[277] Gao W, Guo L, Cui Y, et al. Selective conversion of CO_2 into para-xylene over a $ZnCr_2O_4$-ZSM-5 catalyst [J]. ChemSusChem, 2020, 13 (24): 6541-6545.

[278] Wang T, Yang C, Gao P, et al. $ZnZrO_x$ integrated with chain-like nanocrystal HZSM-5 as efficient catalysts for aromatics synthesis from CO_2 hydrogenation [J]. Applied Catalysis B: Environmental, 2021, 286: 1-12.

第7章 生物质直接液化与催化提质

作为世界第二大能源消费国，我国的一次能源消费量仅次于美国。同时，由于对进口原油的高度依赖，液体燃料的短缺已严重威胁到我国的能源与经济安全。为应对这一挑战，我国提出了大力开发新能源和可再生能源，以优化能源结构的战略发展规划。生物质是自然界唯一可以转化为液体燃料的可再生能源，将生物质转化为液体燃料不仅能够弥补化石燃料的不足，而且有助于保护生态环境。目前，生物质能源转化技术主要包括气化、直接燃烧发电、固化成型及液化等，而生物质液化因燃料易于保存且热量利用效率高等优势而备受关注。从工艺上，生物质液化可分为生物化学法和热化学法；其中，生物化学法主要是指采用水解、发酵等手段将生物质转化为燃料乙醇，而热化学法则指通过快速热解和水热液化等手段制备生物油。相比于生物化学法，热化学法能通过调控工艺过程制备不同组分的烃类液体燃料，从而满足不同场景的性能需求，在市场应用和经济效益方面更具优势。本章则围绕此法对生物质直接液化技术进行系统介绍。

7.1 生物质快速热解技术

生物质热裂解是指生物质在完全缺氧或者限氧条件下进行热裂解，主要产物为生物油、可燃气体（热解气）和生物炭，在合理范围内调控热裂解的反应条件，如反应温度、升温速率等，可改变三种热裂解产品的比例，主要可分为慢速热解、快速热解、高温热解三种类型，如表 7-1 所示。通常而言，生物质快速热解是在无氧的条件下，以 10^3℃/s 加热速率将生物质加热至 500～600℃，发生断裂、异构化、聚合等复杂的化学反应，生成热解蒸气、气溶胶以及类似木炭的生物炭。热解蒸气中的可凝性成分以及气溶胶被冷凝后会形成棕色的流动液体，一般称为生物油。根据所使用的原料不同，快速热解过程产生约 60%～75%（质量分数）的液体生物油，15%～25%（质量分数）的固体炭和 10%～20%（质量分数）的不可冷凝气体。快速热解过程并不会产生废弃物，因为生物油和固体炭都可以用作燃料，气体可以通过再循环返回流程中重新利用。

表 7-1　热解分类及其相关参数

热解方式	升温速率	热解温度	停留时间	主要产物
慢速热解	<5℃/min	300～700℃	>10min	生物炭
快速热解	10^3℃/s	450～600℃	<2s	生物油
高温热解	>10℃/min	>1000℃	<1s	热解气

7.1.1　基本特征

快速热解过程有四个基本特征：①极高的加热和传热速率，这使得快速热解过程中需要保证生物质进料在一定粒径之内，生物质原料需经过一定的物理研磨等预处理手段；②热解反应温度需要精准控制在一定范围内，通常在 450～600℃；③使用较短的蒸气停留时间（通常<2s）；④热解蒸气和气溶胶经过迅速冷却后生成生物油产品。

经生物质快速热解得到的生物油是一种黑褐色的油状液体，从化学物质构成上来分析，生物油是由水、愈创木酚、儿茶酚、丁香酚、香草醛、糠醛、吡喃酮和羧酸类组成的复杂混合物。生物油的含水率最大可达到 30%～45%，水的来源主要有两种：一种是生物质原料中携带的表面水以及结合水，另一种则是热裂解过程中脱水反应生成的水分。生物油的水分可以降低生物油的黏度，增加生物油流动性，提高生物油稳定性，但同时也会降低生物油热值。25%含水率的生物油具有 17MJ/kg 的热值，相当于同等质量汽油或柴油热值的 40%。阔叶材快速热解生物油无水样热值为 22.5MJ/kg，玉米秸秆热解液体产物的干基热值的平均值为 17.4MJ/kg，硬木热解油热值为 18.3MJ/kg。生物油中的氧含量一般为 35%～40%（质量分数），而传统液体燃料油的氧含量仅为 1%（质量分数）左右。这不仅导致了生物油的低热值，还使得生物油的 pH 值（2.5 左右）较低。将生物油混入原油共同精炼是一种生物油的利用途径，但生物油的特性会导致整体精炼过程产率下降明显并且催化剂失活严重，而如果将生物油直接作为燃料燃烧则需要对燃烧设备进行改造且燃烧效率低下。

此外，生物质快速热裂解技术也依赖于装置设备的不断发展。设备的执行力以及各系统运行是否稳定，直接影响生物质热解产品的收率和品质。目前已有的热解反应器包括螺旋反应器、流化床式反应器、循环流化床反应器、旋转锥式反应器、真空热解反应器和等离子体加热流化床等。流化床反应器优势突出，加热速率高，脱挥发分较为快速，易于控制且成本低廉，在商业和工业应用上前景广阔。Montoya 等[1]采用 2～5.3kg/h 连续进料的螺旋进料鼓泡流化床进行热解，流化气体为氮气，流速在 20～60L/min 之间，利用电加热，惰性硅砂辅助加热，旋风分离器分离生物质炭，间接快速冷凝。结果表明，以甘蔗渣为生物质原料生产生物油，得率约为 70%，且加热速率是影响得率的重要因素。Lira 等[2]将研磨后直径小于 2mm 的针叶天蛾种子样品在鼓泡流化床中热解。气体停留时间保持在 1.4s，氮气流速为 $3\times10^{-4}m^3/s$，反应器温度范围为 400～600℃。间歇性固体进料器系统进料，反应产生的蒸气通过热过滤器，部分离开反应器的顶部，同时固体被过滤器保留在反应器内部，以避免造成砂床中沙粒及焦炭颗粒损失。产物气体、蒸汽以及载气流入冷凝系统，生物油蒸气快速冷凝为生物油，最后不可凝气体被引向气体采样袋。研究发现，在 500℃时最大液体得率为 60%，550℃时的液体得率为约 55%。Heidari 等[3]以桉木为生物质原料，采用连续进料的流化床反应器进行快速热解实验，研究热解温度、氮气流量、生物质进料速率及生物质进料尺寸对生物油得率的影响。实验结果表明氮气流速为 12.6L/min 时，获得约 61%的最大生物油得率；热解温度为450℃时获得约50.8%的最大生物油得率。Choi等[4]开发出具有2kg/h进料规模的圆柱形鼓泡流化床反应器。研究发现，生物质进料速率与生物油得率成正比，随着生物质进料速率的增加，生物油得率由54.6%增加为57.8%，且生物质粒径的增加抑制了生物油的生成；控制氮气流速约为30L/min，生物油的得率达到54.8%；热解温度在500℃时最大生物油得率为57.0%。Cao等[5]利用内部循环流化床分别对污水污泥、猪粪便和木屑三种生物质原料进行快速热裂解实验。反应器进料速度约为1～1.5kg/h，选择平均直径为0.16mm的硅砂作为流化介质，3℃的冷却水系统冷凝收集生物油。研究结果表明，以猪粪便为原料获得的生物油具有较高的碳含量和较低的氧含量，其热值更高。

7.1.2 影响因素

影响生物质热解产物组成的因素众多，这些因素对最终产物的组成起着至关重要的作用。现有研究表明，热解产物的组成主要受到反应温度、升温速率、气固相停留时间、物料性质、压力以及催化剂等因素的影响。

(1) 反应温度

温度是影响生物质热解产物的重要因素。温度过低会导致生物质热解不彻底或热解反应速率减慢，这将会使焦炭的产率大幅增加；温度过高时，强烈的热效应会促使挥发分的二次裂解加剧，产生更多的不凝气体。当热解温度在500℃左右时，主要得到生物油产品。刘荣厚等[6]以木屑为原料，利用小型流化床设备研究了反应温度对生物油产率和性质的影响，结果表明，500℃时生物油的产率最高，约为58.74%。随着温度的升高，生物油密度有所增加。热解温度对生物油成分的相对含量有一定影响，但影响不明显。李凯等[7]以稻壳为原料，利用Py-GC/MS装置研究了温度和时间对热解的影响。实验表明，在450℃以下时，生物油产品的组成成分种类和产率会随着温度的升高而增加；高于450℃时随着温度的增加生物油产品的成分基本稳定，但产率会有变化；温度为550℃时生物油产率最大。

(2) 升温速率

生物质在热解过程中热量是由颗粒的表面逐步传递至颗粒内部的，如果升温速率过低，颗粒内部不能迅速达到预定的温度，使其在低温区的停留时间变长，导致焦炭的产率增加。但升温速率的升高同时也会使颗粒内外的温差变大，颗粒内部热解会受到传热滞后效应的影响。对于生物质快速热解制取生物油而言，一般要求升温速率为10^3～10^4K/s。杨素文[8]利用真空热重分析技术研究了不同升温速率对生物质热解的影响，结果显示样品热解的热重曲线随着升温速率的升高向右移，峰值温度也随着升温速率的升高向高温方向偏移。

(3) 气固相停留时间

对于生物质快速热解制取生物油工艺来说，气固相停留时间也是直接影响生物油产率的因素。固相的停留时间如果过短可能导致热解反应不彻底，但如果停留时间过长，产物中的挥发分与高温焦炭产物接触时间变长将导致二次裂解加剧。气相主要包括可凝组分和不凝气组分，如果气相在高温反应器中的停留时间过长会导致可凝组分的二次裂解加剧，产生更多的不凝气，从而使生物油产率降低。所以为了得到最大的生物油产率，应该尽量缩短气相的停留时间。

(4) 物料性质

物料性质对热解产物组成的影响主要表现在物料种类和颗粒粒径两个方面。物料种类的不同使得生物质中各种组分的含量差别很大，导致产物的组成也不同。而颗粒粒径的大小对物料的升温速率有决定性影响。杨素文[8]研究了多种生物质热解油的组成成分的区别，发现林业生物质比农业生物质的生物油产率高；呋喃衍生物在稻壳生物油中的相对含量约是杉木屑生物油中的 23 倍；苯酚及其衍生物在杉木屑生物油中的相对含量约是豆秆生物油中的 3 倍之多；而具有抗菌、麻醉、健胃等药理效果的丁香酚只能在杉木屑生物油中检测到。Cozzani 等[9]的研究表明，当粒径小于 1mm 时，热解反应受到反应动力学的控制；当粒径大于 1mm 时，热解受到传热和传质的控制，此时粒径会成为限制因素。

(5) 压力

压力的高低主要影响气相的停留时间，进而对二次裂解的程度产生影响。当压力较高时，气相停留时间变长导致二次裂解加剧；当压力较低时，气相产物可以快速地离开颗粒表面，使得二次裂解减少。

(6) 催化剂

国内外学者在生物质定向催化热解方面也做了大量研究，无机催化剂对生物质热解产物有很大影响。研究表明，无机物质会提高焦炭的产量，加快挥发分的二次裂解，而多数生物质本身就含有一定量的无机矿物质。Chen 等[10]利用微波加热的形式研究了无机催化剂［$NaOH$、Na_2CO_3、Na_2SiO_3、$NaCl$、TiO_2、HZSM-5、H_3PO_4、$Fe_2(SO_4)_3$］对松木屑热解的影响，结果表明这几种催化剂都使固体产率增加，气体产率降低，而液体产率没有明显变化。Müller-Hagedorn 等[11]研究发现碱金属氧化物会降低生物质热解温度。另外，碱性盐还会使反应活化能降低，焦炭产率增加。

7.1.3　热解机理

7.1.3.1　从组分角度分析

不同种类生物质的挥发分和固定碳的含量所差无几，但灰分含量在各生物质种类间存在明显差异，一般林业生物质灰分含量较农业类生物质灰分含量更低。木质纤维素类生物质和草本生物质组分相似，纤维素、半纤维素和木质素是生物质的三大主要组分。其差别在于，草本生物质除三大组分以外还含有少量淀粉、粗蛋白和抽提物。农作物秸秆和林业加工残余废弃物中，三大组分总量基本占到 90%，其中，纤维素含量可达 40%～80%，占比最大，半纤维素则为 15%～30%，木质素含量一般为 10%～25%。生物质组分的复杂性，使实际热裂解过程中涉及的问题繁多，反应相当复杂。因此，国内外研究者通常对生物质三大组分分别进行研究，希望可以分别掌握其反应机理。

纤维素是一种高分子多聚糖，在自然界分布十分广泛且含量高。国内外对纤维素热裂解机理的研究较为密集。目前，对纤维素热裂解机理的研究集中在两个方面[12]：一是对纤维素热裂解过程的反应动力学研究，目前国内外研究者普遍接受的是 Broido-Shafizadeh 模型，该模型在模拟纤维素热裂解过程中产生的焦油、气体和焦炭这三大产物的变化规律方面有独特的优势。二是对纤维素热裂解过程中的化学反应，尤其是对热裂解产物生成机理的研究。Torri 等[13]研究了纤维素热裂解生成的热裂解油的主要化学组分，发现热裂解油中化学组分主要包括：①脱水糖及其衍生物，以左旋葡萄糖为主，还有一部分左旋葡聚糖酮等；②呋喃类产物，包括糠醛、呋喃等；③小分子醛酮类产物，包括羟基乙醛、丙酮等；④其他产物，包括小分子酸、酯、醇类等。

Shafizadeh 等[14]在 259～407℃、低压环境下对纤维素进行等温实验，发现在失重初始阶段出现了一加速过程，由此提出纤维素在热裂解反应初期有一从“非活化态”向“活化态”转变的高活化能反应过程，即 Broido-Shafizadeh 模型，如图 7-1 所示。然而，Broido-Shafizadeh 模型并未描述详细的纤维素分解途径以及产生的化学形态。Patwardhan 等[15]通过 Py-GC-MS/FID 系统对纤维素进行热裂解实验，比较这两种热解器的产品分布，探究热解温度下较长的蒸气停留时间内发生的次级反应。证明了左旋葡聚糖低聚成脱水低聚糖，初级热解产物（羟基吡喃葡萄糖、呋喃等）分解成低分子量化合物和气态物质是纤维素热裂解的次级反应。左旋葡聚糖是纤维素最重要的热解产物。

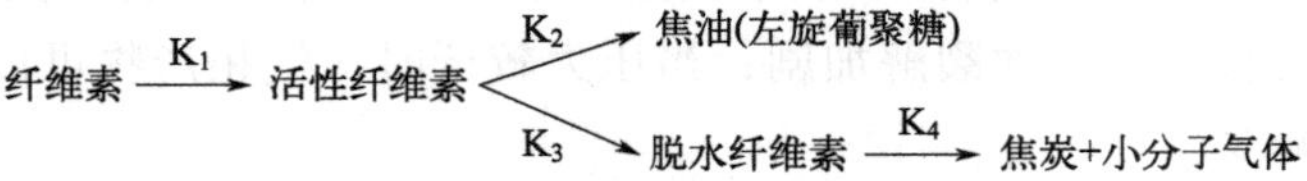

图 7-1 Broido-Shafizadeh 模型[12]

Shen 等[16]提出了半纤维素热解过程中主要产物的反应途径：糠醛和 1,4-脱水-*d*-吡喃木糖主要由木聚糖而来，而乙酸和 CO_2 的形成则归因于 *O*-乙酰基的初级分解。4-*O*-甲基-*α*-D-葡萄糖醛酸基分解为甲醇。其中，4-*O*-甲基-*α*-D-葡萄糖醛酸基可进一步分解为半纤维素热解的几乎所有产物。Collard 等[17]认为半纤维素的大部分热解产物是由木聚糖通过解聚机理形成。Peng 等[18]将小麦秸秆进行脱木素处理，并从中分离出半纤维素，其主要由阿拉伯木聚糖和糖醛酸组成，具有秸秆半纤维素的典型结构。他们认为半纤维素的热解反应途径可能为：低温度时，产物主要为乙酸和少量其他化合物，此时仅发生脱水、侧链断裂和多糖解聚；在较高热解温度下，半纤维素分解得更彻底，产物更复杂，包括许多酸、酮、醇和环戊烯-1-酮等。

木质素是基于苯基丙烷类单体结构的交联大分子材料，在木材细胞壁中充当着纤维素之间的黏结剂和加固剂，在增加木材机械强度和抵抗微生物侵蚀方面有着极为重要的作用。木质素与纤维素同属于高分子，但与纤维素的线性链状不同，木质素为三维立体的高分子结构。木质素属于非糖类高分子物质，结构非常复杂，研究其热裂解机理具有一定困难。Gonçalves 等[19]研究了木质素的热解产物组分，主要包括三类：一是大分子木质素热解低聚物；二是单分子挥发性酚类物质；三是小分子物质，如甲醇、乙酸等。

Hosoya 等[20]认为木质素的主要热解行为集中在 200～400℃的温度范围，并提出 600℃下木质素焦油成分热解可能的反应途径，认为具有不饱和侧链的愈创木酚类化合物是其主要成分，如图 7-2 所示。Luo 等[21]对毛竹酶解/温和酸水解木质素（EMAL）进行热裂解，发现温度对其热解产物组分的相对含量有显著影响，其提出的热解反应途径为：醚键和 C—C 键在木质素大分子结构单元间起着链接作用，低温时主要发生这两种键的断裂；伴随着温度的升高，至 400～600℃时，性质不稳定的 2,3-二氢苯并呋喃和芳香酸酯发生裂解，从而含量减少；热解温度达到 600～800℃时，G-型和 S-型酚结构上的甲氧基、侧链羟基和酚醛基开始发生脱落，而后生成 H-型苯酚和小分子化合物。

上述研究仅阐明了纤维素、半纤维素和木质素各自的反应机理，其热解特性存在一定差异。但生物质实际热裂解时，三组分的热解区间互相重合，且组分间存在一定的协同作用，热解特性非常复杂。Collard 等[17]认为生物质热解产物产量的变化不仅是由于组分之间存在着化学相互作用，还由于存在传热和传质的差异；半纤维素能够阻抑纤维素的热解，使左旋葡聚糖的得率下降；纤维素和木质素的协同作用促进了生物油中小分子产物的产率提高。Zhao 等[22]认为生物质中三种组分（纤维素、半纤维素和木质素）的热解行为并非独立的。纤维素和木质素、半纤维素和木质素的共热解过程中存在明显的相互作用；在低温条件下，木质素抑制纤维素的热解反应，纤维素热解反应速率明显降低，热解产物（主要为左旋葡聚糖）被半纤维素和木质素显著抑制；木质素显著抑制了糠醛的产生，而糠醛主要由半纤维素和羰基化合物衍生而来；纤维素或半纤维素的存在促进木质素的热解，增加了酚类化合物的产量。Hosoya 等[20]认为三组分间的相互作用显著降低了纤维素热裂解的左旋葡聚糖产量，与 Zhao 等[22]的研究结果一致。

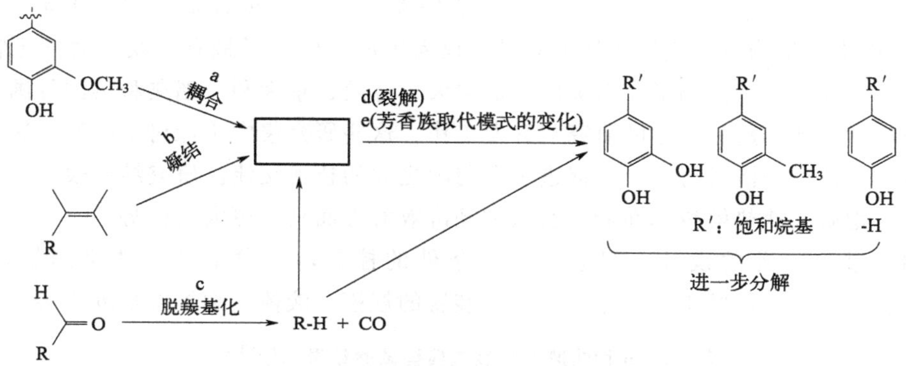

图 7-2　木质素热解反应途径[20]

7.1.3.2　从反应进程分析

生物质的快速热解制生物油的反应过程一般分为三个阶段：①干燥阶段（25～150℃），在这个阶段生物质原料的水分被蒸发，只发生物理反应，化学组成几乎不变。②热解阶段（150～400℃），这个阶段又可分为预热解（150～275℃）和主要热裂解阶段（275～400℃）。前者指生物质开始发生化学反应，不稳定组分半纤维素开始发生裂解生成一氧化碳、二氧化碳及少量醋酸等物质的阶段，为吸热反应。后者则指生物质在缺氧的条件下受热分解，发生各种复杂的物理、化学反应，随着温度的升高，生成大量的挥发物的阶段，是生物油主要产生的阶段，此过程会放出大量的热。③炭化阶段（＞400℃），这一过程的主要产物是焦炭，依靠外部提供的热量使木炭中残留的挥发物减少，失重速率降低。通常认为该阶段发生了 C—C 键和 C—H 键的进一步断裂，固定碳含量增加，固体的质量损失比较小，为放热阶段。

7.1.3.3　从传质角度分析

热解过程中热量由颗粒的表面传递到颗粒内部，所以热解过程是由外到内逐次进行的，生物质被加热以后迅速分解产生焦炭和挥发分气体。挥发分中的可凝组分冷凝产生生物油，此过程为一次裂解，主要产生焦炭、一次生物油和不凝气。对于多孔物质，其内部的挥发分还会进一步发生裂解，产生二次生物油和不凝气，并且挥发分在析出过程中必须穿越周围的气相组分，在此过程中进一步发生热裂解，称为二次裂解。二次裂解的程度主要受反应炉内的温度和气体停留时间的影响，温度过高、停留时间过长都会加剧二次裂解，从而产生更多的不凝气，不利于得到高产率的生物油。生物质热解过程传质示意如图 7-3 所示。

由此不难发现，为了使生物油的产率最大化，必须尽可能地减少挥发分的二次裂解。在

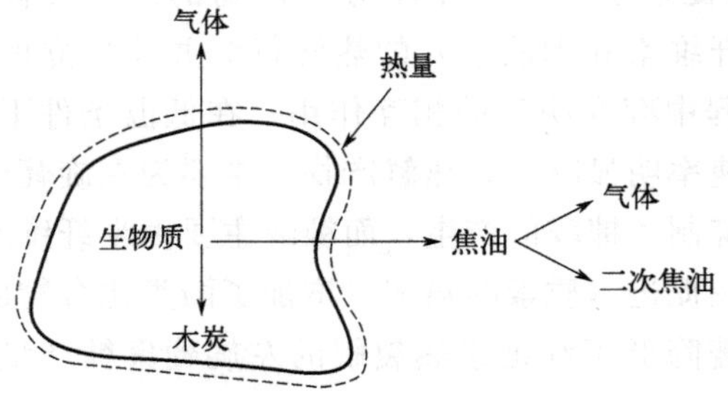

图 7-3　生物质热解过程传质示意[23]

快速热解过程中原料的升温速率极大，强烈的热效应使得生物质颗粒快速热解，直接产生热解产物，而可凝组分的快速冷凝在很大程度上降低了二次裂解的可能性，有利于得到高产率的生物油。

7.1.4　快速热解技术的商业化应用

随着化石燃料资源的逐渐减少，生物质快速热解液化的研究引起了国际上的广泛关注。自 1980 年以来，生物质快速热解技术取得了很大进展，成为了最有开发潜力的生物质液化技术之一。国际能源署协调了来自美国、加拿大、芬兰、意大利、瑞典和英国等国家的十多个研究小组，开展了超过十年的研究与开发工作。这些研究集中于探讨生物质快速热解技术的发展潜力、技术经济可行性，并促进了参与国之间的技术交流。研究结果表明，与其他技术相比，生物质快速热解技术在能源获取和经济效益方面具有更大的优势。

各国通过反应器的设计、制造及工艺条件的控制，开发了各种类型的快速热解工艺[2,24-26]。几种代表性的工艺介绍如下（各装置的规模、液体产率等参数列于表 7-2）。

表 7-2　6 种快速热解装置典型试验结果比较[2,24-26]

项目	Twente 开发的装置	GIT 开发的装置	Ensyn 开发的装置	GIEC 开发的装置	NREL 开发的装置	Laval 开发的装置
规模/(kg/h)	10	50	650	5	20	30
颗粒直径/mm	2	0.5	0.2	0.4	5	10
温度/℃	600	500	550	500	625	400
压力	常压	常压	常压	常压	常压	减压
蒸气停留时间/s	0.5	1.0	0.4	1.5	1.0	3.0
液体产率/%	70	60	65	63	55	65
含水质量分数/%	25	29	16	20	15	18
高位热值/(MJ/kg)	17	24	19	22	20	21

荷兰 Twente 大学开发的旋转锥式反应工艺（twente rotating cone process），无需载气，不仅大大减小了装置体积，而且减轻了冷凝器负荷，液化效率较高。生物质颗粒与惰性热载体一起加入旋转锥底部，沿着锥壁螺旋上升过程中发生快速热解反应，但其最大的缺点是生产规模小，能耗较高。我国沈阳农业大学 1995 年从荷兰 BTG 集团引进了一套规模为 10kg/h 的装置，以德国松木粉为原料，反应温度 600℃、进料速率 34.8kg/h 的条件下，液体产率为 58.6%。

美国 Georgia 工学院（GIT）开发的携带床反应器（entrained flow reactor），将丙烷和空气按照化学计量比引入反应管下部的燃烧区，高温燃烧气将生物质快速加热分解，当进料量为 15kg/h、反应温度为 745℃时，可得到 58%的液体产物。然而该装置需要大量高温燃烧气，并且会产生大量低热值的不凝气，该缺点限制了其广泛应用。

加拿大 Ensyn 工程师协会开发研制的循环流化床工艺（circulating fluid bed reactor），在意大利的 Bastardo 建成了 650kg/h 规模的示范装置，在反应温度 550℃时，以杨木粉作为原料可产生 65%的液体产品。该装置的优点是设备小巧、气相停留时间短、可防止热解蒸气的二次裂解，从而获得较高的液体产率，但其主要缺点是需要载气对设备内的热载体及生物质进行流化。Ensyn 也在芬兰安装了 20kg/h 的小规模装置。加拿大的 Waterloo 大学开发了类似的闪速热解工艺（WFPP），装置规模 5～250kg/h，最高液体产率可达 75%。中国科学院广州能源研究所（GIEC）也自主研制了生物质循环流化床液化小型装置，以石英砂作为循环介质，木粉进料速率为 5kg/h，反应温度 500℃左右，可取得 63%的液体产率。

美国国家可再生能源实验室（NREL）开发了涡旋反应器（vortex reactor），反应管长 0.7m，管径 0.13m，生物质颗粒由氮气加速到 1200m/s，由切线进入反应管，在管壁产生一层生物油并被迅速蒸发。目前，建成的最大规模的装置为 20kg/h，在管壁温度 625℃时，液体产率可达 55%。

与其他几种常压操作的反应器不同，加拿大 Laval 大学开发的多层真空热解磨反应器（multiple hearth reactor）则是在 1kPa 的负压下操作的，反应原料由顶部加入，床顶层温度为 200℃，底层温度为 400℃，由于热解蒸气停留时间很短，大大减少了二次裂解，当木屑加入量为 30kg/h 时，液体产率为 65%。该技术的缺陷在于它需要配备大功率的真空泵，这导致了高昂的成本和较大的能源消耗，同时也使得规模放大过程面临挑战。

7.2　生物质催化热解技术

生物质快速热解得到的生物油是一种黑褐色的油状液体，由数百种含氧化合物（包括酸类、醛类、酮类、醇类、酯类、呋喃类、酚类、糖类等）组成，具有很高的含氧量和含水量（质量分数 25%左右），并且其酸性较强（pH＝2～3）、腐蚀性大、黏度高、稳定性差、热值低，不能直接作为燃料，需要进行提质改性。相比之下，生物质催化快速热裂解技术（catalytic fast pyrolysis，CFP）是生物质经过快速热解产生的热解气不经过冷凝过程，而直接在催化剂的作用下进一步发生脱氧、裂化、芳构化等反应，形成以苯、甲苯、乙苯、二甲苯为主的单环芳烃、酚类以及其它含氧化合物，将有效降低能耗、减缓生物油不稳定组分的二次聚合，同时能够有效脱氧并且提高生物油的品质的技术。图 7-4 展示了木质纤维素类生物质催化快速热裂解转化为高品位生物油和化学品的路径，在快速热解过程中生物质原料大分子主要经历脱水、解聚、再聚合、重组等过程，其产生的初步热解气在催化剂的作用下发生脱氧、脱羰、齐聚、裂化等反应，最终形成提质生物油或者高值化学品。

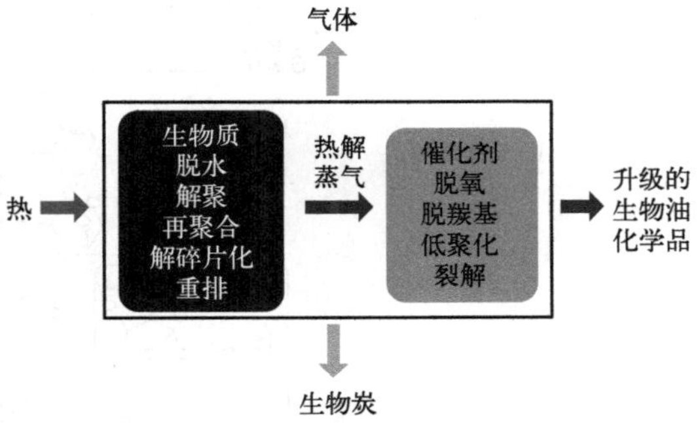

图 7-4　木质纤维素类生物质催化快速热裂解提质转化为高品位生物油和化学品的路径[27]

Liu 等[24]总结了木质纤维素生物质热解过程中三大组分在酸性催化剂作用下的裂化与脱氧过程，如图 7-5 所示。纤维素的催化裂化和脱氧过程较为复杂，包括糖苷键的断裂、脱水糖及其衍生物的形成、呋喃及其它小分子含氧物的生成，随后在酸性位点上发生脱水、脱羧、脱羰、异构化等反应，并转化成芳香烃和酚类。半纤维素裂解过程包括以下步骤：①木聚糖通过糖苷键断裂解聚成木糖和双水合木糖；②通过解聚、重排、脱水制备呋喃和吡喃环

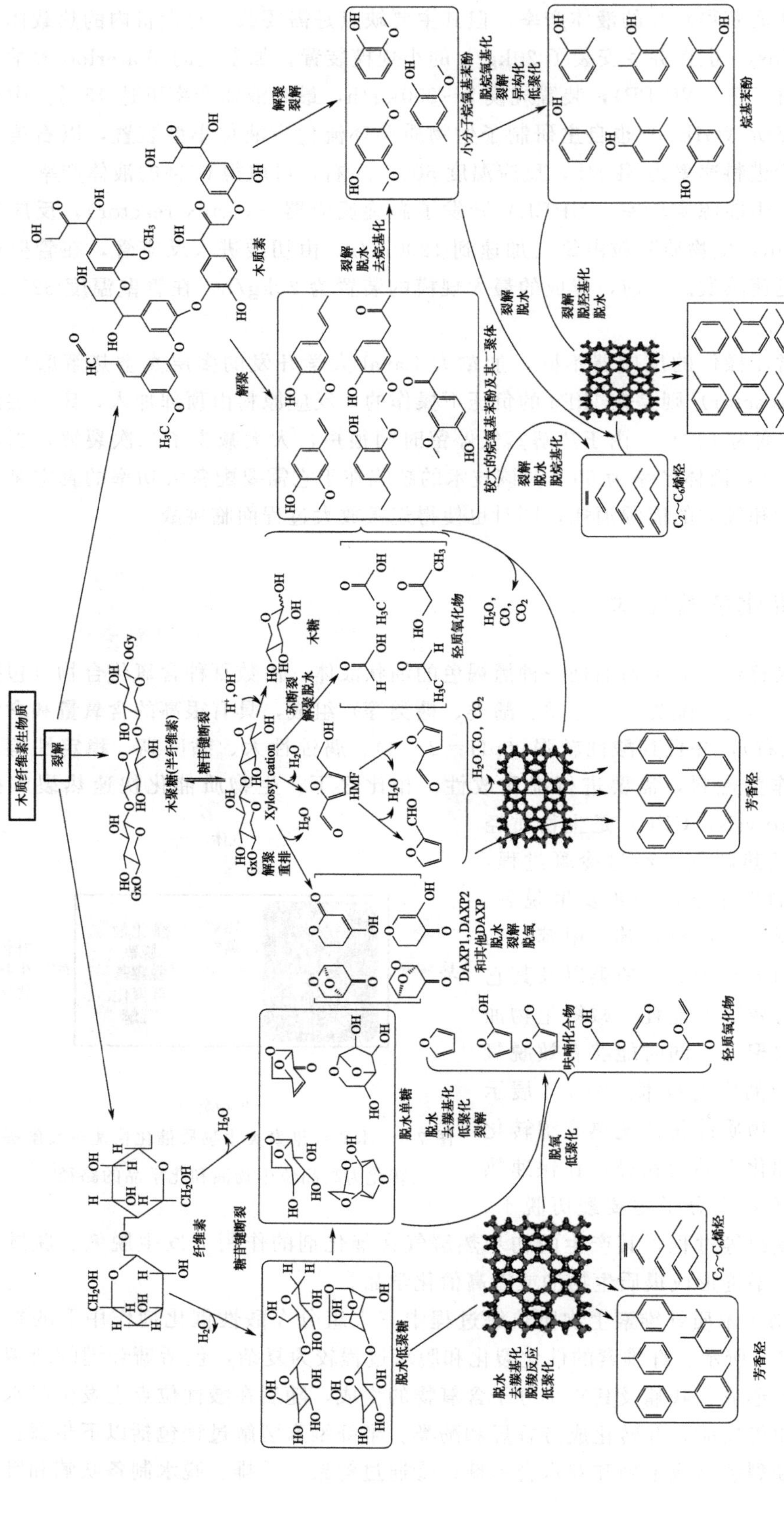

图 7-5 生物质三大组分在酸性催化剂作用下的裂化及脱氧反应过程[24]

衍生物；③呋喃和吡喃衍生物的竞争性断环，生成轻质含氧化合物。木质素解聚促进了大分子烷氧酚及二聚体的生成，而 C—O 键和 C—C 键断裂则有利于小分子烷氧酚的生成，如愈创木酚、香兰素和甲酚，在催化剂的酸性位点上经过裂化、脱羧、脱水、脱羰、异构化等转化为烷基酚。在 Brønsted 酸性位点上，烷基酚通过脱羟基、脱水、裂化，小分子烯烃通过芳构化，能够转化为芳香烃类物质。

7.2.1　催化热解的主要形式

生物质催化快速热裂解制备液体燃料路线主要包括两种形式[26]，即催化热解（in-situ CFP）和热解耦合在线提质（ex-situ CFP），二者的区别在于催化剂与生物质原料是否直接接触。其中，催化热解也常被称为原位催化热解，是生物质原料与催化剂直接接触，热解反应与提质反应在同一个反应器中同时进行，从而得到提质生物油；热解耦合在线提质，也常被称为非原位催化热解，或简称为在线提质，是生物质原料先在热解反应器中进行快速热解反应，产生的热解气随着载气再进入在线催化提质段，在催化剂的作用下经过催化转化反应得到提质生物油。生物质催化热解和在线提质的目的均为产生更多的目标产物单环芳烃（以苯、甲苯、乙苯、二甲苯为主），同时减少多环芳烃和积炭的生成，提高生物质原料转化率和液体产物质量收率，降低液体产物含氧量，从而制备优质的液体燃料。图 7-6 为生物质催化热解与热解耦合在线提质流程示意图。

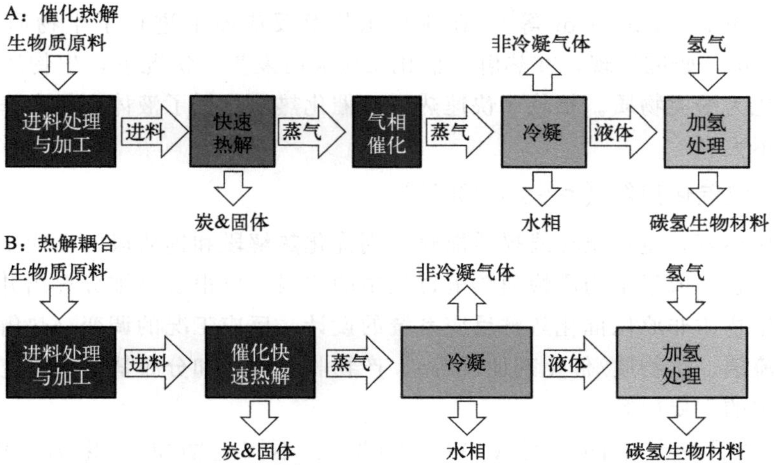

图 7-6　生物质催化热解与热解耦合在线提质流程示意图[26]

7.2.1.1　原位催化热解（in-situ CFP）

在生物质催化热解相关研究中，常用 Py-GC/MS 热裂解-色谱质谱联用仪来进行生物质三大组分热裂解研究，筛选催化剂，探究原料、温度、生物质/催化剂比例等因素的影响。通过在线 GC/MS 对热裂解产物组分进行分析，能够高效率地判断每组实验的催化效果，从而推断出最优工况。Jeon 等[28]采用 Py-GC/MS 开展了生物质三大组分（纤维素、半纤维素、木质素）的催化热解研究，催化剂为介孔材料 SBA-15 系列催化剂（SBA-15、Pt/SBA-15、AlSBA-15、Pt/AlSBA-15）。不同原料对比而言，纤维素和半纤维素催化热解后酸类物质的选择性提高，其不利于油品质量的提升；木质素的催化热解提高了酚类物质的产率。不同催化剂对比而言，SBA-15几乎无酸性位点，而AlSBA-15催化剂含有大量的酸性位点，因此其产物分布更优。在Pt/AlSBA-15作用下，呋喃和芳香烃的产率有所提高。相较而言，Pt/AlSBA-15催化性能最优，说明酸性位点与Pt活性位点共存条件下有利于油品质的提升。Mullen等[29]采用Py-GC/MS进行了系列实验，用以筛选一系列不同负载量的Fe改性HZSM-5分子筛催化剂，同时探究生物质/催化剂比例、生物质原料等对液体产物的影响。Che等[30]研究了不同金属改性HZSM-5分子筛催化剂的制备及催化剂在生物质催化热解中的应用，发现以苯、甲苯、二甲苯为主的单环芳烃的质量收率与催化剂的强酸位点相关，另外发现Zn改性的ZSM-5催化效果最优，探究不同Zn负载量对强酸位点的调变作用，结果发现，2%负载量（质量分数）的催化剂条件下，BTX产率最高，随着Zn负载量进一步提高至10%（质量分数），酸性位点分布及孔道结构优势均有所下降。

为了对催化热解三相产物有更清晰的认知，并深入探索在连续进料的情况下各阶段产物的生成机制以及催化剂的失活情况等，学者们设计了多种放大化实验装置。Carlson等[31]在三种不同反应器（台式鼓泡流化床反应器、固定床反应器、微型反应器）中开展了实际生物质（松木屑）和生物质模型化合物（呋喃）的催化热解研究，催化剂选用ZSM-5分子筛。实验结果表明，在热解温度为600℃、低空速比（WHSV＝0.5h^{-1}）的流化床反应器中，松木屑催化热解得到最高的芳香烃碳收率（14% C/mol）。在较低的空速比和热解温度条件下，单环芳烃产率更高，同时抑制了多环芳烃的生成。对比三种反应器，微型反应器中芳香烃产率最高，但其中多环芳烃选择性很高，而连续型反应器中产生的萘类物质较少，芳香烃与烯烃产率之和更高。Agblevor等[32]在流化床热解反应器上进行了生物质的催化热解研究，如图7-7所示。研究发现，在热解与催化反应同时发生的情况下，生物质中的木质素组分能够有效转化为酚类物质。相较于快速热解，催化热解降低了液体产物产率，但焦炭与积炭的产率变化不大。

7.2.1.2 非原位催化热解（ex-situ CFP）

相较于催化热解，生物质在线提质能够分别优化热解段和提质段的反应工况，保证最优的催化剂活性，且形成于生物质快速热解过程中的焦炭可以很容易被分离出并且收集作为有价值的固体。生物质非原位催化热解反应系统的设计、反应工况的调变（热解温度、催化提质温度、载气流速、生物质/催化剂比例等）、产物收集方式和分布情况的探究以及催化剂的筛选均是研究中的重要内容。

French等[33]开展了不同温度（400～600℃）、不同生物质/催化剂比例［(1∶5)～(1∶10)］、不同催化剂种类条件下生物质热解气的催化提质实验。实验结果表明在合适的温度、催化剂以及空速条件（500℃、ZSM-5分子筛、WHSV＝4h^{-1}）下展现出优异的脱氧性能。

Zhou等[34]设计了木质素热解耦合在线催化提质实验系统，如图7-8所示。木质素原料经过给料器进入热解反应器进行快速热解，热解产物通过焦炭分离器、旋风分离器以及过滤器除去焦炭颗粒以及飞灰，而热解气将通过装有HZSM-5分子筛催化剂的在线催化提质固定床进行催化转化，最终产物经过多级冷凝装置进行冷凝，从而形成液体生物油，气体产物通过气袋进行收集。在该系统上研究不同催化温度对木质素热解气催化提质的影响，发现600℃的催化温度有利于无氧芳烃的产生，有机液体产物中，芳香烃（主要是苯和甲苯）选择性为70%；另外，相较于无催化剂条件下的快速热解，提质后的液体产物收率从27.6%

降低到了 5.7%。在 HZSM-5 分子筛催化剂的作用下，氧主要以 H_2O 和 CO 形式脱除，经过在线催化提质后液体产物中氧含量从 23.4%降低到 4%。

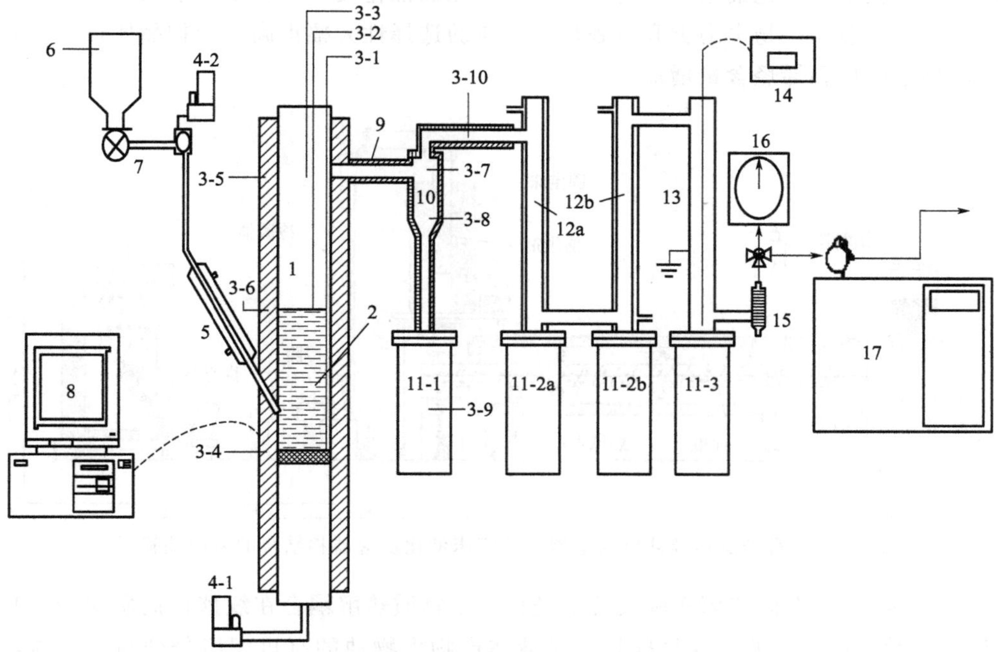

图 7-7　流化床热解反应器热解流程图[32]

1—流化床反应器；2—炉子；3—热电偶；4—质量流量控制器；5—交换器；6—料仓；7—样品供料器；8—计算机；9—加热带；10—旋风分离器；11—储液池；12—冷凝器；13—静电除尘器；14—交流电源；15—过滤器；16—湿气流量计；17—气相色谱仪

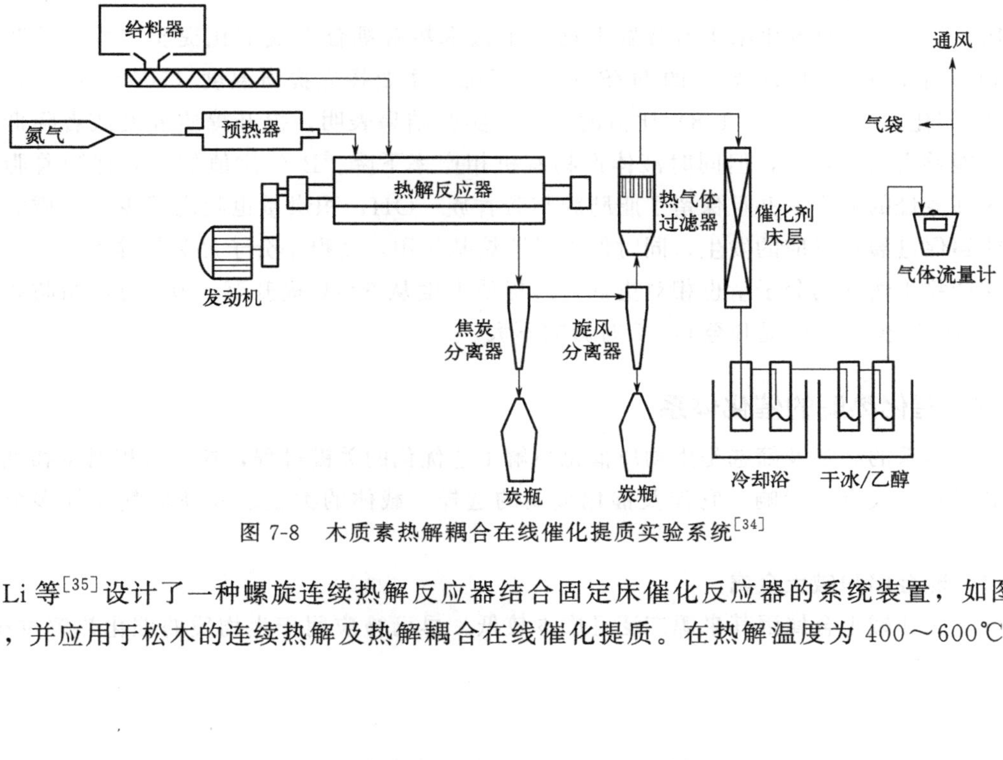

图 7-8　木质素热解耦合在线催化提质实验系统[34]

Li 等[35]设计了一种螺旋连续热解反应器结合固定床催化反应器的系统装置，如图 7-9 所示，并应用于松木的连续热解及热解耦合在线催化提质。在热解温度为 400～600℃、催化提质温度为450～650℃、催化剂为HZSM-5（Si/Al=38）分子筛条件下，探究液相和气相产物分布情况。实验结果表明，HZSM-5催化剂在650℃的催化温度下，松木原料的转化效率最高。相较于无催化剂条件下的快速热解，在线催化提质后，生物油收率下降，且含水量有所提升，但液体产物中酚类和芳香烃类物质的选择性大幅提高，产物品质得以提升，另外气体产物中烷烃和烯烃含量增加。

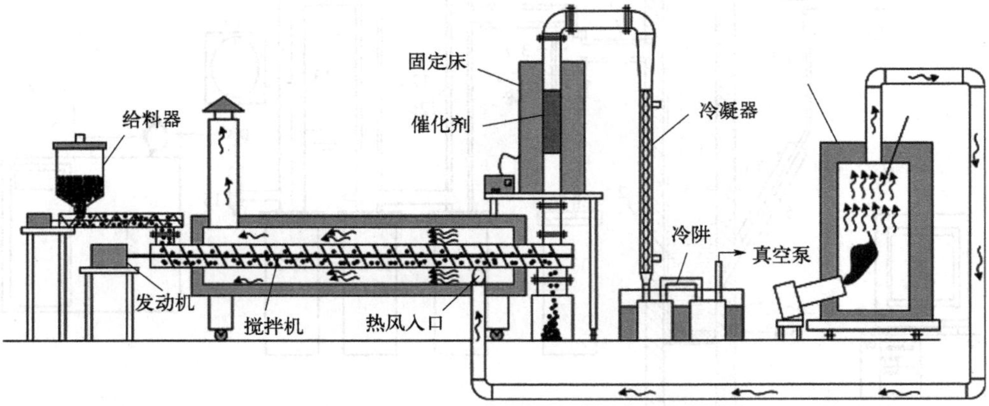

图 7-9　一种螺旋连续热解反应器与固定床催化反应器相结合的系统装置[35]

Stefanidis等[36]在固定床实验装置上进行了生物质热解耦合在线催化提质实验，其装置如图7-10所示。该研究的主要目标是通过液体产物生物油的有机相组分分布、产物收率以及脱氧效率等来对一系列催化剂进行筛选。实验结果表明，高比表面积的氧化铝催化剂对于烃类物质的选择性更高，但有机相液体产物的收率较低；氧化锆/二氧化钛催化剂对目标产物具有良好的选择性，且有机液体产物的收率有所提高；具有最高比表面积的HZSM-5分子筛展现出更为平衡的催化性能，烃类物质的选择性较高，液体产物中的含氧量得以降低，有机相液体产物收率适中。

Patel等[37]在双流化床实验装置上进行了松木热解耦合在线催化提质实验，其装置如图7-11所示，催化剂选用常见的HZSM-5分子筛，主要探究提质温度（500～600℃）以及生物质/催化剂（B/C=1～1.8）比值的影响。实验结果表明，提升提质温度或者降低B/C比值，能够提高脱氧率，但同时液体产物有机相产率下降。B/C比值的提高伴随着脂肪烃以及多环芳烃的减少，并且保留了脂肪族与芳香族—OH，积炭量也随之减少。提质温度的提升能够促进裂化反应的发生，同时促进了脱烷基作用，使得小分子烃类气体产率提高，另外液体产物生物油的分子量也相对更低，当提质温度从500℃提升至550℃时，脂肪族与芳香族—OH减少，但再提升至600℃时影响不大。

7.2.2　催化热解的催化体系

催化体系的制备及筛选是生物质催化热解工艺优化的关键过程，这一过程对生物油组分及其品质具有决定性影响。它涉及催化金属的选择、载体的类型以及环境气氛等多个关键因素。

(1) 碱金属和碱土金属

碱金属和碱土金属因其来源广泛且成本较低，早已被应用于生物质的催化热解过程中。

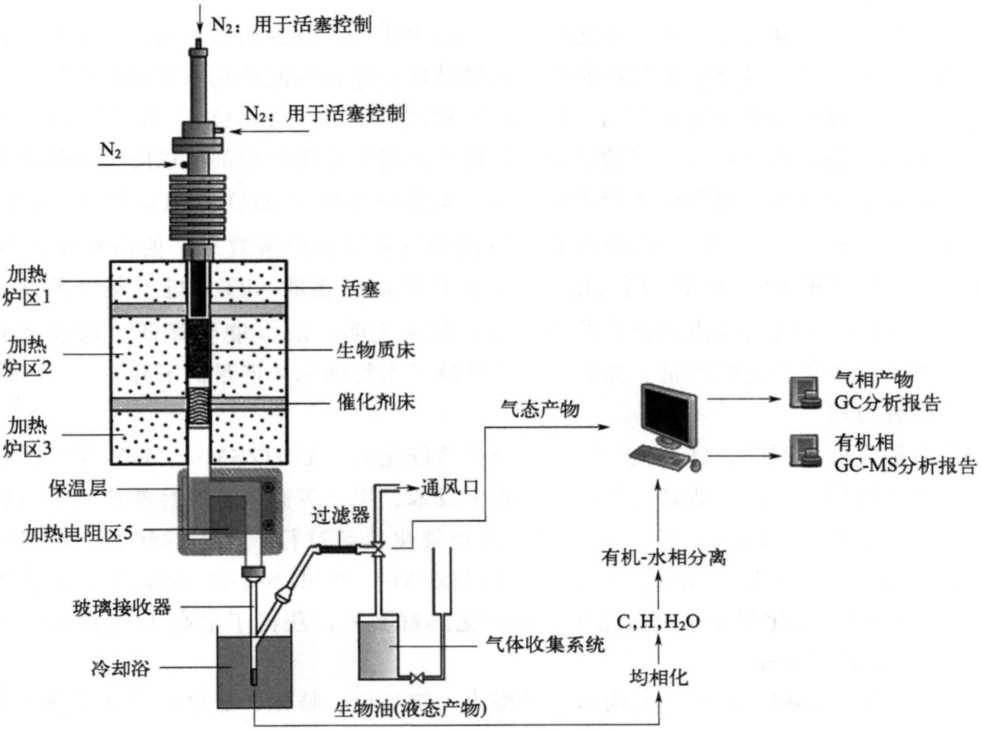

图 7-10　生物质热解耦合在线催化提质固定床实验装置图[36]

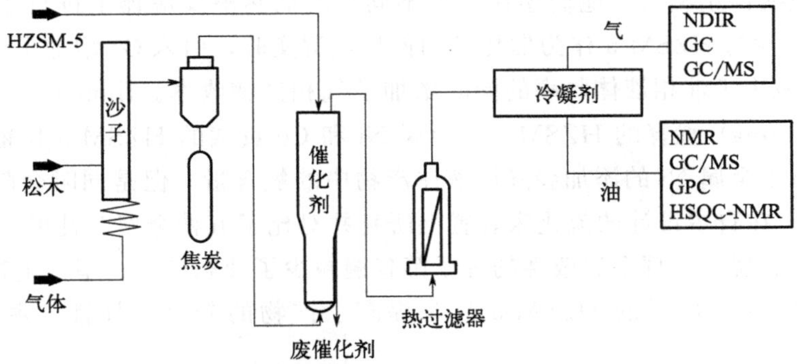

图 7-11　松木热解耦合在线催化提质双流化床实验装置[37]

常见的碱金属和碱土金属催化剂为钾盐、钠盐、镁盐和钙盐。王锐等[38]将 K_2CO_3 和 $Ca(OH)_2$ 用于松木的催化热解，发现 K_2CO_3 对生物质的三个组分热解有显著影响，在不同程度上降低了生物油产量，但促进了烷烃和苯酚类产物的转化。他们的研究结果还显示 $Ca(OH)_2$ 促进了纤维素和木质素的分解，使得生物油中的醇类物质增加。谭洪等[39]发现 K^+ 有助于形成气固两相产物，但会显著降低液相生物油的产率，而 Ca^{2+} 的存在则显著促进了结焦的形成。Hameed 等[40]将 K_2CO_3、$Ca(OH)_2$ 和 MgO 应用于棕榈树果壳的催化热解过程。实验结果表明，相对于另外两种，$Ca(OH)_2$ 提高了生物油的产量和生物油中酚类产品含量。

(2) 金属氧化物

金属氧化物，尤其是过渡金属氧化物，已广泛用作反应的多相催化剂。一般来说，金属氧化物由于其多价性而具有的氧化还原特性和酸碱性，导致其能催化木质纤维素生物质的热解中间体的反应以形成更稳定的产物。Lu 等[41]测试了 TiO_2、Fe_2O_3、NiO 和 ZnO 等金属氧化物的生物质催化热解效果。实验结果表明这些金属氧化物催化剂可以降低液体和有机产物的产率，并增加气体、水和固体产物的产率。尤其在 NiO 和 ZrO_2/TiO_2 存在下，CO_2 的产率大幅增加。Stefanidis 等[36]也测试了 NiO 的生物质催化热解效果，他们发现在 NiO 的作用下气体产物中的 CO_2 和 H_2 同时增加，他们推测这可能是 NiO 促进了蒸气重整。Zhao 等[42]将 ZnO 应用于稻壳的快速催化热解，实验结果表明，ZnO 能够降低生物油中的含氧量，并提升小分子化合物的产量。然而，它也导致了生物油总体产量的下降。

(3) 微孔材料

在众多种类催化剂中，具有微孔结构的分子筛催化剂（如 HZSM-5、HY 等）因其优异的脱氧效果和择形选择性，能高效催化生物质生成苯、甲苯等高值芳香烃类产物，得到了国内外学者的广泛关注。Huber 等[31]对生物质快速催化热解进行了深入的研究，发现适中孔径 [5.2～5.9Å（$1Å=10^{-10}m$）] 的分子筛如 HZSM-5 和 HZSM-11 更倾向于生成芳烃产物，使用 HZSM-5 催化剂在小型流化床上的催化热解实验，获得了最高 14％的芳烃碳收率以及 5.4％的烯烃碳收率。

裂解、脱氧、脱羧、环化、芳构化、异构化、烷基化、歧化、低聚和聚合是分子筛催化裂化过程中的主要反应。美国可再生能源实验室的研究团队采用不同硅铝比的 β 型分子筛在水平固定床与微型热解仪反应器平台上进行了催化热解实验，结果显示酸性位点数量与芳烃产率和积炭量呈线性正相关，他们还在三种不同尺度的热解反应器上进行了以 HZSM-5 与金属 Ni 和 Ga 改性的 HZSM-5 作为催化剂的催化热解实验，引入 Ga 增加了油相液体的收率而 Ni 的引入在减少了油相液体收率的同时增加了气相产物收率。Iliopoulou 等[43]测试了用硅铝（silica-alumina）稀释的 HZSM-5 与金属 Ni 和 Co 负载的 HZSM-5 作催化剂的原位催化实验。结果显示金属 Ni 的添加会降低液体产物中的氧含量，但是同时会降低其有机产物产率。肖睿等[44]在自主设计的流化床装置上研究并对比了五种金属改性的 HZSM-5 在流化床上催化热解的表现，发现金属改性的分子筛普遍减少了液态产物产率与生物油氧含量，但经过 Ni、Ga 和 Fe 改性后的 HZSM-5 显著提高了产物的芳烃选择性，占比达到了 80％以上。

催化脱氧过程中大量水的生成会使分子筛发生脱铝现象，造成结构坍塌，从而不可逆地降低其脱氧活性。虽然以 HZSM-5 分子筛为代表的催化剂能够有效降低生物油含氧量，但是受限于生物质原料贫氢富氧的特性，催化热解过程中催化剂的结焦现象严重，并且脱氧主要通过 CO 和 CO_2 等不可凝气体形式脱出，导致生物油碳收率较低。Carlson 等[45]使用微型热解仪测试了 HZSM-5 在木屑快速催化热解中的作用，实验结果显示最高有 36.8％的结焦产生。结焦的主要组成可能为聚合的芳烃或者苯酚类化合物。他们还测试了不同的分子筛催化剂在葡萄糖快速催化热解中的效果，结果显示，其中的 β 型分子筛产生了最多为 70％的结焦，而 SAPO 分子筛产生的结焦最少（为 33％）。Gayubo 等[46]发现甲醇的引入能够大幅降低生物油使用 HZSM-5 催化转化过程中的结焦，他们推测提高有效碳氢比能够有效减少 HZSM-5 催化剂的结焦生成。综上，如何提升目标碳氢产物收率，同时提高催化剂抗失活能力，延长催化剂寿命，是当前快速催化热解技术面临的主要问题。

(4) 富氢环境

众多研究表明在催化热解过程中引入氢气或供氢溶剂等外部氢源可有效提高目标碳氢产物的收率，抑制结焦的生成，提升催化剂的抗失活性能。其中氢气的引入能够显著减少催化热解过程中大分子量含氧化合物和积碳的生成，并提高可凝性热解产物收率。氢气通过耦合催化剂会产生丰富的氢自由基，这些氢自由基不仅可以抑制积碳前驱体的形成，还会使脱氧反应途径由脱羰基化和脱羧化转向以脱水为主。这能够提升热解生物油的整体碳收率和品质，并延长催化剂的使用寿命。Dayton 等[47]在实验室规模的流化床反应器上进行了松木木屑的加氢催化热解实验，结果表明常压氢气可以提高生物油的收率和质量，减少结焦和生物炭的生成。此外，在425℃下，当氢分压从60psig（1psig＝0.00689MPa）增加到120psig时，生物油中脂肪族化合物的含量明显增加，而氢浓度从20%（体积分数）增加到40%（体积分数）会促进脂肪族和单环芳香化合物的生成，同时多环芳烃以及含氧化合物的生成受到了抑制。这表明随着氢浓度或分压的增加，加氢脱氧和加氢反应更加剧烈。

另外，氢气氛围下催化剂的合理选择与设计对提高生物质加氢催化热解所产生物油的品质、降低生产成本有重大的意义。近年来众多学者围绕加氢脱氧催化剂在生物质加氢热解过程中的催化效果与调控机理展开了研究。Gamlie 等[48]在微型热裂解仪上测试了不同贵金属负载的 HZSM-5 催化剂在芒草类生物质加氢催化热解过程中的催化效果。他们的研究结果表明贵金属 Pd 的引入可以提高单环芳香烃的产率，促进脱羰反应，并生成了更多的 CO；而 Ru 的引入则会促进甲烷化反应，生成了更多的 CH_4。此外，与 HZSM-5 催化剂相比，采用 Pd 和 Ru 负载的 HZSM-5 催化剂加氢催化热解所产固体产率均有所降低。Ribeiro 等[49]在实验室规模的高压、连续流固定床反应器上测试了金属负载的 Al_2O_3 催化剂在纤维素加氢热解过程中的脱氧效果。其实验结果表明，在 2%Ru/Al_2O_3 和 2%Pt/Al_2O_3 催化作用下，整个过程的积碳收率有所下降，并且液体产物的脱氧效果显著提高，脱氧率分别为22%、27%；但 Pt 和 Ru 的引入使得产物更多向气相物质转化，从而降低了液体产物的碳收率。Jan 等[50]在微型裂解仪上采用1%Pd/HZSM-5 催化剂进行了木质素加氢催化热解直接生成航油燃料的探索工作，并成功在400℃、1.72MPa 氢压的工况下，由木质素直接生成了总收率为3%的环烷烃。可以看出目前加氢催化热解的研究多采用贵金属负载的催化剂，虽然能使生物油品质得到大幅度提高，但其高昂的成本大大限制了加氢催化热解的商业化应用。

7.3 生物质水热液化技术

水热液化（HTL）是热化学液化方法应用最为广泛的方法。它是以水或其他有机溶剂作为介质，对生物质原料进行液化的过程。其最早是运用在煤的液化上的，在1913年，Friedrich Bergius 提出的热液碳化概念模拟了一种天然的煤炭技术，该过程后来用于生产燃料和化学品的有机物的水热降解上。此后，关于液化技术的研究报告数量迅速增多，全球范围内对该领域的研究兴趣日益浓厚。

1944年 Berl 等在 *Science* 杂志上第一次报道了用水热液化的方法可以将藻类、草类等生物质转化为类似于石油的油状化合物，其实验条件为230℃的碱性水溶液。其研究报告中指出，生物质液化过程简单、反应过程无须添加还原气体、得到的生物油稳定性好。与其他液化方法相比较，得到的生物油品质较好，并称其为最为理想的生物质转化技术。此后，科学界便掀起了生物质液化研究的热潮，一些典型工艺如表 7-3 所示。

表 7-3　典型生物质水热液化工艺[51]

液化工艺	温度/℃	压力/MPa	有无还原气	有无催化剂
PERC 工艺	330～370	17～24	有	有
LBL 工艺	330～360	20	有	有
HTU 工艺	265～350	18	无	无
CWT 工艺	200～300	10	无	无

匹兹堡能源研究中心（PERC）的 Appell 等在上世纪 70 年代对生物质液化过程做了大量开创性工作，并且后来在俄勒冈 Albany 建立了中试装置。此工艺与现代水热液化工艺相比，最大的不同之处在于反应发生在有机相而不是水相。他们的连续实验装置反应条件为：木粉：水＝1：2.8（质量比）、330～370℃、催化剂 5%Na_2CO_3、CO 或 H_2 还原气氛、停留时间 10～30min。为了营造一个富油相环境，产物油以 19：1 的比例进行回流，最终得到 45%～55%的液体产物。

劳伦斯 Berkeley 实验室（LBL）工艺，首先将生物质原料在硫酸溶液中水解，然后用碳酸钠进行中和。处理后的浆液混匀后进入反应器，在 330～360℃和 10～24MPa 下进行反应。最后得到类似沥青的产物：密度 1.1～1.2kg/L、含氧 15%～19%、含氢 6.8%～8%、含碳 74%～78%。LBL 工艺，高压液化过程可以在富水相进行，这可以避免产物循环的需要，但增加了酸碱处理过程。PERC 和 LBL 工艺均于上世纪 70 年代在俄勒冈奥尔巴尼（Albany）提出概念性设计，但后来在 80 年代由于石油价格的降低以及乙醇汽油技术的开发而被美国能源部下令终止。最终，在 Albany 的中试装置中总共生产了 35 桶生物油。

上世纪 80 年代，壳牌公司开发了一种称为 Hydrothermal Upgrading（HTU）的生物质水热液化技术，但在 1988 年终止了该项目。该工艺的实验条件为：木质纤维素类生物质（如洋葱壳）、330～350℃、10～18MPa、5～20min。所得产物为一种水溶的重油（生物原油），其热值为 30～35MJ/kg，氧含量在 10%左右。

Changing 世界技术公司（CWT）于 1999 年建立了一套处理量为 7t/d 的生物质水热液化工业化装置，位于密苏里迦太基（Carthage），主要用于将 ConAgra 旗下 Butterball 火鸡厂生产的食品废弃物（动物内脏）转化为生物柴油、肥料和活性炭。图 7-12 为 CWT 工艺的简要流程图。该工艺可分为两个阶段：第一阶段为水热液化阶段，原料浸泡成浆液，加压至 4MPa 并加热至反应温度（200～300℃），固液分离后的液体通过闪蒸除去水分；第二阶段，非水相进一步加热至 500℃进行反应。在第一阶段可以回收固相产物（矿物）和水相产物（含 N），两者均可作为肥料利用。在第二阶段，可以得到燃料气、焦炭和柴油。该工艺所得到的油品主要含 C_{15}～C_{20} 的长链碳氢化合物，属较短的常规柴油。CWT 工艺不仅通过生产燃料和肥料使废弃

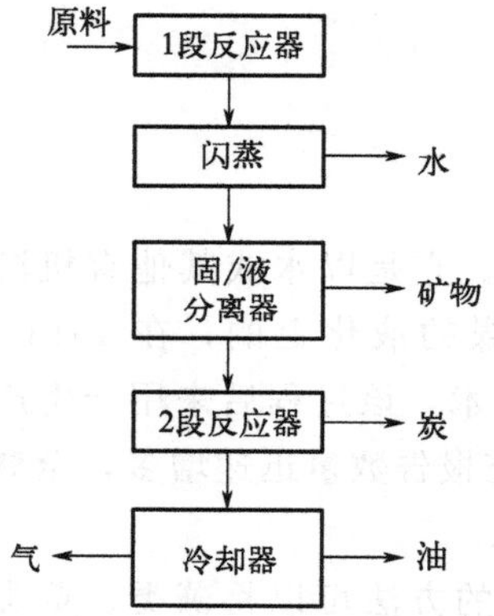

图 7-12　CWT 工艺流程简图[51]

物增值，而且消除了病毒通过食物链传递的可能性。该技术最早在Pennsylvania进行了中试实验，后来才建立了商业化装置。利用生命周期技术对CWT工艺进行环境影响评价，结果表明该工艺排放温室气体较少，具有良好的环境效益。

受经济和政治等因素的影响，早期的这些典型生物质水热液化工艺并未得到进一步发展。但直到今天，实验室的相关研究仍在继续。Karagöz等[52]在280℃和15min下研究了多种因素对生物质水热液化的影响，并考察了油品碳原子个数分布情况，发现多数产物碳原子个数在9～11之间。Anandraj等[53]利用一个单螺纹挤出装置为高浓度生物质浆液提供高温高压，在350～425℃和24MPa下，利用CO为还原性气氛，得到了氧含量低于10%且热值达到36MJ/kg的油品。Fang等[54]在300～340℃下，以Na_2CO_3为催化剂，研究了从甘蔗渣到椰子壳等一系列原料的液化过程，得到的油品产率、氧含量和热值分别为27%～60%、<12%和33～37MJ/kg。Dote等[55]在300℃下以Na_2CO_3为催化剂对一种含有50%油的海藻进行液化，最终得到64%的生物油。

我国学者也在生物质水热液化方面做了许多研究工作。颜涌捷等[56]在连续流动反应器中研究木屑在稀盐酸溶液中的催化水解反应，发现氯化亚铁催化效果好于氯化铁，木屑的转化率在优化条件下可达71%以上。曲先锋等[57]研究了稻秆在超临界水中的热解行为，发现：在380～410℃时产油率产率可达28.57%；油收率随着温度的升高和时间的延长先升高后降低。谢文[58]在300℃、18MPa和5min条件下研究了催化剂对稻秆水热液化的影响，发现$ZnCl_2$和Na_2S等催化剂可明显提高生物油产率（高达32.90%）及其热值（最高可达34.05MJ/kg)。巩桂芬等[59]在420℃、25MPa的条件下，研究了稻秆在超临界水中的转化过程，发现液相产物主要为酸、葡萄糖和果糖以及水溶性有机物。在后续的研究中，他们又考察了脱脂棉、微晶纤维素和定性滤纸的超临界水解过程，发现还原糖产率随时间延长先升高后降低；相同条件下，定性滤纸产糖量最高。于树峰[60]在250mL高压反应釜中研究了花生壳、谷秆、棉秆、甘蔗渣和苎麻在300～340℃、10min和添加K_2CO_3条件下的水热液化过程，得到的重油产率为21%～28%。宋春财[61]在100mL半连续固定床萃取反应器中，采用正交实验方法考察了压力、溶剂流量和升温速率对大豆、玉米和高粱秸秆水热液化过程的影响。他发现裂解和缩聚的竞争是影响液化产率的内在因素。在优化条件下，玉米秆的转化率（87.0%）和液体收率（58.6%）最高。在水的临界点附近，这些秸秆的反应性能最好。

7.3.1　水热液化基本特征

水热液化是一种热化学过程，其中生物质在高温高压水环境中进行热分解。水热液化过程与石油的形成过程类似，虽然原油形成需要成千上万年，但是水热液化过程往往只需几小时，这主要归功于生物质在水相高温高压下的快速液化反应[18,62-63]。水热液化的温度一般在300～375℃，压力一般在5～20MPa，反应时间在数小时内，此条件下将引起水的物理性质（密度、溶解度和介电常数等）的变化，转变为亚临界甚至是超临界状态。

374℃和22.1MPa是水的临界点，温度和压力在临界点之上的水为超临界水，反之为亚临界水。水的许多性质随着温度、压力等条件的变化而改变。水的离子积随温度的升高先升高后降低，而水的密度和介电常数随温度的升高持续降低。室温时，水的介电常数为80左右，而在300℃时则接近20，超过临界点后介电常数小于5。这意味着水在较低温度下为极性溶剂，能溶解可溶性盐类，而有机物和气体溶解度很低；而高温时情况相反，超过临界点后，水将类似于弱极性有机溶剂而溶解有机物和气体。高温下对气体和液体的高溶解度有利于消除气体和液体的相间界面，从而有利于反应，而对无机物的低溶解度有利于这些无机物和产物的分离和减少非均相催化剂的流失。

标准状况下水的离子积（$K_W=[H^+][OH^-]$）为 10^{-14}，300℃达到极大值（$>10^{-12}$），这意味着 H^+ 和 OH^- 的浓度为通常状况的10倍以上，相当于弱酸和弱碱的环境，这将有利于有机物水解等酸碱催化反应的进行；温度再升高，水的离子积急剧降低，临界点时为 $10^{-21.6}$，远小于标况，此时氢离子和氢氧根浓度很低。因此，在亚临界条件下，水能够促进离子反应的进行；而在超临界条件下，主要发生自由基反应。此外，水的黏度随温度的升高而降低（与介电常数变化规律相似），而扩散系数随温度升高而升高。因此，高温高压水有利于化学反应突破传质阻力，使受扩散过程影响的反应速率加快。

亚临界/超临界水环境有利于生物质发生水解反应，而临界点附近的水则是良好的溶剂，具有常态水所不具备的优良性质，其动力特性、溶解特性、输运特性都会发生有利于反应进行的变化，并为反应提供良好的环境，同时也作为反应物和酸碱催化剂直接参与液化反应[64-65]。在生物质水热液化过程中，有机质大分子会水解成为相对小的单体，单体在水热条件下会继续分解或重组，生成分子量更小的气体或液化油。单体的分解反应表现为气化，生成液化油的反应表现为液化，在水热条件为300～375℃时，单体分子重组生成油的反应占主导，即此时更有利于液化反应进行，当温度进一步升高至超临界状态，则利于气化反应进行。生物质水热液化技术具有以下特点[18,66-67]：

① 该过程无须对原料进行干燥，不存在水的相变焓，可以节约热能。同时，高压下还可避免相变过程带来的潜热损失，使该过程能效大大提高。由图7-13可知，同100℃下的常压蒸汽相比，在25MPa下，当水以液态方式升到300℃时，能够节约40%由相变焓损耗的热量。

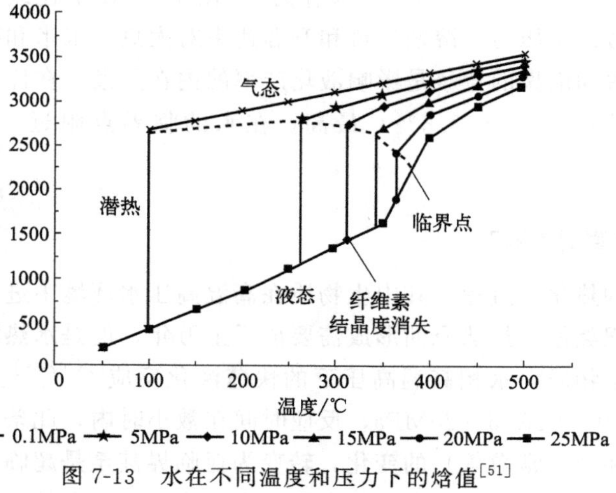

图 7-13　水在不同温度和压力下的焓值[51]

② 生物质转化速率快，反应较为完全。由于高温高压水（尤其是超临界水）具有类似液体的密度、类似气体的扩散系数以及特殊的溶解性能和离子积常数，有利于水热条件下生物质大分子水解以及中间产物与气体和催化剂的接触，减小或消除相间传质阻力。

③ 产物分离方便。常态水对生物质转化得到的碳氢化合物溶解度很低，分离过程中可免去精馏和萃取操作，这样大大降低了产物分离的难度，节约能耗和成本。

④ 产物清洁、无毒害作用。较高的反应温度可使得任何有毒蛋白质在较短时间内（数秒）水解。因此，生物质水热液化产物基本不含生物毒素、病原体和细菌等有毒有害物质。

7.3.2　水热液化影响因素

现有研究表明，水热产物的组成主要受到原料组分、液相环境和反应条件等因素影响。

(1) 原料特性

生物质原料组分不同，使得各原料热稳定性和液化难度存在差异，进而造成各原料的转化率不同，液化产物分布相差较大。组分对生物油产率的影响见表 7-4。纤维素和半纤维素因其较低的聚合度而易于液化，相反，木质素由于其高聚合度和复杂的交联结构，分解较为困难。因而通常认为纤维素更易液化为生物油，而木质素会残留较多原料。Singh 等[68]将松木、小麦秸秆和甘蔗渣等农林废弃物在相同条件下液化，发现纤维素含量越高，原料转化率和生物油产率就越高。Tian 等[69]液化玉米、花生和稻草秸秆等农业废弃物，指出生物质中纤维素和半纤维素的含量越高，生物油产率越高。Zhong 等[70]液化杉木、马尾松和毛白杨等富含木质素的林业废弃物，指出木质素会通过分解形成游离的酚基，经缩合、再聚合反应形成固体残留物，降低原料转化率。

表 7-4　生物质原料组分及其水热液化特性[64,67-70]

原料	组分含量/%			反应条件	油产率/%
	纤维素	半纤维素	木质素		
小麦秸秆	44.5	24.3	21.3	280℃/15min	29
甘蔗渣	39.0	24.9	23.1		25
松木	41.7	20.5	25.9		22
雪松	33.9	23.3	33.3		24
玉米秸秆	30.8	25.5	16.8	320℃/60min	7.9
花生秸秆	36.6	20.3	18.4		14.7
稻草秸秆	46.3	31.1	10.2		15.1
大豆秸秆	42.4	22.1	18.9		15.8
杉木	α-纤维素 42.47		32.4	320℃/10min	23.8
马尾松	α-纤维素 43.10		26.9	340℃/10min	20.6
毛白杨	α-纤维素 44.55		23.0	300℃/10min	26.4
水曲柳	α-纤维素 46.20		21.6	300℃/10min	30.7

但生物质组分对生物油产率的影响仍存在分歧。Caprariis 等[65]液化天然干草、橡木和核桃壳三种农林废弃物，发现生物（重）油产率随木质素的含量增加而提高，木质素含量最高的核桃壳油产率远高于纤维素。原因是产物回收方式的差异，木质素液化多形成不溶于水的生物（重）油，而纤维素产生较多水溶性有机物。

生物油的产率不仅受回收方式的影响，而且与原料组分的差异密切相关。Feng 等[71]将白松、白云杉和白桦的树皮在相同条件下液化，发现液化产物随木质素含量增加而变化，以纤维素为主的原料会形成较多的呋喃和乙酸，而富含木质素的生物质液化所得生物油中芳香烃及其衍生物会占据相当大比例。另有部分学者提出催化剂、停留时间和组分间相互作用等原因，目前原料组分对生物油产率的影响机制仍不清晰。

此外，小粒径可以增强水对生物质的溶解与渗透作用、提高液化效率，但过度减小原料尺寸会增加处理成本。Zhang 等[72]考察多年生草本三种不同粒径（25.4mm、2mm 和 0.5mm）对液化生物油产率的影响，发现减小粒径并不能有效提高反应温度在 350℃的生物油产率，在超临界条件下生物油产率甚至降低了 2%。为满足液化中介质的传热要求与反应经济性，通常将标准粒径设置为 4～10mm。

液化过程含固率（反应时原料中生物质与溶剂的质量比）亦具有重要影响，适当的含固率有利于提高生物质处理效率和生物油产率。Singh 等[66]研究了不同含固率下水葫芦的水热液化过程，含固率从 1∶3 降至 1∶6，原料转化率和生物油产率提高，而固体残留物则相反。原因是含固率降低，溶剂的萃取作用提高，对生物质的溶解性增强，还能分散中间体和产物，一定程度上避免了相关物质的交叉反应。含固率降至 1∶12，生物油产率出现下降，其余产物未发生太大变化，但过少的生物质使处理效率降低，系统损失增大。Yadav 等[73]液化生物质后同样观察到生物油产率随含固率减小而先升后降的变化趋势，且后者进一步指出选择适当的含固率（14.5%～17%）可取得最高生物油产率。选择合适的含固率，可以在提高生物油产率的同时保证反应的整体经济性。

(2) 反应温度

反应温度是生物质水热液化过程中的关键操作参数，目前已有大量关于反应温度对生物质水热液化影响的研究。Yadav 等[73]在 200～300℃液化水葫芦，发现反应温度是生物质液化的关键影响因素，生物油产率随温度的增加先升后降。Durak 等[74]分别在 250℃、300℃、350℃和 380℃下液化曼陀罗，指出反应温度对液化过程的影响并不是线性的。Minowa 等[75]考察了纤维素在无催化剂的高压水中（200～350℃）的液化，并对产物进行了分析，结果表明纤维素在 200℃左右开始分解，在 240～270℃反应加快，而 280℃以上基本无反应。同时。240℃以下只能检测到水溶物，说明必须克服能量障碍并提供足够的活化能，以获得更高浓度的自由基，生物质原料才能分解。生物质液化过程在低温下吸热使得大分子物质断键，聚合度降低，产生小分子化合物；在高温下形成的小分子化合物发生聚合反应，此过程会产生大量热量，所以生物油产率随温度升高会逐渐增加，达到一定温度后如果进一步升温则会抑制液化过程。生物油产率降低的原因也可能是生成的生物油发生二次分解和 Bourdard 反应以及高浓度自由基重新形成焦炭，在中低温（<275℃）条件下，由于生物质组分的部分分解，生物油产量也会下降，因此 300～375℃的反应温度范围可能是最适合的反应温度。

(3) 停留时间

停留时间指生物质原料在目标温度下液化的时间，对液化过程具有一定程度的影响。较短的停留时间会使原料分解不彻底，而时间过长会促进中间体的分解或聚合反应，两者都不利于生物油的形成。Yadav 等[73]研究了水葫芦在 280℃下停留 15min、30min 和 45min 的液化过程，指出由于重组和再聚合反应占主导地位，延长时间不利于生物油的形成，相反固体残留物持续增加。Kim 等[62]研究液化红麻时停留时间对产物的影响，发现延长停留时间会促进中间体分解、解聚形成小分子，降低生物油产率，增加水相、气相产物。实际上由于多数研究是缓慢加热至反应温度，该过程中大量生物质已充分反应，所以较短的停留时间（15min）既可取得较高的生物油产率，也能降低反应成本。

（4）溶剂环境

溶剂在水热液化中扮演着重要角色，除水以外，近年来部分学者尝试利用甲醇、乙醇和丙酮等有机物以及有机废水作为溶剂。Biswas 等[64]研究了水、甲醇和乙醇三种溶剂液化生物质的效果，发现醇类溶剂相较于水会产生更多的活性氢以稳定自由基，同时更低的临界点与介电常数能更快溶解生物质、促进原料解聚，使反应条件温和、增加生物油产率并降低油的氧含量。Liu 等[76]研究了松木液化时水、丙酮和乙醇三种不同溶剂的影响，结果表明丙酮因较强的极性，在促进极性反应的同时抑制中间产物形成固体残余物，原料转化率最高。

除单一溶剂外，研究人员开始尝试使用水和有机溶剂的混合溶剂（也称共溶剂）作为液化反应介质。有机溶剂种类繁多，目前最常用的主要是醇-水共溶剂，包括甲醇-水共溶剂、乙醇-水共溶剂等，主要是由于乙醇等低碳醇是可再生资源，获取成本低，可由生物质自身水解发酵制得。Zhao 等[77]报道了与单一的水或甲醇作为溶剂相比，共溶剂下的转化率和产油率明显增高，即甲醇和水的混合溶剂对松木液化过程具有明显的协同效应。Cheng 等[78]进一步证实了醇-水共溶剂对木质纤维类生物质的液化具有协同增效的作用，且50%醇-水共溶剂效果最为明显。Peng 等[18]报道了小球藻在乙醇-水共溶剂中的直接液化，结果表明，乙醇的加入能与生物油中的酸性物质发生酯化反应形成酯类，生物油的主要化学成分是脂肪族和杂原子化合物。张培铃等[79]发现了40%乙醇-水共溶剂最有利于杜氏盐藻的液化，此时生物油产油率最高，为64.7%，而残渣率不足2%，油中的酸类物质易与乙醇发生酯化反应生成相应的酯，从而改善了生物油的品质。

（5）操作参数

升温速率、压力等操作参数也会对水热液化产生影响。这些因素并不是独立存在的，而是互相作用，单独研究某一因素无法全面揭示它们对生物油产出的协同作用。Mathanker 等[63]指出液化过程中反应温度和压力联系密切，压力在低温时（250～300℃）对反应的影响较大，此时压力能使水保持液相以提高溶剂密度，增强对原料的渗透和提取作用，提高生物质转化速率并促进反应进行。然而，当温度接近临界（350～375℃）时压力的作用逐渐减弱，因为溶剂局部密度增加会产生笼蔽效应，抑制C—C键断裂。Kim 等[62]研究了红麻液化时反应温度与停留时间的相互作用，发现温度低于300℃生物油产率会在60min或更长的时间内持续增加；而温度高于300℃生物油产率在60min内先升后降，于30min时取得最大值，分解、缩合、气化等反应随温度的提升在液化过程分别占据主导地位。不仅温度与停留时间相互影响，两者与升温速率也会相互影响，低温（250～280℃）时升温速率对液化过程影响较弱，更长的停留时间能提升原料转化率和生物油产率；升高温度至315℃以上，提高升温速率能使生物油产率增加，但代表油品质量的H/C和O/C比降低，后续的生物油提质成本增加。此外，过高的升温速率并不能显著提高生物油产率但会增加气态产物，过长的停留时间会促进气化反应进行。

7.3.3 水热液化机理

生物质液化成生物油是一个非常复杂的过程。如图7-14所示，生物质首先分解成小分子产物，一部分小分子产物会继续分解成气体产物，另一部分小分子产物则会缩合成生物油。在一定条件下，生物油会继续缩合成生物炭，同时一部分生物油会分解成气体产物。这些反应都是相互竞争关系，其反应机理与生物质组分及其比例息息相关。同时，多种有机物的复杂聚合使原料反应过程难以分析，通常采用模型化合物进行初步研究。

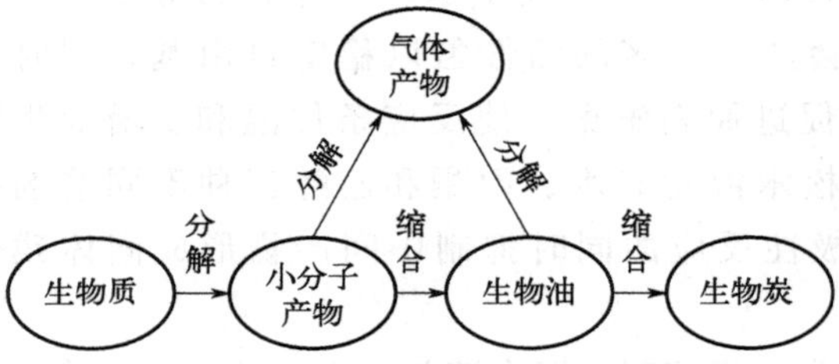

图 7-14　生物质的液化机理[80]

纤维素是由葡萄糖单体脱水通过 β-1,4-糖苷键连接的线性聚合物。纤维素的直链结构使内部分子间形成强大的氢键，具有较高的结晶度，使之不溶于水等大部分溶剂，且能抵抗酶的溶解。在水热液化过程中，纤维素会首先降解生成葡萄糖单体和低聚糖；继续加热，纤维素与低聚物加速降解，葡萄糖经 Grob 断裂反应降解形成小分子含氧化合物，或形成醛、酮、环烃等化合物；同时，环状物会通过开环、羟醛缩合等反应产生酚、环酮等化合物，两者还会发生酚酮互变异构。纤维素反应过程如图 7-15 所示。

半纤维素是由木糖、甘露糖、葡萄糖和半乳糖等多种单糖单元组成的杂聚物。半纤维素因生物种类不同而组成差异很大，禾本植物中半纤维素主要由木聚糖单元组成，而木本植物富含甘露聚糖、葡聚糖和半乳聚糖单元。由于分子链较短且有较多的支链，半纤维素的结晶度比纤维素低得多，在 150℃以上的温度就容易水解，当温度升至 200～300℃时降解更加迅速。液化过程中半纤维素中的木聚糖会首先降解形成木糖、半乳糖等单体及其低聚物；与纤维素一样，半纤维素产生的糖类也会以类似的方式降解，生成的单体和低聚物通过脱水、反羟醛缩合、醛糖/酮糖的相互转化等反应生成糖醛、甘油醛、二羟丙酮、羧酸以及醛等物质。

木质素主要由对羟苯基丙烷、愈创木基丙烷和紫丁香基丙烷三种单体通过脱氢聚合，由醚键和 C—C 键等无序连接而成。在木质素液化过程中，芳环通常不受影响，而是其取代基参与反应。木质素的醚键比 C—C 键更易断裂，在水解过程中，醚键先被选择性断裂生成甲氧基苯酚，其后水解为酚类化合物和含 2～6 个碳原子的烷烃。苯酚和苯二酚等酚类化合物被甲醇与乙醇烷基化产生大量羟基苯，同时脂肪族和其他轻质含氧化合物等与芳环缩合，最终产生种类丰富的烷基化苯类物质。生物油一方面来自木质素部分解聚，另一方面来自芳香结构的烷基化。相应的裂解与缩合反应在液化过程中存在竞争，可通过控制温度改变水的理化性质调节各反应。木质素的反应过程如图 7-16 所示。

7.3.4　催化剂对水热液化的影响

尽管水热液化技术是一种高效的生物质处理手段，但仅凭借纯水环境下高温高压液化所获得的生物油仍具有含氧量高、热值低以及稳定性差等缺点，还需对生物油进行提质处理才能用做生物燃料。因此，研究提高生物油产率和品质的催化剂，对工艺整体效率的提升至关重要。

催化液化在生物质液化过程中加入催化剂，不仅能促进生物质降解，抑制缩合、重聚等反应，提高生物油产率、减少固体残留物，还能调整自由基片段的断裂与重组，改变、优化生物油组分。目前，生物质催化水热液化研究中催化剂主要为均相催化剂和多相催化剂，其中均相催化剂指能溶于溶剂的酸、碱以及碱式盐等；多相催化剂则相反，一般指金属及其氧化物或负载型催化剂。近年来，已有大量关于生物质催化水热液化的研究报道。

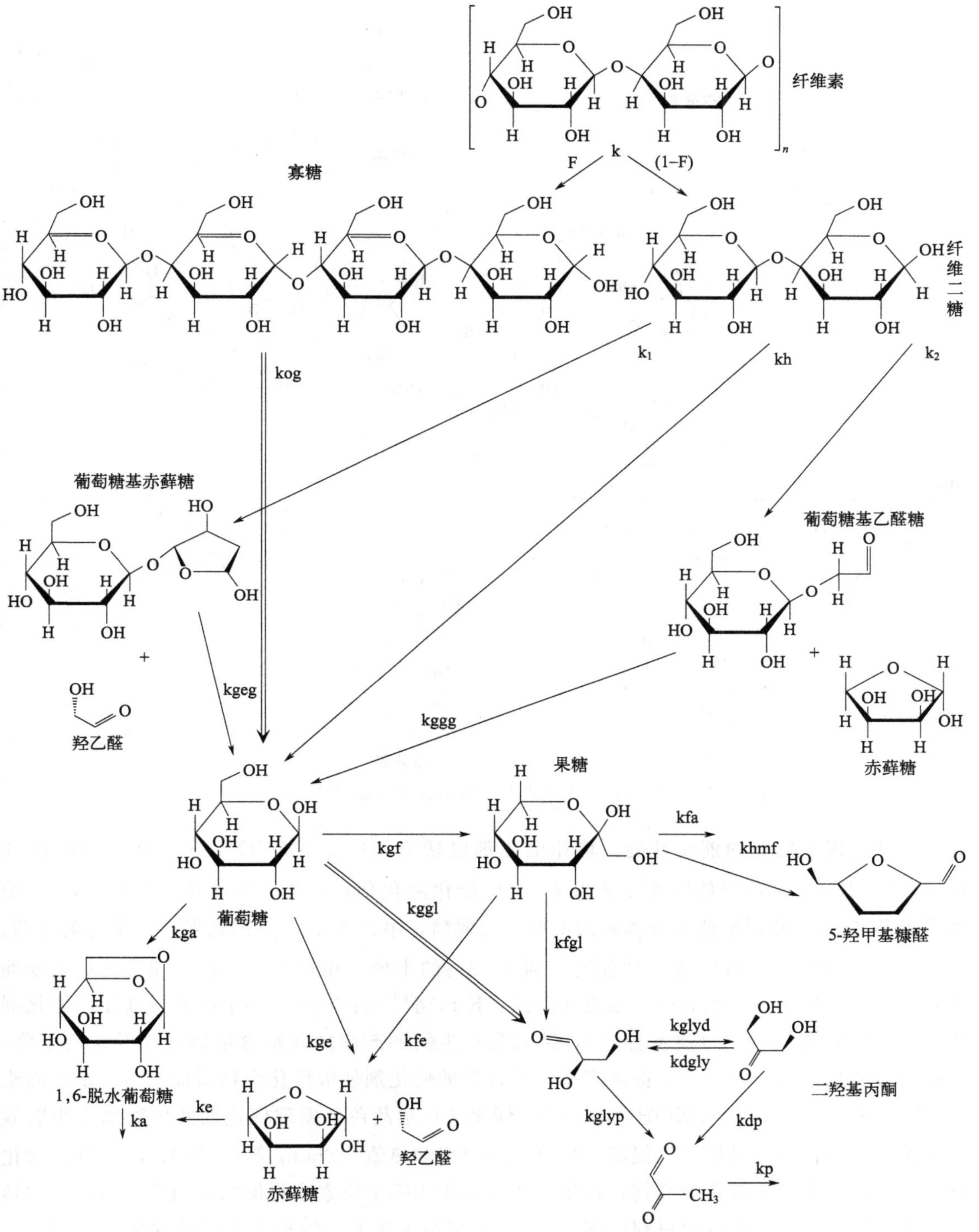

图 7-15　液化过程中纤维素和葡萄糖的反应途径[81]

(1) 均相催化剂

在水热液化技术发展的初期阶段，各种酸性和碱性均相催化剂被广泛应用于生物质液化

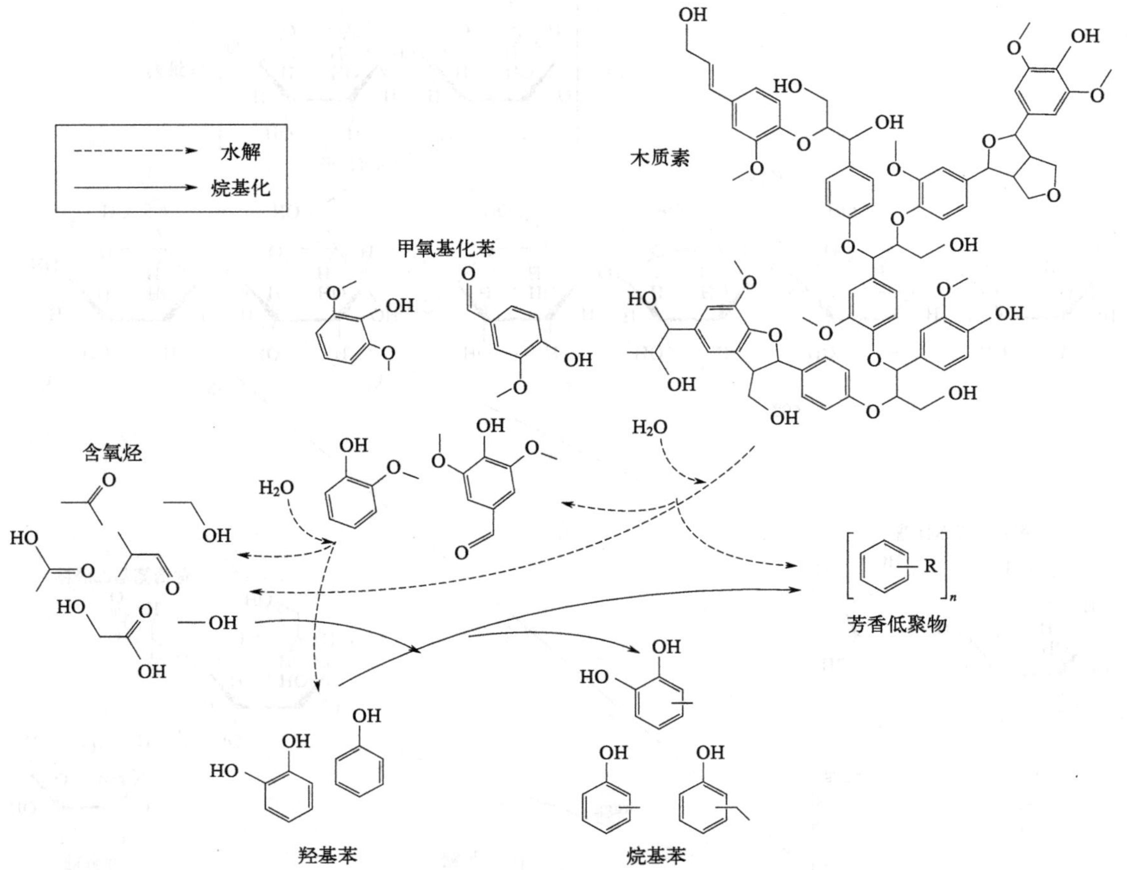

图 7-16 木质素的水热液化反应途径[82]

过程，并展现出良好的催化性能。均相催化剂包括 H_2SO_4、Na_2CO_3、K_2CO_3、NaOH 和 KOH 等。Karimi 等[83]使用两步法以 H_2SO_4 催化液化稻秆，第一步液化过程中 80.8%的木聚糖和 25.8%的葡聚糖分别降解为木糖和葡萄糖，第二步 46.6%的葡聚糖解聚为葡萄糖。Pessoa 等[84]利用 H_2SO_4 液化甘蔗渣得到 83.3%的木糖。相较于酸，碱性催化剂对生物油具有更好的提质作用，相关研究也更加广泛。Kim 等[62]将 NaOH 用于红麻的液化，催化剂用量为生物质的 0～5%（质量分数），结果显示生物油产率随着碱含量增加先升高后下降，初始阶段能加速木质素分解、提高产率，但过多的催化剂使极性化合物增加，溶于水中而难以利用。Singh 等[66]利用 KOH 和 K_2CO_3 催化液化水葫芦，发现催化剂使生物油中脂肪族和芳香族化合物的含量增加，提高了生物油的产率和热值。Zhong 等[70]用 K_2CO_3 催化液化杉木等富含木质素的林业废弃物，指出催化剂的作用随木质素含量提高而增大，对杉木的转化促进作用最明显。在液化过程中 K_2CO_3 通过抑制木质素分解形成中间体的缩合或聚合反应，减少固体残留物、提高原料转化率。Jindal 等[85]在研究树木的水热液化时比较了 Na_2CO_3、K_2CO_3、NaOH、KOH 四种不同催化剂的催化效果，结果表明当 K_2CO_3 为催化剂时，生物油产率最高达到 34.9%，固体产率最低为 6.8%。四种催化剂的催化效果对比为 K_2CO_3＞KOH＞Na_2CO_3＞NaOH。

碱性催化剂在水热液化过程中起到重要作用，既能使纤维素润胀、破坏结晶结构、提高转化速度，又能催化不易降解的木质素、提高原料转化率、有效地抑制焦炭的形成。然而此类催化剂也有缺点：一方面，生物质中的游离脂肪酸易与其反应形成脂肪酸盐，从而失活；另一方面，反应结束后难以将盐从产物中除去，需要对其中的碱性催化剂进行中和，才能获得高纯度的生物油。为解决上述问题，研究人员开始致力于寻找环境友好且更具选择性的多相催化剂。

(2) 多相催化剂

均相催化剂能与原料均匀混合，使液化反应更充分，但结束时水相难以处理，带来一系列环境与成本问题。相比之下，多相催化剂在满足环保要求的同时，展现出更高的活性和更佳的选择性，从而具有更优的催化效果。目前，多相催化剂的报道主要集中在碱金属氧化物、过渡金属、La 系氧化物和分子筛等种类。其中，碱金属氧化物被大量用于促进糖类降解。Durak 等[74]研究了液化曼陀罗时硬硼酸钙石和硼砂的催化活性，结果显示催化剂促进生物质分解，有效提高了生物油产率，但因脱水脱羧作用较弱，对生物油品质提升作用有限。

过渡金属在液化过程中的活性主要表现在氧化、氢化、加氢裂解等方面。Yadav 等[73]液化经浸渍法负载氧化铁的水葫芦，发现氧化铁经还原反应生成铁后，继续与水反应产生的活性氢能抑制中间体的再聚合，促进葡萄糖的异构化和逆醛醇缩合反应，提高生物油的产率和品质。

La 系氧化物用作催化剂时具有对焦炭沉积的高耐受性，Yim 等[67]研究了超临界条件下液化空果束时 La_2O_3、CeO_2 的催化效果，发现其不仅能提高生物油产率，还通过促进酯和炔烃化合物的形成，降低生物油氧含量、提高其热值。

分子筛是多孔铝硅酸盐矿物，被广泛用作催化剂或化学转化工艺的载体，其中 HZSM-5 分子筛能在液化过程中将原料有效转化为生物油。Yan 等[86]液化甘蔗渣时考察了 HZSM-5 分子筛的催化作用，其作为多孔材料分子筛具有大量的活性位点，能有效促进裂解、脱氢、环化、异构化等反应，降低生物油的氧元素含量、提升油品质量。

表 7-5 为几种均相与多相催化剂对生物质液化过程的催化效果。相较于均相催化剂，多相催化剂在生物质催化水热液化过程中具有高活性和选择性，能够提升生物油的产率和品质，并且在反应结束后可以回收和重复利用，但因液-固反应等内部/外部的扩散限制，催化活性通常低于均相催化剂，是目前技术研究需要突破的关键问题。

表 7-5　催化剂对农林废弃物生物质液化的催化效果[62,72,76,86]

催化剂	生物质	反应条件	催化效果
K_2CO_3	杉木	280～360℃/10min	生物油产率提高，固体产物减少
KOH	小麦秸秆	280℃/15min	原料转化率和生物油产率提高；酚类化合物含量增加
K_2CO_3	甘蔗渣		
NaOH	红麻	250～350℃/15～120min	随碱含量增加，生物油产率先提高后因极性化合物大量形成降低；热值始终增加
$ZnCl_2$	草木	250～290℃/75min	提高原料转化率，增加生物油产率和热值
硬硼酸钙石	曼陀罗	250～380℃/15min	提高生物油产率
硼砂			

续表

催化剂	生物质	反应条件	催化效果
氧化铁	水葫芦	200～300℃/15～45min	生物油最高产率为 38.1%
CeO_2	棕榈木	360～450℃/15～960min	提高生物油产率
La_2O_3			
ZSM-5	甘蔗渣	225～345℃/0～60min	提高生物油产率，降低油中氧元素含量，提高热值

7.4 生物油催化提质

生物质中的三种主要成分纤维素、半纤维素和木质素，经过解聚和裂解生成了众多分子量大小不一的化合物，就是这些化合物组成了生物油这一复杂的有机混合物。与重燃料油相比，木材热解产生的生物油在元素上最显著的差异在于其含氧量。生物油中氧的含量通常较高（35%～40%），氧元素广泛分布在 300 多种不同的化合物中。这种特性与所使用的生物质原料种类以及生物油制取过程中的操作参数（如温度、停留时间、加热速率）密切相关。生物油最主要的成分是水，其它主要组分为酚、酮、糖、醛和有机酸等含氧有机物。生物油的高含氧量导致其热值较低、热稳定性差、易于老化、挥发性弱、黏度高，并具有腐蚀性。这些特性使得生物油与石油燃料在性质上存在显著差异，从而限制了生物油的广泛应用。因此，对生物油进行催化提质是十分必要的。

7.4.1 生物油的品质缺陷

生物油的挥发性相对较差，如表 7-6 所示。其复杂的化学成分导致了生物油具有宽的沸腾温度范围。除了水和易挥发的物质外，油中还含有诸如糖类、低聚酚醛等不易挥发的稳定组分。在蒸馏过程中，缓慢的加热速率可能导致油中某些活泼组分发生聚合。因此，生物油在低于 100℃的温度下就开始沸腾，但在 250～280℃范围内，蒸馏过程才完成，此时会有 35%～50%的残余物。因此，对于需要完全气化燃烧的装置，生物油并不适用。

生物油的低位发热量与生物质的低位发热量差不多，基本为 14～18MJ/kg，仅仅是碳氢化石燃料的 40%～50%。主要原因是生物油的含氧量太高，同时含水量（15%～25%）同样很高。表 7-6 中列出了不同原料通过不同的热解反应装置得到的生物油的热值。尽管生物油的发热量与其原料有关，但生物油中水分含量的大小对热值的影响很显著。

生物油的水含量通常在 15%～30%之间，它对生物油的影响具有双重性。消极方面，水分降低了生物油的热值，特别是低位发热量和火焰温度，延长了点火时间，并减少了燃烧效率。积极方面，水分改善了生物油的流动性，降低了油的黏性，这有助于泵的抽吸和油的雾化，从而有利于燃烧。在柴油机使用生物油的情况下，水分的存在有助于维持柴油机气缸内温度的稳定，并降低了 NO_x 的排放。

生物油中含有甲酸和乙酸等有机酸，这使得生物油整体呈现酸性，其 pH 值通常在 2～3 之间。因此，生物油对碳钢和铝制容器具有较强的腐蚀性，且温度升高会加剧这种腐蚀，这增加了生物油的存储成本。

原料的差异以及生物油制备方法的不同导致生物油的黏度在 35～1000mPa·s（40℃）

的范围内变化。在高温条件下，生物油的黏度比原油降低得更快，即使是黏稠的生物油也可以通过适当的预热后进行泵送。然而，高温下生物油的黏度有时会升高，这可能是由于油中组分发生反应生成了大分子物质，或者是某些组分吸收了空气中的氧气。通过添加甲醇或苯酚等极性溶剂，也可以显著降低生物油的黏度。

在生物油的存储和处理过程中，生物油含有的一些化合物之间能够发生反应形成一些大分子。Polk 等[87]的研究表明，这一过程中主要的化学反应包括双键化合物的聚合反应，以及含有羟基、羧基、羰基的化合物之间的醚化作用和酯化作用。同时，水作为副产品产生。这些反应的直接后果是影响了生物油的一些物理特性，例如增加了生物油的黏度和含水量，这些因素限制了生物油的广泛应用。

表 7-6　生物油的特性及其与重质油的比较[4,49,85,88]

性质	源于不同原料的生物油				石油基液体燃料	
	桦木	松木	杨木	其它	POK 15	POR 2000
固体含量/%	0.06	0.03	0.045	0.01～1	—	—
pH 值	2.5	2.4	2.8	2.0～3.7	—	—
含水率/%	18.9	17.0	18.9	15～30	0.025	<7
密度/(kg/m^3)	1.25	1.24	1.2	1.1～1.3	0.89	0.9～1.02
黏度/(m^2/s)	28	28	13.5	13～80	6	140～380
LHV/(MJ/kg)	16.5	17.2	17.4	13～18	40.3	—
灰分含量/%	0.004	0.03	0.01	0.00～0.3	0.01	0.1
CCR/%	20	16	—	14～23	0.2	—
C 含量/%	44.0	45.7	46.5	32～49	—	—
H 含量/%	6.9	7.0	7.2	6.9～8.6	—	—
N 含量/%	<0.1	<0.1	0.15	0～0.2	—	—
S 含量/%	0	0.02	0.02	0～0.05	0.2	1.0
O 含量/%	49.0	47.0	46.1	44～60	0	—
Na+K 含量/(×10^{-6})	29	22	6	5～500	—	—
Ca 含量/(×10^{-6})	50	23	4	4～600	—	—
Mg 含量/(×10^{-6})	12	5	3	—	—	—
闪点/℃	65	95	64	50～100	60	>65
凝结点/℃	−24	−19	—	−39～−19	−15	>15

7.4.2　生物油的精炼提质

生物质经快速热解或水热液化的油相产品，经过精炼提质后将会成为化石燃料的重要替代产品之一。与传统的化石燃料相比，生物油含硫量极低，可以认为燃烧过程二氧化硫净排放量为零。然而，生物油的含氧量高、腐蚀性强、黏度高、热值低以及稳定性差等缺点，极大地限制了其推广应用。为了改善生物油的性质，提高其品位，扩大使用范围，需要对生物油进行一系列后续的精炼改质处理。

目前，生物油的精炼提质方法主要分为物理方法和化学方法。其中物理方法主要有萃取、过滤、添加溶剂、乳化和精馏等。化学方法有催化裂解、催化酯化和催化加氢脱氧等。Kumar 等[89]对热解生物油的提质改性方法进行了综述，包括催化裂解、加氢脱氧、蒸气重整、催化酯化以及超临界提质等，同时提出应当设计新型催化剂进行生物油提质、提高对产物炭的形成机理的认识、明确催化剂失活原因、进一步降低反应温度和压力使其在工业规模上经济可行等。本小节将对这类提质方法进行介绍。

7.4.2.1 催化裂解

催化裂解通常是在催化剂的作用下，生物油蒸气中的高分子物质裂解成小分子，并以 H_2O、CO_2 以及 CO 的形式脱除氧。催化裂解最常用的催化剂为择形分子筛 HZSM-5，它具有较强的酸性、高活性以及高择形性，可以促进生物油脱水或脱氧，从而使大多数含氧化合物转化为碳氢化合物。该操作一般在常压下进行，不需要还原性气体，设备也较催化加氢简单，所以许多学者采用该方法对生物油进行改性研究。

Vitolo 等[90]研究了 HZSM-5 分子筛的催化机理以及催化剂的失活与再生。研究表明 HZSM-5 分子筛催化剂在生物油品质提升反应中具有良好的催化活性，主要是由于其酸性位通过碳正离子机理，针对生物油组分具有促进脱氧、脱羧、脱羰基作用，同时，还具有裂解、低聚、烷基化、异构化、环烷化和芳构化功能。积炭和焦油的产生会使催化剂失活，在500℃下通入空气，使积炭燃烧可以使催化剂再生。但 HZSM-5 催化剂反复再生过程中，催化剂活性会逐步降低直至完全失活，其主要原因是在积炭燃烧过程中 HZSM-5 酸性位逐渐由 B 酸转化为 L 酸，而生物油品质提升主要是 B 酸作用。Hew 等[91]利用 HZSM-5 为催化剂，考察了生物油在高压反应釜中的催化裂解反应。研究表明最佳实验条件为反应温度400℃，反应时间 15min。所得有机液相产物中汽油组分最高为 91.67%。

Gayubo 等[46]研究了两步在线催化转化生物油为碳氢化合物，实验采用了 HZSM-5 分子筛催化剂对生物油与甲醇混合物进行选择性催化转化，生成 C_2～C_4 烯烃产物。考察了不同反应条件对加氢的影响，分别考察了生物油/甲醇比、温度、空速和反应时间对生物油催化转化的影响。实验结果表明：生物油中加入 50%的甲醇，在 500℃、质量空速 0.37h^{-1} 反应条件下，生物油转化率为 94%，C_2～C_4 烯烃选择性为 48%（其中 50%为丙烯）且有少量的 CO 和 CO_2 生成。Ouedraogo 等[88]研究了 Si-Al 与 HZSM-5 混合催化剂对生物油催化裂解的影响，两者比例不同，产品的选择性不同。经对实验条件考察及产品表征，发现 H_f（HZSM-5 含量）＜10%时，产物主要为脂肪烃，H_f＞10%时产物主要为芳香烃。并且脂肪族烃主要受空速和 H_f 的影响，芳香族烃主要受温度和 H_f 的影响。反应采用固定床微型反应装置，反应温度范围为 330～410℃，最佳反应温度为 370℃，反应压力为常压，质量空速为 1.8～7.2h^{-1}，H_f 值为 0～40%。Vitolo 等[90]研究了 HZSM-5 与 HY 分子筛对生物质直接进行催化热解从而对生物油进行品质提升。研究结果表明使用 HZSM-5 分子筛更容易使生物油有机相和水相分离，而使用 HY 分子筛生物油产品为单一相（油水混合到一起）。郭晓亚等[56]在 HZSM-S 催化剂存在下，将生物油在固定床反应器内进行了催化裂解，实验研究了精制生物油的产率受温度、催化剂粒度、质量空速、溶剂诸因素的影响程度。在较佳的反应条件下，即质量空速 3.7h^{-1}、温度 380℃时，获得了较高的精制生物油产率（44.68%）。产物分析表明，精制油中的含氧化合物如有机酸、酯、醇、酮、醛的含量大大降低，而不含氧的芳香族碳氢化合物和多环芳香碳氢化合物含量有所增加。同时，该课题组研究了不同硅铝比及不同类型的 HZSM-5，以及 5A 分子筛和高岭土催化剂对生物油品质提升中催化性能的不同。实验在固定床反应装置上常压下进行。研究结果表明 HZSM-5（50）生物油有机物蒸馏产物最多，而添加高岭土催化剂积炭最少。

盛凌广[92]研究了快速热解与生物油催化裂解同时进行，实现了在线提升生物油品质生产工艺。实验采用流化床热解和固定填充床提升生物油品质工艺，热解及提质实验条件为温度 500℃，空速 $4h^{-1}$。研究结果表明生物质热解与热解生物油品质提升联合过程具有一定的优越性，与单独过程比较不仅提高了生物油产率而且提高了生物油的品质。此外，温度为 500℃、质量空速为 $3h^{-1}$ 时，液体产率最大并且含氧化合物明显减少。Adjaye 等[93]使用微型固定床对快速热解生物油催化提质，采用的催化剂有 HZSM-5(0.54nm)、HY(0.74nm)、H 丝光沸石（0.67nm）、硅沸石（0.54nm）、SiO_2-Al_2O_3（3.15nm），在常压 290～410℃和 $1.8^{-1}/3.6^{-1}$ 质量空速下反应，主要产物为炭粉、焦炭、焦油、气、水和有机馏分，烃产率分别为 27.9%、14.1%、4.4%、5%与 13.2%。其中 HZSM-5 和 H 丝光沸石对应的芳香烃最多，其他三种催化剂相反，主要的芳香烃产物是甲苯、二甲苯、三甲苯，脂肪烃主要是含 6～9 个 C 的环烷烃、支链烷烃和烯烃。提高空速到 $3.6h^{-1}$ 时，积炭减少，但烃类化合物产率下降。Park 等[28]采用 HZSM-5 分子筛催化裂解生物油，结果表明，HZSM-5 具有较强的酸中心，其催化效果优于 HY 分子筛，生物油中的氧以 H_2O、CO 和 CO_2 的形式除去。此外，实验中选用的 Ga/HZSM-5 催化剂可以明显提高精制油中的芳烃含量。Paul 等[94]以 HZSM-5 为催化剂，在流化床反应器上对生物油进行改性提质。研究了催化剂的催化作用机理并考察了催化剂的再生性能，其催化作用主要通过两种方式进行：①首先沸石分子筛将生物油催化裂解为烷烃，然后将烷烃芳构化；②生物油中的含氧化合物的氧直接脱除形成芳香族化合物。催化剂循环使用实验表明，再生后的催化剂将生物油催化裂解为芳香化合物的能力显著降低，随着催化剂再生次数的增加，改性后产品含氧量和平均分子量也逐渐增加。虽然沸石分子筛自身具有一定的酸性和规则的孔道结构，使其在生物油催化裂解过程中显示出较好的催化裂解性能和芳构化性能，但沸石分子筛自身也存在较大的局限性，在催化裂解过程中分子筛催化剂很容易因结焦而失活，而且很难通过优化反应条件来延长催化剂的寿命，并且催化裂解的油相产率较低。

总之，催化裂解方法处理生物油有很多优点，比如，技术比较成熟，可以参考石油催化裂解的经验，能在常压下进行操作并且产物中轻组分的汽油馏分含量比较高。但是开发经济高效催化剂仍是催化裂解方法的关键，现在常用的催化剂普遍存在结焦率高、催化剂容易积炭失活、产物中碳氢化合物含量较低等问题。因此，找到转化率高、性能好、结焦率低的催化剂是目前研究的重点。

7.4.2.2　催化加氢

生物油的催化加氢是指在高温（573～873K）、高压（氢气压力 7～20MPa）及催化剂存在的条件下，生物油发生加氢反应，其中氧主要以水的形式脱除。该过程中发生的反应有：加氢去硫、加氢脱氧、加氢去氮等。生物油催化加氢提质研究已有 30 多年的历史，主要涉及催化剂、溶剂和工艺过程等方面。其中对催化剂的研究最为广泛，常用的催化剂为 Co-Mo、Ni-Mo 及其硫化物，还有将活性组分负载到氧化铝等载体上的催化剂。

早期对生物油催化加氢的研究主要是借鉴石油催化加氢技术。Sheu 等[95]采用 CoMo/

γ-Al_2O_3、NiMo/γ-Al_2O_3、NiW/γ-Al_2O_3 催化剂在滴流床反应器上，研究了生物油催化加氢精制，反应温度范围为 350～400℃，反应压力范围为 5～10MPa，重量时空速度（WHSV）为 0.5～3.0h^{-1}。结果发现，温度和压力对生物油脱氧率影响较大，空速对生物油脱氧率影响较小。Mahfud 等[96]采用固定床反应器，以硫化的 CoMo/Al_2O_3 和 NiMo/Al_2O_3 为催化剂研究了榉树生物油催化加氢精制。精制后对有机相产物的性质分析表明，NiMo 催化剂效果最好，使生物油中氧含量由 20.7%降低为精制油后的 9.42%。但反应后有机相黏度较高，并存在生物油聚合结焦问题。Enol 等研究了硫化的 NiMo/γ-Al_2O_3 和 CoMo/γ-Al_2O_3 催化剂在生物油加氢脱氧（HDO）过程中不同的反应机理。硫化 NiMo/γ-Al_2O_3 和 CoMo/γ-Al_2O_3 对来源于木质素的芳香族含氧化合物与来源于植物油脂及动物脂肪的脂肪族含氧化合物表现出了不同的催化活性。实验表明在芳香族苯酚类化合物的 HDO 反应中，在 NiMo 催化剂上主要是氢解反应和加氢反应同时进行，酚类和 H_2S 的竞争吸附导致 H_2S 具有抑制反应作用，而使用 CoMo 催化剂可以直接进行氢解反应。然而，对于脂肪族含氧化合物的 HDO 反应 H_2S 却起到促进作用，酸催化和加氢反应占优势。这些反应机理的不同归因于芳香族和脂肪族含氧化合物不同的分子和电子结构。在酚类的 HDO 反应中 NiMo 催化剂比 CoMo 催化剂具有较低的反应活性，然而在脂肪族含氧化合物 HDO 反应过程中情况相反。Rocha 等[97]采用硫化 NiMo/γ-Al_2O_3 催化剂在 300～520℃、氢压 10MPa 下直接对纤维素进行催化加氢热解反应。实验采用两步反应，先用商业 NiMo/γ-Al_2O_3 在 400℃，氢压从大气压升至 10MPa，所得生物油的氧含量约为 20%。第二步在反应体系中分散加入硫化铁催化剂，在 400℃和 10MPa 氢压下进一步对生物油进行催化加氢，使生物油中氧含量降低至 10%。Elliott 等[98]采用硫化 NiMo/Al_2O_3 和 CoMo/Al_2O_3 催化剂在下流管式固定床上对生物油加氢提质进行了研究，反应温度 350～380℃、空速 0.29～0.43h^{-1} 条件下，可以得到产率为 38%～53%的有机相，脱氧率达到 94.5%～98.6%。但是传统加氢催化剂由于需要硫化后才具有较好活性，容易给生物油带来硫污染，并且其载体都为 Al_2O_3、耐水热性能较差等限制了其广泛的应用。

贵金属催化剂应用于生物油催化加氢提质被进行了广泛的研究。比如，Cheng 等[99]在固定床上研究了松树锯末生物油的催化加氢，发现 0.5%Pt/Al_2O_3 和 0.5%Pd/Al_2O_3 具有较高的催化活性。此外，该课题组还制备了不同载体负载 5%Pt 和 5%Pd 的催化剂，以四氢萘、十氢萘等作为供氢溶剂对生物油进行加氢实验，制得轻质、低黏度和淡色液体燃料，其中轻质汽油组分占 40%，中质柴油组分占 50%，还有 10%的重质残余物。Wildschut 等[100]采用 Ru 基催化剂对生物油进行了催化加氢研究，采用间歇式反应装置，反应条件为 350℃、20MPa 和 3h。油相产率为 35%～50%，固相结焦率为 3%～20%。实验采用 RuCl、Ru(NO)$(NO_3)_3$ 和 Ru(acac)$_3$ 为前驱体用湿法浸渍制备了三种 Ru/C 催化剂。结果表明以 $RuCl_3$ 为前驱体制备的 5%Ru/C 催化剂具有最佳的催化活性，产品 H/C 比为 1.32，大于商业 Ru/C 催化产物的 H/C 比（1.24）。三种 Ru/C 催化剂中 $RuCl_3$ 制备的催化剂反应后比表面和金属分散降低最小。姚燕等[101]采用分子蒸馏设备首先对生物油进行分离得到轻质馏分，然后在固定床微型反应装置上，采用 Ru/γ-Al_2O_3 催化剂对生物油轻质组分进行加氢精制研究，考察了反应温度（60～140℃）、氢气压力（0～3MPa）和进料速率（1.5～4.5mL/h）对产物组分分布的影响。结果表明，在 120℃下生物油轻质馏分中不饱和化合物已完全转化，醇类化合物的种类有所增多。阮仁祥[102]采用 Pd/HZSM-5 催化剂，在 180℃下和不同介质中对生物油轻组分进行催化加氢研究，结果表明，催化加氢后生物油轻组分中的有机酸普遍转化为酯类化合物，糠醛被完全转化。

虽然贵金属催化剂具有较高的催化活性，但由于其成本较高，难以适应规模化应用，限制了生物油加氢产业化的发展。此外，仅依靠催化剂的优化来实现生物油催化加氢脱氧是不现实的，因为生物油具有热不稳定特性，催化加氢过程中极易聚合结焦，特别是在较高温度下生物油内的聚合反应强烈，形成积炭覆盖催化剂活性中心导致催化剂失活，甚至堵塞反应设备，使生物油催化加氢难以继续。因此，如何控制反应条件及选择合适的溶剂抑制聚合反应，同时促进加氢反应是生物油催化加氢反应的关键。张素萍等[103]在 500mL 间歇式高压反应釜上，采用四氢萘为供氢溶剂，Co-Mo-P/γ-Al_2O_3 为催化剂，对生物油进行加氢脱氧研究，分别考察了反应温度、反应时间、氢气压力和溶剂的影响。重点优化了生物油加氢脱氧的条件，最佳反应条件为 360℃，45min，初始氢压 2MPa；并对加氢脱氧动力学进行了初步研究，确定了反应级数为 2.3 级，脱氧活化能为 91.4kJ/mol；但对四氢萘的溶剂效应未进行深入研究，仅提及四氢化萘作供氢溶剂可以起到氢传递作用。颜涌捷等[56]发明了一种生物质快速热解油的加氢处理方法，采用商业加氢催化剂，并加入四氢化萘作为供氢溶剂以降低结焦率，在合适的反应温度、反应时间、反应压力等工艺条件下，达到改善生物油性能的目的，以期扩大其使用范围，但缺少对四氢化萘溶剂作用机理的论述。张志军等采用正辛烯和正丁醇作为溶剂、磺酸树脂为催化剂提质生物油，正辛烯通过水解作用可以消耗生物油中的水分，正丁醇作为助溶剂和生物油中的酸类和醛酮发生酯化和缩合反应，降低生物油酸性和腐蚀性，提高生物油稳定性。此反应是在较低温度（80～150℃）和无氢气存在下进行的，虽然可以避免聚合结焦，但生物油脱氧效果有限（氧含量从 59%降至 28%），且为微型反应（反应物总量<2.0g），对大量处理生物油催化加氢借鉴意义不大。Huber 等[45]对生物基原料和石油基原料联合炼制进行了综述。其中，试图用减压瓦斯油（VGO）和生物油在现有炼油设备（FCC 工艺）上进行联合炼制，可以实现溶剂氢原子的转移（从 VGO 至生物油组分），使其加氢脱氧生成烃类物质，但反应过程结焦严重（15%～50%）。Agblevor 等[32]采用标准的汽油和生物油进行联合炼制，研究发现生物油含量低于 15%时，联合炼制结焦没有增加（单独炼制汽油结焦 7%，联合炼制结焦 6.8%），不至于影响汽油炼制，并且发现无须外加氢气，汽油中的氢原子可以转移给生物油使其加氢脱氧。

为了减少生物油聚合结焦，催化加氢工艺也被广泛研究。Elliott 等[98]最早报道了生物油两步催化加氢工艺，第一步催化加氢反应在 250～280℃下进行，以预防形成大量的结焦，第二步催化加氢在 370～400℃进行。但第一步加氢脱氧效果有限，产物氧含量 25%～35%，给第二段加氢造成较大负担；第二步催化加氢由于条件苛刻依然存在聚合结焦阻塞管道问题，使加氢反应难以连续。Wildschut 等[100]采用两步加氢脱氧提质生物油，第一步温和加氢反应条件为 250℃、压力 10MPa、反应 4h，然后在 350℃和 10MPa 下反应 4h，采用贵金属 Ru/C 为催化剂时，总氧脱除率达到 90%，最后产物氧含量为 6%，但两步加氢脱氧过程形成的固体结焦物均在 10%～25%。美国国家可再生能源实验室（NREL）报道了生物油两步加氢脱氧技术，采用硫化的 $NiMo/Al_2O_3$ 催化剂，首先在 150℃下处理生物油，然后在 340～400℃高温下加氢处理生物油，最终油相产物氧含量为 7%～9%。美国太平洋西北国家实验室（PNNL）也论述了生物油多步催化提质的可行性，不仅从技术层面而且从经济层面论述了生物质到碳氢燃料的可行性。

然而，尽管目前许多研究对生物油的催化加氢进行了详细的考察和工艺的改进，但生物油物质组分的复杂性，以及化学性质的不稳定性，导致催化加氢提质过程中易发生聚合结焦，这依然是生物油加氢提质的主要障碍。从目前研究成果分析，单独依靠某方面的技术改进来实现生物油到碳氢液体燃料的转化是不客观也不现实的。未来生物油催化加氢提质过程，不仅要实现某方面的技术突破，更需要实现多种技术的整合，利用各技术的协同效应实现生物油到高品位运输燃料油的转化。

7.4.2.3 催化酯化

生物油中含有大量的有机酸，pH 值一般为 2～3，使生物油对存储的设备有腐蚀性，所以生物油在使用前必须通过处理降低酸性。催化酯化则是指生物油在固体酸、碱等催化剂作用下，加入醇类溶剂，使生物油中含羧基的酸性化合物和溶剂发生酯化反应，从而降低生物油的酸性。最近几年，国内外的学者做了大量的生物油催化酯化方面的工作，常用到的催化剂有离子交换树脂和固体酸、碱等。

Mahfud 等[96]以固体酸为催化剂，在生物油中加入高沸点醇类，进行减压蒸馏处理。结果表明，经过催化酯化反应后的生物油中水分含量大大降低，而热值也明显升高，提质后的生物油热值是柴油的一半左右，黏度是柴油的 2～6 倍，密度大于柴油，pH 值、闪点低于柴油，表明经过催化酯化处理能够一定程度上改善生物油性质，但其性质距离内燃机的燃料要求还有较大的差距。

徐俊明[104]以乙醇和甲酸为原料，采用凝胶共沉淀法制备了固体超强酸催化剂；比较了不同载体对催化作用的影响，发现氧化锆作载体时催化剂性能最好，之后在不同的条件下对氧化锆负载的超强酸催化剂的活性进行考察，结果表明在优化后的条件下甲酸的转化率最高能够达到 58.2%。

王锦江[105]选用模型化合物代替生物油，以离子交换树脂 732 和 NKC-9 为催化剂，验证了催化剂的活性后，并用间歇反应釜对生物油进行酯化处理。结果表明，改性后的生物油水含量大大降低，密度和酸度值都明显下降，热值有了一定的增高，说明这种离子交换树脂能有效地将生物油中的有机酸转化，一定程度上改变生物油的性质。

张琦等[106]以乙酸和乙醇的酯化反应作为催化酯化反应模型，以机械混合法和浸渍法制备了 $SO_4^{2-}/SiO_2\text{-}TiO_2$ 固体酸催化剂，考察了 SiO_2 含量及焙烧温度对催化剂活性的影响。结果表明，活性最高的催化剂是以机械混合法在 400℃下焙烧得到的 $SO_4^{2-}/40\%SiO_2\text{-}TiO_2$，如果反应采用全回流操作，乙酸的转化率为 84%，而部分回流的话，乙酸几乎全部转化。

通过上面的一些实验研究发现，通过催化酯化的方法对生物油进行处理，能够有效地降低生物油的 pH 值、提高热值、降低含水量，对提升生物油的稳定性有非常好的效果。此外，催化酯化后的生物油会分层，对后续的处理有重要的影响。但是，生物油具有极性，导致使用的大多数催化剂的选择性不高，同时生物油中的水也对酯化反应有所抑制，所以还需进一步的研究改进。

7.4.2.4 超临界提质

超临界流体具有类似液体的超强溶解能力和类似气相的扩散性，可以有效地溶解反应物形成均一相反应体系，反应过程中可以有效促进质量和热量的传递。因此，近年来，超临界流体被广泛应用于生物油催化加氢提质研究。

郑晓明等[107]研究了酸性催化剂HZSM-5在乙醇为溶剂的超临界状态下对稻壳生物油进行品质提升。结果表明超临界状态下比非超临界状态提升生物油品质更有效。酸性HZSM-5超临界状态下有利于酯化反应，粗生物油中的各种酸类物质转化为了不同的酯类。在超临界状态下强酸性的HZSM-5（Si/Al=22）更有利于粗生物油中重质组分的裂解，并且超临界状态下处理的生物油蒸馏残余物大大减少。此研究证明了酸性催化剂的作用和超临界状态下可以对粗生物油进行有效的品质提升。Chumpoo等[108]研究了乙醇为溶剂超临界条件下对甘蔗渣直接进行催化加氢热解，实验采用了铁系催化剂，生物质转化率99.9%，油相产率73.8%。热值从甘蔗渣的14.8MJ/kg提高为26.8MJ/kg。GC/MS分析显示，所得液体产物主要为酚类、醛类和酯类，以及酚类衍生物和呋喃衍生物。魏巍等[109]采用不同硅铝比的HZSM-5催化剂，考察了乙醇在超临界、亚临界和非临界条件下提质生物油中高沸点物质组分，并采用磷核磁共振定量检测提质前后生物油中醇、酚和酸类羟基的变化。研究表明，超临界条件更有利于生物油中脂肪族羟基的转化，不利于非缩合羟基的转化。不同强度的HZSM-5均能使生物油中羧基完全转化，催化剂酸强度越高越有利于脂肪族羟基转化，相反有利于非缩合酚羟基的转化。吴何来等[110]合成了Pd/SZr和Pt/SZr介孔材料催化剂用于一元醇超临界条件提质生物油。研究发现，Pt/SZr催化剂在乙醇超临界条件下对生物油提质更加有效。酸类和醛类完全转化，酮类、酚类和糖类含量明显降低。反应产物中检测到多环芳烃的存在，产物以酯类为主。但因为使用了大量的乙醇（90%），需要进行醇类的回收和水分的移除等后处理。彭军[111]分别采用甲醇和乙醇超临界条件对生物油提质进行了较为系统的研究。在乙醇超临界条件下采用固体酸催化剂提质生物油，$Al_2(SiO_3)_3$催化剂表现最佳，在260℃下醇油比为10∶1时，提质后酸类物质总相对百分含量由提质前的33%降低至1.8%，酚类、酮类、糖类含量明显降低，醛类完全转化。提质后酯类含量高达70%，经表征提质后其物理化学性质得到明显改善。在甲醇超临界条件下以HZSM-5为催化剂提质生物油，通过减压蒸馏发现，低硅铝比HZSM-5甲醇超临界流体提质的生物油蒸馏残余物含量最低，说明酸性强的HZSM-5在超临界甲醇中更有利于生物油重质组分的裂解。李望[112]研究了乙醇超临界条件下系列负载型贵金属催化剂对生物油加氢提质，发现在超临界乙醇中碱性载体负载的贵金属催化剂对生物油具有较好的提质效果，提质生物油中重质残余物较少，而且轻馏分中醇、醚、酮、酯类等目标产物分子的含量较大。并采用分级提质的工艺来优化生物油的精制过程，把生物油通过减压蒸馏方式分为低沸组分和高沸组分，分别以甲醇、乙醇超临界条件对其提质，发现甲醇具有更大的优势，能够更好地促进酸类物质发生酯化反应。

在超临界流体下提质生物油具有很多优势，基于超临界流体更好的溶解能力和扩散性，使反应体系更加均一，不仅有利于传质传热，而且有利于抑制生物油聚合结焦反应。目前所采用的超临界流体多为甲醇和乙醇，虽然能够很好地与生物油中酸类、醛类物质发生反应形成酯类或缩醛，有效地降低生物油的酸性，增加生物油的稳定性，但是，甲醇、乙醇具有较强的极性，生物油提质过后所形成的水相不能有效分离，导致提质产物水分含量较高，热值较低。需要进行后处理来脱除水分。此外，提质过程中醇油比较高，不仅造成了反应原料的浪费，而且增加了后续醇类回收的经济成本。因此，在超临界提质生物油过程中，应该选择更加合适的介质，既能发挥出超临界流体的优势，又能避免甲醇或乙醇的不足。

7.4.2.5 蒸气重整

生物油蒸气重整提质过程较为复杂，首先将生物油进行蒸气重整制成合成气，主要成分为 H_2 和 CO_2，然后通过费托合成（F-T）制备烃类燃料。此过程对反应设备要求较高，工艺过程相对复杂。目前多停留在蒸气重整制合成气阶段，并且多以生物油模型化合物重整制氢为主。

Basagiannis 等[113]以 Al_2O_3、La_2O_3 以及 La_2O_3/Al_2O_3 为载体，负载活性组分 Ni 作为催化剂，以乙酸作为模型化合物进行了催化重整反应，实验发现乙酸与 Al_2O_3 的作用比与 La_2O_3 的作用强。乙酸在重整过程中不仅发生了分解反应，而且也有羰基化反应发生，特别是在 400～500℃温度条件下更易发生。Ni 的添加促进了重整反应的发生，使催化剂表面的积炭反应减缓。Davidian 等[114]的研究表明，第一步先将生物油转化成合成气和积碳，第二步则通入氧气，在催化剂再生过程使积炭燃烧掉，利用这两个步骤交替连续的过程进行生物油转化制氢。实验研究了 Ni/Al_2O_3 和 $Ni\text{-}K/La_2O_3\text{-}Al_2O_3$ 两种催化剂，Ni/Al_2O_3 催化剂中 Ni 含量比较高，Ni 的晶粒比较大，在反应过程中促进了丝状炭的生成，$Ni\text{-}K/La_2O_3\text{-}Al_2O_3$ 中 Ni 含量比较低，N 的分散度比较高，积炭以无定形炭的形式存在。Domine 等研究了 $Pt/Ce_{0.5}Zr_{0.5}O_2$ 和 $Rh/Ce_{0.5}Zr_{0.5}O_2$ 催化剂对生物油水蒸气转化制氢的催化作用，结果表明在不同的水碳摩尔比下，Pt 催化剂的活性均大于 Rh 催化剂，这可能是因为 Pt 能促进水煤气反应，从而提高了氢气产率。在反应温度为 1053K、水碳摩尔比为 10 时，$Pt/Ce_{0.5}Zr_{0.5}O_2$ 有最大活性，H_2 产率达 70%，CH_4 产率低于 1%。

另外，Basagiannis 等[115]合成的 Ru(5%) 负载于 15%MgO/Al_2O_3 载体上的催化剂在生物油模型化合物乙酸的催化重整过程中也表现出很高的催化活性和选择性，并具有较高的稳定性。Rioche 等[25]合成了以氧化铝和二氧化饰-氧化锆为载体负载 Pt、Pd 和 Rh 的新型催化剂，在 650～950℃温度范围对生物油的模型化合物乙酸、苯酚、丙酮、乙醇水蒸气重整制氢进行研究。结果表明，载体的特性对这些催化剂的活性产生了很大影响。以二氧化铈-氧化锆作为载体的催化剂，比使用氧化铝为载体的催化剂 H_2 产率高。蒸气重整这些模型化合物时，负载 Rh 和 Pt 的催化剂活性最高，而 Pd 基催化剂的表现不好。产氢的催化活性顺序为 1%$Rh\text{-}CeZrO_2$＞1%$Pt\text{-}CeZrO_2$-1%$Rh\text{-}Al_2O_3$＞1%$Pd\text{-}CeZrO_2$＞1%$Pt\text{-}Al_2O_3$＞1%$Pd\text{-}Al_2O_3$。用活性较高的 Pt 和 Rh 催化剂研究蒸气重整由山毛榉木快速热解所得的生物油，在温度必须接近或高于 800℃时 CO_x 和 H_2 才能达到一定的转化率，而二氧化饰-氧化锆催化剂比相应的氧化铝催化剂表现出更高的活性。在石英反应器上，$Pt/CeO_2\text{-}ZrO_2$ 样品的活性可持续 9h，但重整初期在石英反应器壁上就发现大量的积炭产生。

生物油蒸气重整提质制碳氢液体燃料的技术路线，离目标实现还相差较远，目前多停留在蒸气重整制氢阶段，并且多以模型化合物为主。尽管如此，依然对生物油提质有重要的借鉴意义。因为生物油加氢提质过程需要大量氢气，目前还主要依赖于石化能源来提供氢气气源。如果能够利用生物油中部分含水量较高的组分进行重整制氢，供给生物油其它组分进行加氢反应，不失为一种较好的方案。特别是如果能实现生物油加氢过程中原位供氢，即使将生物油中部分易产氢物质在催化剂作用下产氢，满足生物油中其它物质加氢需求，减少外来氢耗，降低生物油催化加氢经济成本，将是非常有意义的研究，但是生物油原位加氢的相关报道甚少，对于生物油原位加氢的可能性有待研究。

7.4.3　生物油的应用现状

在能源危机和环境保护的双重压力下，人们对通过生物质热解得到生物油的兴趣日益增长。起初，人们因原油的潜在缺点而对其产生兴趣，然而，近年来，生物质燃料在生态方面的优势已成为人们重视其的主要原因。和化石燃料相比，生物油可以被认为是 CO_2 零排放的，而且它的硫化物、氮化物排放也非常少。作为一种液体燃料，生物油还有容易运输和储藏的优点。因此，生物油得到了越来越广泛的应用。但前面已经介绍过，生物油的性质存在明显缺点：低挥发性，高黏度和腐蚀性。这些缺点极大地阻碍了生物油像化石燃料一样得到广泛应用。而且目前生物油的制取成本较高，不是一种经济实惠的产品。生物油作为一种能源利用效率更高的产品，与传统的生物质直接燃烧相比，它必然得到更多的发展机会。目前，生物油的应用主要集中在直接燃烧以用于供热、供电，以及提取高值化学品等方面。

(1) 燃烧供电

生物油不仅可以为柴油发动机提供动力，还可以用于供热供电。生物油用于柴油发动机的主要问题在于：点火困难、有腐蚀性和结焦。

人们发现纯生物油在高速柴油发动机内很难自动点火。要达到发动机稳定运行至少要加入体积分数为 5%的硝化酒精，而标准燃料只需要加入 0.1%～1%。即使加入 9%该添加剂，点火仍然十分缓慢。后来有人发现生物油可以有效地用于中速柴油机。在中速柴油机中遇到的问题，基本可以通过改善生物油制取过程和为喷嘴选取更好的材料来克服。Kansas 大学的 Suppes 等[116]经过试验得出纯生物油应该只用于低速发动机，并且要采用相当高的压缩比，而将生物油和甲醇混合，就可以用于高速发动机。

(2) 燃烧供热

相对于发动机，锅炉对燃料的选择更为灵活。从天然气、汽油到水煤浆，都可以作为锅炉的燃料。因此，只要生物油的性质不发生显著变化，且符合排放标准，在经济上可行的情况下，它也可以作为锅炉的燃料进行直接燃烧。

目前，常规使用生物油的商业系统有 Red Arrow 在威斯康星州（Wisconsin）建的供热电站。这个 5MW 的旋风炉，使用的燃料是热解木质素产生的生物油和一家生产调味品工厂产生的焦炭、可燃气的混合物。该系统已经运行十年，在排放测试中，它的 CO 排放为 17%，NO_x 排放为 1.2%，甲醛排放为 0.2%，都在允许的排放标准内。

大部分生物油燃烧的试验研究都在芬兰。经过一系列试验，得到了如下结果：①为了改善燃烧，需要对锅炉的结构做一些修改。②生物油的燃烧火焰比标准燃料油的燃烧火焰要长。③由于生物油热值低，点火困难，在点火甚至操作运行过程中必须要有其他燃料油辅助。④高黏度、高水分、高固体成分使生物质燃料油的燃烧和排放与标准燃料油有很大不同，这也使燃烧过程不易操作。⑤一般来说，除了小颗粒的排放，其他污染物的排放都比燃烧重燃料油的排放要低。CO 和 NO_x 的排放分别为 30×10^{-6} 和 140×10^{-6}，小颗粒的排放较高（2.5～5g/kg）。

(3) 提取高值化学品

在生物油中提取高价值化合物的关键在于提高生物油组分的单一性和成熟低成本的提取技术。要提高生物油组分的单一性，需要寻找合适的反应条件或加入某种催化剂使生物油中某一组分的含量有所增加。下面列举了几种让某种组分增加的方法。

左旋葡萄糖为裂解中的主要中间产物，通过将原料预先酸洗，去除能加速糖分解的碱金属（原料中的灰分），再进行快速裂解，可得到产率为20%的葡萄糖，原料若为纯纤维素，葡萄糖的产率可达40%。在裂解前加入NaCl，可使得乙醇醛含量提高，低聚糖含量下降。采用$ZnCl_2$作催化剂可提高呋喃产率。通入H_2作为反应物，以Ni作为催化剂，在流化床中快速裂解，气相产物中甲烷含量为85%～90%，烯烃含量也有所增加，反应转化率达70%～75%。

然而，目前以上技术均成本较高，作为市场产品还缺乏竞争力，且技术也不够成熟，仍未被广泛应用。

参考文献

[1] Montoya J I, Valdés C, Chejne F, et al. Bio-oil production from colombian bagasse by fast pyrolysis in a fluidized bed: An experimental study [J]. Journal of Analytical and Applied Pyrolysis, 2015, 112: 379-387.

[2] Lira C S, Berruti F M, Palmisano P, et al. Fast pyrolysis of amazon tucumã (astrocaryum aculeatum) seeds in a bubbling fluidized bed reactor [J]. Journal of Analytical and Applied Pyrolysis, 2013, 99: 23-31.

[3] Heidari A, Stahl R, Younesi H, et al. Effect of process conditions on product yield and composition of fast pyrolysis of eucalyptus grandis in fluidized bed reactor [J]. Journal of Industrial and Engineering Chemistry, 2014, 20 (4): 2594-2602.

[4] Choi G G, Oh S J, Lee S J, et al. Production of bio-based phenolic resin and activated carbon from bio-oil and biochar derived from fast pyrolysis of palm kernel shells [J]. Bioresource Technology, 2015, 178: 99-107.

[5] Cao B, Yuan J, Jiang D, et al. Seaweed-derived biochar with multiple active sites as a heterogeneous catalyst for converting macroalgae into acid-free biooil containing abundant ester and sugar substances [J]. Fuel, 2021, 285: 1-11.

[6] 牛卫生，张春梅，刘荣厚．松木屑快速热解试验研究 [J]. 农机化研究，2009，31：196-199.

[7] 李凯，郑燕，龙潭，等．利用Py-GC/MS研究温度和时间对生物质热解的影响 [J]. 燃料化学学报，2013，41：845-849.

[8] 杨素文．生物质真空热解液化制生物油及真空化学活化制活性炭研究 [D]. 长沙：中南大学，2009.

[9] Cozzani V, Lucchesi A, Stoppato G, et al. A new method to determine the composition of biomass by thermogravimetric analysis [J]. The Canadian Journal of Chemical Engineering, 1997, 75 (1): 127-133.

[10] Chen M Q, Wang J, Zhang M X, et al. Catalytic effects of eight inorganic additives on pyrolysis of pine wood sawdust by microwave heating [J]. Journal of Analytical and Applied Pyrolysis, 2008, 82 (1): 145-150.

[11] Müller-Hagedorn M, Bockhorn H, Krebs L, et al. A comparative kinetic study on the pyrolysis of three different wood species [J]. Journal of Analytical and Applied Pyrolysis, 2003, 68-69: 231-249.

[12] 崔彤彤．两种生物质原料快速热裂解制备生物油试验研究 [D]. 泰安：山东农业大学，2020.

[13] Torri C, Lesci I G, Fabbri D. Analytical study on the pyrolytic behaviour of cellulose in the presence of MCM-41 mesoporous materials [J]. Journal of Analytical and Applied Pyrolysis, 2009, 85 (1): 192-196.

[14] Bradbury A G W, Sakai Y, Shafizadeh F. A kinetic model for pyrolysis of cellulose [J]. Journal of Applied Polymer Science, 1979, 23 (11): 3271-3280.

[15] Patwardhan P R, Satrio J A, Brown R C, et al. Product distribution from fast pyrolysis of glucose-based carbohydrates [J]. Journal of Analytical and Applied Pyrolysis, 2009, 86 (2): 323-330.

[16] Shen D K, Gu S, Bridgwater A V. Study on the pyrolytic behaviour of xylan-based hemicellulose using TG-FTIR and Py-GC-FTIR [J]. Journal of Analytical and Applied Pyrolysis, 2010, 87 (2): 199-206.

[17] Collard F-X, Blin J. A review on pyrolysis of biomass constituents: Mechanisms and composition of the products obtained from the conversion of cellulose, hemicelluloses and lignin [J]. Renewable and Sustainable Energy

Reviews，2014，38：594-608.

[18] Peng X，Ma X，Lin Y，et al. Investigation on solvolysis liquefaction mechanism of chlorella pyrenoidosa in ethanol-water solvent based on major model compounds：Protein and starch [J]. Journal of Analytical and Applied Pyrolysis，2019，141：1-9.

[19] Gonçalves A R，Schuchardt U，Meier D，et al. Pyrolysis-gas chromatography of the macromolecular fractions of oxidized organocell lignins [J]. Journal of Analytical and Applied Pyrolysis，1997，40-41：543-551.

[20] Hosoya T，Kawamoto H，Saka S. Secondary reactions of lignin-derived primary tar components [J]. Journal of Analytical and Applied Pyrolysis，2008，83 (1)：78-87.

[21] Lin B W，Zhou J S，Qin Q W，et al. Isoconversional kinetic analysis of overlapped pyrolysis reactions：The case of lignocellulosic biomass and blends with anthracite [J]. Journal of the Energy Institute，2021，95：143-153.

[22] Zhao S，Liu M，Zhao L，et al. Influence of interactions among three biomass components on the pyrolysis behavior [J]. Industrial & Engineering Chemistry Research，2018，57 (15)：5241-5249.

[23] 张旭东．生物质快速热解制取生物油试验研究 [D]. 郑州：郑州大学，2014.

[24] Liu R，Sarker M，Rahman M M，et al. Multi-scale complexities of solid acid catalysts in the catalytic fast pyrolysis of biomass for bio-oil production -a review [J]. Progress in Energy and Combustion Science，2020，80：1-34.

[25] Rioche C，Kulkarni S，Meunier F C，et al. Steam reforming of model compounds and fast pyrolysis bio-oil on supported noble metal catalysts [J]. Applied Catalysis B：Environmental，2005，61 (1)：130-139.

[26] Ruddy D A，Schaidle J A，Ferrell III J R，et al. Recent advances in heterogeneous catalysts for bio-oil upgrading via "ex situ catalytic fast pyrolysis"：Catalyst development through the study of model compounds [J]. Green Chemistry，2014，16 (2)：454-490.

[27] 薛爽．木质纤维素类生物质催化热解与在线提质制取液体燃料产物调控研究 [D]. 杭州：浙江大学，2022.

[28] Jeon M J，Kim S S，Jeon J K，et al. Catalytic pyrolysis of waste rice husk over mesoporous materials [J]. Nanoscale Research Letters，2012，7 (1)：18.

[29] Mullen C A，Boateng A A. Catalytic pyrolysis-gc/ms of lignin from several sources [J]. Fuel Processing Technology，2010，91 (11)：1446-1458.

[30] Che Q F，Yang M J，Wang X H，et al. Aromatics production with metal oxides and ZSM-5 as catalysts in catalytic pyrolysis of wood sawdust [J]. Fuel Processing Technology，2019，188：146-152.

[31] Carlson T R，Tompsett G A，Conner W C，et al. Aromatic production from catalytic fast pyrolysis of biomass-derived feedstocks [J]. Topics in Catalysis，2009，52 (3)：241-252.

[32] Agblevor F A，Beis S，Mante O，et al. Fractional catalytic pyrolysis of hybrid poplar wood [J]. Industrial & Engineering Chemistry Research，2010，49 (8)：3533-3538.

[33] French R，Czernik S. Catalytic pyrolysis of biomass for biofuels production [J]. Fuel Processing Technology，2010，91 (1)：25-32.

[34] Zhou G，Jensen P A，Le D M，et al. Direct upgrading of fast pyrolysis lignin vapor over the HZSM-5 catalyst [J]. Green Chemistry，2016，18 (7)：1965-1975.

[35] Li B，Lv W，Zhang Q，et al. Pyrolysis and catalytic upgrading of pine wood in a combination of auger reactor and fixed bed [J]. Fuel，2014，129：61-67.

[36] Stefanidis S D，Kalogiannis K G，Iliopoulou E F，et al. In-situ upgrading of biomass pyrolysis vapors：Catalyst screening on a fixed bed reactor [J]. Bioresource Technology，2011，102 (17)：8261-8267.

[37] Patel H，Hao N，Iisa K，et al. Detailed oil compositional analysis enables evaluation of impact of temperature and biomass-to-catalyst ratio on ex situ catalytic fast pyrolysis of pine vapors over ZSM-5 [J]. ACS Sustainable Chemistry & Engineering，2020，8 (4)：1762-1773.

[38] 王锐，高明洋，曹景沛．碱/碱土金属催化松木屑快速热解机制 [J]. 应用化学，2022，39：289-297.

[39] 谭洪，王树荣，骆仲泱，等．金属盐对生物质热解特性影响试验研究 [J]. 工程热物理学报，2005：742-744.

[40] Khanday W A, Kabir G, Hameed B H. Catalytic pyrolysis of oil palm mesocarp fibre on a zeolite derived from low-cost oil palm ash [J]. Energy Conversion and Management, 2016, 127: 265-272.

[41] Lu Q, Xiong W M, Li W Z, et al. Catalytic pyrolysis of cellulose with sulfated metal oxides: A promising method for obtaining high yield of light furan compounds [J]. Bioresource Technology, 2009, 100 (20): 4871-4876.

[42] Zhao N, Li B X. The effect of sodium chloride on the pyrolysis of rice husk [J]. Applied Energy, 2016, 178: 346-352.

[43] Iliopoulou E F, Stefanidis S, Kalogiannis K, et al. Pilot-scale validation of Co-ZSM-5 catalyst performance in the catalytic upgrading of biomass pyrolysis vapours [J]. Green Chemistry, 2014, 16 (2): 662-674.

[44] 何光莹，肖睿，张会岩，等．生物质快速热解蒸气的在线催化研究 [J]. 动力工程学报，2010，30：147-150，155.

[45] Carlson T R, Cheng Y T, Jae J, et al. Production of green aromatics and olefins by catalytic fast pyrolysis of wood sawdust [J]. Energy & Environmental Science, 2011, 4 (1): 145-161.

[46] Gayubo A G, Aguayo A T, Atutxa A, et al. Undesired components in the transformation of biomass pyrolysis oil into hydrocarbons on an HZSM-5 zeolite catalyst [J]. Journal of Chemical Technology & Biotechnology, 2005, 80 (11): 1244-1251.

[47] Dayton D C, Carpenter J R, Kataria A, et al. Design and operation of a pilot-scale catalytic biomass pyrolysis unit [J]. Green Chemistry, 2015, 17 (9): 4680-4689.

[48] Gamlie D P, Wilcox L, Valla J A. The effects of catalyst properties on the conversion of biomass via catalytic fast hydropyrolysis [J]. Energy & Fuels, 2017, 31 (1): 679-687.

[49] Ribeiro L A B, Martins R C, Mesa-Pérez J M, et al. Study of bio-oil properties and ageing through fractionation and ternary mixtures with the heavy fraction as the main component [J]. Energy, 2019, 169: 344-355.

[50] Jan O, Marchand R, Anjos L C A, et al. Hydropyrolysis of lignin using Pd/HZSM-5 [J]. Energy & Fuels, 2015, 29 (3): 1793-1800.

[51] 彭文才．农作物秸秆水热液化过程及机理的研究 [D]. 上海：华东理工大学，2011.

[52] Tekin K, Karagöz S. Non-catalytic and catalytic hydrothermal liquefaction of biomass [J]. Research on Chemical Intermediates, 2013, 39 (2): 485-498.

[53] Anandraj A, White S, Bwapwa J K. Temperature and nutrient coupled stress on microalgal neutral lipids for low-carbon fuels production [J]. Biofuels, Bioproducts and Biorefining, 2021, 15 (4): 1073-1086.

[54] Fang Z, Minowa T, Smith R L, et al. Liquefaction and gasification of cellulose with Na_2CO_3 and Ni in subcritical water at 350℃ [J]. Industrial & Engineering Chemistry Research, 2004, 43 (10): 2454-2463.

[55] Dote Y, Inoue S, Ogi T, et al. Studies on the direct liquefaction of protein-contained biomass: The distribution of nitrogen in the products [J]. Biomass and Bioenergy, 1996, 11 (6): 491-498.

[56] 郭晓亚，颜涌捷，任铮伟．生物质油精制中催化剂的应用及进展 [J]. 太阳能学报，2003：206-212.

[57] 曲先锋，彭辉，毕继诚，等．生物质在超临界水中热解行为的初步研究 [J]. 燃料化学学报，2003：230-233.

[58] 谢文．催化剂对亚临界水中生物质液化行为的影响 [D]. 长沙：湖南大学，2008.

[59] 巩桂芬，张明玉，黄玉东，等．木质纤维素在亚/超临界水中液化的初步研究 [J]. 应用化工，2008：1275-1277，1280.

[60] 于树峰．农作物废弃物液化的实验研究 [D]. 北京：北京化工大学，2005.

[61] 宋春财．农作物秸秆的热解及在水中的液化研究 [D]. 大连：大连理工大学，2003.

[62] Kim S J, Um B H. Biocrude production from korean native kenaf through subcritical hydrothermal liquefaction under mild alkaline catalytic conditions [J]. Industrial Crops and Products, 2020, 145: 1-7.

[63] Mathanker A, Pudasainee D, Kumar A, et al. Hydrothermal liquefaction of lignocellulosic biomass feedstock to produce biofuels: Parametric study and products characterization [J]. Fuel, 2020, 271: 1-10.

[64] Biswas B, Bisht Y, Kumar J, et al. Effects of temperature and solvent on hydrothermal liquefaction of the corncob for production of phenolic monomers [J]. Biomass Conversion and Biorefinery, 2022, 12 (1): 91-101.

[65] de Caprariis B, Bracciale M P, Bavasso I, et al. Unsupported Ni metal catalyst in hydrothermal liquefaction of oak

wood: Effect of catalyst surface modification [J]. Science of The Total Environment, 2020, 709: 1-9.

[66] Singh R, Balagurumurthy B, Prakash A, et al. Catalytic hydrothermal liquefaction of water hyacinth [J]. Bioresource Technology, 2015, 178: 157-165.

[67] Yim S C, Quitain A T, Yusup S, et al. Metal oxide-catalyzed hydrothermal liquefaction of malaysian oil palm biomass to bio-oil under supercritical condition [J]. The Journal of Supercritical Fluids, 2017, 120: 384-394.

[68] Singh R, Chaudhary K, Biswas B, et al. Hydrothermal liquefaction of rice straw: Effect of reaction environment [J]. The Journal of Supercritical Fluids, 2015, 104: 70-75.

[69] Tian Y, Wang F, Djandja J O, et al. Hydrothermal liquefaction of crop straws: Effect of feedstock composition [J]. Fuel, 2020, 265: 1-6.

[70] Zhong C, Wei X. A comparative experimental study on the liquefaction of wood [J]. Energy, 2004, 29 (11): 1731-1741.

[71] Feng S, Yuan Z, Leitch M, et al. Hydrothermal liquefaction of barks into bio-crude -effects of species and ash content/composition [J]. Fuel, 2014, 116: 214-220.

[72] Zhang Y, Liu Z, Liu H, et al. Characterization of liquefied products from corn stalk and its biomass components by polyhydric alcohols with phosphoric acid [J]. Carbohydrate Polymers, 2019, 215: 170-178.

[73] Yadav P, Reddy S N. Reaction kinetics for hydrothermal liquefaction of cu-impregnated water hyacinth to bio-oil with product characterization [J]. Industrial Crops and Products, 2023, 198: 1-12.

[74] Durak H, Aysu T. Structural analysis of bio-oils from subcritical and supercritical hydrothermal liquefaction of *Datura stramonium* L. [J]. The Journal of Supercritical Fluids, 2016, 108: 123-135.

[75] Minowa T, Zhen F, Ogi T, et al. Liquefaction of cellulose in hot compressed water using sodium carbonate: Products distribution at different reaction temperatures [J]. Journal of Chemical Engineering of Japan, 1997, 30 (1): 186-190.

[76] Liu H M, Liu Y L. Characterization of milled solid residue from cypress liquefaction in sub-and super ethanol [J]. Bioresource Technology, 2014, 151: 424-427.

[77] Zhao Y P, Zhu W W, Wei X Y, et al. Synergic effect of methanol and water on pine liquefaction [J]. Bioresource Technology, 2013, 142: 504-509.

[78] Cheng S, D' cruz I, Wang M, et al. Highly efficient liquefaction of woody biomass in hot-compressed alcohol-water co-solvents [J]. Energy & Fuels, 2010, 24 (9): 4659-4667.

[79] 张培铃,陈宇,吴玉龙,等.亚/超临界乙醇-水体系中杜氏盐藻直接液化制备生物油 [J]. 石油学报(石油加工),2012,28:791-797.

[80] 丁秋宇.蒙脱土催化液化微藻高效制备生物油工艺研究 [D]. 厦门:厦门大学,2019.

[81] Cantero D A, Bermejo M D, Cocero M J. Kinetic analysis of cellulose depolymerization reactions in near critical water [J]. The Journal of Supercritical Fluids, 2013, 75: 48-57.

[82] Barbier J, Charon N, Dupassieux N, et al. Hydrothermal conversion of lignin compounds. A detailed study of fragmentation and condensation reaction pathways [J]. Biomass and Bioenergy, 2012, 46: 479-491.

[83] Nozari B, Mirmohamadsadeghi S, Karimi K. Bioenergy production from sweet sorghum stalks via a biorefinery perspective [J]. Applied Microbiology and Biotechnology, 2018, 102 (7): 3425-3438.

[84] Pessoa D R, Finkler A T J, Machado A V L, et al. CFD simulation of a packed-bed solid-state fermentation bioreactor [J]. Applied Mathematical Modelling, 2019, 70: 439-458.

[85] Jindal M K, Jha M K. Effect of process parameters on hydrothermal liquefaction of waste furniture sawdust for bio-oil production [J]. RSC Advances, 2016, 6 (48): 41772-41780.

[86] Wang Y L, Zheng J F, Yan S, et al. Innovative one-step liquefying method with high conversion of biomass using raney nickel and naoh as combined catalysts [J]. Energy & Fuels, 2017, 31 (3): 2907-2913.

[87] Stabilization and characterization of pyrolytic oils; Municipal Solid Waste, Resource Recovery: Proceedings of the Fifth Annual Research Symposium at Orlando, Florida, March 26, 27, and 28, 1979 [C]Orlando, F, 1979.

[88] Ouedraogo A S, Bhoi P R, Gerdmann C, et al. Improving hydrocarbons and phenols in bio-oil through catalytic pyrolysis of pine sawdust [J]. Journal of the Energy Institute, 2021, 99: 9-20.

[89] Kumar R, Strezov V. Thermochemical production of bio-oil: A review of downstream processing technologies for bio-oil upgrading, production of hydrogen and high value-added products [J]. Renewable and Sustainable Energy Reviews, 2021, 135: 1-31.

[90] Vitolo S, Bresci B, Seggiani M, et al. Catalytic upgrading of pyrolytic oils over HZSM-5 zeolite: Behaviour of the catalyst when used in repeated upgrading-regenerating cycles [J]. Fuel, 2001, 80 (1): 17-26.

[91] Hew K L, Tamidi A M, Yusup S, et al. Catalytic cracking of bio-oil to organic liquid product (olp) [J]. Bioresource Technology, 2010, 101 (22): 8855-8858.

[92] 盛凌广．生物原油裂解制轻质烯烃的研究 [J]. 石化技术，2020，27：238-239，273.

[93] Adjaye J D, Bakhshi N N. Production of hydrocarbons by catalytic upgrading of a fast pyrolysis bio-oil. Part i: Conversion over various catalysts [J]. Fuel Processing Technology, 1995, 45 (3): 161-183.

[94] Paul V, Sudalai A, Daniel T, et al. HZSM-5 catalysed regiospecific benzoylation of activated aromatic compounds [J]. Tetrahedron Letters, 1994, 35 (16): 2601-2602.

[95] Sheu Y H E, Anthony R G, Soltes E J. Kinetic studies of upgrading pine pyrolytic oil by hydrotreatment [J]. Fuel Processing Technology, 1988, 19 (1): 31-50.

[96] Mahfud F H, Bussemaker S, Kooi B J, et al. The application of water-soluble ruthenium catalysts for the hydrogenation of the dichloromethane soluble fraction of fast pyrolysis oil and related model compounds in a two phase aqueous-organic system [J]. Journal of Molecular Catalysis A: Chemical, 2007, 277 (1): 127-136.

[97] Dilcio Rocha J, Luengo C A, Snape C E. The scope for generating bio-oils with relatively low oxygen contents via hydropyrolysis [J]. Organic Geochemistry, 1999, 30 (12): 1527-1534.

[98] Elliott D C, Wang H, French R, et al. Hydrocarbon liquid production from biomass via hot-vapor-filtered fast pyrolysis and catalytic hydroprocessing of the bio-oil [J]. Energy & Fuels, 2014, 28 (9): 5909-5917.

[99] Cheng S, Wei L, Julson J, et al. Hydrocarbon bio-oil production from pyrolysis bio-oil using non-sulfide Ni-Zn/Al_2O_3 catalyst [J]. Fuel Processing Technology, 2017, 162: 78-86.

[100] Wildschut J, Melián-Cabrera I, Heeres H J. Catalyst studies on the hydrotreatment of fast pyrolysis oil [J]. Applied Catalysis B: Environmental, 2010, 99 (1): 298-306.

[101] 姚燕，王树荣，骆仲泱，等．生物油轻质馏分加氢试验研究 [J]. 工程热物理学报，2008：715-719.

[102] 阮仁祥．生物油的精炼提质研究 [D]. 合肥：中国科学技术大学，2011.

[103] 张素萍，颜涌捷，任铮伟，等．生物质快速裂解液体产物的分析 [J]. 华东理工大学学报，2001：666-668.

[104] 徐俊明．生物质热解油分类精制基础研究 [D]. 北京：中国林业科学研究院，2009.

[105] 王锦江．催化酯化改质生物油的试验研究 [D]. 广东：华南理工大学，2010.

[106] 张琦，常杰，王铁军，等．固体酸催化剂 SO_4^{2-}/SiO_2-TiO_2 的制备及其催化酯化性能 [J]. 催化学报，2006：1033-1038.

[107] 张春兰，陈淑芬，张杰，等．固体超强酸催化生活污油制备生物柴油 [J]. 云南化工，2018，45：109-111.

[108] Chumpoo J, Prasassarakich P. Bio-oil from hydro-liquefaction of bagasse in supercritical ethanol [J]. Energy & Fuels, 2010, 24 (3): 2071-2077.

[109] 魏巍，陈平，楼辉，等．HZSM-5 催化剂上超临界乙醇中生物油催化提质及检测方法研究 [J]. 浙江大学学报（理学版），2012，39：67-70.

[110] 吴何来，周劲松，许沧粟，等．超临界乙醇提质生物油的汽油机试验研究 [J]. 浙江大学学报（工学版），2015，49：136-141，149.

[111] 彭军．超临界流体中生物油提质的研究 [D]．杭州：浙江大学，2009.

[112] 李望．超临界流体中生物质油分级精制方法的研究 [D]. 杭州：浙江大学，2011.

[113] Basagiannis A C, Verykios X E. Reforming reactions of acetic acid on nickel catalysts over a wide temperature range

[J]. Applied Catalysis A：General，2006，308：182-193.

[114] Domine M E，Iojoiu E E，Davidian T，et al. Hydrogen production from biomass-derived oil over monolithic Pt-and Rh-based catalysts using steam reforming and sequential cracking processes [J]. Catalysis Today，2008，133-135：565-573.

[115] Basagiannis A C，Verykios X E. Steam reforming of the aqueous fraction of bio-oil over structured ru/mgo/al_2o_3 catalysts [J]. Catalysis Today，2007，127 (1)：256-264.

[116] Suppes G J，Bockwinkel K，Lucas S，et al. Calcium carbonate catalyzed alcoholysis of fats and oils [J]. Journal of the American Oil Chemists' Society，2001，78 (2)：139-146.